"101 计划"核心教材
人工智能领域

自主智能系统基础

主编 陈虹 辛斌 贾庆山 李南

清华大学出版社

北京

内 容 简 介

自主智能系统是人工智能技术的重要现实应用形态,融合了计算机科学、自动化与通信工程等领域的关键成果,已发展为重要的交叉学科方向。作为当前技术进展极为活跃的前沿之一,其应用正加速拓展至自动驾驶、服务机器人、智能制造等多种场景,成为支撑新兴产业发展的核心技术,推动技术革新与社会进步。

本书共7章,构建了自主智能系统的基础知识体系,涵盖核心概念与关键算法,并提供配套实训项目以强化理解与应用。本书内容突出系统视角,从任务出发阐释感知、决策、执行等环节的协同作用;强调反馈机制,深入分析系统基于外部环境与自身状态的反馈信息实现行为调整、自适应学习与持续优化的闭环运行特性。

本书适用于人工智能、自动化、机器人等相关专业的学生,兼顾理论学习与工程实践,既可作为课程教材,也可作为科研训练与应用开发的参考资料。

图书在版编目(CIP)数据

自主智能系统基础 / 陈虹等主编. -- 北京: 清华大学出版社, 2025.8.
ISBN 978-7-302-69348-2

I. TP18

中国国家版本馆 CIP 数据核字第 2025RY6490 号

责任编辑: 曾 珊 李 晔
封面设计: 刘 键
责任校对: 王勤勤
责任印制: 杨 艳

出版发行: 清华大学出版社
        网　　　址: https://www.tup.com.cn, https://www.wqxuetang.com
        地　　　址: 北京清华大学学研大厦 A 座　　邮　　编: 100084
        社 总 机: 010-83470000　　　　　　　邮　　购: 010-62786544
        投稿与读者服务: 010-62776969, c-service@tup.tsinghua.edu.cn
        质 量 反 馈: 010-62772015, zhiliang@tup.tsinghua.edu.cn
        课 件 下 载: https://www.tup.com.cn, 010-83470236
印 装 者: 三河市铭诚印务有限公司
经　　销: 全国新华书店
开　　本: 185mm×260mm　　印　　张: 19　　字　　数: 436 千字
版　　次: 2025 年 10 月第 1 版　　　　　　印　　次: 2025 年 10 月第 1 次印刷
印　　数: 1~1500
定　　价: 69.00 元

产品编号: 110388-01

出 版 说 明

当前，人工智能已成为全球科技竞争的焦点，世界主要发达国家纷纷将其上升为国家战略，而人工智能拔尖创新人才是其发展的关键支撑。近年来，党和国家高度重视人工智能的建设和发展。2017 年发布的《新一代人工智能发展规划》明确指出，人工智能人才培养是我国能否抓住新一轮科技革命和产业变革机遇的战略问题。2018 年，教育部印发《高等学校人工智能创新行动计划》，引导高校积极探索人工智能教育。截至目前，全国已有 537 所高校获批设立人工智能专业。然而，由于我国人工智能教育起步较晚，仍面临师资力量不足、教育资源分配不均、课程体系与教材建设不完善等问题。这些问题亟需通过系统化改革与创新实践加以解决。

2024 年 6 月，教育部正式启动实施人工智能领域本科教育教学改革试点工作（以下简称人工智能领域"101 计划"）。人工智能领域"101 计划"旨在贯彻习近平总书记在全国科技大会上的重要讲话精神，落实党中央关于基础学科人才培养的工作部署和国家《新一代人工智能发展规划》的具体要求，充分发挥高等教育在科技强国建设中的引领作用，在教育部的领导下，依托建有国家人工智能产教融合创新平台的 12 家高校，联合其他高校、中科院研究所和头部企业，共同推进人工智能领域"101 计划"建设，实现人工智能领域一流核心课程、一流教材体系、一流重点实践项目、高水平教学团队建设。

在教育部高等教育司的指导下，成立了由郑南宁院士担任主任、15 位两院院士组成的人工智能领域"101 计划"工作指导委员会，以及由国内优势高校、研究所和企业代表组成的课程建设委员会和教材编写组。经过多次研讨，我们确立了"基础性、前沿性、交叉性、融合性、系统性、实践性"的课程与教材建设原则，构建了由核心课程、参考课程和综合实验构成的多层次课程体系，这些教材相互支撑，注重创新能力培养，同时满足不同类型高校组织具有特色的教学。

通过对国内外先进课程和教材建设资源和经验的充分调研，人工智能领域"101 计划"核心课程建设及教材编写团队汇聚了来自 18 家高校（其中 12 家为国家人工智能产教融合创新平台高校）、3 家中科院研究所和 3 家头部企业的优秀教师和研究人员。专业核心课程教材包括《人工智能概论》《数据科学基础》《机器学习方法与应用》《知识工程现代方法》《模式识别与数据挖掘》《自然语言处理》《计算机视觉》《生成式人工智能》《大模型原理与应用》《智能机器人与具身智能》《自主智能系统基础》（上下册）《人工智能安全导论》等 12 门课程教材。参考课程教材包括《计算机科学与人工智能的数学基础》《现代物理与人工智能》《强化学习》《认知机器人》《具身智能概论》《群智能导论》《混合增强智能导论》《计算机图形学与增强现实》《语言模型》《算法设计与分析》《智能计算的电路与架构基础》《自动驾驶：理论、算法与实践》《网联智能导论》《智能感知与移动计算》《人工智能伦理与社会治理》等 15 门基础和系统应用前沿课程教材。综合实验课程教材包括《深度学习工具与平台》和《工业机器视觉与应用》2 门课程教材。

在教材编写过程中，各课程负责人牵头组织教材调研与方向把控，团队成员协同编写课程内容、实践教学资源及教材体系，力求打造具有"中国特色、世界一流、101 风格"的精品教材。人工智能领域"101 计划"通过创新的教材建设和课程开发，旨在形成特色鲜明的人工智能核心课程群，出版一批高质量的优秀教材，建设一批契合产业需求的实践项目，并培养一批具有卓越的教学能力和丰富产教融合经验的核心课程授课教师以及教学团队，全面提升我国人工智能领域复合型人才培养能力与质量，加快以人工智能为驱动的新质生产力建设，推动人工智能产业高质量发展。

人工智能领域"101 计划"系列教材的出版得益于教育部高等教育司的悉心指导，由高等教育出版社和清华大学出版社共同完成出版任务。在计划实施期间，人工智能领域"101 计划"工作组与参与高校、教材编写组和出版社多次协商研讨，制定了教材出版规划和方案。同时，邀请 22 位院士和资深专家评审教材编写方案，并由 12 位院士和知名专家担任核心教材的主审，严格把控每本教材的质量。

我们衷心感谢教育部高等教育司的悉心指导，感谢西安交通大学卢建军书记、张立群校长及教务处等相关部门在人工智能领域"101 计划"实施过程中的大力支持，也感谢各参与出版社在教材申报、立项、评审、撰写、试用环节中的倾力协作，还要特别感谢所有课程建设负责人及教材编写教师的辛勤付出。

人工智能领域"101 计划"是一个起点，未来我们将继续探索适合中国本科教育教学的新理念、新体系和新方法，推动人工智能专业核心课程群的持续建设，全面提升课堂教学效果，为我国人工智能教育改革树立新标杆，为实现科技强国战略贡献力量。

人工智能领域"101 计划"工作组

前　言

随着人工智能技术的发展，自主智能系统已成为当前技术领域中极具活力与影响力的研究方向之一。自主智能系统是指在极少或无须人工干预的情况下，能够根据外部环境条件和任务目标自主决策并采取行动的系统。作为一种融合了信息处理以实现与物理世界的交互的综合性系统形态，自主智能系统不仅已广泛应用于自动驾驶、智能机器人等领域，也正逐步进入能源、医疗、安防等多个行业，日益成为推动生产力变革和社会进步的重要力量。

在过去的十年中，随着传感技术的进步、计算能力的增强以及算法的持续演化，自主智能系统进入了一个全新的发展阶段。以智能汽车为例，自动驾驶系统能够基于感知到的环境信息，完成复杂的行为决策、路径规划与跟踪，并实时应对驾驶员与周边交通参与者的交互行为等复杂动态因素。这些系统的自主性要求它们在具有不确定性且动态变化的环境中，能够根据任务目标作出安全、高效的决策并准确执行。这种能力的实现依赖于人工智能领域的多项核心技术，如感知与理解、推理与决策、学习与适应等。因此，自主智能系统不仅是人工智能的重要应用方向，更是人工智能技术在物理世界中落地的关键载体和典型代表。

本书旨在为人工智能及相关专业的学生提供一本关于自主智能系统理论与技术应用的基础性和系统性相结合的教材。本书着重强调自主智能系统的系统属性及反馈在其中的重要作用。系统属性强调从任务角度出发，体现系统中各部分的协同作用。反馈的作用则体现在系统在运行过程中能够根据外部环境及自身表现的反馈信息对行为进行调整和优化——这一作用尤为重要，因为自主智能系统的核心就是通过不断获取信息并根据信息调整行为，直至完成给定的任务。

本书内容涵盖了自主智能系统的基本理论、关键技术以及前沿应用，并且加入了实训项目，以帮助学生更好地理解和掌握相关知识。具体来说，第 1 章概述了自主智能系统的基本概念、发展历程和典型应用；第 2 章探讨了反馈机制及其对自主系统的重要作用；第 3 章聚焦于感知系统，介绍了典型的感知算法以及基于反馈的感知增强技术；第 4 章讨论了决策系统，涵盖从传统的基于规则的决策到智能化的基于学习的自主决策与规划算法；第 5 章深入介绍了控制系统，精要呈现了自动控制建模、分析与设计的基本理论与方法；第 6 章从单体智能延伸到多体协同智能；第 7 章讨论了自主智能系统的测试与评价。

本书由同济大学陈虹教授、北京理工大学辛斌教授、清华大学贾庆山教授和同济大学李南教授主编，由中国工程院陈杰院士主审，本书的编写得到了多位专家学者的贡献与支持。其中，同济大学黄岩军教授参与了第 1、4、7 章的编写，郭露露教授参与了第 1 章和第 2 章的编写，张元建教授参与了第 3 章的编写，张琳、褚洪庆教授参与了第 2 章案例的编写，北京理工大学王晴、杨庆凯和张佳教授参与了第 6 章的编写，清华大学封硕教授、程诗景博士参与了第 7 章的编写。

我们希望本书能够为学生提供一个全面而系统的知识框架，激发他们对自主智能系统理论与应用的兴趣，并为未来在该方向的进一步学习和研究打下坚实的基础。

编者

2025 年 5 月

符号说明

x	小写英文字母可用于表示标量
$\boldsymbol{x}$	表示向量
$\dot{x}, \dfrac{\mathrm{d}x}{\mathrm{d}t}$	均可用于表示变量相对于时间 t 的导数
A	表示集合
$\boldsymbol{A}$	表示矩阵
$\mathbb{R}^n$	n 维实数空间
$\mathbb{R}^{n \times m}$	由实数元素构成的 n 行 m 列矩阵空间
$\mathbb{Z}$	整数空间
$\triangleq$	定义等号
$\equiv$	恒等号
$\in$	属于
$\subseteq$	子集
$\cap$	交集
$\cup$	并集
$A^{\mathrm{c}}, \overline{A}$	均可用于表示集合 A 的补集
$\exists$	存在
$\forall$	任意
$\wedge$	与
$\vee$	或
$\neg$	非，$\neg P$ 表示 P 不成立
$P(A)$	概率，表示事件 A 发生的概率
$P(A|B)$	条件概率，表示在事件 B 成立的前提下事件 A 发生的概率
$\mathbb{E}$	期望
$\max$	用于得到一个集合中的最大元素或一个函数的最大值
$\min$	用于得到一个集合中的最小元素或一个函数的最小值
$\lim$	极限
$\|\boldsymbol{x}\|$	向量 $\boldsymbol{x}$ 的范数
$\det(\boldsymbol{A}), |\boldsymbol{A}|$	矩阵 $\boldsymbol{A}$ 的行列式

目 录

第 1 章

自主智能系统概述

本章主要介绍自主智能系统的基本概念、发展历程和典型应用。首先，1.1节明确自主智能系统的定义、特征、通常的组成、结构与组织方式。接着，1.2节梳理自主智能系统的发展历程和演变趋势。最后，1.3节通过具体应用案例，包括自动驾驶、机器人和智能能源系统，展示自主智能系统在实际生活中的多样化应用和潜在价值，为后续章节的深入探讨奠定基础。

1.1 自主智能系统的基本概念

1.1.1 定义与特征

自主智能系统（Autonomous Intelligent Systems，AIS）是一类能够在复杂、不确定和动态变化的环境中，利用自身的感知、决策和执行能力，在一定约束条件和先验知识的支持下独立完成任务的智能系统。这些系统广泛应用于自动驾驶汽车、无人机、工业与医疗机器人等领域（如图1.1所示），通过自主且高效的任务规划、执行和自我优化，减少对人工干预的需求，极大地推动了各行各业的自动化和智能化发展。

图 1.1 典型的自主智能系统应用

自主智能系统是一种综合性的系统形态，其"系统"概念不同于传统的单纯关于力和机械运动的物理动力系统，也不同于计算机系统、软件系统等单纯关于电子电路、信号处理和计算的电子数字系统。自主智能系统通常融合了对物理世界的传感与测量，依托计算、逻辑分析与信息推理等数字处理技术，进而生成并执行作用于物理世界的动作。自主智能系统因此成为一个将传感、计算与执行有机整合的多环节协同的智能体系，将信息处理与物理世界交互紧密结合。在历史上，具有这种特征的系统被称为"信息物理系统"（Cyber-Physical Systems，CPS）。随着研究和应用的深入，尤其是智能技术的发展，其内涵已得到极大的拓展，逐步延伸至"具身智能"（embodied intelligence）这一新兴概念，强调系统通过与物理环境的深度动态交互展现智能行为，从而进一步拓宽了自主智能系统在交互性与适应性方面的边界。

传统上，能够在相对确定、固定的环境中通过预先设定的动作序列或控制逻辑等手段，在没有或很少人工干预的情况下完成给定任务的系统称为自动化系统，例如，传统化工过程控制系统、传统自动化仓储系统等。自主智能系统使其区别于传统自动化系统的关键特征包括在更复杂、不确定和动态变化环境中的自主性和智能性。这种更高层次自主性和智能性的实现依赖于人工智能领域的多项核心技术，如感知与理解、推理与决策、学习与适应等。因此，自主智能系统不仅是人工智能的重要应用方向，更是人工智能技术在物理世界中落地的关键载体和典型代表。

1. 自主性

自主性是指系统在不依赖外部干预的情况下独立完成任务的能力。在不确定和动态变化的环境中，自主性要求系统能够实时感知、理解和适应自身所处的环境，并根据任务要求自主选择和执行策略，直至完成任务。

自主性具有如下 3 个层次。

(1) 行为自主性：系统能够根据传感数据和当前目标生成控制命令，实时调节自身行为。

(2) 决策自主性：系统能够分析复杂环境信息，并基于分析结果制定中、长期决策。

(3) 目标自主性：系统不仅能执行任务，还能在任务过程中重新定义目标或调整目标优先级。

以上 3 个自主性的层次呈递进关系——从给定目标下的行为自主到决策自主、目标自主——自主层次的提高对系统的智能性提出了更高的要求。

2. 智能性

智能性是指系统能够像人类一样分析、推理和学习，以应对复杂的环境和任务。这一特征要求系统不仅能应对复杂环境，还能在不确定和动态变化的环境中通过积累经验优化行为，进而提升任务的执行效率和完成水平。

通常来说，智能性体现在如下方面。

(1) 感知与理解能力：系统能够从环境中获取信息，并对其进行分析以理解当前的情境和状态。

(2) 推理与决策能力：系统能够在复杂、不确定条件下进行逻辑推理，并制定和优化策略。

(3) 学习与适应能力：系统能够在与环境的交互中积累经验，从而持续优化自身行为，并根据环境变化动态调整行为以更好地适应环境。

1.1.2　组成与闭环结构

1. 多环节协同的智能体系

在复杂、不确定和动态变化的环境中，系统自主且智能地与物理世界交互的实现过程通常由以下几个关键的环节组成。

(1) 感知。感知是自主智能系统理解外界环境进而与外界交互的基础，通过传感器采集环境数据并将其转换为可用于决策的信息。

(2) 决策。决策是指基于感知获取的环境信息，通过一定的模型或算法选择合适的行动方案。

(3) 控制（执行）。控制是指将决策生成的行动方案转化为实际的、具体的物理行为。

(4) 反馈。反馈回路将系统行为的结果与预期目标进行比较，使系统可以及时调整行为、修正偏差。这一机制可以帮助系统对抗环境的不确定性和变化，进而实现学习能力和自适应性。

需要指出的是，"感知""决策""控制"在整体系统中常以相对独立的子系统形式进行设计与运行。这些子系统之间存在着密切的交互与协作，而在子系统内部，往往也包含自身的反馈回路。例如，"控制"子系统常通过反馈控制对执行误差进行动态修正，从而实现更为稳定且精确的控制效果。因此，自主智能系统通常可被视为一个由多个子系统构成的"系统之系统"（system of systems）。在本书的第 3~5 章将分别对"感知""决策""控制"子系统进行深入介绍与分析。

2. 感知、决策与控制的闭环

在自主智能系统中，感知、决策与控制形成了一个连续的闭环循环（如图1.2所示），这一闭环是系统实现自主性和智能性的关键。

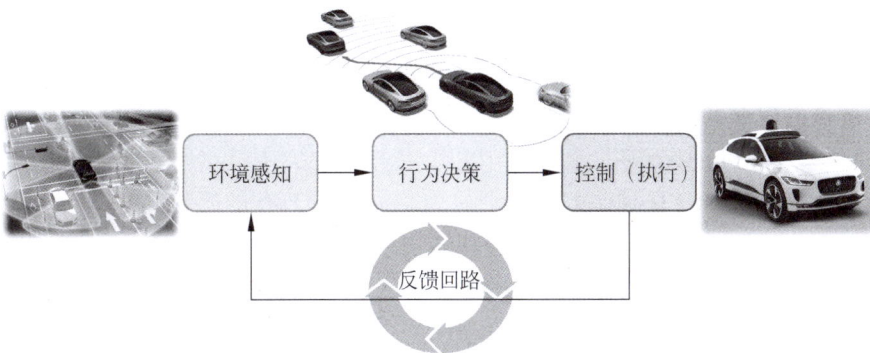

图 1.2　感知、决策与控制的闭环

感知是闭环的起点，负责从环境中获取数据和信息。感知环节不仅通过传感设备（如摄像头、激光雷达、麦克风、GPS等）采集多模态的环境数据（如视觉、音频、位置数据等），还要通过滤波、特征提取等技术将原始数据转化为系统能理解的信息。在获得感知信息后，系统进入决策阶段，结合考虑当前环境、自身状态及给定的任务目标制定适当的行动策略。控制（执行）环节负责将决策转化为具体的动作，通过执行器（如电动机、液压或气动装置等）实施行为。在行为执行之后，系统会通过感知重新获取环境数据和信息，监测并评估行为的效果。这些反馈数据可帮助系统判断行动是否达到预期目标，如果未达成，系统会通过重新感知，调整策略，再次执行新行为。这种反馈环路的存在使系统具备了动态调整行为和自我优化的能力。

感知、决策与控制的闭环结构确保了系统基于反馈的自我调整与优化能力，从而实现更高效、更可靠的自主运行。

3. 端到端的自主智能系统方法

近年来，端到端（End-to-End，E2E）方法在自主智能系统中的应用受到广泛关注，尤其在自动驾驶等高复杂性任务中展现出巨大潜力。该方法通过一个统一的模型（通常为深度神经网络），直接将传感数据映射为控制执行指令，从而实现"感知""决策""控制"的紧密集成。与传统的模块化方法相比，端到端方法显著简化了各功能模块间的接口设计和数据传递，降低了模块间耦合所带来的结构复杂性、响应时延以及误差的逐级累积。

端到端方法主要依赖于深度学习技术，模型直接学习如何基于环境感知输入（如图像、激光雷达等传感器数据）和任务目标生成相应的控制指令，省略了显式的特征提取和决策逻辑设计过程。然而，该方法也面临诸多挑战，包括对大规模高质量标注数据的高度依赖、模型可解释性与信任度不足的问题，以及在动态环境中保持泛化能力与鲁棒性的要求。

随着深度学习理论和硬件计算能力的不断提升，端到端方法在多种复杂任务中取得了显著进展，例如，自动驾驶中的路径规划、障碍物避让及复杂场景下的自主导航等。总体而言，端到端方法在需要实时感知与快速响应的应用场景中为自主智能系统提供了一种更加高效、紧凑的解决方案。

1.1.3　学习与进化能力

学习是自主智能系统的一项关键能力，指系统通过外界数据输入或环境反馈信息，优化自身的感知、决策与控制（执行）机制，从而提升其在特定环境下执行特定任务的能力。学习能力是智能性的具体体现，其过程通常包括对获取数据的理解和对内部模型的调整。通过学习，系统能够适应环境特征、改进任务执行效果，是系统获得或提升自主性的重要途径。在自主智能系统中广泛使用的学习方法包括自监督学习、强化学习、自适应控制等，将在本书的第3~5章进行详细介绍。

进化是学习的深化与提升，指系统在与环境的持续交互中，通过不断获取反馈、适应环境变化并优化自身机制，逐步增强其对复杂、动态环境的适应能力和解决问题的能力。

与学习相比，进化更强调系统的长期性能优化与动态适应。在进化过程中，系统通过多轮反馈与行为迭代，实现从简单任务与特定环境适配向复杂场景与动态条件适应的跃迁。这一过程体现了更高层次的智能性，使系统具备更强的灵活性与适应性，推动了系统自主性的进一步提升。比如，在交通领域，驾驶员或自动驾驶系统通过在典型场景中的持续练习可逐步进化出应对开放交通环境中复杂多变情况的能力，如图1.3所示。

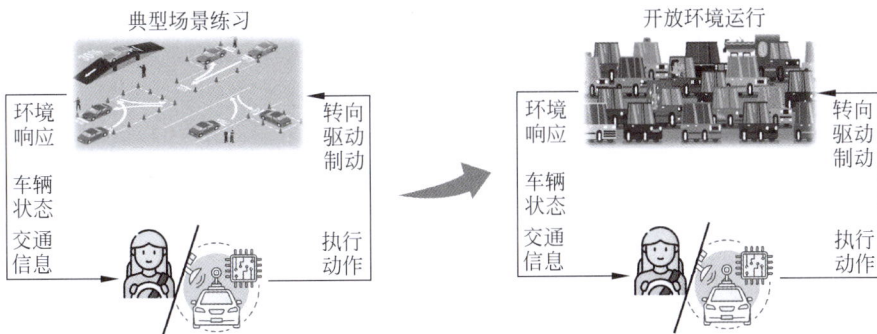

图 1.3　驾驶员或自动驾驶系统通过在典型场景中的持续练习逐步进化出应对开放交通环境中复杂多变情况的能力

　　感知、决策与控制的闭环是自主智能系统实现从学习到进化的基础与核心。该闭环机制使系统能够通过感知环节不断获取最新的环境信息，决策环节基于当前信息与历史知识生成新的行为策略，控制（执行）环节将策略转化为实际操作，并通过反馈回路调整下一轮的感知与决策。反馈信息在这一闭环中起到关键作用，驱动系统不断优化自身行为、提升适应环境的能力。在学习阶段，闭环通过反馈强化系统在特定环境与单一任务上的执行效果。在进化阶段，闭环通过多轮反馈与行为迭代，驱动系统在复杂和动态环境中持续优化自身策略与任务表现，最终展现出更稳定、高效的自主运行能力和问题解决能力。

　　在博弈与对抗场景下进行学习是加速自主智能系统进化的重要手段，通过引入竞争性且高压力的交互环境，促使系统在对抗中学到更加鲁棒（robust）和灵活的策略，提升应对高复杂度环境的能力和解决高复杂度问题的能力。广泛使用的方法包括对抗式学习，如生成对抗网络（Generative Adversarial Network，GAN）[2]和多智能体博弈等。同时，多智能体博弈可以驱动系统从局部优化迈向全局优化，加速自主性与智能性的全面提升。

1.1.4　单体、分布与集群

　　自主智能系统根据其组织方式可分为单体（standalone）、分布（distributed）和集群（swarm）3 种构型，各具特点和适用场景。

1. 单体式

　　单体式系统是高度集成的自主智能系统，其传感、计算、执行等功能在同一地点或单一物理实体上完成，系统不依赖外部通信网络或远程计算资源，能够独立运行。单体式系统具有如下优势。

(1) 自主性强：不依赖外部通信网络和计算资源，可用于网络不稳定或不可用的环境。

(2) 实时性高：所有传感、计算和执行均在本地完成，避免了网络延迟，保证了系统的响应速度。

(3) 结构紧凑：所有功能集成在单一物理实体上，系统设计更加紧凑，易于部署。

同时，单体式系统可能存在如下局限。

(1) 扩展性受限：由于所有传感、计算和执行任务都在本地完成，系统的感知范围、计算能力和执行能力受硬件（包括部署空间）限制，难以处理复杂的大规模任务。

(2) 单点故障风险高：系统的所有功能集成在单一物理实体上，一旦发生故障，整个系统可能失效。

(3) 环境适应性不足：独立系统缺乏外部信息支持，对不确定或动态环境的理解和适应能力有限。

典型的单体式自主智能系统包括本地自主决策的自动驾驶汽车、独立运行的无人机或地面机器人等。

2. 分布式

分布式自主智能系统将传感、计算、执行等功能分布在不同地点或多个物理实体上，各部分相对独立运行，但通常通过网络进行通信和协同。多智能体系统（Multi-Agent System，MAS）是一类具有广泛应用前景的分布式系统，其特点在于每个分布的物理实体（称为"智能体"）都具有独立的感知、决策和执行能力，它们通过共享信息和交互协作来共同完成任务。这类系统通常采用去中心化或部分中心化的组织方式，从而具有更高的扩展性、容错性和适应性。具体而言，分布式自主智能系统（特别是多智能体系统）具有如下优势。

(1) 可扩展性强：可以通过增加分布的传感、计算、执行单元或智能体扩展整体系统的能力，适用于大规模任务。

(2) 容错能力高：系统中的某个子单元发生故障时，其他部分仍能继续运行，有机会通过协同调整完全或部分地完成任务。

(3) 环境适应性强：多个智能体可以分工合作，共享不同地点的感知信息，增强整体感知能力。

同时，分布式系统存在如下缺点。

(1) 对通信依赖较强：通信网络的可靠性直接影响系统的运行效率和安全性，网络延迟或故障可能导致任务失败。

(2) 协调复杂度高：多个分布式单元需要高效的任务分配和负载均衡机制，否则可能导致计算瓶颈或资源浪费。

(3) 安全性问题：系统的去中心化和网络化特性可能增加网络攻击或数据泄露的风险。

典型的分布式自主智能系统包括通过 V2X 车联网进行协同运行的自动驾驶车队、具有多个智能传感器和控制节点的智能电网等。

值得注意的是，随着通信、分布式计算（如云计算、边缘计算）等技术的快速发展，单体式和分布式自主智能系统的边界正逐渐模糊。单体式系统在本地执行核心任务的同时，可以利用通信获取更广泛的环境信息，提高感知和决策能力；还可以通过网络连接远程计算节点，将部分计算任务卸载至云端或边缘设备，增强计算能力和任务效率。例如，在车-路-云协同的自动驾驶技术中，车辆作为单体式自主智能系统，可以依赖本地传感器和计算单元进行自主决策，但在通信良好的情况下也可以通过道路基础设施（V2I）和云计算（V2C）扩展感知范围和计算能力，实现更安全、更高效的智能驾驶。

3. 集群式

集群式自主智能系统由大量相对低成本、低复杂度但具备协作能力的个体组成。每个个体通常具备局部感知和一定程度的自主决策与执行能力，能够基于局部信息调整行为。集群式系统通常采用去中心化的组织方式，依赖个体之间的邻近通信和局部交互，最终在整体上展现出群体智能（swarm intelligence），从而完成复杂任务。个体间的交互可能不依赖全局指令，而是基于局部规则进行信息交换与行为调整，从而形成局部的有序结构或功能模式，称为"自组织"（self-organization）。大量简单个体通过局部交互在群体整体层面展现出比单个个体更复杂、更智能的行为模式，这一现象称为"涌现"（emergence）。

集群式自主智能系统具有如下优势。

(1) 高扩展性：个体通常成本和复杂度较低，能力较弱，但由于数量多，整体感知、计算和执行能力可以随规模的增长而增强。

(2) 高冗余度：由大量智能个体协作，即使部分个体失效，整体系统仍能保持运作，具有极高的容错能力。

(3) 高动态适应性：个体基于局部信息进行决策和调整，使得整体系统能够动态适应从全局到局部的环境变化，如群体重新分布、路径调整等。

同时，集群式系统存在如下局限或缺点。

(1) 个体智能有限：单个智能体通常能力较低，需要依赖大量个体的协作来完成复杂任务。

(2) 行为难以精确调控：由于智能个体的数量庞大且个体行为受局部规则影响，整体系统的行为可能难以完全预测和精确控制。

(3) 通信负担较重：大量个体之间的通信和信息交换对网络带宽要求较高，可能导致带宽瓶颈。

集群式自主智能系统涉及多项前沿技术，近年来在一些领域得到广泛探索和应用。已有的应用包括用于搜索救援和环境监测的无人机集群系统、用于自动化仓储和智能制造的自组织机器人系统等。

1.2　自主智能系统的发展与趋势

1.2.1　机械系统

机械系统通常是指由一组相互作用的机械部件组成，通过一定的物理运动、力的传递及能量转换来实现特定功能或执行特定任务的系统。其起源可追溯至中国、埃及、巴比伦和希腊等古代文明，这些文明率先发明了杠杆、滑轮、斜面、楔子、轮轴等基本机械装置，为人类提供了省力增效的工具。

1. 早期机械系统的发展

早在先秦时期，杠杆、滑轮等简单机械就已在中国的建筑与工程实践中得到广泛应用，帮助人们完成如房屋建造和农田灌溉等繁重的劳动任务。先秦时期出现的秤利用杠杆原理称量物品，已具备较高的测量精度，并广泛用于农业与商业活动中。随着军事技术的发展，机械系统也广泛应用于战争领域，如投石机、弩和云梯等攻防装备，均基于杠杆或弹力原理，是当时重要的战争机械。此外，能够自动记录行程的记里鼓车和指示方向的指南车，都是机械系统在 2000 多年前的典型应用实例。

秦汉时期延续并完善的都江堰等水利工程，展现了中国古代机械在水资源管理方面的卓越成就。其中，水车作为重要的灌溉工具，被广泛应用于农业生产。东汉科学家张衡（78—139 年）发明了世界上最早的地震监测仪器——地动仪。该装置通过内部悬挂的摆锤与杠杆结构感应地震波，并指示震源方向。张衡还对用于观测天体运动的机械系统——浑天仪进行了改进。汉代发明的水排、水碓是典型的轮轴拉杆传动装置，根据水轮放置方式的不同，分为立轮式和卧轮式两种。它们通过轮轴、拉杆与绳索将圆周运动转化为直线往复运动，实现风叶启闭与鼓风功能。水轮转动一次，可带动风叶多次启闭，大幅提升了鼓风效率，显著推动了我国古代冶铁工业的发展。起源于先秦的司南，经过改进发展为指南针，成为古代航海不可或缺的导航工具，对世界航海技术的发展作出了重要贡献。北宋科学家苏颂、韩公廉等人制造的"水运仪象台"（如图 1.4 所示），融合了漏刻计时、水力驱动、天文观测与报时等多项功能，是中国古代天文仪器制造的巅峰之作，也被认为是世界上最早的天文钟——英国科学家李约瑟等人认为水运仪象台"可能是欧洲中世纪天文钟的直接祖先"。清代的铜壶滴漏（如图 1.5 所示）通过多层铜壶的逐级滴水和受水壶中的浮标刻度，实现了计时功能。明代发明的火铳与连发火器等军用机械装备，标志着中国古代机械技术在军事领域达到了新的高度。与此同时，13 世纪的欧洲出现了机械钟，复杂齿轮系统的应用使时间测量更为精确，对后续精密机械的发展产生了深远影响。文艺复兴时期，达·芬奇设计了大量机械系统，包括飞行器、连发火炮等，为现代复杂机械的发展奠定了重要基础。

图 1.4　水运仪象台复原模型（图片来源于中国科学院自然科学史研究所）

图 1.5　铜壶滴漏（图片来源于故宫博物院）

2. 工业革命时期机械系统的发展

工业革命时期机械系统的发展奠定了现代工业进步的基础。18 世纪中期至 19 世纪初，工业革命在欧洲，尤其是在英国，推动了机械系统技术的迅速演进。18 世纪 60 年代，英国发明家哈格里夫斯改良了珍妮纺纱机（如图 1.6 所示），使一台机器可以同时纺出多根纱线，极大地提升了纺纱效率，成为第一次工业革命初期的重要技术突破。1771 年，阿克莱特发明了水力纺纱机，利用水力驱动纺纱，使工厂实现了大规模的机械化生产。

1769 年，瓦特对蒸汽机的改良推动了蒸汽动力在工业中的广泛应用，机械系统的发展也由此迈入全新阶段。蒸汽机（如图 1.7 所示）的引入使机械系统从纺织业逐步拓展应用于采矿、冶金、制造、交通等多个行业。1797 年，莫兹利发明了车床，使大规模生产规格统一的零部件成为可能，开启了机械零件标准化与规模化生产的新局面。随着机床的普及，金属加工与工具制造变得更加高效和自动化，推动了现代机械系统的标准化进程。1807 年，富尔顿发明汽船，开创了蒸汽动力航海的先河，为跨海国际贸易的快速发展提供了有力支撑。1814 年，英国工程师史蒂芬孙制造出第一台实用蒸汽机车，火车的出现使长途货物运输和人员移动变得更加高效，也标志着交通机械化时代的到来。

图 1.6　珍妮纺纱机（图片来源于百度百科）　　图 1.7　蒸汽机（图片来源于重庆工业博物馆）

工业革命时期机械系统的发展呈现出多领域并进之势，涉及纺织业、动力机械、交通运输、农业机械以及工具制造等领域的重大突破。这些突破不仅重塑了生产方式，还深刻影响了社会结构、经济体系与全球贸易，为现代工业与科技的发展奠定了坚实基础。

机械系统的发展历程展现了世界各国工匠与科学家的智慧与创造力。从最早的农业灌溉与纺织工具，到军事机械、天文观测装置，再到精密机械与蒸汽机等重大突破，机械系统技术的发展在人类科技史上占据了重要的地位。这些发明和应用不仅深刻影响了社会生产和经济结构，也极大地推动了人类科技的发展与生活方式的转变。

1.2.2　自动化系统

自动化系统的发展历程跨越了数个世纪，从早期的机械自动装置逐步演进为现代信息化、智能化的自动化系统。如今，自动化系统技术已广泛应用于工业、农业、交通、医疗、航天等诸多领域，显著提升了各行业的运行效率、操作精度与综合安全性。

1. 机械自动化

工业革命为自动化系统的发展与广泛应用奠定了基础。瓦特对蒸汽机的改良推动了机械设备的自动化使用，蒸汽动力逐渐成为工厂、矿山和交通工具的主要动力来源。蒸汽机所提供的持续动力使机器能够长时间连续运转，显著提升了工业生产效率。在这一时期，人们也开始探索如何实现对机器运行的自动控制。瓦特在蒸汽机上安装了离心调速器（centrifugal governor），利用旋转速度的变化自动调节蒸汽供应，从而维持机器运转的稳定性，这是自动控制最早的实际应用之一。18 世纪末，英国发明家卡特赖特研制出动力织布机，能够自动完成纺织作业，极大地提升了纺织行业的生产效率。19 世纪初，雅卡尔发明的雅卡尔织机通过打孔卡片控制织布图案，体现了早期程序控制思想的雏形。

2. 电气自动化

19 世纪末，第二次工业革命推动了以电力技术为核心的新兴技术在工业领域的广泛应用，也促进了自动化系统的进一步发展。电动机在机械系统中的广泛使用标志着自动化系统从机械动力向电动力阶段的转变。与蒸汽机相比，电动机具有效率高、运行稳定、便于调控等优点，为自动化系统的进一步发展提供了条件。随着工业生产对精准控制的需求不断提升，反馈控制理论开始发展。反馈控制的基本思想是通过传感器监测系统的输出，并根据输出与期望值之间的偏差调整输入，使系统达到并维持在理想的运行状态。在这一阶段，俄国机械与电工学家康斯坦丁诺夫发明了电磁调速器，法国工程师 J. 法尔科则研制了反馈调节器并将其用于蒸汽船的舵向控制，实现了早期自动控制的工程应用。20 世纪初，诺伯特·维纳等科学家提出了反馈控制的理论框架，为自动化系统的进一步发展奠定了理论支撑。1913 年，美国汽车工业家亨利·福特在汽车生产中引入了流水线方式（如图 1.8 所示），利用传送带与机械装置连接各道工序，实现了部分自动化生产，显著提高了生产效

图 1.8　1913 年福特汽车生产流水线（图片来源于 *NBC News*）

率，这是自动化系统在工业中大规模应用的开端。第二次世界大战期间，自动化技术在防空火力控制、飞机自动导航等军事领域得到快速发展，催生了"系统与控制工程"等新兴学科。如 PID 控制器等控制方法也开始在工业控制中得到广泛应用，其通常借助模拟电子计算机进行实现与分析。与此同时，工业控制中开始使用由继电器构成的逻辑控制器，程序控制的思想逐渐成形。

3. 电子自动化

20 世纪 40 年代，电子数字计算机的发明开创了数字控制系统的新纪元，并为 20 世纪 60—70 年代自动化系统的飞速发展奠定了技术基础。1930 年，美国麻省理工学院的布什领导研究小组设计并制造了首台大型模拟计算机——微分分析器，可用于求解常微分方程，开启了机器计算的新篇章。1939—1944 年，美国哈佛大学物理学家艾肯在美国商业机器公司（IBM）的支持下，利用普通电话继电器成功研制了世界上第一台程序控制的通用数字计算机——自动顺序控制计算器"马克 1 号"（如图 1.9 所示）。这台机器于 1944 年在哈佛大学投入运行，能够根据程序员编制的一系列指令自动执行运算。指令通过穿孔纸带输入计算机，运算数据存储于内部寄存器中。"马克 1 号"的诞生标志着程序控制时代的到来。1943—1946 年，美国宾夕法尼亚大学莫尔电工学院为美国陆军军械部研制了世界上第一台电子数字计算机——电子数字积分计算机。1950 年，该团队又成功研制了第二台存储程序式电子数字计算机——离散变量电子自动计算机。电子数字计算机的诞生为 20 世纪 60—70 年代自动化系统中广泛采用程序控制与逻辑控制，以及广泛实现对生产过程的直接计算机控制奠定了基础。

图 1.9　"马克 1 号"计算机（图片来源于 IEEE History Center)

20 世纪 60 年代，随着计算机技术的发展，可编程逻辑控制器（Programmable Logic Controller，PLC）应运而生。作为面向工业自动化的专用数字控制计算机，PLC 可通过编程实现各类运行设备的自动控制。PLC 使自动化系统具备更高的灵活性与可编程性，很快在制造、交通、能源等多个领域得到广泛应用，标志着工业自动化进入新的发展阶段。与此同时，数控机床的发展使得高精度加工任务能够通过预设程序自动完成，显著提升了工业生产的自动化水平。20 世纪 70 年代，一系列自动化设备相继问世，如工业机器人、感应式无人搬运台车、自动化仓库和无人叉车等，成为推动工厂自动化的有力工具。此外，计算机辅助设计与制造（Computer-Aided Design and Manufacturing，CAD/CAM）的应用使设计与制造流程进一步实现了自动化，特别在机械制造与电子工业领域成效显著。

4. 信息化与智能化

随着计算机技术和信息技术的普及，自动化系统进入了信息化与智能化阶段。计算机集成制造系统（Computer-Integrated Manufacturing System，CIMS）的出现，使工业生产中的设计、制造与管理环节可实现信息共享与统一自动化控制，显著提高了生产效率与灵活性。自动化系统可通过网络实现不同设备之间的数据共享与协同控制，形成了现代分布式工业自动化系统的雏形。分布式控制系统将控制功能分布在多个独立的子系统中，通过网络连接实现统一协调控制，并已广泛应用于大型工厂、石化等流程工业中。制造执行系统将工厂的生产管理与自动化控制系统连接，实现了生产计划、质量管理、设备管理等功能的集成。

20 世纪末，工业机器人技术迅速发展并在制造业中得到大规模应用，如汽车工业。机器人自动化系统能够在生产线上执行如焊接、喷涂、组装等复杂任务，显著提升了生产的自动化水平与生产效率。这也促使无人生产线、无人工厂成为现实，并使生产效率与精度达到了新的高度。

自动化系统的发展经历了从早期的机械装置、蒸汽机、电气设备，到现代以计算机控制为核心的信息化系统的演变过程。每一次技术的突破不仅显著提升了生产效率，也深刻推动了社会经济结构的转型与进步。进入 21 世纪，随着人工智能、物联网、5G 等新兴技术的迅猛发展，自动化系统正朝着更高层次的自主化与智能化方向迈进。

1.2.3 自主智能系统

随着信息技术的进一步发展，在人工智能与大数据技术的推动下，自动化系统正加速迈向更高层次的自主化阶段。虽然传统自动化系统依托计算机控制、预设逻辑与网络通信，可实现高效的数据处理与过程控制，并已在制造、交通、医疗等领域得到广泛应用。然而，此类系统在面对复杂多变、动态不确定的环境时，仍主要依赖人类编程和预设规则与流程，缺乏自主感知、实时决策与自我调整的能力。为突破传统自动化系统在灵活性、自适应性与智能水平方面的局限，自主智能系统应运而生。作为信息与智能自动化系统的延伸与演进，自主智能系统融合了人工智能、机器学习、自动控制等多项前沿技术，具备环境感知、自主决策与任务执行的能力。与传统系统相比，它们能够在未知或动态环境中自主分析信息、制定策略、实施行动，具备显著提升的智能化水平与鲁棒性。目前，此类系统已被应用于智能交通、无人机与空天系统、工业自动化与智能制造、智慧医疗、军事国防及教育等多个国家关键领域，对社会效率与安全水平的提升起到了重要推动作用。

1. 早期自主智能系统的发展

自主智能系统的发展可追溯至自动控制理论和早期人工智能的研究。20 世纪 40—50 年代，随着计算机的发明和控制论的兴起，学者开始探索如何使机器具备自主决策与控制的能力。诺伯特·维纳于 1948 年正式提出的控制论系统地阐述了反馈控制的基本原理与作用，强调系统能够感知外部环境的变化并据此调整自身行为，从而实现预定的控制目标。该理论不仅奠定了现代自动控制系统的基础，也为后来的智能系统发展提供了核心思想支撑。1956 年，人工智能（Artificial Intelligence，AI）在达特茅斯会议上正式提出，标志着 AI 学科的诞生。此后，专家系统如 MYCIN 和 DENDRAL 在特定领域实现了规则推理和专业决策，尽管尚不具备真正的自主性，但为后续自主智能系统中的知识表达、推理与决策机制奠定了基础。

20 世纪 60—70 年代，机器人技术开始进入工业应用。1961 年，世界上第一台工业机器人 Unimate（如图 1.10 所示）被用于通用汽车的生产线，实现了基本的机械重复作业。尽管它尚不具备感知与决策能力，但标志着自动化技术向机器人时代的过渡。不久后，斯坦福研究院研制出 Shakey 机器人（如图 1.11 所示），它结合传感、逻辑推理与行动规划，能够在受控环境中进行简单的自主行为，是世界上第一个具备环境感知和自主行动能力的移动机器人，成为早期自主智能系统的典型代表。20 世纪 80 年代，随着计算能力的提升，卡内基·梅隆大学开展了自动驾驶汽车项目 Navlab，探索利用摄像头和激光传感器感知环境，并结合简单的决策算法，实现了初步的自主行驶功能。这项研究对后来的自动驾驶与智能交通系统具有重要启发意义。

图 1.10　Unimate 机器人
（图片来源于 Henry Ford Museum）

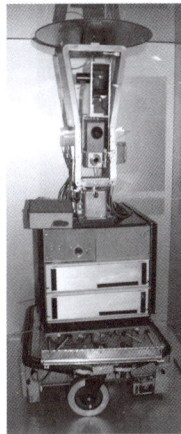

图 1.11　Shakey 机器人（图片来源于计算机历史博物馆）

2. 信息化时代自主智能系统的发展

进入 21 世纪，信息技术的飞速发展，尤其是传感技术、人工智能、大数据、物联网（Internet of Things，IoT）等前沿技术的突破性进展与深度融合，使自动化系统具备了更强的感知、分析、决策和自我优化能力，加速了向自主智能系统的转变，也在工业、服务、交通、物流等多个领域取得了广泛而深远的应用。

德国提出的"工业 4.0"概念标志着制造业迈入智能化新时代，其核心在于建设智能工厂，实现智能生产与智能物流的深度融合。在这一框架下，自动化生产系统不再是仅执行预设任务的工具，而是具备自主分析、决策与适应环境变化能力的智能体。西门子位于德国的安贝格工厂（Amberg Factory）（如图 1.12 所示）是"工业 4.0"的典范，其高度集成的传感系统与中央数据平台使得设备能够实时自我监测与调整。结合数字孪生技术与协作机器人，显著提升了生产效率、灵活性与产品质量。该工厂的自动化率高达 75%，生产错误率低于 0.001%，实现了柔性制造与高质量输出的有机统一。

图 1.12   西门子安贝格工厂（图片来源于西门子未来工厂）

随着语音识别与自然语言处理技术的成熟，自主系统在服务型机器人领域取得了显著进展。社交机器人不仅能够理解用户语言，还具备情感识别与个性化回应能力，可实现人机之间的自然交互。SoftBank 于 2014 年推出的 Pepper 机器人（如图 1.13 所示）是首个具备情感识别功能的社交机器人，能够根据用户的语调与表情调整交互方式。它集成了语义理解、情感计算与动态策略选择，为实现人机共处的服务环境奠定了基础，广泛应用于零售、银行等服务场景。

人工智能的发展进一步拓展了自主系统的能力边界。谷歌旗下的 DeepMind 团队研发的 AlphaGo 围棋程序是具有里程碑意义的成果，其不仅成功战胜了人类顶级围棋选手（如图 1.14 所示），更展示了人工智能在自主学习和策略生成方面的巨大潜力[10]。该程序通过深度学习和强化学习等技术，在模拟人类对弈的过程中不断优化策略，并在后续版本 AlphaGo Zero 中完全摒弃人类棋谱，仅通过自我博弈逐步进化出超越人类的智能水平[11]。这一成就不仅验证了机器自主学习与自我优化的可行性，也为自主系统在复杂环境中的自适应控制与多智能体协作研究提供了坚实的理论支撑。

自动驾驶技术是自主智能系统在交通领域的代表性应用。谷歌自动驾驶项目率先将激

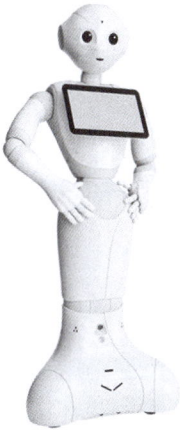

图 1.13　Pepper 机器人（图片来源于 Soft Bank）

图 1.14　AlphaGo 击败围棋世界冠军李世石（图片来源于 BBC）

光雷达、摄像头与深度学习算法相结合，实现了复杂道路环境下的自主感知与实时决策。特斯拉自 2014 年推出 Autopilot 系统以来，持续迭代优化，融合了基于摄像头的视觉识别与神经网络模型，并逐步发展为"全自动驾驶"（Full Self-Driving，FSD）系统（如图 1.15 所示），支持自动变道、智能导航、自动泊车等功能，标志着自动驾驶技术开始进入实际应用阶段。

图 1.15　特斯拉 FSD（图片来源于特斯拉）

　　在物流与仓储领域，自主智能系统通过机器人集群与云端调度平台，实现了从订单接收到货物配送的全流程自动化管理。机器人借助激光雷达与视觉识别技术，在仓库中实现自主导航、避障、取货与搬运，极大地提升了仓储效率与响应速度。亚马逊通过部署 Kiva 机器人（如图 1.16 所示），实现了货物自动拣选与运输。其仓储管理系统可实时监控商品与机器人的状态，优化库存布局与路径规划，显著缩短处理时间并降低运营成本。这类系统结合了多智能体调度、机器视觉、嵌入式感知与边缘计算等关键技术，显著提高了订单处理效率，缩短了交付周期，同时减少了人工干预。

无人机（如图 1.17 所示）是近年来发展最为迅速的自主智能平台之一，广泛应用于农业、测绘、物流、巡检与灾害救援等场景。其搭载多种传感器（如 GPS、陀螺仪、视觉模组等）与智能算法，具备自主导航、任务规划与环境适应能力。现代农用无人机能够基于深度学习技术实现农田识别与喷洒路径优化，以及通过高精度视觉测绘系统进行地形建模。在灾害救援中，无人机可实时传回现场图像并识别受困目标，支持快速响应与高效协同。

图 1.16　亚马逊 Kiva 机器人（图片来源于 Amazon）

图 1.17　大疆 Mavic 3 无人机（图片来源于大疆）

自主智能系统的发展历程跨越多个学科领域，经历了从传统控制理论到现代信息化、智能化的深度演进。以深度学习、强化学习、大数据与物联网为代表的技术突破，使系统在复杂环境中具备了自主感知、学习、决策与执行能力，实现了从"预设反应"向"动态适应"的跃迁。随着计算能力的持续提升与多学科融合的深入推进，自主智能系统将在交通、制造、服务、农业等关键领域中发挥更加重要的作用，成为推动社会走向全面智能化的重要力量。

1.3　自主智能系统的应用场景

近年来，随着智能化技术在各行业中的加速渗透，自主智能系统在现实社会中的应用范围不断拓展，逐步成为新一轮产业变革与社会转型的重要推动力量。基于人工智能、自动控制与信息通信等多项技术的融合系统已广泛部署于交通运输、工业制造、社会服务、能源管理等关键领域，并展现出显著的效率提升与结构优化作用。本节围绕当前具有代表性的 3 个应用方向——自动驾驶、自主机器人与智能能源系统，展示自主智能系统的典型应用场景与未来潜能，帮助读者全面理解自主智能系统在实际环境中的多样化实践及其对行业和社会变革所产生的深远影响。

1.3.1　自动驾驶

在当前车辆和交通技术快速演进的背景下，自动驾驶已成为自主智能系统最具代表性的应用之一。自动驾驶系统通过将感知、决策与控制技术有机集成，使得车辆能够在复杂多变的交通环境中实现自主运行。其应用范围不仅涵盖城市道路与高速公路等典型交通场景，还扩展至矿区、农业、仓储物流等特定场所。随着感知设备、算法模型与交通基础设施的不断发展，自动驾驶正逐步从实验室走向实际部署，成为未来智能交通系统与智慧城市的重要支撑。以下将从典型应用场景出发，介绍自动驾驶系统的实际应用形式及其面临的一些挑战。

1. 城市道路自动驾驶

城市道路场景下的自动驾驶面临高度复杂的环境特征与多元的交通参与者，要求系统具备极高的感知精度与决策灵活性。典型应用包括无人出租车、城市物流配送与共享出行服务等，这些都依赖于系统对行人、非机动车、交通信号以及动态障碍物的综合理解和实时响应能力。为实现高效安全的运行，自动驾驶系统通常依赖高精地图、传感器融合（如激光雷达与摄像头数据融合）以及强化学习等人工智能算法，对环境状态进行建模与预测。例如，在无人出租车应用中，用户可通过移动应用呼叫无人驾驶车辆，从而实现便捷的城市出行体验。该类服务验证了自动驾驶系统在高动态环境下的实际可行性和商业应用潜力。

2. 高速公路自动驾驶

在高速公路场景中，自动驾驶系统主要面临长时间、高速运行的技术挑战，广泛应用于长途出行、干线物流运输及自动巡航等任务。其核心功能包括精确的车道保持、稳定的速度控制与灵活的自动换道能力。高速驾驶环境相对规则、障碍物少，但对系统的连续性与鲁棒性要求更高。系统通常集成激光雷达、毫米波雷达和多模态摄像头，通过传感器数据融合构建高可靠性的环境模型，并配合实时路径规划与控制算法，确保行驶安全与效率。目前，多个自动驾驶辅助系统（Advanced Driver-Assistance Systems，ADAS）已在商用车辆中实现，包括车道保持辅助、自适应巡航控制和自动变道功能。随着车路协同技术的推进，高速公路自动驾驶正逐步迈向完全自主化。未来的自动驾驶货运卡车和车队行驶系统，将大幅提升长途物流的效率与安全性，推动运输产业的数字化转型。

3. 特定场景的自动驾驶

在封闭或半封闭环境中，自动驾驶系统可根据任务场景的特定需求进行定制化设计，以提高作业效率、降低成本并增强作业安全性。典型应用包括低速接驳、仓储物流、矿区运输与农业机械等。这些场景的运行路径相对固定，环境结构清晰，便于实现高精度导航与自动化任务执行。以下列举了几个主要的应用方向。

(1) 低速接驳与园区出行。无人接驳车广泛应用于园区、机场、校园等场所，沿预设路线低速运行，为乘客提供短途接驳服务。此类系统要求高效的环境感知与障碍物规避能力，以应对动态人流和其他移动目标，保障乘客安全。

(2) 仓储与物流自动化。在智能仓储系统中，自动驾驶车辆承担物料搬运与货物运输任务，依托高精定位、路径规划与任务调度算法，在封闭空间中实现高效协同。与其他自动化设备（如机械臂、升降装置）联动，构建柔性、高效的物流体系。

(3) 矿区与农业自动驾驶。矿区运输车辆和农业作业机械逐步实现自动化，适应恶劣气候、复杂地形和长时间作业的要求。例如，自动采矿卡车和农用收割机能够在无人工干预下高效运行，有效降低人力成本和安全风险，提高作业连续性与精准性。

（4）无人车编队协同作业。在物流、矿区及农业等场景中，无人车编队能够协同完成大规模作业任务。通过车间通信、协同路径规划与分布式控制算法，各车辆可在共享目标下实现高效任务分工，提升整体作业效率，避免资源冲突，并增强系统的可靠性与扩展性。

未来，自动驾驶技术将持续推动出行服务和交通管理模式的革新。以无人出租车和共享出行平台为代表的新型服务模式，将在减轻城市交通负担、降低运营成本的同时，为用户提供更安全、智能和便捷的出行方式。与此同时，随着智慧城市和车路协同基础设施的逐步建设，自动驾驶车辆将与交通信号系统、高速公路网、停车管理系统等实现深度融合，显著提升整体交通系统的运行效率和应急响应能力。在长途货运领域，自动驾驶卡车有望彻底改变物流行业运作方式，实现全天候、高效率的无人运输，推动产业链智能化升级。这些趋势表明，自动驾驶不仅是自主智能系统的关键应用之一，更将在未来社会中扮演越来越重要的角色。

1.3.2　自主机器人

自主智能系统在现代社会中发挥着越来越重要的作用，尤其在机器人技术领域展现出广泛的应用前景。随着人工智能、传感技术和自动化技术的快速发展，机器人正逐步融入人类生活与生产的各个领域，承担着从繁重劳作到高精度操作的多样任务。机器人不仅能够高效完成重复性强、劳动强度大的工作，还能在危险、复杂环境中代替人类执行任务，显著提升了工作效率与安全性。无论是在工业制造、服务业、农业领域，还是紧急救援等领域，机器人都展现出卓越的自主性、适应性与可扩展性，成为推动社会智能化发展的关键技术力量。

1. 工业机器人

工业机器人广泛应用于制造业，特别是在汽车、电子和物流行业中，承担如焊接、喷涂、组装与搬运等高强度、高精度操作。例如，汽车制造中的焊接机器人可高效完成数百个焊点任务，且具备高重复性与一致性；喷涂机器人可保证涂层厚度均匀，提高产品外观质量。在电子产品制造（如手机装配）中，机器人系统结合视觉识别与高精度执行机构，能够实现元器件精准安装与质量检测。在智能仓储系统中，搬运机器人通过路径规划和任务调度实现高效物流，显著提高仓储自动化水平。

2. 服务机器人

服务机器人广泛应用于家庭、医疗与教育等人机交互密集的场景。家庭清洁机器人通过传感器与导航算法实现高效路径规划和障碍规避，自动完成清扫任务并能自主返回充电座；教育机器人集成语音识别与个性化推荐，辅助学生开展语言学习、编程训练等互动课程；康复机器人通过外骨骼结构与运动传感器协助患者完成康复训练，提升生活自理能力。

尤其值得一提的是手术机器人，代表如达·芬奇系统，融合三维视觉、力反馈与高精控制，实现远程微创手术操作。其操作平台由医生控制，机械臂以高灵活性在狭小空间中执行精准切割与缝合任务，显著提升手术安全性与成功率，减少术后恢复时间，已在全球完成超过 500 万例临床应用。

3. 农业机器人

农业机器人主要用于农作物播种、施肥、除草、采摘等环节，尤其适用于劳动力短缺和精细农业场景。它们结合 GPS/RTK 定位、机器视觉与环境建模技术，实现精准作业。例如，除草机器人能够在不使用化学除草剂的前提下识别并清除杂草，有效提升产量并减轻环境负担；自主采摘机器人可识别果实成熟度，规划抓取路径并完成柔性操作，提升果园自动化水平。部分农业机器人还支持太阳能供电和全天候运行，具有较强的持续作业能力。

4. 救援与搜救机器人

救援机器人在灾害场景中发挥着关键作用。它们能够进入废墟、矿井、水下等复杂环境，执行搜索、检测与救援任务。无人机可在大范围内进行空中搜索与热成像监测，辅助定位幸存者；排爆机器人集成机械手臂与遥控系统，能够远距离处置危险物品，保障人身安全。这些系统通常结合多传感融合、自主导航与远程控制功能，可显著提升应急响应效率与任务成功率。

1.3.3　智能能源系统

随着社会能源结构的转型和可持续发展目标的推进，智能能源系统成为自主智能系统的重要应用方向之一。该类系统通过融合人工智能、物联网、大数据与控制优化技术，实现对能源的感知、分析、调度与优化控制，进而提升能源利用效率、降低能耗成本，并增强系统的可持续性与鲁棒性。根据应用场景的不同，智能能源系统可分为家庭、园区与城市 3 个层级，分别对应个体能源使用、局部能源协调以及广域能源调度等不同的需求与挑战。

1. 智能家庭能源系统

智能家庭能源系统聚焦于家庭层级的能源监测与优化控制，其核心目标是在保障居住舒适性的同时，实现能耗的精细化管理与碳排放的显著降低。该系统通常整合了智能温控器、空气质量监控设备、屋顶光伏发电系统、家庭储能电池等关键组件，具备对室内温湿度、空气质量、照明与家电设备的自动调节能力。系统通过学习用户的生活习惯与个性化偏好，可实现个性化的能源调度策略。与电网的交互能力也是其重要特性之一，可在电价高峰期削减负荷、低谷期进行储能充电，以优化用能成本与电网压力。

未来的发展方向将依赖于人工智能与物联网技术的进一步融合，以提升系统对用户行为的建模能力、对设备运行状态的感知精度以及整体控制策略的适应性和可扩展性。

2. 智能园区能源系统

智能园区能源系统面向办公楼宇、商业综合体、工业园区等中尺度空间，强调能源的集中协调管理与系统间协同运行。系统通常集成了分布式光伏发电、储能单元、微电网架构以及负荷管理平台，通过统一平台实现对园区内各类能耗设备的实时监控与调度优化。尤其在数据中心、楼宇群和高功率设备聚集的场所，能源管理系统必须保障供电的可靠性，同时实现成本控制与碳排放目标。

园区能源系统常结合负荷预测与优化算法，实现能源资源在时间与空间上的动态调配，如需求响应控制、储能调度与能耗预测性维护。人工智能在其中承担关键作用，支持对能耗行为的建模、趋势预测与多目标调度决策。

3. 智能城市能源系统

智能城市能源系统构成城市级能源基础设施智能化升级的核心，涵盖了电力、热力、交通、建筑等多个子系统的综合管理。该系统需在多源异构、区域分布广泛、负载波动剧烈的条件下，协调可再生能源、电动交通、智能建筑等多种能流，实现全局能源调度与长远可持续规划。

智能城市能源系统结构通常呈分布式特征，能源生产、消费与储存节点遍布城市各区域，结合物联网平台可实现设备层级的实时监控。人工智能优化调度算法支持负荷预测、电网调控与可再生能源的并网消纳。在实践中，如智能交通系统可通过电动汽车与充电桩的交互实现削峰填谷；智能建筑系统通过预测性能源调度提升能效；智能电网则实现能源流与信息流的高效耦合。随着数据积累与控制算法的演进，智能城市能源系统将成为实现碳中和与城市可持续发展的核心基础设施。

通过对自动驾驶、自主机器人与智能城市能源系统 3 个典型领域的分析可以看出，自主智能系统在现实世界中的应用已从局部试点逐步走向规模化部署，覆盖了从个人生活空间到城市级基础设施的多个层面。这些系统的推广不仅推动了传统行业向自动化、智能化方向转型，也为实现绿色发展、智慧城市建设和社会治理现代化提供了技术支撑。随着新一代信息技术的不断演进，自主智能系统的应用边界将进一步拓展，其在经济社会各领域中的战略意义与实际价值也将持续增强，成为理解和构建未来智能社会不可或缺的重要组成部分。

1.4   拓展阅读

(1) RUSSELL S, NORVIG P. Artificial intelligence: A modern approach[M]. 4th ed, NJ: Pearson Education, 2020.

这本书是人工智能领域的经典英文教材，深入介绍了人工智能的核心概念，包括搜索、推理、学习和规划等内容。本书对于第 1 章涉及的智能系统的基本概念进行了详细的介绍，适合想要进一步了解智能系统理论和方法的读者参阅。

(2) ARKIN R C. Behavior-based robotics[M]. Cambridge, Mass: MIT Press, 1998.

这本书从机器人学的角度介绍了自主智能系统的设计与实现,包括感知、决策、学习等方面。书中探讨了智能系统在动态环境中的行为生成、路径规划、动作控制等问题,将自主智能系统与机器人技术结合,提供了一个理论和实践并重的学习资源。

(3) THRUN S. Probabilistic robotics[M]. Cambridge, Mass: MIT Press, 2002.

这本书是机器人学领域的重要参考书,核心思想是将概率理论和相关工具应用于机器人技术,特别关注解决在存在不确定性的环境中进行有效决策和行为控制的问题。机器人系统经常需要处理不完全或带噪声的数据,这本书通过引入概率模型,实现对机器人从感知到执行的每一步操作都能在不确定的环境中进行优化。

(4) WOOLDRIDGE M. An introduction to multi-agent systems[M]. 2nd ed. Chichester: John Wiley & Sons, 2009.

这本书是关于多智能体系统的基本理论、技术和应用的经典英文教材,帮助读者建立对多智能体系统的全面理解,并深入探讨了多智能体系统中的智能体建模、决策、协作、博弈等核心主题。对多智能体系统感兴趣的读者可以通过本书深入理解智能系统之间的交互、协作与竞争,扩展第 1 章中关于自主智能系统的基础讨论。

(5) Autonomous Intelligent Systems[J]. Cham: *Springer Nature*, 2021.

这本学术期刊专注于自主智能系统理论与技术的最新进展,涵盖了多个理论和应用领域,包括人工智能、机器学习、机器人学、智能控制、自动化系统等。该期刊发表与自主智能系统设计、应用及理论发展相关的原创性研究论文,旨在推动在多种环境下智能系统的设计、优化与部署应用。

(6) CHEN J, SUN J, WANG G. From unmanned systems to autonomous intelligent systems[J]. *Engineering*, 2022, 12: 16-19.

这篇论文梳理了从无人系统到自主智能系统的演进,特别分析了人工智能的快速发展对现代自主系统技术的影响,介绍了自主系统在无人驾驶、医疗、国家安全和深空探索等领域的应用。

(7) 王祝萍, 张皓. 自主智能体系统 [M]. 北京: 人民邮电出版社, 2020.

这本书主要从智能机器人和多智能体的角度介绍了自主智能系统的整体框架和核心理论。

(8) 管晓宏, 赵千川, 贾庆山, 等. 信息物理融合能源系统 [M]. 北京: 科学出版社, 2016.

这本书探讨了自主智能系统技术在能源系统领域的应用,介绍了智能能源系统的体系结构、感知技术、优化理论、可再生新能源、需求侧响应、综合安全等内容。

章节练习

第 2 章

自主智能系统反馈理论

反馈机制是自主智能系统在不确定性与动态变化的环境中实现有效运行的基础。系统通过实时获取反馈信息并据此动态调整行为策略，从而适应环境变化与任务需求。本章将系统介绍反馈理论及其在自主智能系统中的关键作用。2.1节介绍反馈的基本概念，包括反馈的定义、分类、开环与闭环系统的比较分析，以及系统中的多层次反馈机制。2.2节阐述反馈对自主智能系统的重要意义，包括在实现系统的稳定性、自适应性、学习与优化能力等方面的功能。2.3节结合自然界与工程实践中的典型反馈系统，帮助读者深入理解反馈机制的实际应用。2.4节与2.5节分别提供实训项目与拓展阅读材料，支持读者进一步巩固理解、提升应用能力。本章内容也将为后续关于感知系统、决策系统与控制系统等章节的学习提供理论基础与分析工具。

2.1 反馈的基本概念

2.1.1 反馈与前馈

1. 反馈的定义

反馈（feedback）是指系统、个体或组织在进行某种行为后，通过内部或外部渠道接收到的有关其行为或结果的信息。这些信息可以帮助调整、改进或强化未来的行为或活动。反馈在沟通、学习、管理、控制系统等众多自然、社会现象中起着至关重要的作用。反馈的核心思想是信息循环，通过对某一过程或行为的结果进行反应或响应，促使系统进行自我调整。简单来说，反馈是对行为或事件的回应，以纠正错误、强化正确行为或提供其他形式的引导（如图2.1所示）。

以人体的反射活动为例：当刺激作用于感受器之后，神经兴奋沿传入神经传递给大脑中枢，再沿传出神经控制效应器的活动；效应器的活动情况又成为或产生新的刺激作用于感受器，信息返回大脑中枢进而通过中枢的调节影响效应器的活动（如图2.2所示）。

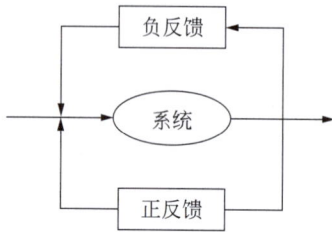

图 2.1　反馈示意图

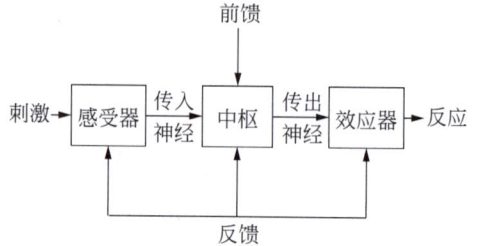

图 2.2　人体的反射活动示意图

在控制论（cybernetics）中，反馈用于描述自动控制系统中的基于测量信息的调节过程。举例来说，在一个温度控制系统中，温控器通过传感器检测当前房间温度，并将信息反馈给系统；如果温度与预设值不符，那么系统会启动加热或冷却设备，使温度恢复到设定水平（如图2.3所示）。这种自动调整和修正的机制就是典型的反馈原理的应用。同样的原理也适用于人类和社会系统行为的调整中。例如，学生在考试后收到成绩，通过反思成绩与预期的差异，调整学习策略或努力方向，并在下次考试中产生新的结果。

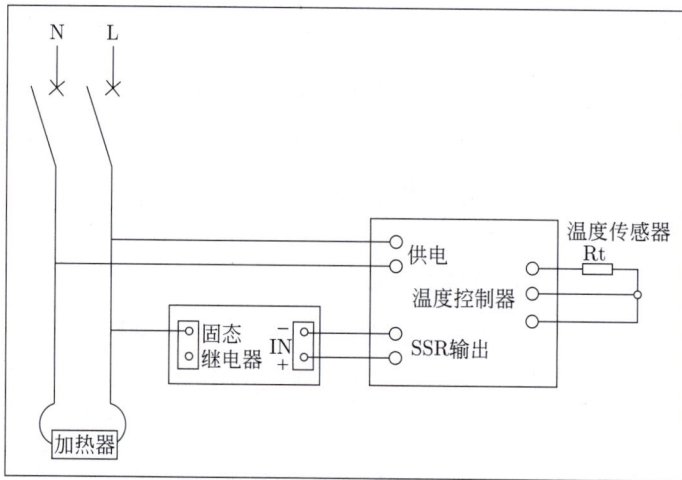

图 2.3　温控原理示意图

2. 前馈的定义

前馈（feedforward）是指系统、个体或组织在行为或活动开始之前，基于对未来（可能发生的）情况、输入或外部条件的预判，提前作出相应调整或补偿的过程。与反馈不同，前馈不依赖于系统的输出结果，而是基于对外部输入或环境变化的预判，通过提前响应、调整或修正当前的行为或策略，以期在未来实现更好的效果或减少潜在的问题。前馈的核心思想是信息预测，强调的是对未来可能情境的主动响应和提前准备。

简单来说，前馈是通过对输入、环境条件以及它们对系统输出结果可能产生的影响的预测，主动采取措施来影响未来的行为或过程，旨在减少系统可能遭遇的偏差、错误或干扰，并提高系统的效率和适应性。在控制论中，前馈用于描述自动控制系统中的基于输入信息的预测性调节。例如，在一个温度控制系统中，前馈控制机制可能会根据外部天气变化（如外界温度的升高或降低）对室内温度影响的预测提前调整加热或冷却设备的工作状态，以确保房间温度始终保持在设定范围内。这种调整不是基于室内温度的反馈，而是基于天气预报等外部数据作出提前响应。

在人类和社会系统行为中，前馈也有广泛的应用。例如，教师在学生参加考试之前，可以根据本次考试可能出现的知识难点，提供相关的指导和建议，以帮助学生做好考试准备。学生也可以基于对历次考试题型的分析，预测考试内容，并有针对性地调整自己的复习策略，优化学习效果。

3. 反馈与前馈的区别

在控制系统、学习过程、管理和行为调节中，反馈与前馈是两种常见的调节机制。反馈和前馈虽然都起到调整和优化系统行为的作用，但它们的实现机制有着显著差异，主要区别在于信息流动的方向（包括调节所依赖的信号的来源）、反应时机以及控制的方式。反馈是通过监测系统输出并根据监测得到的实际结果进行调整，而前馈则是基于对输入、外部环境及它们对输出结果影响的预测，提前进行调整和控制。了解它们的区别，可以帮助我们在设计自主系统、学习过程、管理流程等各个领域选择合适的调节机制，达到最优的效果。接下来，将详细讨论反馈与前馈的主要区别，涵盖信息流的方向、信号的来源、系统响应的时机、适用场景等方面，以更清晰地理解这两种机制的作用与适用性。

1) 信号流的方向

(1) 反馈：反馈机制是一个闭环过程（开环与闭环系统将在2.1.3节详细讨论），信息从系统的输出端流向输入端。具有反馈调节的系统通常会在运行过程中持续监测输出信号，将输出信号与预期目标进行比较，并根据偏差对系统行为进行调节，此过程将形成一个闭环。

(2) 前馈：前馈机制是一个开环过程，信息从系统的输入端流向调节机构。前馈不依赖于输出结果，而是基于对系统输入信号（如参考输入或外部干扰）及其影响的预测来作出提前调整。

2) 信号的来源

(1) 反馈：反馈信号来源于系统的输出信号，反馈机制依赖于系统实际运行的输出结果。

(2) 前馈：前馈信号则来源于系统的输入信号，如参考输入、预期输入或外部干扰信号，前馈机制依赖于对输入、环境等条件变化的感知和预测，作出提前调整。

3) 系统响应的时机

(1) 反馈：反馈信号来源于输出结果，系统必须等输出结果出现后才能根据偏差来进行修正。这意味着反馈机制通常具有一定的滞后性。

(2) 前馈：前馈机制不依赖于实际输出结果，而是基于预测提前调整，因此这种机制通常反应速度较快。

4) 适用场景

(1) 反馈：反馈机制特别适用于处理动态变化、不可预测的复杂场景或影响因素，通过反馈能够有效地调整系统行为修正偏差。

(2) 前馈：前馈机制适用于处理输入条件或外部环境变化已知或可预测的场景，通过前馈可以提前作出调整，防止或减小可能出现的偏差。

如前所述，自主智能系统的关键特征在于其在复杂、具有不确定性和动态变化的环境中自主执行任务的能力。在这个过程中，反馈机制起到了核心作用。因此，接下来我们将把讨论的重点放在反馈机制上。

2.1.2　反馈的分类

反馈是一种广泛存在于各类系统、组织、学习和行为调节过程中的核心机制。根据其作用方式、信号性质、调整目标等不同因素，反馈可以被分为多种类型。无论是在自然界、社会组织还是人类学习中，反馈都发挥着至关重要的作用。通过理解不同类型的反馈，我们可以更好地设计、优化和调整各类系统、组织流程或个人行为，从而提高效率、应对变化并达到预期目标。下面探讨几种常见的反馈分类及其在不同领域中的应用。

1) 按反馈的性质分类

(1) 正反馈：也称为强化性反馈，指反馈信息增强或放大了系统的原有行为或输出，使得系统偏离初始状态的趋势加剧。正反馈通常用于系统增强某种行为或加速某种过程，例如，在学习中，表扬学生某方面的表现，鼓励他们继续保持或加强这方面的努力。但在许多系统中，过多的正反馈可能导致不稳定。

(2) 负反馈：也称为校正性反馈，指反馈信息抑制或纠正了系统的原有行为或输出，帮助系统回归到预期状态。负反馈通常用于自动调节系统，以维持系统的稳定性和精确性。例如，温控系统中，当房间温度高于（或低于）设定值时，温控器通过负反馈调节加热器或空调的工作状态，使温度降低（或升高）以趋近或达到设定值。

2) 按反馈的来源分类

(1) 内部反馈：由系统或个体自身产生的反馈，常指系统通过对自身状态的监测进行反馈调节。在这种机制下，反馈信号来源于系统内部状态（内部变量、状态或输出等）变化。例如，运动员在比赛中通过感觉判断自己动作的准确性；当体温过高时，人体通过内部反馈机制（如大脑的调节作用）启动出汗等生理反应，以调节体温。

(2) 外部反馈：来自系统或个体外部的反馈，通常是由环境或他人提供的。例如，老师给学生的考试成绩评价。

3) 按反馈的时间分类

(1) 即时反馈：在行为发生后立即得到反馈信号，可以让系统或个体迅速作出调整。这种反馈通常出现在较为快速的控制系统中，确保系统能够实时调整。例如，现代自动驾驶系统中的避障系统，当车辆感知到自身在快速接近障碍物的信号时，会立即进行刹车或转向操作，以防止发生碰撞。

(2) 延迟反馈：反馈信息在行为发生一段时间之后得到，即反馈信号的生成或传递存在一定的时间延迟。这种反馈常见于复杂系统或存在信息传输滞后的情况下。延迟反馈的存在可能导致系统在短时间内不能作出及时反应。例如，气候变化的反馈机制，温室气体浓度的变化通常需要一定时间才会对气候产生明显的反馈效应，系统的响应较为滞后。

2.1.3　开环系统与闭环系统

1. 开环系统

开环系统也称"无反馈系统"（如图2.4所示），与"闭环系统（反馈系统）"相对，其输出量不对系统的输入产生任何影响。由于输出不对输入施加影响，因此开环系统不能对输出偏差和扰动作出反应，只对设定值作出规定的响应。例如，钟表是一个开环系统，因为它本身不会观察自己准时与否，也不会自行调节。在社会经济系统中很少存在开环系统。而在系统动力学模型调试初期，设计者可以将反馈环取消，使系统成为开环系统，从而简化问题，方便调试。一些自动化装置，如产品自动生产线、自动车床（如图2.5所示）、传统的家电控制器等，一般都是开环系统。

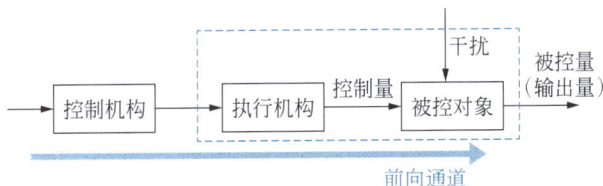

图 2.4　开环系统示意图

图 2.5　自动车床示意图（图片来源于 SAMSUNG）

开环系统的优点是无反馈环节，一般结构简单、系统稳定性好、成本低。因此，在输出量和输入量之间的关系固定，且内部参数或外部负载等扰动因素不大，或这些扰动因素产生的误差可以预先确定并能进行补偿的情况下，应尽量采用开环系统。

2. 闭环系统

闭环系统也称"反馈系统"（如图2.6所示），与"开环系统"相对，是指一个具有反馈机制的系统。在这种系统中，输出信号通过某种方式被检测并反馈到输入端，以便对输入进行调整，使系统的输出更加接近期望的目标值或设定值。该类系统有若干闭合的回路结构，例如，汽车和驾驶员即构成一个闭环系统。驾驶员根据车辆速度和位置，调节方向盘、油门或刹车，保证汽车行驶在正确的路线上。各种社会、经济、管理等系统都是闭环系统。闭环是自然界一切生命过程和人类的社会经济过程的基本模式。在一个闭环系统中，反馈信息取自系统状态，是作出决策的依据；通过决策控制改变系统状态，而这个状态又会影响到未来的决策。这个作用过程是连续的、循环的，很难准确说出这个闭环作用是从哪里开始、到哪里结束。系统动力学的研究对象一般是闭环系统。

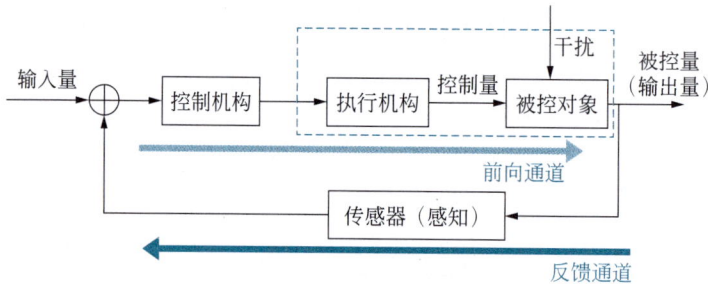

图 2.6　闭环系统示意图

闭环系统具有如下优点。

(1) 实现自动控制。闭环系统能够通过反馈机制自动调节系统的输出，确保系统按照预期目标运行。

(2) 高控制精度。闭环系统能够通过反馈机制不断调整系统输出，实现高精度的控制。

(3) 适应性强。闭环系统能够根据外部环境的变化自动调整，具有较强的适应性和稳定性。

上面介绍了开环系统和闭环系统的定义以及各自的优点，下面通过一个例子来说明反馈机制在系统遇到不确定性和外部扰动时的优势。

案例 2.1　反馈机制的作用

假设有如图2.7所示的开环系统。

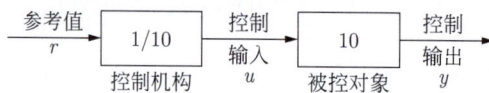

图 2.7　开环系统

从图 2.7 可以看出，这是一个简单的串联控制系统。系统由两个部分组成：一个是控制器（controller），也称为"控制机构"，另一个是被控对象（plant）。系统信号从输入 r 经过控制器和被控对象，最终得到输出 y。

控制机构从输入到输出的增益为 $\dfrac{1}{10}$，表示输出 u（称为"控制信号"或"控制输入"）与输入 r（称为"参考信号"或"参考值"）的比例为 $\dfrac{1}{10}$。被控对象从输入到输出的增益为 10，表示输出 y（称为"系统输出"）与输入 u 的比例为 10。两个增益串联时，总增益是它们的乘积，因此可以得出整体系统从输入到输出的总增益 $G(s)$ 为

$$G(s) = \frac{1}{10} \times 10 = 1$$

因此，该系统的总增益是 1，这意味着输入 r 和输出 y 是相等的（在上式中，$G(s)$ 表示该系统的"传递函数"，其中的 s 是拉普拉斯变换中的复变量，可用于表示系统的频域特性或动态行为。这些概念将在第 5 章具体介绍）。

另外，假设有如图2.8所示的闭环系统。

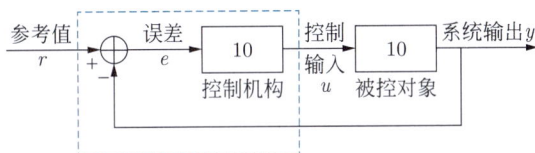

图 **2.8**　闭环系统

从图2.8可以看出，这是一个带有反馈的闭环控制系统。系统由以下几部分组成：增益为 10 的控制器，增益为 10 的被控对象以及反馈路径。反馈路径反映了输出 y 通过负反馈与输入 r 进行比较，产生误差信号 e，然后通过控制器和被控对象产生最终输出 y。

系统增益推导：

(1) 开环从输入到输出的增益：系统的开环部分由控制器和被控对象组成，它们的串联增益是 $G(s) = 10 \times 10 = 100$。

(2) 反馈从输入到输出的增益：反馈路径的增益是 $H(s) = 1$（从输出 y 直接反馈到比较器的负输入端）。

(3) 闭环从输入到输出的增益：闭环增益 $T(s)$ 的公式为

$$T(s) = \frac{G(s)}{1 + G(s)H(s)}$$

其中，$G(s)$ 是开环从输入到输出的增益，等于 100；$H(s)$ 是反馈环节从输入到输出的增益，等于 1。

代入这些值，得到闭环从输入到输出的增益为

$$T(s) = \frac{100}{1 + 100 \times 1} = \frac{100}{101} \approx 0.99$$

　　由此可以得出：系统的闭环从输入到输出的增益为 $\dfrac{100}{101}$，表示在这种反馈控制下，输入 r 和输出 y 之间的关系。由于反馈的存在，系统的增益被降低，使得最终增益略小于 1。

　　在理想情况下，从输入到输出的增益为 1 意味着输入 r 和输出 y 完全相同，系统没有稳态误差。也就是说，从输入到输出的增益为 1 的含义是，输入信号和输出信号之间的比例是 1:1。从理论上说，这意味着系统输出能够完美地跟随输入。那么这是否代表开环系统比闭环系统好呢？

　　下面考虑系统模型具有不确定性的情况，比如开环系统中被控对象从输入到输出的增益在 5～15 变化。那么，如果仍然使用原先的开环系统中增益为 $\dfrac{1}{10}$ 的控制器，那么整体系统的总增益 $G(s)$ 为 0.5～1.5。

　　可以看到，从输入到输出的增益处于一个比较大的波动区间。若是进行重新标定的话，控制器从输入到输出的增益需要处于 $\dfrac{1}{15}\sim\dfrac{1}{5}$ 区间，但是由于被控对象的增益也处于一个不确定的区间，使得标定任务变得十分困难。此时不能确定得到系统总的从输入到输出的增益数值。

　　类似地，若闭环系统中被控对象从输入到输出的增益在 5～15 区间内变化，仍然使用原先的闭环系统中增益为 10 的控制器，则整体系统的总增益 $T(s)$ 为

$$T(s)=\frac{G(s)}{1+G(s)H(s)}=\frac{50}{1+50}\sim\frac{150}{1+150}\approx 0.98\sim 0.99$$

可以看到，闭环系统下从输入到输出的增益的波动区间比较小。这是因为在闭环系统中反馈机制的存在可以有效应对系统中的不确定性，极大地减轻了控制器参数标定的烦琐程度。

　　假设我们希望通过对开环系统中控制器重新标定的方法达到相同的精度（$\geqslant 98\%$），也就是开环系统的总增益 $G(s)$ 为 0.98～1.02，那么我们需要测试多少个控制器增益数值才能确保达到呢？这个问题在数学上可以表达为：已知 x 满足 $x\in[5,15]$，将区间 $\left[\dfrac{1}{15},\dfrac{1}{5}\right]$ 等间距地离散化为 n 个点，确保其中有一个点与 x 的乘积属于 $[0.98,1.02]$，n 的最小值是多少？

　　我们将离散化得到的点记为 $z_1,z_2,\cdots,z_n$。要求对于任意 $x\in[5,15]$，至少有一个点 z_i 落在 $\left[\dfrac{0.98}{x},\dfrac{1.02}{x}\right]$ 区间内。这个区间在 $x=5$ 时跨度最大，跨度为 $\dfrac{1.02-0.98}{5}=0.008$。为保证离散点中至少有一个 z_i 落在这个区间内，离散点的间距 Δz 需要满足 $\Delta z\leqslant 0.008$。我们至少要在 $\left[\dfrac{1}{15},\dfrac{1}{5}\right]$ 这个区间上等间距地放 17 个点，才能满足相邻两点的间距及最外侧两点与区间边缘的距离均满足 $\Delta z\leqslant 0.008$。也就是说，n 的最小值为 17。

　　可以看到，在这样一个简单的只有一个不确定参数的例子中，我们需要大量的标定才能确保获得一个达到上面闭环系统相同精度的开环系统设计。可以想象，随着不确定参数或因素的数量增加，标定的难度将进一步加大。

现在，进一步考虑在如图2.7和图2.8所示的系统中加入未建模的外部干扰（如图2.9和图2.10所示），我们可以分析并得出以下的结果：

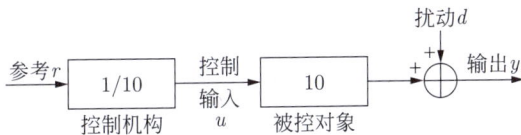

图 **2.9**　加入扰动的开环系统

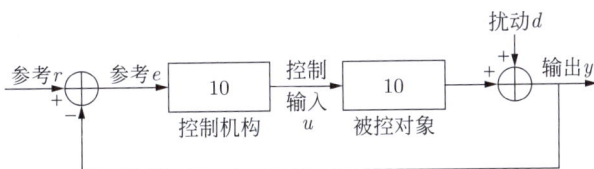

图 **2.10**　加入扰动的闭环系统

对于加入外部扰动的开环系统（如图2.9所示），我们可以通过计算系统对于扰动 d 的增益（从输入的扰动到系统的输出的增益）分析其抗干扰性能，换句话说，分析得到当前系统受到扰动时的输出响应为

$$\frac{y}{d} = 1$$

这是因为扰动直接施加在输出端，没有任何反馈或增益的调节。

类似地，我们再来观察加入外部扰动的闭环系统（如图2.10所示）并分析该系统受到扰动时的输出响应：

$$y = d - G(s)y \quad \Longrightarrow \quad \frac{y}{d} = \frac{1}{1 + G(s)} = \frac{1}{1 + 100} \approx 0.01$$

其中，开环增益 $G(s)$ 为控制器增益和被控对象增益的乘积。在图 2.10 中，控制器增益为 10，被控对象增益为 10，因此 $G(s) = 10 \times 10 = 100$。闭环反馈的作用主要体现在当系统中引入反馈（增益为 $G(s)$）时，系统能够部分抵消扰动的影响，且反馈增益越大，抑制扰动的能力就越强——这个抑制效果体现在分母的 $1 + G(s)$ 上，分母中的增益 $G(s)$ 越大，输出 y 对扰动 d 的响应越小。

通过以上对比分析，可以得出结论：

(1) 闭环系统抑制扰动的能力比开环系统强；

(2) 反馈是系统对付不确定性、抑制外部干扰的有效机制。

下面介绍几种典型的闭环系统结构。

(1) 单回路反馈结构（如图 2.11 所示）。单回路反馈结构是最基本的闭环系统结构，广泛应用于简单的自动控制系统和许多动态调节过程。在单回路反馈结构中，系统通过单一的反馈回路来检测和修正输出与期望值之间的偏差。具体来说，系统根据输出信号与设定值之间的偏差调整输入，从而使得系统输出保持在预定的目标范围内。

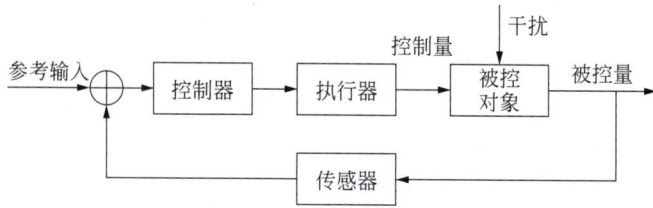

图 2.11　单回路反馈结构

它的结构特点包括：输出信号与目标值之间的偏差作为反馈信号传递回输入端；反馈信号与偏差呈反向关系（通常是负反馈），用来减小或消除偏差；系统的控制目标是稳定输出并使其接近或等于设定值。

典型的应用实例包括温控系统和汽车定速巡航系统。在温控系统中，温控器根据房间的当前温度与设定的目标温度之间的偏差调整加热器或空调的运行状态，从而控制室内温度接近或达到设定值；汽车的定速巡航系统根据实际车速与设定速度之间的偏差进行调整，保持车辆的速度稳定。

(2) 前馈-反馈结构（如图 2.12 所示）。前馈-反馈结构结合了前馈控制和反馈控制的优点，使系统在面对已知的输入变化时能够提前采取措施，同时在面对未知的扰动时也能进行自我调整。前馈控制基于对输入信号或外部环境的预测，提前调整系统行为；反馈控制则通过监测输出并实时修正偏差，确保系统维持在设定目标附近。

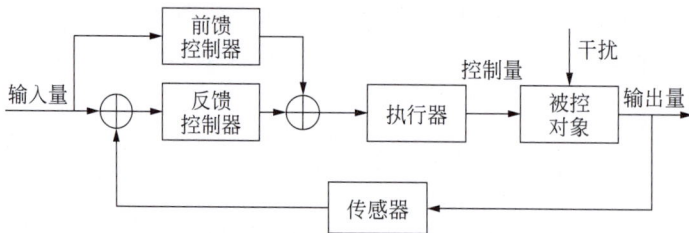

图 2.12　前馈-反馈结构

这种复合结构的特点包括两方面：一是前馈部分——通过对输入信号的预判或外部干扰的识别，提前对控制输入进行调整；二是反馈部分——通过输出信号的实时反馈，修正和优化系统行为，确保系统稳定性和精度。

它主要包含 3 方面的优点：提前响应已知输入变化，提高了系统的响应速度和灵活性；通过结合前馈和反馈，可以在外部扰动出现前就进行调整，从而降低系统的稳定性风险；减少了反馈调节所需的时间延迟，提高了系统的精度和效率。

典型的应用实例出现在自动驾驶和过程自动化中。在自动驾驶中，前馈部分根据交通状况、路面条件等输入信号预测车辆的运动需求，反馈部分则根据实际行驶数据调整车速和方向，两部分共同作用确保行车安全和高效；在过程自动化中，前馈系统根据原材料的质量和生产线的需求作出预测，反馈系统实时调整生产过程中的各项控制参数，以应对干扰或意外情况。

(3) 双闭环结构 (如图 2.13 所示)。双闭环结构 (也称为双回路反馈结构) 是指系统中包含两个反馈回路,分别对不同的目标或不同的控制变量进行调节。通常,这两个闭环分别用于处理不同类型的控制问题,例如,内部控制和外部控制,或短期调整与长期调整等。

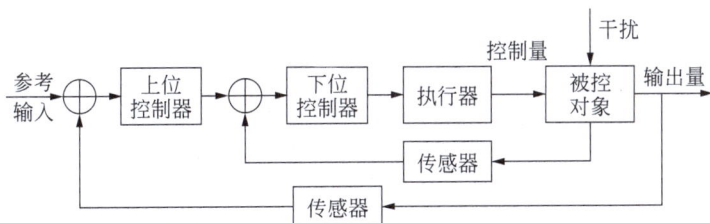

图 2.13 双闭环结构

双闭环结构能够使得系统在多维度和多方面的控制目标之间实现协调与优化:外部闭环通常负责处理系统的大范围调节,例如,相对于设定目标的总体行为或长时间尺度的调整;内部闭环则通常用于在系统内部进行精细调节,针对较小的、局部的偏差或变化进行快速反应,优化短期行为。

典型的应用实例包括空调系统和飞行控制系统。在空调系统中,外部闭环调节室内温度,内部闭环控制风速和湿度等精细调节参数,从而提高空调系统的舒适性和能效;在飞行控制系统中,外部闭环控制飞行器的航向、速度等大范围控制目标,内部闭环则实时调整飞行器的姿态、推力等更为精细的控制变量。

整定参数是指在控制系统或反馈系统设计中,通过调整系统的各个控制参数,使得系统能够达到预期的性能标准,如响应速度、稳定性、精度等。整定参数的作用不仅仅是保证系统能够正常工作,还可优化系统的各项性能,以适应不同的工作环境和变化的需求。在双闭环结构中,应基于以下原则整定参数。

(1) 分步调节。首先单独调整外部闭环,确保大范围的控制目标达到预期效果;然后调整内部闭环,以提高系统响应的灵敏度和精确度。

(2) 参数优化。在调整两个闭环的参数时,要考虑系统响应的动态特性,避免两者相互干扰。外部回路的调整需要尽可能减少系统的外部扰动,而内部回路则注重快速响应。

(3) 稳态与瞬态调节。在整定过程中,重点关注稳态误差的消除 (外部闭环) 和瞬态响应的速度 (内部闭环)。调整时应通过适当的增益调整,平衡两者之间的关系,确保系统的稳定性和灵活性。

2.1.4 系统中的多层次反馈机制

系统中的多层次反馈机制是指在一个复杂系统内,通过不同层次或维度的信息流动,实现对系统运行状态的监控、评估和调整的过程。这种机制通常包括多个反馈渠道,能够从不同角度收集和分析信息,以促进系统的优化和改进。根据不同的目标,形成不同层次的反馈通道接受不同的信息进行综合调节。图2.14展示了自主智能系统中通常存在的多层次反馈，包括传统控制系统中的反馈、多模态反馈和人类反馈。

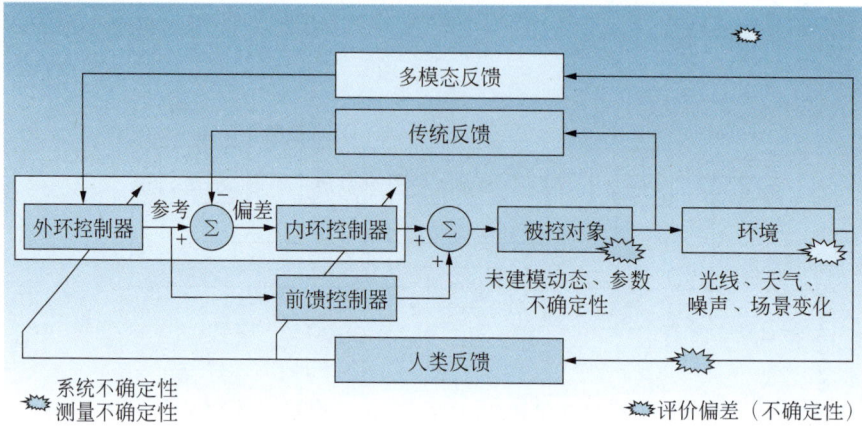

图 2.14   自主智能系统中的多层次反馈

多模态反馈是通过多种感官或媒介（模态）传递信息，以提供更全面、丰富的反馈体验。与传统的单一模态反馈（如口头、书面或视觉反馈）不同，多模态反馈结合了视觉、听觉、触觉、语言等多种感知方式，使信息传递更加立体化和多维化，从而增强反馈的效果和感知。

多模态反馈的核心在于通过不同模态的协同作用来传递更丰富、更全面和更准确的信息。常见的模态包括视觉模态（利用图像、文字等形式提供反馈）、听觉模态（如声音、音效提示）、触觉模态（通过震动或触感传递信息）以及语言模态（口头或书面反馈）。此外，动作模态（如手势、身体姿态）也可以用于交互系统中。通过结合多种模态，信息传递能够更加直观与丰富，提升反馈的有效性。

多模态反馈的形式可以按照模态的组合进行分类，比如视觉-听觉反馈（如屏幕提示加声音提示）、触觉-听觉反馈（如震动和音效结合）等。多模态反馈融合了多种感官信息的反馈，能够在复杂场景中帮助用户更好地理解与感知。例如，在虚拟现实（VR）系统中，用户通过视觉、听觉、触觉等多感官体验虚拟世界中的互动，提高了沉浸感。在驾驶过程中，驾驶员需要根据具体的现实场景，结合多种反馈来调整自己的驾驶。

在应用上，多模态反馈广泛用于人机交互（HCI）、虚拟现实（VR）与增强现实（AR）、教育、医疗康复、游戏娱乐以及自动驾驶等领域。结合多模态的反馈能有效提高用户体验，如智能设备通过视觉、听觉、触觉的协同提示，让用户更快地作出反应。在教育中，教师可以通过语言、图像和视频结合的多模态反馈帮助学生更好地理解知识。在医疗康复中，多模态反馈引导患者更好地进行康复训练。

多模态反馈具有诸多优势。首先，它能增强信息传递的清晰度与准确性，通过不同模态的组合，让信息更加直观明了。其次，它提高了用户的交互体验，特别是在虚拟现实和游戏等领域，能够大大增强沉浸感。此外，用户可以根据自己的需求和偏好选择最适合的反馈模态,从而实现个性化和适应性反馈。多模态反馈还能补偿单一模态的局限性,例如,在嘈杂环境中,视觉和触觉反馈可以代替听觉反馈。

为了更具体地理解多模态反馈在实际场景中的作用,接下来将分析一个汽车主观评价师在测试过程中如何利用多模态反馈进行车辆评估的案例。汽车主观评价师在车辆开发过程中扮演着"人体传感器"的角色,他们自身就是一种高度复杂的多模态反馈系统。他们能够感知车辆的各种动态特性,例如,加速度、转向响应以及乘坐舒适性,并将这些感知转化为主观评价。以下案例将深入探讨主观评价师如何作为一种反馈机制,为车辆的开发和改进提供关键信息。

案例 2.2 汽车研发中的主观评价师:人类反馈

人类反馈是指通过人与物体或系统的互动,收集人类主观体验和判断的一种信息反馈方式。这种反馈通常基于个体的感觉、经验和知识,在复杂系统或产品的开发过程中,它为设计优化提供了不可或缺的参考。人类反馈不仅限于定量数据,而更多地注重定性评估,反映了用户对产品性能、使用感受和操作体验的主观意见。

主观评价师是汽车研发过程中不可或缺的专业人士,他们通过实际驾驶和多维度的感知,对汽车的操控性、舒适性、动力性以及噪声和振动等方面进行主观评价。与定量的实验室数据不同,主观评价师的反馈基于其丰富的驾驶经验和对车辆特性的敏感度,提供了更具深度的定性分析和用户体验反馈。因此,主观评价师在汽车企业中承担着至关重要的角色。

主观评价师不仅是一个连接技术与实际用户体验的桥梁,还是保障产品性能和市场成功的关键人物。他们的专业性决定了其反馈的可靠性和权威性,特别是在以下几方面表现出独特的价值。

(1) 丰富的驾驶经验。主观评价师具备多年的驾驶经验,能够精确感知和分辨出车辆在不同驾驶场景下的表现差异,其经验积累使他们能够准确识别问题并提出针对性的建议。

(2) 高感知能力。主观评价师对车辆的细微变化有高度敏感,尤其是在操控性、悬挂调校和动力响应等方面。这种感知力为研发团队提供了技术参数之外的有价值反馈。

(3) 主观与客观结合。虽然主观评价师的反馈基于他们的感知和经验,但他们的评价常常与车辆的客观数据结合,提供综合性的评估,帮助研发团队更有效地调整和优化车辆性能。

(4) 汽车研发过程中的核心决策依据。主观评价师在产品研发的各个阶段都扮演了重要角色,从早期的概念设计到后期的动态调校,他们的意见直接影响到关键决策。车企通过他们的反馈来进行产品定位、性能优化和质量提升,以确保新车型能在市场上获得成功。

主观评价师的专业性和重要性使他们在汽车研发中具有不可替代的地位,他们不仅仅是试车员,更是产品优化过程中不可或缺的核心参与者。以下通过几个具体案例来说明他们的作用。

(1) 驾驶操控性评估。在一款运动型轿车的研发中,主观评价师对车辆的转向灵敏度和响应速度进行了详细评估。他们反馈:在快速变道时,车辆的转向响应略显迟缓,容易导致驾驶员在高速行驶时失去信心。根据此反馈：研发团队对转向系统进行了重新调校，增加了转向的精准度和响应速度，提升了车辆的操控性。

(2) 悬架舒适性与操控平衡。在开发一款豪华 SUV 时，主观评价师指出，车辆的悬架系统在铺装道路上表现舒适，但在非铺装路面上缺乏足够的减震效果。工程团队根据此反馈对悬架系统进行了优化，使其在不同路面条件下能够保持良好的平衡，既保证了舒适性，又提升了越野性能。

(3) 噪声、振动与声振粗糙度体验。在开发一款豪华轿车时，主观评价师指出，在高速行驶时，车内有较为明显的风噪。研发团队随后对车身密封性和车窗设计进行了调整，最终大幅减少了风噪，提升了车内静谧性。

(4) 加速与动力响应。在一款电动车的开发过程中，主观评价师对车辆的加速体验提出反馈，认为加速响应过于激进，导致驾驶员在起步时体验不佳。基于这一反馈，团队调整了电动机的功率输出曲线，使得加速过程更加线性和平稳，改善了驾驶体验。

(5) 内饰舒适性与材质选择。在某款高端车型的内饰设计中，主观评价师通过试驾后指出，某些材质在触感上不够高级，影响了整体的豪华感。设计团队根据反馈调整了部分内饰材料的选择，使得车辆在触感和视觉上都更符合目标用户的预期。

通过这些具体案例可以看出，主观评价师在人类反馈机制中发挥着至关重要的作用。他们的专业经验不仅帮助汽车研发团队识别出潜在问题，还通过反馈促进了整个产品的优化，使得车辆在技术和用户体验之间达成了平衡。

人类反馈作为一种重要的信息来源，不仅在汽车研发中发挥了关键作用，在其他领域中也有着同样广泛的应用。特别是在人工智能领域，人类反馈同样具有极其重要的价值。正如主观评价师通过实际驾驶体验为汽车的性能优化提供反馈，人工智能系统的优化也依赖于人类反馈机制。在人工智能系统中，人类反馈可以用于监督学习、强化学习以及人机交互等场景，帮助系统逐步优化并适应复杂的环境。

2.2 反馈在自主系统中的作用

2.2.1 稳定性

稳定性是自动化系统最重要的问题，是系统正常工作的首要条件。系统在实际运行中，总会受到外界和内部一些因素的扰动，例如，负载或能源的波动、环境条件的改变、系统参数的变化等。系统的稳定性是指系统在受到一定扰动后，输出虽暂时偏离平衡状态，但在扰动消失后，系统能够随时间演化回到原有的平衡状态。

早在古代，人们就开始关注稳定性问题，尽管当时并没有形成系统的理论。例如，中国古代记载的指南车和木牛流马等，都体现了对稳定性问题的初步探索。1788 年，瓦特为控制蒸汽机速度而设计的离心调节器，也是稳定性控制的一种早期实践。19 世纪末，劳斯判据（Routh criterion）和霍尔维茨判据（Hurwitz criterion）的提出，解决了线性定常系统的稳定性判别问题，为稳定性理论的发展奠定了基础。1892 年，李雅普诺夫（Lyapunov）提出了一般的运动稳定性理论，为非线性系统的稳定性分析提供了重要的数学工具。

　　1928—1945 年，以美国 AT&T 公司 Bell 实验室的科学家们为核心的研究人员建立了自动控制系统分析与设计的频域方法。这种方法通过分析系统的频域响应特性来判断其稳定性。频域方法的出现，使得稳定性分析更加直观和易于理解。例如，奈奎斯特判据（Nyquist criterion）和伯德图（Bode diagram）等方法，都是通过分析系统的频域响应来判断其稳定性的。此外，现代控制理论的发展也为稳定性分析提供了新的方法和工具。例如，卡尔曼滤波理论、动态规划等方法，都可以用于优化自动控制系统的稳定性。

　　广义的稳定性在生活中有很多实例，保持身体平衡是一种稳定，学习与娱乐的均衡也是一种稳定。假设在一条轨道上选取 3 个位置 A、B 和 C，如图2.15所示，其中，A 点和 C 点的区别在于，A 点是光滑的轨道，而 C 点则带有摩擦。如果在时间零点（$t = 0$ 时刻），在 A、B、C 这 3 个位置上分别放置一个小球，它们都是可以保持静止不动的。用数学语言来表示就是 $\dfrac{\mathrm{d}x(t)}{\mathrm{d}t} = 0\,(t = 0)$，其中，$x(t)$ 表示小球的位移，定义向右为正方向。此刻 $x(t)$ 对时间的导数为 0，说明它的值不会随时间变化。在这种情况下，A、B 和 C 可以称为这个小球系统的平衡点。具体而言，平衡点是指系统所处的某一特定状态，此时系统的所有状态变量均不随时间变化，输入与输出均处于稳定状态。

　　下面考虑当小球偏离了平衡点后发生的情况，如图2.16所示。首先观察 A 点，如果小球的初始位置偏离了平衡点 A，它的运动轨迹会是一条正弦曲线，始终围绕 A 点左右循环往复运动，其幅度不会增加也不会减小。再来观察 B 点，假设小球的初始位置在 B 点左边一点，释放之后它就会随着时间的增加远离 B 点，如果没有外力的介入，它将无法再回到 B 点。最后观察 C 点，它和 A 点类似，但是因为摩擦的存在，小球的能量会逐渐损耗，它的运动幅度会越来越小，最终回到 C 点。

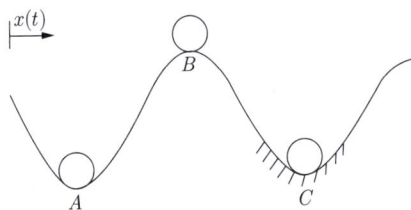

图 2.15　稳定性案例　　　　　　　　图 2.16　稳定性分析

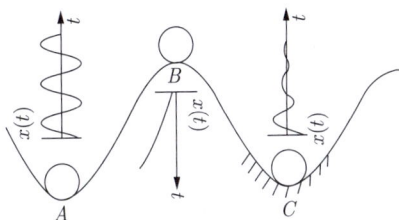

　　结合以上分析，可以给稳定性做一个粗略的定义，对于在轨道上的小球：

　　(1) 平衡点 A 是临界稳定的，也就是说是介于稳定和不稳定之间的。说它稳定，是因为小球在其附近运动时，位移和速度始终保持有界；但也不完全稳定，因为小球不会最终停在平衡点上，而是持续在其附近运动。

　　(2) 平衡点 B 是不稳定的。一旦小球偏离平衡点 B 后，就不会再回来了。

　　(3) 平衡点 C 是稳定的，因为随着时间的推移，小球最终会回到该点并停留在上面。

反馈在自动控制系统中具有举足轻重的地位，尤其在维持系统稳定性方面发挥着核心作用。反馈机制使系统能够在面对外部扰动或内部参数变化时快速响应并恢复至稳定状态。具体而言，它通过实时比较系统输出与期望目标，并根据偏差对控制输入进行调整，从而增强系统将输出维持在目标值附近的能力。以无人机系统为例，恶劣天气（如强风、暴雨或浓雾）可能导致无人机发生摇晃与漂移，影响飞行的稳定性与控制精度；而在复杂地形中，地形遮挡与障碍物会削弱 GPS 精度，进而干扰导航与定位。此时，陀螺仪、加速度计、GPS 等传感器采集的状态信息通过反馈通道传输至控制器，控制器依据反馈数据实时调整飞行姿态与轨迹，有效抵御干扰并保持系统稳定运行。可见，反馈不仅增强了系统的抗扰能力，更是确保系统稳定性与可靠性不可或缺的关键机制。

缺乏反馈机制将严重削弱系统的稳定性。以电力系统为例，发电机输出的电压和电流必须保持稳定，以保障供电质量与系统安全。在典型设计中，系统通过传感器实时监测电压、电流，并将其与设定值进行比较，由控制器根据偏差实时调节发电机的输出，实现系统稳定。若电力系统中缺乏反馈机制——既无法感知当前状态与目标状态的偏差，也无法据此调整控制输入——系统便无法对如负载突变、线路故障等扰动作出有效响应。这将导致电压、电流波动加剧，甚至引发系统振荡或崩溃，最终导致供电中断或性能退化。可见，缺乏反馈机制会使系统丧失稳定性，严重威胁其持续运行能力。

从上述案例可以看出，稳定性是任何工程系统正常运行的基本前提。它决定了系统在面对各种扰动时，能否保持其核心功能的持续、有效运作。而反馈机制在其中扮演着不可替代的角色。通过持续监测、实时调节和主动纠偏，反馈使系统具备了对抗干扰、自我恢复和动态适应的能力，是保障系统稳定性最根本的手段之一。无论是无人机、电力系统，还是更广泛的智能系统设计，稳定性与反馈始终是系统可靠运行的基础与核心。

2.2.2 自适应性

自适应性是继系统稳定性之后向更高层次的自主与智能演化的关键能力。自适应性强调在保证稳定性的基础上，通过反馈调整控制参数或策略，以适应动态变化条件并提升系统性能。反馈机制在此过程中不仅提供了状态感知与误差评估的基础，还构成了系统自我调整的闭环通路，是实现系统自适应行为的核心支撑。

自适应控制的发展可追溯至 20 世纪 50 年代。1951 年，Draper 和 Li 设计了一种可在性能特性不确定条件下优化内燃机性能的自动控制系统，被视为自适应控制的早期雏形。1955 年，Benner 和 Drenick 正式提出控制系统应具备"自适应"能力。1960 年，Li 和 Van Der Velde 提出了通过引入极限环实现参数自动补偿的自振荡自适应系统（self-oscillating adaptive system），标志着该领域理论化探索的开端。此后，自适应控制理论不断发展，至 20 世纪 80 年代已广泛应用于交通、航空航天、家居控制等实际场景。20 世纪 90 年代以来，神经网络等智能方法的引入进一步扩展了自适应控制在复杂非线性系统中的应用能力。

在实际应用中，自适应性主要表现为系统对参数不确定性、模型不确定性的适应能力，以及在此基础上实现性能优化的能力。下面从这 3 个维度展开介绍。

1. 参数不确定性

许多工程系统的关键参数可能随时间、负载、温度、组件老化等因素的变化而变化，导致系统动态特性产生漂移。这类参数不确定性若未及时补偿，将显著削弱系统性能甚至破坏其稳定性。

自适应控制技术依托反馈机制对系统状态和输入输出关系进行实时监测，通过识别关键参数的偏差，驱动控制器参数的在线调整，从而对因参数漂移或波动导致的性能退化实现快速补偿。例如，在智能家居系统中，环境温度、湿度、照明强度以及用户行为均具有不确定性。自适应控制模块基于多源环境传感数据动态修正控制参数，使系统在多变环境条件下仍能稳定运行并满足用户的舒适性需求。在此过程中，反馈不仅提供了系统状态的估计信息，也构成了控制参数调整的决策基础。

2. 模型不确定性

系统模型是自动控制设计的重要基础。但在复杂系统中，由于高度非线性、强耦合、迟滞、非平稳性等特征的存在，系统的真实行为往往难以精确描述，从而形成模型不确定性。

自适应控制技术通过引入反馈调节机制，使系统在运行过程中能够持续、动态地修正模型偏差，从而更好地适应实际情况。例如，现代家用电冰箱的多区域温度控制受制于制冷器分布、门体开闭频率及物品布置等复杂因素，难以建立统一精确模型。采用带有自适应能力的控制系统，可根据传感器反馈对温控策略进行动态调整，提升系统的温度调节精度和鲁棒性。与基于固定模型的控制器相比，自适应控制通过反馈构建了一种基于性能结果持续更新内部估计与行为规则的能力机制，提高了系统对模型结构性误差的容忍性。

3. 提高系统性能

除了应对不确定性，自适应性还体现在系统在多变运行条件下实现性能动态优化的能力。在任务执行过程中，自适应机制通过实时感知系统状态与关键性能指标，动态调整控制策略，使系统持续逼近最优运行状态。

自适应控制技术通常关注的性能指标包括响应时间、超调量、稳态误差等动态与稳态特性。以电动汽车为例，车辆控制系统可基于路况、坡度、载重、电池状态等反馈信息，动态调整电动机输出与转向控制参数，实现更优的操控稳定性——反馈在此过程中是驱动控制策略更新、提升系统表现的核心信息来源。

综上所述，自适应性作为自主智能系统的一项关键能力，依托反馈机制可实现对参数漂移的快速响应、对模型误差的动态补偿以及对系统性能的持续优化。它不仅是系统在稳定性基础上实现动态调节的高级机制，也为更高层次的自主学习与智能优化提供了运行保障与结构基础。

2.2.3 学习与优化

自主智能系统区别于传统自动化系统的关键特征之一，是其具备从数据中学习并进行自我优化的能力。在复杂的动态应用环境中，仅依赖预设规则往往难以应对未知情况和变化需求，而通过引入反馈机制，系统能够依据环境信息调整内部模型、更新策略，从而实现适应性与进化性。学习与优化过程在技术路径上通常可划分为离线学习与优化和在线学习与优化两种形式。这两者在反馈的获取方式、应用场景和算法特性上各有侧重，共同构成了自主智能系统学习机制的基础。

1. 离线学习与优化

离线学习与优化是一种基于历史数据进行训练和分析的方式，适用于数据可以提前采集、处理的场景。此类反馈信息通常以标签、评分或行为记录等形式存在，用于模型的监督训练或策略的评估优化。其核心目标是利用大量离线样本，在不影响系统实时运行的前提下，通过集中计算寻找总体最优的模型参数或策略函数。常见的优化目标包括最小化预测误差、最大化累计回报或提升泛化性能，方法上多采用梯度下降、交叉验证、策略迭代等机器学习和优化手段。

离线优化具有模型训练稳定性强、资源调度灵活等优点，尤其适用于大规模数据驱动的任务，如图像识别、语音识别、自然语言模型的预训练等。同时，它也为后续部署阶段提供了良好的基础参数和策略初始化。但需要注意的是，离线训练往往面临"数据-现实偏差"问题，即训练数据分布与实际运行环境不完全一致，可能导致模型在真实应用中表现下降。因此，在离线优化阶段，反馈数据的代表性与质量至关重要。

2. 在线学习与优化

与离线方式不同，在线学习与优化强调系统在运行过程中根据实时反馈持续调整其模型或控制策略。这类反馈通常来自传感器输入、环境状态变化或用户行为数据，具有时效性强、数据量连续增长等特点。系统通过增量式算法实现对当前数据的快速适应，从而在环境发生变化时仍能维持优良性能。例如，在线梯度下降、贝叶斯更新、强化学习中的策略优化方法，均是实现在线优化的重要技术手段。

在线学习与优化尤其适用于对响应速度要求高、环境变化频繁的任务场景，如实时推荐系统、智能交通信号调控、自适应工业控制等。与离线方法相比，在线学习与优化能更有效地利用最新反馈信息，对未知环境具备更强的适应能力，但同时也对算法的稳定性、反馈的及时性与准确性提出了更高要求。系统设计需避免过度拟合、振荡更新等潜在风险。

在线方式与离线方式并不是完全割裂的，而是可以相互补充。在实际应用中，常采用"先离线训练—后在线微调"的协同策略，即通过离线阶段获得较优初始策略，再结合在线反馈不断微调与适应，以实现系统在效率与灵活性之间的平衡。

2.3 反馈系统案例

2.3.1 自然界中的反馈系统

自然界中的反馈机制通过调节系统的稳定性和适应性，确保生态平衡和生物体内环境的维持。负反馈常见于体温调节、血糖控制等生物系统，通过减少偏差来维持平衡。正反馈则常见于气候变化中的温室效应，加速系统的变化。捕食者与猎物之间的动态平衡也依赖于反馈调节种群数量，保证生态系统的健康和稳定。通过这些反馈机制，自然界能够动态应对变化，维持长期的生态稳定。

1. 人体的体温调节

人体的体温调节机制是一个典型的生物反馈系统，依赖于下丘脑作为调控中心，通过神经系统和激素调节来维持体温的平衡。图2.17展示了温度感受器、下丘脑以及各类效应器（如骨骼肌、皮肤血管、汗腺和肾上腺髓质）的协同作用，确保体温维持在 37°C 左右的恒定状态。

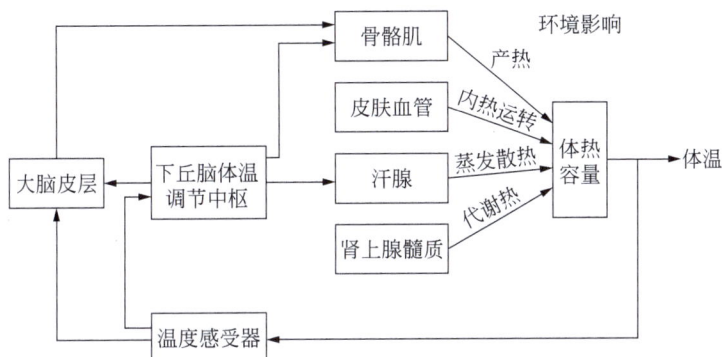

图 2.17　人体的体温调节示意图

首先，人体表皮和深层组织中的温度感受器会持续监测外部环境和内部的温度变化。一旦感知到温度超出正常范围（无论是过冷或过热），这些感受器通过神经信号将信息传递至大脑中的下丘脑。下丘脑的体温调节中枢接收这些信号后，立即分析当前的温度变化是否需要调节。当温度过高时，下丘脑会发出指令，让身体通过增加散热来降低体温；当温度过低时，下丘脑则会激活增加产热的机制。这种双向调节使得人体能够灵活应对不同的环境条件。

在炎热条件下，人体通过多个途径散发多余的热量。首先，皮肤表面的血管会扩张，使得更多的血液流向皮肤表层，从而通过辐射和对流将热量释放到外界。其次，汗腺开始分泌汗液，当汗液蒸发时，它能带走大量热量，这种蒸发散热是人体在高温环境中主要的降温手段。此外，内热的运输也能通过增加呼吸频率或改变血液循环来进行调节。

在寒冷环境中，人体则需要通过多种方式来增加热量的生成。骨骼肌的颤抖是最直接的产热方式，肌肉的快速收缩产生热量帮助抵御寒冷。同时，皮肤血管收缩，减少体表的血液流动，从而降低热量的散失。肾上腺皮质也参与调节，通过分泌肾上腺素等激素来加速新陈代谢，增加体内热量的生成。综上，人体的体温调节是一个复杂的多层次反馈系统，通过下丘脑整合温度感受器和效应器的反应，借助产热与散热的平衡来维持恒定的体温。无论是寒冷环境中的产热反应，还是炎热环境中的散热过程，这种精确的反馈机制保障了人体在不同环境中的生存能力，体现了反馈在生物系统中的重要性。

2. 人脑与视觉中的注意力机制

自然界的环境信息极为丰富，而人脑的资源和能力有限，无法同时对所有信息进行处理。人脑的注意力机制通过动态分配资源，对重要信息（比如与生存威胁或机会相关的信息）进行优先、强化处理，并减轻神经系统负担。

注意力的形成涉及一个反馈过程。以视觉中的注意力为例，如图2.18所示[4]：眼睛通过扫视捕捉到视觉刺激后，将视觉信息传递到大脑的视觉皮层。视觉皮层按特征（比如颜色、强度、方向）处理视觉信息，形成特征图（feature map）并将其传递到大脑的前额叶皮层和后顶叶皮层。前额叶皮层和后顶叶皮层结合当前的行为目标和先前的知识将独立的特征图整合成一张完整的显著图（saliency map）。显著图表达了视野中的刺激的显著性，引导大脑将注意力调控到最显著的状态，并通过上丘脑控制眼睛的运动，使之聚焦于这个视觉刺激。

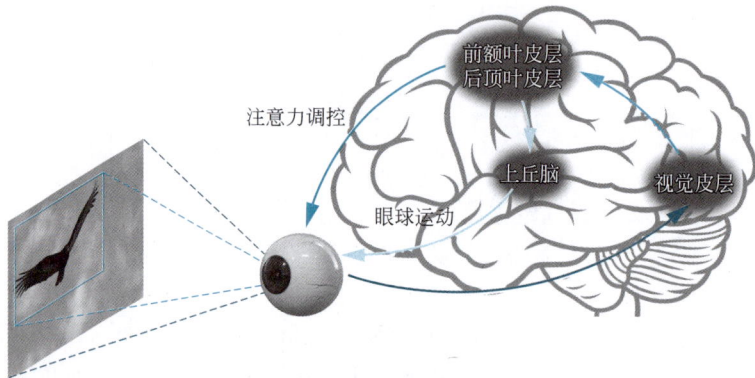

图 2.18　视觉中注意力的形成过程

以上描述的视觉中的注意力机制可以用如图2.19所示的框图表示。从图2.19中可以清楚地看该机制涉及的闭环反馈过程。

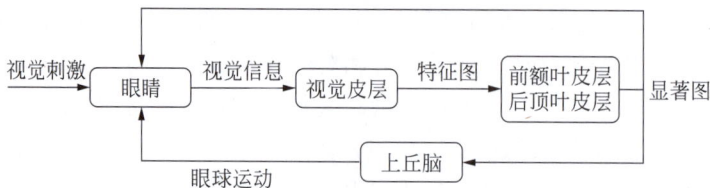

图 2.19　视觉中注意力机制框图

受人脑注意力机制启发的深度学习中 transformer 网络的注意力机制，在自然语言处理、图像处理等领域中取得了革命性成果[12]，不仅推动了大语言模型（Large Language Model，LLM）的发展，在提升自主智能系统的感知能力方面也展现了广泛潜力，具体将在第 3 章进行介绍。

3. 捕食者与猎物的平衡

捕食者与猎物的动态平衡是生态系统中的一个重要反馈机制，如图2.20所示。捕食者通过捕食猎物来调节猎物种群数量，防止猎物种群过度繁殖导致食物资源枯竭。而猎物种群数量减少会反过来影响捕食者的数量，因为捕食者的食物减少，捕食者种群也随之减少。随着捕食者数量减少，猎物种群有机会恢复增长。这个反馈机制有助于维持生态系统的平衡与稳定，确保物种多样性，防止生态系统因某一物种的过度繁殖或灭绝而失衡。

具体来看，当猎物数量增加时，捕食者的食物供应充足，捕食者种群得以快速繁殖。然而，捕食者种群的增加会导致猎物数量的迅速下降，形成了负反馈机制。随着猎物减少，捕食者的食物变得稀缺，导致捕食者的繁殖速度下降，甚至种群数量减少。随着捕食者数量的下降，猎物的种群逐渐恢复，形成一个正反馈循环。

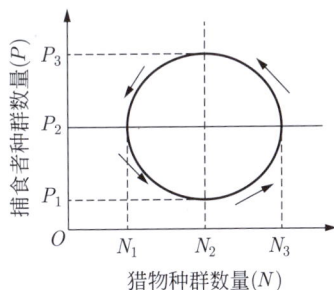

图 2.20　捕食者与猎物生态系统

这种动态的平衡关系不仅限于个别物种，而是整个生态系统的关键组成部分。例如，草原中的狼和鹿之间的关系，狼是捕食者，鹿是猎物。鹿群繁盛时，狼有足够的食物来源，导致狼群扩张。但随着鹿群减少，狼的食物资源枯竭，狼的数量减少，鹿群得以恢复。除了捕食者与猎物的数量平衡外，这种动态平衡还会影响生态系统的其他方面，如植被的生长和环境的可持续性。例如，如果捕食者减少过多，猎物的过度繁殖会导致植被的过度消耗，造成土壤侵蚀和栖息地的破坏，这反过来又影响了整个生态系统的健康。因此，捕食者与猎物的动态平衡不仅对它们本身的生存至关重要，还影响着整个环境和生物多样性。总的来说，捕食者与猎物之间的动态平衡是一种复杂的反馈系统，通过调节种群的数量和互动方式，维持生态系统的长期稳定与健康。这种机制帮助生态系统适应环境变化，确保各个物种在资源有限的环境中共存。

4. 蚂蚁通过反馈机制实现群体高效合作

蚂蚁作为典型的社会性动物，其群体行为依赖于复杂而高效的反馈机制，尤其是在觅食、任务分工和资源分配等方面展现出非凡的协调性。

如图 2.21 所示，在蚁群中，觅食行为通过信息素反馈机制实现高效合作。每当工蚁发现食物源时，它会释放信息素沿途标记路径，其他蚂蚁通过信息素的强度识别路径并跟随。这一正反馈机制使得越来越多的蚂蚁加入同一路径上，形成规模化的觅食行为，确保食物被高效运输回巢。然而，当食物源被耗尽或路径信息素变弱时，蚂蚁会自发减少对该路径的依赖，分散寻找新的食物源。这种负反馈机制可以帮助蚁群避免资源枯竭带来的效率损失。

除了觅食，蚂蚁的任务分工也受到反馈调节的控制。根据巢穴内外的需求变化，蚂蚁通过环境信号和同伴的反馈，动态调整不同个体的任务分配。例如，在食物储备不足时，更

图 2.21　蚂蚁生态系统（图片来源于 *Journey to the Ants: A Story of Scientific Exploration*[3]）

多蚂蚁被分配去觅食；在巢穴遭遇外敌时，蚁群则会调动更多个体参与防御工作。通过这一套任务分配机制，蚁群能够灵活适应外界条件的变化，保持群体的生存能力与组织效率。此外，资源分配也是蚂蚁反馈系统的重要表现之一。当某一路径的食物来源丰富时，信息素信号会持续强化，吸引更多蚂蚁参与；当资源枯竭时，信号则逐渐减弱，使蚁群将注意力转移到其他更有利的食物源上。这种基于信息素反馈的分配机制确保了蚁群对资源的高效利用，避免了不必要的资源浪费和能量损耗。蚂蚁的反馈机制不仅依赖于化学信号，还通过物理接触和行为互动来实现，例如，蚂蚁通过触角感知同伴的行为，传递巢穴内外的信息，确保行动的同步性。蚁群的集体决策同样依赖反馈机制，例如，在寻找新巢穴或面对重大威胁时，蚁群通过个体之间的行为反馈，逐渐达成群体共识，确保了决策的正确性和效率。这种基于反馈的集体智能使得蚁群在复杂环境中展现出强大的适应能力和生存竞争力。蚂蚁的反馈机制不仅在觅食和任务分配中发挥作用，还在整个群体组织和生态互动中扮演关键角色，确保了蚁群的高度协同与稳定发展。

蚂蚁通过信息素、行为信号和物理互动等多层次反馈机制，形成了一套高度有效的自组织系统，使得它们能够在复杂、动态的环境中实现高效的觅食、任务分工和资源分配，展现出强大的群体智能。这种反馈机制的应用不仅有助于蚁群适应不断变化的外部环境，还确保了整个群体在长时间尺度上的生存和繁衍，成为自然界中集体行为协调和反馈调节的典型范例。

2.3.2　工程中的反馈系统

反馈在工业控制中具有重要意义，通过实时监测系统输出并与设定值对比，自动调整系统输入，确保稳定性和精确性。它能够减少误差，提高控制精度，增强系统的鲁棒性，自动应对环境变化和干扰。同时，反馈控制推动了自动化进程，提升了生产效率，节约了资源，降低了操作成本，是现代工业生产中不可或缺的核心技术。

1. 古代土木工程中反馈机制的应用

在古代土木工程中，虽然没有现代化的自动控制技术，但通过长期的实践经验和反馈机制，古代工匠们成功实现了许多工程的高效运行与稳定性。例如，在古代水利工程中，通过对水流和土壤状况的观察，工程师们不断调整水道的结构，以应对自然环境的变化。最著名的例子之一便是都江堰工程，这项古代水利工程通过巧妙的反馈机制，实现了对水流的动态调节，确保了长久以来的水利灌溉与防洪功能。都江堰的设计充分利用了自然界的反馈特性，依据水流变化和地形条件，精确调控水流量，从而达到系统的自我调节与持续优化。这一工程的成功，正是反馈机制在古代土木工程中的一个典范。

案例 2.3　都江堰工程（如图 2.22 所示）中的反馈

都江堰位于中国四川省，是世界上年代最久、保存最完整、仍在使用的无坝引水工程，其主要结构包括位于岷江河心的鱼嘴分水堤、飞沙堰溢洪道和宝瓶口引水口，通过其独特的结构设计，实现了防洪、灌溉和排沙的效果。

1) 水量自动调节——鱼嘴分水堤

都江堰工程中的鱼嘴分水堤（以下简称"鱼嘴"）是实现水量自动调节的关键结构，其控制系统框图如图 2.23 所示。它利用自然水力学原理，根据岷江水位的高低，自动调整内江和外江的分水比例，达到防洪、灌溉的双重目的。鱼嘴位于岷江河道的中心点，是内江和外江的分水口，呈楔形，形似鱼嘴，尖端指向上游。鱼嘴的高度低于两岸河堤，但高于枯水期的水位，材料采用石块和卵石堆砌，具有一定的透水性和稳定性。

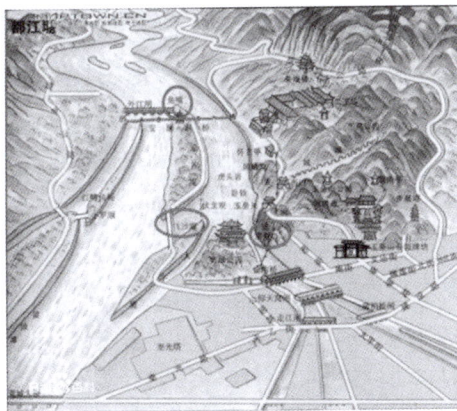

图 2.22　都江堰工程示意图

首先，鱼嘴利用水位差和流速差，水位差影响水流方向，高水位时，水流速度快，惯性大，水流容易直行进入外江；低水位时，水流速度慢，更容易受到鱼嘴的阻挡，转向内江。流速差导致分水比例变化，水位升高时，外江流速增加，吸引更多的水流；水位降低时，内江相对流速较大，引导水流进入内江。其次，鱼嘴的形状和位置产生导流作用。鱼嘴采用楔形设计，尖端对准上游，能够分割来水，使其沿两侧分流。在不同的水位条件下，鱼嘴

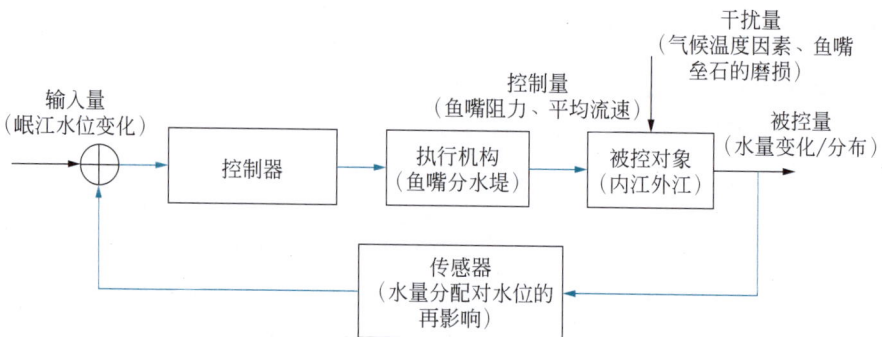

图 2.23　鱼嘴控制系统框图

对水流的阻挡和导向作用有所不同，导致分水比例发生变化。最后，河床坡度和弯道效应也影响着分水比例。内江河床坡度较缓，外江河床坡度则较陡。高水位时，外江陡坡使水流更快地向下泄，同时由于弯道离心力的作用，鱼嘴附近河道有一定的弯曲，水流在高水位时离心力增大，更倾向于沿外侧的外江流动。同时在洪水季节，由于主流在外江，又因为凹岸冲刷凸岸淤积作用，处于凸岸的外江含沙量较大，故大量泥沙被主流带入外江，保证了一定的排沙能力。

在洪水期，水位上升使得鱼嘴被淹没，水流阻力减小，更多的水由于惯性的作用流入外江。进入内江的水量因此减少，内江水位降低，防洪效果得以显现。下游水位保持稳定，防止了内江下游发生洪涝灾害。下游水位的稳定又反过来减轻了上游河道的压力，形成了一个良性的循环。在枯水期，水位下降使鱼嘴露出水面，阻挡作用增强，更多的水被引导进入内江。下游农田因此获得了足够的灌溉水源，满足了灌溉需求。下游水位适宜，有利于航运和生态环境的维持。下游用水的增加也有助于维持整个河道的水位平衡，形成了一个自我调节的循环系统。在这个过程中，内江和外江水量的变化会影响下游河道的水位和流速。下游水位变化反过来又会影响河道的整体水力条件，进而影响上游的水流状态，形成了一个动态的反馈回路：水位变化 → 鱼嘴调节分水比例 → 内外江水量变化 → 下游水位和流速变化 → 影响上游水流条件 → 再次作用于鱼嘴的分水效果。这个循环过程持续进行，使系统不断调整，达到水量分配的动态平衡，充分体现了自然反馈机制在工程中的应用，保证了都江堰长期稳定、高效地运行。

2) 泥沙自动排泄——飞沙堰溢洪道

我国著名水利工程中，有相当一部分是因为对泥沙问题处理不当而失效，使工程最终毁于泥沙淤积。飞沙堰利用水流速度和重力，将多余的泥沙和水排入外江，防止内江淤积。飞沙堰溢洪道（以下简称"飞沙堰"）高度低于鱼嘴但高于内江河床，这使得在正常水位下，部分水流和泥沙可以顺利越过飞沙堰进入外江，弧形堰顶有利于水流顺畅溢出，减小紊流，增强排沙效果。飞沙堰根据内江水位、水流速度和泥沙含量等输入变量的变化，自动调整泥沙和水的排泄量。这种反馈机制使内江的水位和泥沙含量保持在适宜的范围内，确保了灌溉、防洪和航运的长期稳定运行。在高水位时期（洪水期），内江水位升高，水流速度加快，泥沙含量增加，飞沙堰在高水位下，更多的水和泥沙溢过堰顶进入外江，使得内江水位和泥沙含量降低，减轻了内江的淤积和防洪压力；而在低水位时期（枯水期），内江水位降低，水流速度减慢，泥沙含量减少，飞沙堰阻挡了大部分水流，减少了水和泥沙的排泄，保持了内江必要的水量，泥沙沉积也较少，不影响通航和灌溉。

飞沙堰的自动感知与响应机制无须人工操作，完全利用物理原理实现对水位和泥沙含量的自动感知和实时调整；当内江水位和泥沙含量过高时，系统通过增加排泄量来减小偏差，这种负反馈调节有助于维持内江的稳定状态，防止极端情况的发生。水位和泥沙含量的变化导致系统响应，系统的响应又影响下一步的输入变量，形成了一个持续的循环反馈，使得飞沙堰能够始终保持高效运行，实现了自动调节、负反馈机制和动态平衡。具体而言，输入内江水位和泥沙含量 → 系统响应，调整排泄量 → 系统响应后，内江的水位和泥沙含量发生改变（如果排泄量增加，内江水位下降，泥沙含量减少，如果排泄量减少，内江水位上升，泥沙可能积聚）→ 调整后的水位和泥沙含量成为系统的新输入，形成循环反馈。

3) 水位反馈控制——宝瓶口引水口

宝瓶口引水口（以下简称"宝瓶口"）是都江堰工程的重要组成部分，位于鱼嘴和飞沙堰之后，是内江的入口。它的主要功能是控制进入内江的水量，确保下游灌溉、供水和航运的需求，同时防止洪水时期内江水位过高，避免洪涝灾害。宝瓶口因形似宝瓶而得名，其结构类似于一个瓶口，入口狭窄，出口逐渐扩大。这种设计使得水流在进入内江时受到控制。宝瓶口的宽度和高度经过精确计算和设计，能够在不同水位条件下限制进入内江的最大水量。

宝瓶口通过其形状和尺寸，利用水力学原理，实现了对内江水量的自动调节。根据伯努利原理，宝瓶口的狭窄入口使水流速度加快，压力降低，形成水力学障碍，限制了过多水量的进入。水流通过宝瓶口时，由于突然的截面变化，产生能量损失，减缓了水流，进一步限制水量。同时，宝瓶口的尺寸设计确保即使在最大洪水水位下，进入内江的水量也不会超过安全阈值。高水位时，宝瓶口前后的水位差增大，导致紊流增加，水流阻力变大，限制了水流通过。此外，由于重力和惯性作用，高水位时期，水流惯性较大，但宝瓶口的狭窄入口迫使水流减速，减少进入内江的水量。水流在通过宝瓶口时受到重力影响，部分水被引导回外江，减轻内江压力。

在平常或枯水期，岷江水位较低，宝瓶口的尺寸足以让足够的水量进入内江，满足下游的灌溉和生活用水需求。在洪水期，岷江水位大幅上升，水流量增大。宝瓶口的狭窄入口对过高的水位和水流形成限制，防止过多的水进入内江，避免内江水位过高，防止下游洪涝灾害。以岷江的水位和流量变化为输入变量，根据水位的高低，宝瓶口自动限制或允许更多的水进入内江。进入内江的水量被自动调节，防止内江水位过高或过低。高水位限制水量，使得内江水位不至于过高。水位的变化导致宝瓶口的调节，宝瓶口的调节又影响内江水位，内江水位的变化再次影响整个系统，形成循环。整个过程无须人工干预，系统根据水位变化自动感知和响应，形成负反馈循环，确保内江和下游地区的安全和稳定。

综上，都江堰工程巧妙地利用了自然反馈机制，通过结构、目的效果和原理的有机结合，实现了对水资源的高效管理。都江堰能够根据季节和水文条件的变化，自主调整水量分配，体现了自适应的反馈机制。通过反馈调节，维持了内江和外江的水量平衡，确保了灌溉、防洪和航运功能的长期稳定。利用自然力量进行自动调节，减少了人为干预和维护成本，体现了可持续发展的理念。其反馈机制的成功运用，不仅体现了古代劳动人民的智慧，也为现代工程设计提供了宝贵的经验和启示。

2. 中继水泵母管压力的 PID 控制

在工业控制系统中，反馈机制是实现自动调节和优化的重要手段。图2.24所展示的中继水泵母管压力调节系统通过反馈控制实现对压力的精确控制，利用 PID（比例-积分-微分）控制算法（这种控制算法将在第 5 章进行详细介绍）对水泵的变频器进行调节，以确保系统压力保持在设定值附近。在该系统中，核心的控制思路是基于反馈环路，通过对实际测量的系统压力与设定值之间的偏差进行计算，并根据偏差大小调整水泵的运行速度。

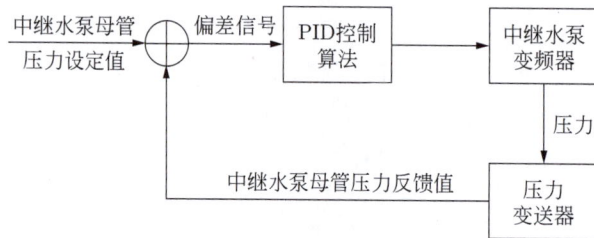

图 2.24　水泵控制框图

具体而言，首先，压力设定值作为期望的目标压力输入系统中。通过压力变送器测量母管的实际压力，并将其反馈到控制系统中。随后，实际压力值与设定的目标压力进行比较，产生偏差信号，这个偏差反映了当前系统压力与理想值之间的差异。此时，PID 控制算法发挥作用，PID 控制器根据偏差值计算出一个调整信号，该信号控制中继水泵变频器的运行频率。

在 PID 控制算法分为 3 部分，其中比例控制（P）负责立即对偏差进行响应，调节水泵的频率，使得输出压力能够迅速朝向设定值靠拢；积分控制（I）则通过累积历史偏差，消除系统中的稳态误差，使系统最终达到设定压力；微分控制（D）用于预测压力变化的趋势，提前调整控制信号，防止系统过冲或者振荡，增加系统的稳定性和响应速度。

随着 PID 控制算法输出的信号传递至变频器，水泵的运行速度得到动态调整，进而改变系统压力。如果压力过低，则 PID 控制器会增加水泵的转速，提升供水压力；如果压力过高，则控制器降低水泵的转速，减小输出压力。通过这种方式，系统可以根据实时反馈的压力信息不断调整水泵的工作状态，维持系统稳定运行。

在此过程中，反馈环节至关重要。压力变送器将实时的压力信息反馈给控制系统，构成了闭环控制系统的一部分。在没有反馈的情况下，控制系统将无法准确了解当前压力的实际情况，导致系统可能偏离设定目标。通过实时反馈，系统能够监测并修正自身的运行状态，从而实现自动化的精确控制。

PID 控制在工业过程中的广泛应用正是因为其良好的调节性能和对各种工况的适应能力。对于压力控制系统而言，PID 控制算法能够有效应对外界干扰和系统负载的变化，确保压力稳定在预定范围内。这种自动化的反馈调节方式不仅提高了系统的运行效率，还减少了人工干预的需求，大大提升了生产过程的自动化水平。

3. 交通系统的信号控制

在交通信号控制系统中，通过反馈机制实现实时动态的信号调节，可以提高交通效率，减少拥堵，确保道路安全。如图2.25所示，系统首先利用车辆检测器采集道路上的交通流数据，这些检测器安装在各个交通要道，持续监控车辆的数量、速度、交通流向等信息，形成交通流量数据并将其传递给交通状况监测模块。监测模块通过对数据的实时处理，分析当前的交通状态，包括拥堵程度、平均车速、车辆等待时间等，并将结果呈现给交通管理人员。这些数据是进一步优化交通信号调控的重要基础。

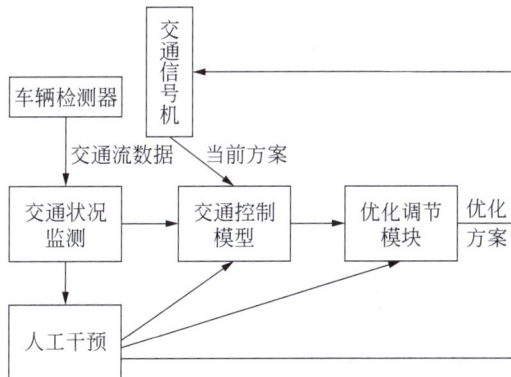

图 2.25　交通系统的信号控制示意图

接下来，系统进入交通控制建模阶段。交通控制模型通过仿真技术和数学模型，模拟不同的交通信号灯调度方案，预测未来交通流量的变化。模型会根据当前的交通流量数据，进行多种方案的计算和评估，以减少可能的交通拥堵，提高交通信号灯的调度效率。例如，它会根据实际道路的交通状况，动态调整红绿灯的时间分配，优化车辆的通行时间。此时，生成的控制策略被传递到优化调节模块。

优化调节模块根据模型预测结果，进一步优化交通信号灯的控制策略，形成一套最优方案。该模块综合考虑了当前的交通流量、路口的地理特性、信号灯控制的优先级等因素，调整红绿灯的时长和转换频率。这一过程使得系统能够根据实时交通状况灵活调整交通信号灯的运行，确保交通流畅性，并减少车辆的等待时间和交通拥堵的发生。

当优化的调节方案生成后，系统会将这些方案传递至各个交通信号灯控制器，直接控制交通信号灯的工作状态。通过这种实时调整，每个交叉口的信号灯都可以根据当前的交通条件动态地改变红绿灯时长和切换频率。比如，在交通高峰期，系统可能会优先为主要道路分配更多的绿灯时间；而在低流量时段则缩短绿灯时间，确保整体交通网络的高效运行。

在某些特殊情况下，如发生交通事故、道路施工或其他突发事件时，交通管理人员和交通工程师能够通过监控系统介入，基于实时的交通数据和系统生成的优化建议，调整信号控制策略。这种人为干预为系统提供了额外的灵活性，使其能够快速响应复杂或特殊的交通状况。

通过这样的多层次反馈系统，交通信号控制可以动态适应不同的交通流量和变化情况，保证了城市道路系统的高效运行和及时调整，减少了交通延误和拥堵现象。

4. 自动驾驶测试中反馈机制的应用

在自动驾驶测试系统中，反馈机制具有至关重要的意义，通过实时信息的反馈和调节，确保车辆在复杂的模拟环境中安全、高效地运行。如图2.26所示，在测试过程中，自动驾驶车辆会通过传感器获取周围环境的数据，如位置坐标、速度、航向角等，这些信息实时传递到云端控制器进行分析。云端控制器基于这些实时反馈的车辆数据，与预设的测试场景参数进行对比，如道路状况、障碍物位置、其他车辆的行为等，从而生成相应的控制指令。这些指令随后反馈回自动驾驶车辆，调整其行驶路径、速度、方向等，确保其能够准确应对当前的道路和交通状况。通过这种反馈回路，车辆能够在模拟的复杂场景下（如城市道路、突发事件和多车交互场景中）进行动态调整，确保测试车辆对多变的交通环境作出迅速而合理的反应。

图 2.26　自动驾驶测试系统中的反馈

在冲突测试场景中，云端控制器可以实时接收自动驾驶车辆的速度和位置反馈数据，同时在测试场景中加入背景车或假人作为干扰因素。云端控制器根据这些外部变化生成优化的控制策略，将其反馈给车辆，使其调整速度、刹车或转向来规避可能的碰撞风险。这种反馈机制的优势在于，它能够动态地调整测试过程中的各项参数，确保自动驾驶系统在模拟的复杂交通场景中应对自如。反馈机制不仅仅是一次性的数据传递过程，更是一个持续的循环，车辆通过反馈不断更新和调整其行为，系统则通过分析车辆的反应和表现，不断优化控制算法。

反馈机制在自动驾驶测试中的意义还在于，它使得测试过程具备了高度的灵活性和自适应性。在云端控制器的控制下，测试环境可以根据车辆的表现进行动态调整，系统能够自动设置各种复杂的测试场景，例如模拟不同的天气状况（如雨天、雾天）、道路状况（如拥堵、限速）、突发事件（如行人横穿马路）等，这些场景都会通过反馈机制及时反映给自动驾驶车辆。车辆会基于反馈的数据及时调整其驾驶行为，并将自身的状态反馈回云端，形成一个闭环。通过这种双向的反馈，测试过程能够更加逼真地模拟现实道路环境中的复杂性和多样性，确保车辆在现实道路上具备足够的应对能力。

反馈机制在自动驾驶测试中扮演了核心角色。它不仅使得测试过程具备了高度的灵活性和适应性，能够逼真地模拟现实世界中的复杂交通场景，还能够通过实时数据的双向流动，保证车辆的安全和高效运作。

5. 语言模型基于反馈的对齐

为使大语言模型（Large Language Model，LLM）在特定领域或对话场景下的行为更准确和符合人类期望，可以通过反馈机制进行模型的对齐（alignment）。以 GPT 模型为例，常见的对齐技术手段有如下两种。

(1) 监督微调（supervised fine-tuning）。在预训练模型的基础上，通过某一特定领域（如自动驾驶领域）的高质量的标注数据，对模型进行进一步的训练，使模型在该领域的准确性、可靠性和实用性得到提升。监督微调的本质是基于标注数据反馈的参数调整过程，如图2.27所示：比较模型输出与标注数据的偏差，进而通过优化算法调整模型参数以缩小这种偏差。

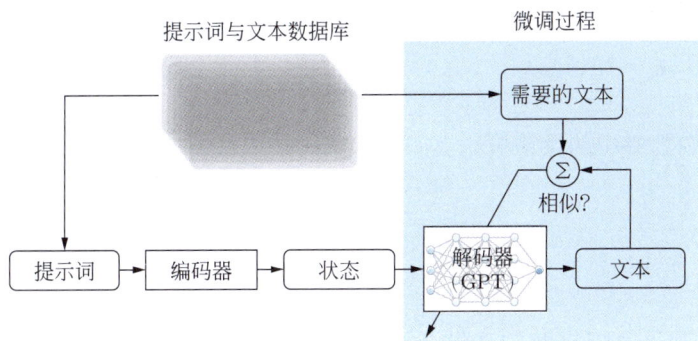

图 2.27　基于标注数据的 LLM 微调

(2) 基于人类反馈强化学习（Reinforcement Learning from Human Feedback，RLHF）的微调。这是一种结合了监督学习和强化学习的方法，利用人类提供的反馈信息调整预训练语言模型的行为，其过程如图2.28所示[7]。具体来说，该方法首先基于可信的人类反馈训练一个奖励模型（reward model），用于量化语言模型的输出质量。此过程中的人类反馈通常是专家对语言模型输出的打分或排序。得到奖励模型后，使用奖励模型生成得分信号，通过强化学习（如近端策略优化 PPO 算法）对语言模型的参数进行微调，使其输出最大化地符合由专家反馈表达的人类偏好。

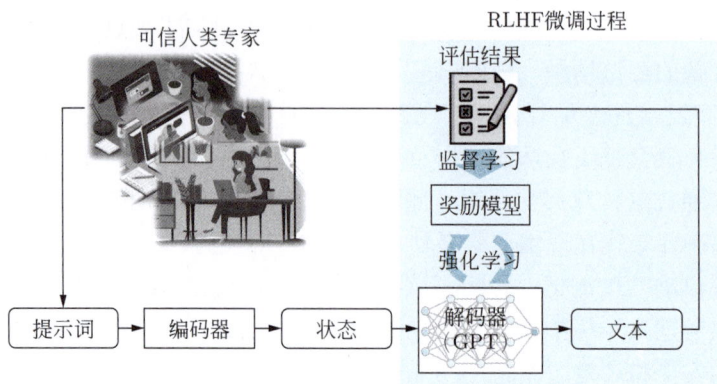

图 2.28　基于人类反馈强化学习的 LLM 微调

　　收集专家反馈并训练奖励模型和通过强化学习训练语言模型的过程可以离线且间歇性地迭代进行——首先由当前语言模型生成数据，接着收集专家对这些数据的反馈（如打分、排序等），然后利用这些反馈信息更新奖励模型，最后基于更新后的奖励模型通过强化学习进一步优化语言模型——在该过程的反复迭代中逐步提高语言模型的性能。

2.4　实训项目

2.4.1　实训项目 1：自然界中的反馈机制

1. 项目目标

　　研究和模拟自然界中的反馈机制（如生态系统中的反馈、人体生理反馈等），并通过模型进行验证。

2. 步骤

1) 文献调研

　　查阅有关自然界反馈机制的文献，了解相关案例，研究生态系统或生物体内的反馈机制。

2) 模型选择

　　选择一个具体的反馈机制进行研究，例如，

(1) 生态系统：捕食者与猎物之间的反馈关系。

(2) 生物反馈：人类体温调节等生理反馈。

3) 模型构建与仿真

(1) 使用数学模型描述所选择的反馈机制。

(2) 在 MATLAB 或其他仿真工具中实现所选模型，设置适当的模型参数和初始条件。

(3) 运行仿真并观察系统行为，记录关键数据（种群数量变化等）。

4) 结果分析

(1) 观察反馈机制对系统行为的影响，分析关键指标（如种群数量、体温变化等）。

(2) 讨论模型的现实意义及其对理解反馈机制的贡献。

2.4.2　实训项目 2：工程中的反馈机制
——基于 MATLAB 仿真机械系统位置控制与反馈调节

1. 项目目标

通过设计一个简单的机械系统位置控制系统，学生将学习如何使用 MATLAB 实现闭环反馈控制（如 PID 控制）。该项目将使学生深入理解反馈控制的原理，以及如何在 MATLAB 中仿真系统动态响应、调节控制参数、分析系统性能。

2. 步骤

1) 建模与系统仿真

(1) 在 MATLAB 中创建机械系统的数学模型。

(2) 使用 MATLAB 的 tf() 函数定义系统的传递函数。

2) 设计 PID 控制器

使用 MATLAB 的 pid() 函数创建一个 PID 控制器。

3) 闭环反馈系统

使用 feedback() 函数将 PID 控制器和机械系统模型连接成闭环系统。

4) 仿真系统响应

使用 step() 函数仿真系统的单位阶跃响应，观察系统位置的变化。

5) 调节 PID 参数并分析

(1) 使用 MATLAB 的 pidtuner 工具进行调节，或者手动调节 PID 参数。

(2) 仿真不同 PID 参数下的响应，记录结果并比较性能。

6) 结果分析

(1) 比较不同 PID 参数下的超调量、稳态误差、响应时间等。

(2) 使用 stepinfo() 函数提取系统性能指标，进行分析。

2.5　拓展阅读

在基本理解了自主智能系统中的反馈理论后，读者可以参考以下资源扩展对这一主题的知识和视野。

(1) ÅSTRÖM K J, MURRAY R. Feedback systems: An introduction for scientists and engineers[M]. 2nd ed. NJ: Princeton University Press, 2021.

这本书介绍了反馈系统的基本概念和应用案例，帮助读者建立对反馈系统的全面理解。

(2) DOUGLAS B. The fundamentals of control theory[EB/OL]. 2019[2025-05-10]. https://www.academia.edu/44356138.

这本开源电子书通过介绍控制系统的基本概念、关键问题和经典控制方法，帮助读者从零起步建立对反馈控制及其实际应用的初步理解。

(3) KHALIL H K. Nonlinear systems[M]. 3rd ed. NJ: Prentice Hall, 2002.

这本书介绍了非线性系统中的反馈理论，适合对复杂系统分析有兴趣的读者。

(4) 郭雷，陈杰. 系统与控制丛书. 北京：科学出版社.

该系列丛书由中国自动化学会发起，旨在出版海内外系统与控制领域的优秀学术著作。丛书涵盖了系统与控制的基本理论和设计方法，适合希望在控制工程领域深造的读者。

通过以上推荐资源，读者可以更深入地理解自主智能系统中的反馈理论，掌握其在各种实际应用中的重要性和应用方法。

章节练习

第 3 章

环境感知系统

　　本章聚焦于自主智能系统中的感知系统，介绍其基本概念、典型算法及感知增强技术。首先，3.1节阐述感知系统的定义、构成、分类以及其在自主智能系统中的重要作用。随后，3.2节介绍若干典型的感知算法，包括图像分割、物体检测、运动检测与多源数据融合等，重点解析其基本原理与适用场景。最后，3.3节探讨感知增强技术，说明如何通过这些技术提升系统的感知精度与鲁棒性。

3.1　感知系统的基本概念

3.1.1　定义与作用

　　感知（perception）是指自主智能系统通过多种传感器获取外部环境信息，并对这些信息进行处理和理解的机制。通过感知系统，自主智能系统能够感知周围环境及其动态变化，进而作出合理的决策和行动调整。感知系统不仅在自动驾驶、机器人等领域至关重要，还广泛应用于无人机、工业自动化等复杂场景。其核心机制是信息的获取与处理，通过将传感器捕捉到的物理信号转化为系统可用的环境数据，为后续的行动和任务执行提供依据。简言之，感知系统就像自主智能系统的"眼睛"和"耳朵"，它们能够探测周围环境的变化，识别工作区域的物体和障碍等重要信息，为系统制定安全有效的路径和行为方案。

　　在自动驾驶和机器人应用中，感知系统扮演着至关重要的角色。如图 3.1 所示，自动驾驶感知系统通过摄像头、雷达、激光雷达等多种传感设备，实时获取并分析周围环境的动态信息，包括物体识别、障碍物检测以及环境变化感知等。对于自动驾驶系统而言，强大的感知能力能够支持车辆在复杂的交通环境中作出如避障、减速、变道等关键决策，确保行驶的安全性与稳定性。同时，在机器人应用中，感知系统能够帮助机器人准确识别工作区域内的物体与障碍，并在任务执行过程中根据环境变化灵活调整操作策略，从而提升任务执行的精确性与高效性。感知系统的作用可以总结为以下几方面。

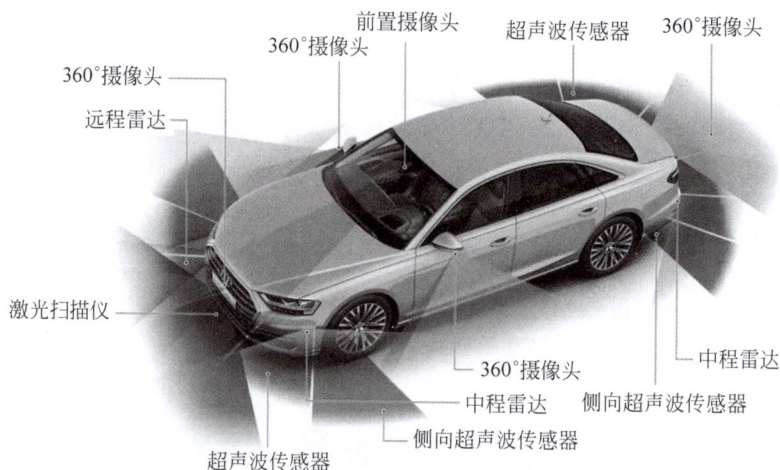

图 3.1　自动驾驶感知系统

1. 实现自主智能系统外部环境感知

感知系统通过摄像头、激光雷达、声学传感器等设备获取外部环境中的信息，帮助自主系统了解其周围的物体、障碍物、地形等。例如，在农业机器人中，感知系统可以通过视觉传感器识别植物的类型、大小和位置，从而帮助机器人在田间自动导航并执行任务，如精准地为特定植物浇水或施肥。这种理解不仅仅是为了避免障碍物，还包括对环境的全面认知和任务执行的智能决策。

2. 支持自主智能系统的决策与规划

感知系统为自主系统提供实时的环境信息，帮助其进行决策和规划。通过获取和处理外部环境的数据，系统能够根据当前情况动态调整行为策略，例如自动驾驶车辆通过感知系统判断前方交通状况并规划行驶路径。

3. 增强自主智能系统的环境适应能力

自主系统需要根据环境的变化作出相应调整，感知系统提供了这种自适应能力。感知系统能够感知环境中的动态变化，如物体的移动、光线变化等，帮助系统实时调整其操作方式。例如，工业机器人可以通过感知系统调整对物体施加的力道，以应对不同材质的物体。

4. 提高自主智能系统的控制性能

感知系统的高精度信息采集能力能够支持系统实现更加精准的控制操作。例如，工业机器人通过力/力矩传感器，能够在精密装配过程中感知施加的力，确保操作的稳定性与精确度。

5. 提升自主智能系统的安全性

感知系统能够通过实时监控环境中的潜在威胁，帮助自主系统避免危险。例如，无人驾驶车辆通过感知系统识别前方障碍物或突发状况，及时采取规避措施，避免事故的发生。

6. 实现自主智能系统的自我监控与维护

感知系统不仅能感知外部环境，还能对自主系统自身进行监控。通过自我感知功能，系统能够检测自身的状态，如能量水平、故障诊断等，确保其在执行任务时能够及时进行自我调整和维护，从而提高系统的稳定性和寿命。

感知系统在自主智能系统中起着至关重要的作用。例如，它不仅是自主车辆实现自主导航和避障的基础，还支持机器人进行复杂的任务规划和执行，同时在智能制造、无人机巡检、智能安防和医疗辅助系统等领域发挥着关键作用。通过感知系统，设备能够实时感知并适应动态环境的变化，确保任务的精确执行和系统的安全运行。有效的感知系统可以增强自主智能系统的自适应能力，使其在各种不确定环境中表现出色。

3.1.2　构成与分类

感知系统由多个关键组件构成，这些组件相互协作，共同实现环境数据的获取与处理，帮助自主智能系统实现高效的环境理解。

1. 感知系统构成

1) 传感器模块

传感器是感知系统的核心部分，用于直接从外部环境中获取物理信息。

(1) 摄像头。用于获取视觉信息，包括二维图像和视频数据，广泛应用于物体识别、目标跟踪、场景理解等任务。在自动驾驶、机器人视觉导航、工业自动化等领域，摄像头提供了关键的视觉感知能力。

(2) 激光雷达（LiDAR）。通过发射激光并测量反射时间来获取环境的三维空间信息，生成高精度的点云数据。激光雷达常用于自动驾驶、无人机和机器人，帮助系统进行三维建模和空间感知。

(3) 雷达（Radar）。通过无线电波来测量物体的位置、速度和距离，尤其在远距离探测和恶劣天气条件下具有较强的性能，广泛应用于自动驾驶、飞机和船舶导航中。

(4) 惯性测量单元（IMU）。由加速度计、陀螺仪等组成，用于感知设备的运动状态，包括线性加速度、角速度等信息。IMU 通常用于无人机、移动机器人和手机，帮助系统感知自身的姿态和运动轨迹。

(5) 超声波传感器。通过超声波测量物体与传感器之间的距离，适用于短距离的物体检测和避障，常用于机器人导航或停车辅助系统。

(6) 力/力矩传感器。用于感知机械系统中施加的力和扭矩，特别在工业机器人操作、自动装配等精密控制场景中应用广泛。

(7) 温度、湿度传感器。用于感知环境的物理状态，常见于环境监控、智能家居和工业设备中，检测温度、湿度变化以辅助决策。

2) 数据融合模块

多传感器感知系统常常需要将来自不同传感器的数据信息进行融合，以提高环境感知的准确性、完整性和鲁棒性。数据融合模块的功能包括：

(1) 时间和空间同步。不同传感器的数据可能会有不同的采样频率和时间延迟，因此需要进行同步处理，确保数据能在同一时间和空间框架下进行对比和整合。

(2) 多源数据融合。通过算法（如卡尔曼滤波、粒子滤波、贝叶斯融合等）整合来自多个传感器的数据。融合后的数据可以弥补单一传感器的局限性，生成更为准确、完整的环境感知结果。例如，摄像头提供的视觉信息可以与激光雷达的三维空间数据结合，生成更加精准的场景理解。

(3) 鲁棒性增强。数据融合技术可以通过冗余数据处理，减少单一传感器的故障或数据误差对系统的影响，确保在传感器部分失效的情况下，系统仍能可靠运行。

3) 通信模块

感知系统获取并处理外部环境感知数据后，需要将这些信息传递给自主系统的决策和控制模块，以辅助其执行下一步任务。通信模块的功能包括：

(1) 内部通信。传感器与处理模块、处理模块与下游系统（如决策和控制系统）之间的数据传输。这需要确保通信的实时性和可靠性，尤其在无人驾驶等对实时性要求高的系统中，通信延迟会直接影响系统性能。

(2) 外部通信。感知系统与外部环境或其他设备的通信接口。例如，自动驾驶车辆可以通过无线网络与交通基础设施通信，获取道路交通信号的实时信息。

现代感知系统通常采用多种通信协议（如 CAN 总线、以太网、Wi-Fi 等）来满足不同的带宽、延迟和可靠性需求。以下是几种常见的通信协议的介绍。

(1) CAN 总线（Controller Area Network）。CAN 总线广泛应用于汽车和工业控制领域，主要用于连接传感器、控制器与执行器等设备。其具有很强的抗干扰能力，能够在电磁环境复杂的情况下保持稳定通信。此外，CAN 总线内置错误检测和纠正机制，确保数据传输的可靠性。它适用于传输较小的数据量，延迟较低，非常适合对实时性要求较高的场景，如自动驾驶中的传感器数据传输。

(2) 以太网（Ethernet）。以太网是一种高带宽的有线通信协议，常用于需要传输大量数据的感知系统。特别是千兆以太网和万兆以太网，可以为摄像头、激光雷达等设备提供充足的带宽。以太网的稳定性也非常出色，能够有效应对复杂的多设备连接环境。此外，使用时间敏感网络（TSN）技术的以太网可以实现低延迟的通信，满足对实时性有严格要求的应用需求。

(3) Wi-Fi。Wi-Fi 是一种灵活的无线通信协议，特别适用于需要移动性或灵活部署的感知系统。它可以提供中高带宽的传输能力，适合图像、视频等大数据量的传输。由于是无线通信，Wi-Fi 在某些场景下避免了有线连接的局限性。不过相对而言，它的延迟较高，因此更适合对延迟容忍度较高的应用。

(4) 蓝牙（bluetooth）。蓝牙主要用于短距离、低功耗的场景，常用于轻量级传感器的数据传输。特别是蓝牙低功耗（BLE）技术，非常适合长时间运行的设备。尽管蓝牙的带宽较低，但在一些需要短距离、少量数据传输的应用中，它的灵活性和能效表现得十分出色，常见于环境监测或简单的传感器节点通信。

(5) 5G 通信。5G 是一种新兴的无线通信技术，特别适合需要超高带宽和超低延迟的场景，如自动驾驶、智慧城市中的大规模感知系统。5G 能够支持高清图像和视频流等大规模数据的传输，同时提供广域覆盖，满足跨区域通信的需求。其低延迟特性使得 5G 在实时性要求极高的应用中具有显著优势，未来将在感知系统中占据重要位置。

4) 算法与决策支持模块

在某些复杂应用场景下，感知系统不仅仅是简单地提供原始数据，它还可能直接包含算法模块，用于支持自主系统的智能决策。算法与决策支持模块的功能包括：

(1) 目标检测与跟踪。通过感知数据，系统可以检测到环境中的目标（如车辆、行人等），并对其进行跟踪和预测。例如，在无人驾驶中，感知系统可以通过目标跟踪算法，预测前方车辆的移动路径。

(2) 场景理解与语义分析。感知系统不仅能够检测目标，还能对整个环境进行高层次的语义理解。例如，在自动驾驶场景中，感知系统可以识别道路类型（高速公路、城市道路、乡村小道）、交通标志、信号灯状态以及道路施工区域，从而为后续的决策模块提供更精准的环境感知信息。

(3) 动态规划。一些感知系统可以根据实时感知信息，直接输出路径规划和避障建议。例如，服务机器人可以基于感知系统生成的环境地图，规划出最优的导航路径。

感知系统的组成不仅包括硬件传感器，还涉及复杂的软件算法和数据处理模块。传感器获取环境数据，数据处理和融合模块提取并整合信息，通信模块传输信息，算法模块则支持自主系统作出智能决策。各个组成部分紧密协作，使得感知系统能够高效地获取和处理环境数据，帮助自主系统在复杂的环境中进行准确的导航、控制和操作。

2. 感知系统分类

1) 按传感器类型分类

(1) 视觉感知系统。通过摄像头、光学传感器等设备获取图像或视频数据，进而进行环境识别和目标检测。例如，无人机系统中的摄像头用于识别地面目标和飞行路径。

(2) 听觉感知系统。通过麦克风等声学传感器捕捉声音信号，用于语音识别或声源定位。例如，语音助手通过麦克风识别用户的语音命令。

(3) 触觉感知系统。通过触觉传感器获取物理接触信息，常用于机器人和仿生技术中，用于感知物体形状或压力。例如，机器人手臂通过触觉传感器感知抓取物体的力道。

(4) 力/力矩感知系统。通过力传感器感知施加的力和应力，常用于工业机器人，确保其操作过程中的力控制精确。例如，装配机器人在安装零件时感知施加的力度。

(5) IMU 惯性感知系统。通过惯性测量单元（IMU）中的加速度计、陀螺仪等，感知设备的运动状态,包括速度、加速度、角速度等。这类传感器常用于无人机、机器人、手机等设备,帮助感知其姿态和运动。例如,自动驾驶系统中使用 IMU 传感器监测车辆的运动状态,协助导航和定位。

(6) 电磁波感知系统。通过雷达、激光雷达等设备发射电磁波并接收回波信号,测量目标的距离、速度和方向,适用于全天候环境。例如,自动驾驶汽车中的毫米波雷达用于检测前方障碍物并估算其运动状态,确保安全驾驶。

2) 按感知方式分类

(1) 单一传感器感知系统。仅依赖单一类型传感器进行感知。例如,激光雷达用于测绘系统中的距离测量和环境建模。

(2) 多传感器融合感知系统。整合多个不同类型的传感器数据,提供更加全面的环境信息。例如,自动驾驶系统中同时使用摄像头、激光雷达和雷达来感知车辆周围的环境。

3) 按感知维度分类

(1) 一维感知系统。一维感知通常指处理线性或单通道的信号。例如,识别温度传感器的温度值,或探测光照传感器的光照强度。

(2) 二维感知系统。二维感知系统用于处理平面上的信息,常用于图像处理和物体识别。例如,利用摄像头获取的二维图像信息提取特征,实现人脸识别、车辆检测等应用。

(3) 三维感知系统。三维感知系统用于处理三维空间信息,适用于复杂的环境建模和导航。例如,增强现实系统通过摄像头和深度传感器捕获并对三维空间信息建模。

(4) 四维感知系统。四维感知系统是在三维空间感知的基础上增加了时间维度。例如,自动驾驶车辆不仅需要感知当前的三维环境(障碍物、道路情况等),还需要持续感知时间上的变化,预测物体的移动轨迹。

4) 按应用场景分类

(1) 环境感知系统。专注于感知外部环境中的物体、障碍物、路面和温度等其他信息,常见于自动驾驶和无人机导航。例如,自动驾驶车辆通过传感器感知道路周围的交通情况。

(2) 自我感知系统。专注于监控系统自身的状态,如能量水平、位置或故障检测。例如,机器人感知自身的电量和移动状态,并在需要时进行充电或校正路线。

3.2   典型感知算法

在自主系统(如自动驾驶车辆和移动机器人)的感知任务中,首要目标是准确获取障碍物和目标物的空间信息,包括距离、相对速度及运动趋势。这些基础信息不仅为导航与避障提供必要支持,也为更高级的感知任务(如物体检测、目标跟踪)奠定了基础。例如,物体检测与识别依赖于高质量的感知数据,以确保分类与定位的准确性;目标跟踪利用时序信息分析目标的运动状态,以提升环境理解能力。为系统化介绍这些关键感知任务,本章对典型感知算法进行分类讨论,包括图像(预)处理、物体检测与识别、运动检测与目标跟踪等内容,以展示不同的感知算法在感知系统信息提取中的作用及其相互关联性。

3.2.1 图像预处理技术

图像预处理是计算机视觉中的基础步骤，用于对原始图像进行处理以提高质量、去除噪声并为后续的算法准备数据。典型的图像处理技术包括如下 3 种。

1. 灰度化

灰度化（grayscale conversion）是图像处理中将彩色图像转换为灰度图像的过程，目的是将图像中的颜色信息去除，只保留图像的亮度信息。灰度图像的每个像素用一个灰度值表示，通常是 0 ~ 255 的整数，其中，0 表示黑色，255 表示白色，中间的数值表示不同深浅的灰色。灰度化在计算机视觉中的重要性主要体现在以下几方面：

(1) 减少数据量。彩色图像包含 3 个通道（红、绿、蓝），而灰度图像只有一个通道，因此数据量更小，便于后续处理。

(2) 简化计算。灰度化减少了数据的维度，有助于加快后续的处理速度，例如在边缘检测、图像分割等任务中。

(3) 保留结构信息。尽管丢失了颜色信息，但灰度化保留了图像的结构和轮廓，许多视觉算法主要依赖于亮度变化而非颜色。

常用的灰度化处理算法有平均值法（average method）、加权平均法（weighted average method）和最大值法（maximum method）。平均值法是最简单的灰度化方法，直接对 R、G、B 三个通道的值取平均值：

$$\text{Gray} = \frac{R+G+B}{3} \tag{3.1}$$

平均值法计算简单，但它没有考虑人眼对不同颜色的敏感程度，因此处理后的图像可能在某些情况下不够精确。考虑人眼对不同颜色的敏感度不同，加权平均法对 RGB 通道赋予不同的权重，常用的公式为

$$\text{Gray} = 0.299 \times R + 0.587 \times G + 0.114 \times B \tag{3.2}$$

其中，红色通道的权重为 0.299，绿色通道为 0.587，蓝色通道为 0.114。这个加权公式考虑了人眼的感知特点，即对绿色最敏感，对蓝色最不敏感，因此生成的灰度图像更符合人类视觉效果。最大值法取 RGB 通道中的最大值作为灰度值，计算公式为

$$\text{Gray} = \max(R, G, B) \tag{3.3}$$

最大值法适用于需要保留图像中最亮部分的情况，但对于一般图像处理来说，可能会过度突出某些颜色。同一张彩色图像在经过了不同的灰度化处理以后的图像如图 3.2 所示。

2. 平滑与去噪

平滑与去噪（smoothing and denoising）是图像处理中常用的操作，用于减少图像中的噪声并平滑像素值，以使图像更加清晰并突出其结构信息。噪声通常是图像在获取、传输或处理过程中引入的随机误差，常见噪声类型有高斯噪声、脉冲噪声、均匀噪声等。图

(a) 最大值法   (b) 平均值法   (c) 加权平均法

图 **3.2** 不同方法下图像灰度值处理结果

像平滑是要突出图像的低频成分、主干部分或抑制图像噪声和干扰高频成分的图像处理方法，目的是使图像亮度平缓渐变，减小突变梯度，改善图像质量。

平滑与去噪主要通过不同的滤波器来实现，每种方法都会在去噪效果和保留图像细节之间进行权衡。

均值滤波（mean filtering）是一种简单的线性平滑方法，对于图像中的每个像素，均值滤波计算其邻域像素的平均值，并用这个平均值替代当前像素的值。计算公式如下：

$$I_{\text{new}}(x, y) = \frac{1}{k^2} \sum_{i=-k/2}^{k/2} \sum_{j=-k/2}^{k/2} I(x+i, y+j) \tag{3.4}$$

式中，k 为滤波窗口的大小，$I_{\text{new}}(x, y)$ 为 x 行 y 列像素的滤波后的值。均值滤波可以很好地平滑图像，但也可能导致图像中的细节和边缘信息被模糊。

中值滤波（median filtering）是一种非线性滤波方法，主要用于去除脉冲噪声。对于图像中的每个像素，中值滤波计算窗口内所有像素值的中值，并用此值替换窗口中心像素，避免了极端噪声点的影响。计算公式如下：

$$I_{\text{new}}(x, y) = \text{median}(I_1, I_2, \cdots, I_k) \tag{3.5}$$

高斯滤波（Gaussian filtering）是一种加权均值滤波，高斯滤波器的权重由二维高斯函数决定，对邻域中的像素赋予不同权重，中心像素的权重较大，距离越远的像素权重越小。与均值滤波相比，高斯滤波能更好地保留边缘信息。二维高斯函数公式为

$$G(x, y) = \frac{1}{2\pi\sigma^2} \mathrm{e}^{-\frac{x^2+y^2}{2\sigma^2}} \tag{3.6}$$

其中，σ 为高斯滤波器的标准差。

双边滤波是一种能同时考虑像素空间距离和像素强度差异的滤波方法。双边滤波结合了高斯滤波的空间权重和像素值的相似性，通过计算每个像素与中心像素的空间距离和强度差异来加权滤波，能够在去除噪声的同时保留图像中的边缘信息。双边滤波器的输出如下：

$$I_{\text{new}}(x, y) = \frac{1}{W} \sum_{i,j} I(x+i, y+j) \mathrm{e}^{-\frac{(l^2+j^2)}{2\sigma_{\text{s}}^2}} \mathrm{e}^{-\frac{(I(x+i,y+j)-I(x,y))^2}{2\sigma_{\text{r}}^2}} \tag{3.7}$$

其中，σ_s 控制几何空间距离的权重，σ_r 控制像素值差异的权重。在图像的平坦区域，像素值变化很小，对应的像素范围域权重接近于 1，此时空间域权重起主要作用，相当于进行高斯模糊；在图像的边缘区域，像素值变化很大，像素范围域权重变大，从而保持了边缘的信息。

图3.3为原图添加高斯噪声以后，使用不同的滤波方法获得的平滑去噪效果。可见，对高斯噪声来说，双边滤波最优秀，既去掉了噪声又保持了边缘，其他几种滤波都很大程度上丢失了边缘。

| 添加高斯噪声 | 均值滤波后 | 中值滤波后 | 高斯滤波后 | 双边滤波后 |

图 3.3　不同方法下的图像去噪结果

3. 边缘检测

边缘检测（edge detection）是图像处理中用于提取图像中物体轮廓和边缘的重要步骤。边缘通常是图像中灰度或颜色发生明显变化的区域，表示物体的边界或结构。常用算法有 Sobel 算子（Sobel operator）和 Prewitt 算子（Prewitt operator），都是基于图像梯度的边缘检测方法，通过计算图像中像素的水平和垂直方向上的灰度变化，来确定图像中的边缘。Sobel 算子水平方向的滤波器 $\boldsymbol{G}_x$ 和垂直方向 $\boldsymbol{G}_y$ 的滤波器如下：

$$\boldsymbol{G}_x = \begin{bmatrix} -1 & 0 & 1 \\ -2 & 0 & 2 \\ -1 & 0 & 1 \end{bmatrix}, \quad \boldsymbol{G}_y = \begin{bmatrix} -1 & -2 & -1 \\ 0 & 0 & 0 \\ 1 & 2 & 1 \end{bmatrix} \tag{3.8}$$

Prewitt 算子的水平和垂直滤波器分别如下：

$$\boldsymbol{G}_x = \begin{bmatrix} -1 & 0 & 1 \\ -1 & 0 & 1 \\ -1 & 0 & 1 \end{bmatrix}, \quad \boldsymbol{G}_y = \begin{bmatrix} -1 & -1 & -1 \\ 0 & 0 & 0 \\ 1 & 1 & 1 \end{bmatrix} \tag{3.9}$$

计算水平方向和垂直方向的梯度后，结合两者计算边缘强度：

$$G = \sqrt{\boldsymbol{G}_x^2 + \boldsymbol{G}_y^2} \tag{3.10}$$

边缘检测的效果如图3.4所示。

原图   Sobel边缘检测法   Prewitt边缘检测法

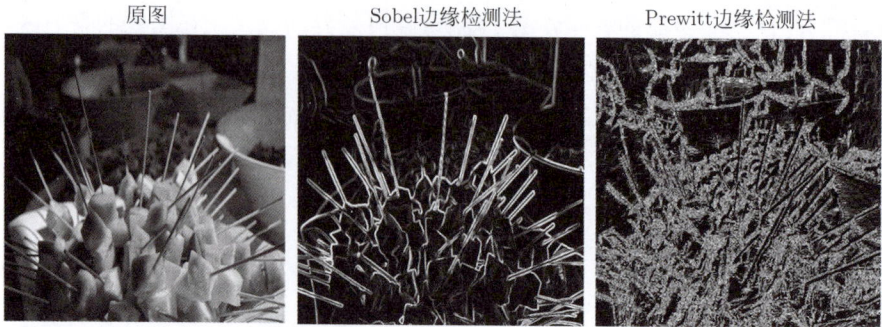

图 3.4   不同算子下的边缘检测结果

3.2.2 图像投影变换

图像投影变换在计算机视觉和机器人感知中起着重要作用，它的主要应用包括单目视觉深度估计、双目视觉视差估计以及二维图像的视角变换。这些技术广泛用于自动驾驶、增强现实（AR）、机器人导航等任务。

1. 单目视觉深度估计

单目视觉系统可以通过透视投影模型来推测场景的深度信息。摄像机将三维世界点投影到二维图像平面上的关系可用以下矩阵方程表示：

$$s \begin{bmatrix} x \\ y \\ 1 \end{bmatrix} = \boldsymbol{K} \left[\boldsymbol{R} | \boldsymbol{T} \right] \begin{bmatrix} X \\ Y \\ Z \\ 1 \end{bmatrix} \tag{3.11}$$

其中，s 是缩放因子；$\boldsymbol{K}$ 是相机内参矩阵，包含焦距和主点信息；$[\boldsymbol{R}|\boldsymbol{T}]$ 是相机的外参矩阵，表示旋转和平移；(X, Y, Z) 是世界坐标系中的三维点；(x, y) 是图像坐标系中的像素点。

由于深度 Z 是未知量，因此可以通过图像中的透视变形（例如，物体随距离变化的缩小效应）来推导景物的深度。单目深度估计通常需要依赖深度学习或几何假设（如地平面假设）来推断 Z 值。

2. 双目视觉视差深度估计

双目视觉系统通过视差计算来恢复场景的深度信息。设定左摄像机和右摄像机的成像点坐标分别为 (x_{L}, y) 和 (x_{R}, y)，它们的视差定义如下：

$$d = x_{\text{L}} - x_{\text{R}} \tag{3.12}$$

基于三角测量法，深度 Z 可计算为

$$Z = \frac{fB}{d} \tag{3.13}$$

其中，f 为摄像机的焦距，B 为摄像机基线（即两台摄像机之间的已知距离），d 为视差。

视差 d 越大，物体越靠近摄像机。双目深度估计算法常使用块匹配（block matching）、
Semi-Global Matching（SGM）或深度学习方法（如立体匹配网络）来提高深度估计的精度。

3. 二维图像视角变换

在许多应用中，我们需要将图像从一个视角转换到另一个视角，例如，鸟瞰图（俯视
图）转换或斜视角校正。这种转换可由单应性矩阵（homography matrix）描述，其基本公
式为

$$\begin{bmatrix} x' \\ y' \\ 1 \end{bmatrix} \sim \boldsymbol{H} \begin{bmatrix} x \\ y \\ 1 \end{bmatrix} \tag{3.14}$$

其中，$\boldsymbol{H}$ 是一个 3×3 矩阵，表示从原始图像到目标视角图像的变换。

单应性变换可以通过四对匹配点来求解 $\boldsymbol{H}$，该过程可使用 RANSAC（随机采样一致
性）来提高鲁棒性，减少匹配误差。

3.2.3　三维变换与应用

三维变换在计算机视觉和机器人感知领域具有广泛应用，包括物体重建、三维配准、
点云到图像投影等。常见的三维变换包括旋转变换、平移变换、透视投影变换和刚性变换。

1. 三维旋转变换

三维旋转变换用于改变空间物体的方向。三维空间的旋转可以用 3×3 的旋转矩阵 $\boldsymbol{R}$
表示。对于任意点 $\boldsymbol{P} = (x, y, z)^{\mathrm{T}}$，旋转后的点 $\boldsymbol{P}'$ 由以下公式给出：

$$\boldsymbol{P}' = \boldsymbol{R}\boldsymbol{P} \tag{3.15}$$

其中，$\boldsymbol{R}$ 可表示为绕 X、Y、Z 轴的旋转矩阵：

$$\boldsymbol{R}_x(\theta) = \begin{bmatrix} 1 & 0 & 0 \\ 0 & \cos\theta & -\sin\theta \\ 0 & \sin\theta & \cos\theta \end{bmatrix} \tag{3.16}$$

$$\boldsymbol{R}_y(\theta) = \begin{bmatrix} \cos\theta & 0 & \sin\theta \\ 0 & 1 & 0 \\ -\sin\theta & 0 & \cos\theta \end{bmatrix} \tag{3.17}$$

$$\boldsymbol{R}_z(\theta) = \begin{bmatrix} \cos\theta & -\sin\theta & 0 \\ \sin\theta & \cos\theta & 0 \\ 0 & 0 & 1 \end{bmatrix} \tag{3.18}$$

2. 三维平移变换

平移变换用于在三维空间中移动物体。设一个点 $\boldsymbol{P} = (x,y,z)^{\mathrm{T}}$，其平移后的坐标由平移向量 $\boldsymbol{T} = (t_x,t_y,t_z)^{\mathrm{T}}$ 给出：

$$\boldsymbol{P}' = \boldsymbol{P} + \boldsymbol{T} = \begin{bmatrix} x + t_x \\ y + t_y \\ z + t_z \end{bmatrix} \tag{3.19}$$

3. 透视投影变换

透视投影变换用于将三维点投影到二维图像平面。相机的投影模型可以用 3×4 的投影矩阵 $\boldsymbol{P}$ 表示：

$$s \begin{bmatrix} u \\ v \\ 1 \end{bmatrix} = \boldsymbol{P} \begin{bmatrix} X \\ Y \\ Z \\ 1 \end{bmatrix} \tag{3.20}$$

其中，s 是缩放因子，(u,v) 是像素坐标，(X,Y,Z) 是三维世界坐标。投影矩阵 $\boldsymbol{P}$ 由相机的内参矩阵 $\boldsymbol{K}$ 和外参矩阵 $[\boldsymbol{R}|\boldsymbol{T}]$ 组成：

$$\boldsymbol{P} = \boldsymbol{K}\,[\boldsymbol{R}|\boldsymbol{T}] \tag{3.21}$$

其中，$\boldsymbol{K}$ 为相机内参矩阵，$\boldsymbol{R}$ 为旋转矩阵，$\boldsymbol{T}$ 为平移向量。

4. 刚性变换

刚性变换包括旋转和平移，用于在三维点云配准、目标跟踪等任务中。刚性变换由 3×3 的旋转矩阵 $\boldsymbol{R}$ 和 3×1 平移向量 $\boldsymbol{T}$ 组成：

$$\boldsymbol{P}' = \boldsymbol{R}\boldsymbol{P} + \boldsymbol{T} \tag{3.22}$$

刚性变换通常用于点云配准，如 ICP（迭代最近点）算法。

3.2.4 直线检测

直线检测是计算机视觉中的重要任务，在自动驾驶、目标识别、场景理解等多个领域广泛应用。直线检测的基本目标是从图像中提取符合直线特征的边缘像素，并以数学模型的形式进行参数化。常见的直线检测算法包括 Hough 变换、概率 Hough 变换和 RANSAC 直线检测。

1. Hough 变换

Hough 变换是一种经典的直线检测方法，它基于投票机制在参数空间中搜索可能的

直线。在 Hough 变换中，直线的一般形式为

$$y = mx + b \tag{3.23}$$

其中，m 是斜率，b 是截距。然而，在数值计算中，斜率 m 在垂直直线时趋于无穷大，因此 Hough 变换采用极坐标参数化表示直线：

$$\rho = x\cos\theta + y\sin\theta \tag{3.24}$$

其中，ρ 是直线到原点的垂直距离，θ 是法线角度。

对于图像中的每个边缘点 (x, y)，计算不同 θ 值对应的 ρ，并在 Hough 空间中投票。累加器矩阵存储 (ρ, θ) 参数对的投票数，当某个参数组合的投票数达到一定阈值时，该直线被认为存在于图像中。

Hough 变换计算量较大，尤其是在高分辨率图像上需要优化以提高效率。

2. 概率 Hough 变换

概率 Hough 变换（Probabilistic Hough Transform，PHT）是 Hough 变换的一种优化版本。标准 Hough 变换需要遍历所有边缘点，而概率 Hough 变换通过随机采样减少计算复杂度。

概率 Hough 变换的数学原理与标准 Hough 变换相同，但仅从边缘点集中随机选取一部分点进行计算，以减少累加器矩阵的计算量。与标准 Hough 变换相比，PHT 适用于实时性要求较高的任务。

3. RANSAC 直线检测

RANSAC（RANdom SAmple Consensus，随机采样一致性）是一种鲁棒的直线检测算法，特别适用于高噪声数据。其基本思想是通过随机采样找到最优直线模型。

设图像中的边缘点集为 $P = \{(x_i, y_i)\}_{i=1}^{N}$，RANSAC 通过以下步骤进行直线检测。

(1) 随机选择两个点 (x_1, y_1) 和 (x_2, y_2)，计算直线方程：

$$y = mx + b, \quad \text{其中} \ m = \frac{y_2 - y_1}{x_2 - x_1}, \quad b = y_1 - mx_1 \tag{3.25}$$

(2) 计算所有点到该直线的距离：

$$d_i = \frac{|mx_i - y_i + b|}{\sqrt{m^2 + 1}} \tag{3.26}$$

(3) 判断内点（inlier）：若 $d_i < \delta$，则认为该点处于直线上。

(4) 迭代 k 次，选择内点数最多的模型作为最优直线。

RANSAC 方法在高噪声数据中仍能稳定检测直线，但由于需要多次随机采样，其计算时间受迭代次数 k 影响。

4. 直线检测方法对比

如表 3.1 所示，Hough 变换适用于规则直线结构的检测，但计算量较大；概率 Hough

变换在一定程度上降低计算复杂度，但在噪声数据中表现一般；RANSAC 适用于高噪声环境，但对直线较少的情况可能会有较大的随机性。

表 3.1　直线检测方法对比

方　　法	计算复杂度	适 用 场 景	抗　噪　性
Hough 变换	高	规则直线结构检测	低
概率 Hough 变换	中等	需要实时计算的应用	低
RANSAC	低	高噪声数据检测	高

3.2.5　图像分割

图像分割（image segmentation）是计算机视觉中的基础任务，旨在将图像划分为多个具有语义的区域，以便感知系统能够理解图像中的结构、物体或场景。图像分割广泛应用于自动驾驶、机器人导航、医学图像处理等领域。感知系统通过图像分割技术，能够更好地对物体进行检测、识别和跟踪，提升对环境的理解能力。

(1) 阈值分割：根据像素灰度值，将图像分割为前景和背景。这是一种简单但有效的方法，适用于亮度差异明显的场景。

(2) 区域生长：从种子点开始，向邻域扩展，直到满足一定的相似性标准。这种方法适用于图像中的连续区域分割，如道路或天空的检测。

(3) 分水岭算法：基于梯度的图像分割技术，通过将图像视为拓扑表面，将其按高度分割为不同区域，特别适用于复杂的图像分割任务。

(4) K 均值聚类：通过将像素点的颜色或灰度值聚类，分割出不同的区域。它是非监督学习的常用方法之一，在对象分离中有广泛应用。

3.2.6　物体检测与识别

物体检测与识别（object detection and recognition）是计算机视觉中的两个重要任务。物体检测的目标是定位图像或视频中的特定物体，通常通过边界框标注物体的位置。物体识别则是进一步对检测到的物体进行分类，确定物体的类别或身份。物体检测与识别技术在自动驾驶、安防监控、图像搜索、机器人视觉等领域有着广泛的应用。

1. R-CNN

R-CNN 是物体检测中深度学习方法的经典算法之一，它通过选择可能包含物体的区域并对这些区域进行分类，来实现物体检测与识别。R-CNN 及其后续改进版本在准确性和效率上都有显著提升。

R-CNN 对于图像的处理步骤如下：

(1) 区域选择。通过选择性搜索（selective search）从图像中生成一系列候选区域（region proposals），找到图像中的潜在目标位置。选择性搜索算法结合了图像分割技术和启发式的区域合并策略，其基本思想是通过逐步合并相似的图像区域，生成一系列多尺度的候选框，尽可能地覆盖到图像中的所有物体。

(2) 特征提取。将每个候选区域通过卷积神经网络提取特征。假设输入图像区域大小为 $H \times W \times 3$，经过卷积层的处理，生成特征图。卷积操作的公式为

$$z = f(\boldsymbol{W} * \boldsymbol{x} + \boldsymbol{b}) \tag{3.27}$$

其中，$\boldsymbol{x}$ 是输入的候选区域图像（经过归一化的图像块），$\boldsymbol{W}$ 是卷积核，$\boldsymbol{b}$ 是偏置项，$*$ 表示卷积操作，$f(\cdot)$ 是激活函数（通常为 ReLU）。经过多层卷积、池化和激活函数处理，得到一个特征向量 $\boldsymbol{z}$。

(3) 分类。使用分类器判断每个区域是否包含目标物体，并通过回归模型调整物体的边界框。对于提取到的特征 $\boldsymbol{z}$，使用支持向量机（SVM）进行分类。SVM 的分类决策函数为

$$f(\boldsymbol{z}) = \boldsymbol{w}^{\mathrm{T}} \boldsymbol{z} + \boldsymbol{b} \tag{3.28}$$

其中，$\boldsymbol{w}$ 是 SVM 的权重向量，$\boldsymbol{b}$ 是偏置项。根据 SVM 的输出值，可以判定该区域是否属于某个目标类别。

(4) 边界框回归。为了精确调整候选区域的边界框位置，R-CNN 使用线性回归来修正预测的边界框。假设原始候选区域的边界框为 (x, y, w, h)，其中，(x, y) 是左上角的坐标，w 和 h 分别是宽度和高度。边界框回归的目标是预测边界框的修正量 Δx、Δy、Δw 和 Δh，这些修正量由回归模型输出：

$$\begin{aligned}
\Delta x &= f_x(\boldsymbol{z}) = \boldsymbol{w}_x^{\mathrm{T}} \boldsymbol{z} + b_x \\
\Delta y &= f_y(\boldsymbol{z}) = \boldsymbol{w}_y^{\mathrm{T}} \boldsymbol{z} + b_y \\
\Delta w &= f_w(\boldsymbol{z}) = \boldsymbol{w}_w^{\mathrm{T}} \boldsymbol{z} + b_w \\
\Delta h &= f_h(\boldsymbol{z}) = \boldsymbol{w}_h^{\mathrm{T}} \boldsymbol{z} + b_h
\end{aligned} \tag{3.29}$$

更新后的边界框为

$$\begin{cases}
\hat{x} = x + w \cdot \Delta x \\
\hat{y} = y + h \cdot \Delta y \\
\hat{w} = w \cdot \mathrm{e}^{\Delta w} \\
\hat{h} = h \cdot \mathrm{e}^{\Delta h}
\end{cases} \tag{3.30}$$

这些公式表示我们不仅会调整边界框的中心点 (x, y)，还对宽度 w 和高度 h 进行了尺度调整，使用指数函数 $\mathrm{e}^{\Delta w}$ 和 $\mathrm{e}^{\Delta h}$ 来保证正数的输出。

（5）非极大值抑制（Non-Maximum Suppression，NMS）。在目标检测中，多个候选框可能会重叠，并且对同一目标作出多次检测。非极大值抑制用于去除重叠度较高的检测框，仅保留置信度最高的那个框。定义两个边界框 A 和 B 的交并比（Intersection over Union，IoU）为

$$\text{IoU}(A, B) = \frac{\text{area}(A \cap B)}{\text{area}(A \cup B)} \tag{3.31}$$

非极大值抑制的一般过程是：首先，按照检测置信度对候选框进行排序。其次，从置信度最高的框开始，计算其与其他框的 IoU 值。如果 IoU 大于设定的阈值（如 0.5），则移除这个重叠的候选框。最后，重复上述步骤，直到所有框处理完毕。

上述过程的伪代码如算法 3.1 所示。

算法 3.1　R-CNN 的完整检测过程

Require: 输入图像 I，大小为 $H \times W \times 3$；候选区域数 N_{regions}；预训练的卷积神经网络模型 CNN；支持向量机分类器 SVM；边界框回归器 BBoxReg

Ensure: 检测到的对象 O，包括类别信息和调整后的边界框

1: $R \leftarrow \text{SelectiveSearch}(I, N_{\text{regions}})$ ▷ 从输入图像中生成 N_{regions} 个候选区域
2: **for** each $r \in \mathbf{R}$ **do**
3: 　　$r_{\text{resized}} \leftarrow \text{Resize}(r, (224, 224))$ ▷ 将候选区域调整为 CNN 输入大小
4: 　　$F_r \leftarrow \text{CNN}(r_{\text{resized}})$ ▷ 使用 CNN 提取特征
5: **end for**
6: **for** each F_r **do**
7: 　　$c_r \leftarrow \text{SVM}(F_r)$ ▷ 使用 SVM 对候选区域进行分类
8: 　　$b_r \leftarrow \text{BBoxReg}(F_r)$ ▷ 使用回归器预测边界框的调整
9: **end for**
10: $B_{\text{adjusted}} \leftarrow \text{AdjustBoxes}(R, b_r)$ ▷ 根据回归结果调整边界框
11: $O \leftarrow \text{NMS}(B_{\text{adjusted}}, c_r)$ ▷ 应用非极大值抑制（NMS）以移除重叠边界框
　　return O ▷ 返回检测到的对象，包括类别信息和调整后的边界框

---

2. YOLO

YOLO（You Only Look Once）是目标检测领域的经典方法之一，其与 R-CNN 等方法的主要区别在于，YOLO 是一种单阶段的目标检测模型。它将目标检测任务转化为一个回归问题，通过一次神经网络的前向传播，直接预测目标的位置和类别。这使得 YOLO 具有较高的实时性。YOLO 的核心思想是将图像划分为多个网格，每个网格负责预测其所覆盖区域中的物体。每个网格同时预测多个边界框及其对应的置信度分数，并通过后处理（如非极大值抑制）生成最终的物体检测结果。YOLO 的原始方法对于图像的处理步骤如下：

（1）图像输入与网格划分。YOLO 的输入是一张固定大小的图像，通常是 $448 \times 448\text{px}$ 的 RGB 图像，表示为

$$I \in \mathbb{R}^{448 \times 448 \times 3} \tag{3.32}$$

YOLO 将输入图像划分为 $S \times S$ 个网格单元（通常 $S = 7$），即将图像分为 $7 \times 7 = 49$ 个网格。每个网格单元负责检测目标的中心点落在该网格中的物体。假设每个网格可以预测 B 个边界框（通常 $B = 2$）。

（2）边界框和置信度预测：对于每个网格，YOLO 预测出多个边界框以及相应的置信度。每个边界框包括 5 个参数：

① (x, y) 为边界框的中心坐标相对于网格单元的位置，归一化到 $[0, 1]$。

② w 和 h 为边界框的宽度和高度，相对于整个图像的宽度和高度的比例，归一化到 $[0, 1]$。

③ c 该边界框中含有目标物体的置信度，定义为物体性分数与该边界框的 IoU（交并比）乘积。置信度公式为

$$\text{confidence} = P(\text{object}) \times \text{IoU}_{\text{pred}}^{\text{truth}} \tag{3.33}$$

其中，$P(\text{object})$ 表示网格中是否存在目标物体的概率，$\text{IoU}_{\text{pred}}^{\text{truth}}$ 是预测框与实际边界框的交并比。

（3）类别概率预测：除了边界框，YOLO 还会为每个网格单元预测该区域属于不同类别的概率分布。如果有 C 个类别，那么 YOLO 为每个网格预测 C 个类别概率。假设网格单元检测到一个物体时，它输出的类别概率是条件概率 $P(\text{class}_i \mid \text{object})$，表示在该网格有物体存在的前提下，该物体属于类别 i 的概率。

上述过程的伪代码表示如算法 3.2 所示。

算法 3.2　YOLO 的完整检测过程

Require: 输入图像 I，大小为 $H \times W \times 3$；预训练的 YOLO 模型 YOLO；置信度阈值 τ；非极大值抑制（NMS）阈值 σ

Ensure: 检测到的对象 O，包括类别信息和边界框

1: $S \leftarrow \text{DivideImageIntoGrid}(I, N \times N)$　　　　　　　　▷ 将输入图像划分为 $N \times N$ 的网格
2: $\{B_i, C_i, P_i\} \leftarrow \text{YOLO}(I)$ ▷ 运行 YOLO 模型以预测每个网格单元的边界框 B_i、类别 C_i 和置信　　▷ 度分数 P_i
3: $B_{\text{filtered}} \leftarrow \{B_i \mid P_i > \tau\}$　　　　　　　　　　　　▷ 根据置信度阈值 τ 筛选边界框
4: $C_{\text{filtered}} \leftarrow \{C_i \mid P_i > \tau\}$　　　　　　　　　　　　▷ 根据阈值 τ 筛选对应的类别
5: $O \leftarrow \text{NMS}(B_{\text{filtered}}, C_{\text{filtered}}, \sigma)$　　　　　▷ 应用非极大值抑制（NMS）以移除重叠的边界框
　　return O　　　　　　　　　　　　　　　▷ 返回检测到的对象，包括类别信息和边界框

3.2.7　雷达点云数据的预处理技术

在雷达点云数据的采集中，受环境因素（如雨雪雾霾）以及传感器硬件限制等影响，原始点云往往包含噪声点、离群点以及分布不均等问题。为了保证后续算法（例如目标检测、三维重建、语义分割）的准确性与稳定性，需要对雷达点云进行预处理。典型的点云预处理技术包括离群点去除、下采样（体素滤波）、坐标变换以及地面分割等，下面对离群点去除技术进行详细介绍。

离群点去除（outlier removal）是雷达点云预处理中最常见的操作之一。离群点通常是由于传感器测量误差或复杂环境造成的孤立散点，这些噪声数据会干扰后续处理和分析。通过去除离群点，可以提高点云整体的信噪比，增强后续算法（如配准、特征提取、分类）的鲁棒性。

1. 去除离群点的必要性

(1) 提升数据质量。过多的孤立点或错误测量点会导致点云质量下降，从而影响后续的目标检测、地图构建等高层任务。对离群点进行有效去除，有助于保证点云的整体一致性与准确性。

(2) 降低计算复杂度。离群点通常不携带有效信息，且会在后续处理（例如，ICP 配准或深度学习模型输入）中额外占用计算资源。去除无用点可以降低算法的时间和空间开销。

(3) 提高鲁棒性。离群点容易对基于局部特征或全局优化的算法造成干扰，去除这些噪声点可以显著减少异常数据带来的不稳定性，提高算法的稳健性。

2. 常用的离群点去除算法

(1) 统计离群点去除（Statistical Outlier Removal，SOR）。统计离群点去除基于点云局部邻域密度的统计特性判断离群点。其核心思想是，若某点与其邻域点之间的平均距离明显大于整体平均水平，则该点被视为离群点并予以剔除。

① 邻域距离计算：设原始点云数据集为 $P = \{\boldsymbol{p}_1, \boldsymbol{p}_2, \cdots, \boldsymbol{p}_N\}$，$\boldsymbol{p}_i = (x_i, y_i, z_i) \in \mathbb{R}^3$。对于点 $\boldsymbol{p}_i$，找到其最近的 k 个邻域点：$N_k(\boldsymbol{p}_i) = \{\boldsymbol{p}_j \mid j = 1, 2, \cdots, k\}$。计算点 $\boldsymbol{p}_i$ 与这些邻域点的欧几里得距离：

$$d_{ij} = \sqrt{(x_i - x_j)^2 + (y_i - y_j)^2 + (z_i - z_j)^2}, \quad \boldsymbol{p}_j \in N_k(\boldsymbol{p}_i) \tag{3.34}$$

② 平均距离与整体统计。对点 $\boldsymbol{p}_i$ 的邻域距离取平均值：

$$\bar{d}_i = \frac{1}{k} \sum_{j=1}^{k} d_{ij} \tag{3.35}$$

接着，对所有点的 $\bar{d}_i$ 进行全局统计，求出全局平均距离 μ_d 与标准差 σ_d：

$$\mu_d = \frac{1}{N} \sum_{i=1}^{N} \bar{d}_i, \quad \sigma_d = \sqrt{\frac{1}{N} \sum_{i=1}^{N} (\bar{d}_i - \mu_d)^2}$$

③ 离群点判定：选定一个阈值系数 τ（常见取值为 1.5 或 2），如果对某个点 $\boldsymbol{p}_i$，有

$$\bar{d}_i > \mu_d + \tau \cdot \sigma_d \tag{3.36}$$

则判定该点为离群点并删除。

统计离群点去除算法适用于大多数场景，统计滤波操作简单，能有效去除随机噪声；但是对非均匀密度的点云适用性较差，当场景中存在密度变化较大的区域（如远近视角差异明显），有可能造成误删或误保留。

(2) 半径离群点去除（Radius Outlier Removal，ROR）。半径离群点去除方法基于空间邻域搜索，以固定半径 r 判断某点在该球体空间内是否存在足够数量的邻域点，若邻域点数量不足则视为离群点。与 SOR 相比，ROR 对场景中点云分布的局部几何特性更为敏感。

① 球体邻域搜索。对每个点 p_i，统计其在半径 r 范围内的邻域点数目 $|N_r(\boldsymbol{p}_i)|$：$N_r(\boldsymbol{p}_i) = \{\boldsymbol{p}_j \mid \|\boldsymbol{p}_i - \boldsymbol{p}_j\|_2 \leqslant r\}$。这里 r 可根据经验、场景大小或雷达传感器参数设定。

② 离群点判断。设最小邻域点数量为 α（例如，2 或 3），若对某一点 p_i，有

$$|N_r(\boldsymbol{p}_i)| < \alpha$$

则认为该点为离群点并剔除。

半径离群点去除算法适用于均匀分布的场景，当点云在各处的分布相对稳定时，设定一个合适的半径能够有效去除孤立点；但是对密度变化大的场景有局限，若点云存在显著的稀疏-密集区域转换，则固定半径可能导致大面积误删或无法删除真正的离群点。

离群点去除是提升点云质量、降低后续算法复杂度的一项基础步骤。统计离群点去除与半径离群点去除是最常用的两种方法，分别侧重全局密度统计和空间邻域分布。实际应用中，可根据场景特点、点云密度分布以及计算资源等因素灵活选择合适的离群点去除策略。

3.2.8　点云分类技术

点云分类是雷达点云数据处理中最重要的任务之一，其目的是根据点云的空间分布、几何结构或光学特征对点云进行类别划分。点云分类广泛应用于自动驾驶、遥感测绘、机器人导航等领域。根据分类方法的不同，点云分类技术可分为基于传统特征工程的方法和基于深度学习的方法。本节重点介绍基于特征工程的随机森林（Random Forest，RF）分类和基于深度学习的 PointNet 分类模型，并对其数学原理、实现步骤以及适用场景进行详细分析。

1. 基于特征工程的随机森林点云分类

随机森林是一种基于决策树集成的方法，在点云分类任务中表现良好。其基本思想是：通过训练多棵决策树，并利用投票机制来提高分类准确率和鲁棒性。随机森林分类的优点是计算速度快、对特征分布要求较低，并且能够处理高维数据。随机森林点云分类的基本步骤如下：

1) 特征提取

从点云中提取适用于分类的几何、强度、纹理等特征，常见的特征包括高度特征 h_i（点的绝对高度或相对高度）、曲率特征 k_i（点云的局部曲率，反映表面变化）、法向量特征 n_i（用于描述点云表面的方向）、密度特征（统计点云局部区域的点密度）、激光反射强度（反映点云的物理特性）。

2) 构建训练数据集

通过标注点云数据集获取类别标签 y，形成训练数据集：

$$D = \{(x_1, y_1), (x_2, y_2), \cdots, (x_N, y_N)\}$$

其中，x_i 为点的特征向量，y_i 为类别标签。

3) 随机森林训练

训练多个决策树 $T_1, T_2, \cdots, T_m$，每棵决策树从训练数据集中随机采样，并基于特征构建树结构。每棵决策树的生长过程随机选择部分训练样本用于构造决策树（Bootstrap 采样）并在每个分裂节点，随机选取 M 个特征，并找到使信息增益最大化的特征作为分裂标准：

$$G(X) = H(X) - \sum_{i=1}^{C} p_i H(X_i)$$

其中，$H(X)$ 为信息熵，p_i 为子节点概率。

4) 分类预测

对于新输入的点云特征 x，通过所有决策树进行分类投票，最终类别由多数决策树的预测结果决定：

$$\hat{y} = \arg\max_c \sum_{i=1}^{m} \mathbb{I}(T_i(x) = c)$$

其中，$\mathbb{I}(\cdot)$ 为指示函数。

基于特征工程的随机森林点云分类算法计算速度快、适用于小规模点云数据、易解释、训练数据需求较少，但依赖手工设计特征，难以处理复杂的高维点云数据，对点云噪声较敏感，适用于规则几何形状的点云分类任务，如建筑、地形分类、植被检测等。

2. 基于深度学习的 PointNet 点云分类

随着深度学习的发展，基于神经网络的点云分类方法取得了重大突破。PointNet 是最早提出的直接处理无序点云的深度学习模型之一，避免了传统方法的特征工程依赖，能够自动提取点云特征并完成分类任务。

1) PointNet 结构

PointNet 由多个模块组成，包括：

(1) 输入层（input layer）。

直接输入三维点云坐标 $p = \{\boldsymbol{p}_1, \boldsymbol{p}_2, \cdots, \boldsymbol{p}_N\}$，其中，$\boldsymbol{p}_i = (x_i, y_i, z_i)$。若点云数据带有额外属性（如颜色、法向量），则可扩展为 $\boldsymbol{p}_i = (x_i, y_i, z_i, f_i)$。

(2) 输入变换层（input transform layer）。

通过 T-Net（变换网络）学习 3×3 变换矩阵，并对输入点云进行旋转变换，使其归一化到标准空间。

(3) 局部特征提取层（local feature extraction layer）。

通过 MLP（多层感知机）对每个点进行独立特征变换：

$$h(\boldsymbol{p}_i) = \sigma(W_3 \cdot \sigma(W_2 \cdot \sigma(W_1 \cdot \boldsymbol{p}_i))) \tag{3.37}$$

提取的特征向量维度从 $\mathbb{R}^3$ 逐步提升到更高维（如 64、128、1024）。

(4) 特征变换层（feature transform layer）。

使用第二个 T-Net 学习 $k \times k$ 变换矩阵，使特征分布归一化，从而提高网络对旋转和尺度变化的鲁棒性。

(5) 全局特征聚合层（global feature aggregation layer）。

使用全局最大池化（max pooling）提取整个点云的全局特征：

$$f(p) = \max_{i=1,2,\cdots,N} h(\boldsymbol{p}_i) \tag{3.38}$$

(6) 分类层（classification layer）。

通过全连接层（FC），并使用 softmax 计算类别概率：

$$P(c|p) = \frac{\exp(\boldsymbol{w}_c^{\mathrm{T}} f(p))}{\sum\limits_{c'} \exp(\boldsymbol{w}_{c'}^{\mathrm{T}} f(p))} \tag{3.39}$$

2) 特征变换（feature transform）

(1) 输入变换层（input transform layer）。

下面介绍具体的计算过程。

① 对每个点 $\boldsymbol{p}_i$ 计算特征：

$$h(\boldsymbol{p}_i) = \sigma(W_3 \cdot \sigma(W_2 \cdot \sigma(W_1 \cdot \boldsymbol{p}_i))) \tag{3.40}$$

② 通过最大池化层获取全局特征：

$$f(p) = \max_{i=1,2,\cdots,N} h(\boldsymbol{p}_i) \tag{3.41}$$

③ 计算 3×3 变换矩阵 $\boldsymbol{T}_{\text{input}}$ 并应用：

$$\boldsymbol{p}_i' = \boldsymbol{T}_{\text{input}} \boldsymbol{p}_i \tag{3.42}$$

(2) 特征变换层（feature transform layer）。

下面介绍具体的计算过程。

① 计算每个点的高维特征：

$$h_{\text{feat}}(\boldsymbol{p}_i) = \sigma(W_3 \cdot \sigma(W_2 \cdot \sigma(W_1 \cdot h(\boldsymbol{p}_i)))) \tag{3.43}$$

② 计算 $k \times k$ 变换矩阵 $\boldsymbol{T}_{\text{feat}}$ 并应用：

$$h_{\text{feat}}(\boldsymbol{p}_i') = \boldsymbol{T}_{\text{feat}} h_{\text{feat}}(\boldsymbol{p}_i) \tag{3.44}$$

(3) 变换正则化。

由于变换矩阵可能学习到非正交矩阵，导致变换后点云结构发生扭曲，因此采用

Frobenius 范数进行正则化：

$$L_{\text{reg}} = ||\boldsymbol{I} - \boldsymbol{T}_{\text{feat}}\boldsymbol{T}_{\text{feat}}^{\text{T}}||_{\text{F}} \tag{3.45}$$

总损失函数为

$$L = L_{\text{cls}} + \lambda L_{\text{reg}} \tag{3.46}$$

PointNet 通过 MLP + 最大池化进行全局特征提取，并采用 T-Net 进行特征变换，提高旋转不变性。尽管该方法适用于大规模点云分类任务，但对局部几何特征的学习能力较弱。

3.2.9　运动检测与目标跟踪

运动检测与目标跟踪在感知系统中扮演着重要的角色，特别是在自动驾驶、无人机导航、安防监控等需要实时感知和跟踪动态物体的场景中。运动检测的主要任务是从一系列连续的图像帧中检测到运动物体，而目标跟踪则是对这些检测到的物体进行持续的跟踪，确定其运动轨迹。运动检测和目标跟踪的结合使得感知系统能够理解场景中的动态变化，为后续的决策和规划提供支持。

1. 运动检测的常用方法

帧差法（frame differencing）是一种简单的运动检测方法，通过计算两帧图像的像素差异来检测场景中的运动部分。

$$D(x,y) = |I_t(x,y) - I_{t-1}(x,y)| \tag{3.47}$$

其中，$I_t(x,y)$ 和 $I_{t-1}(x,y)$ 分别为当前帧和前一帧在像素位置 (x,y) 的灰度值，$D(x,y)$ 为该位置的差值。如果 $D(x,y)$ 大于设定阈值，则认为该点为运动区域。

光流法（optical flow）是一种基于像素运动的检测方法，能够检测出物体的移动方向和速度。光流法通过分析图像序列中的像素点位移来估计场景中所有像素的运动。光流法基于以下约束关系，计算像素在两帧图像之间的运动向量，通过光流场表示整个图像的运动信息：

$$I(x,y,t) = I(x+u, y+v, t+1) \tag{3.48}$$

其中，u 和 v 是像素在两个时间点之间的位移向量，$I(x,y,t)$ 表示图像在时间 t 的像素值。

2. 目标跟踪的常用方法

KLT 跟踪（KLT tracking）是一种基于光流的目标跟踪方法，能够跟踪视频序列中局部区域的运动。在初始帧中选取一些关键点以后，使用光流法计算这些关键点在后续帧中的位移，如式(3.48)，更新每个关键点的位置，并利用这些关键点的位置变化进行目标的跟踪。

均值漂移跟踪（mean-shift tracking）是一种非参数的迭代优化方法，用于在每一帧图像中搜索目标的最优位置。通过在候选区域内搜索密度最大的区域，不断调整区域的中心点位置，最终将中心点稳定在目标物体上。通过计算加权均值更新目标的中心位置的公式如下：

$$x_{t+1} = \frac{\sum\limits_{i \in W} K(x_t - x_i) x_i}{\sum\limits_{i \in W} K(x_t - x_i)} \tag{3.49}$$

其中，x_t 为当前跟踪窗口的中心，$K(x)$ 为核函数，W 为搜索窗口。

粒子滤波跟踪（particle filter tracking）是一种基于概率模型的目标跟踪方法，能够处理目标遮挡、非线性运动等复杂情况。粒子滤波通过在每一帧中生成一组随机样本（粒子），估计目标在当前帧中的位置，并通过这些样本的加权平均值来确定最终的跟踪结果。粒子滤波的更新公式为

$$p(x_t|z_{1:t}) \propto p(z_t|x_t) \int p(x_t|x_{t-1}) p(x_{t-1}|z_{1:t-1}) \mathrm{d}x_{t-1} \tag{3.50}$$

其中，$p(x_t|z_{1:t})$ 是目标位置的后验分布，粒子滤波通过对先验分布的采样来更新目标的估计位置。

3.2.10　多传感器数据融合技术

为了克服单一传感器的局限性，感知系统通常采用多传感器数据融合技术，将来自不同传感器的信息整合在一起，以获得更加全面和精确的环境模型。这些技术包括卡尔曼滤波、粒子滤波以及深度学习方法，通过将不同类型的传感器数据进行时间和空间上的融合，显著提高了感知系统的鲁棒性和抗干扰能力。

1. 多传感器数据融合的定义与目标

多传感器数据融合是指从多个不同类型的传感器中获取数据，并将这些信息在时间和空间上进行有效整合，从而提供更精确、完整的环境感知。其目标包括：

(1) 提高感知精度。通过融合多个传感器的数据，可以减少单一传感器的测量误差，增强感知结果的准确性。

(2) 增强鲁棒性。在一些传感器出现故障或失效时，其他传感器的数据可以作为备份，从而提高系统的鲁棒性。

(3) 扩展感知范围。不同类型的传感器有不同的感知范围和能力，融合多种传感器的数据可以扩展系统的整体感知能力。例如，摄像头可以提供高分辨率的视觉信息，而雷达或激光雷达可以探测更远的物体。

2. 多传感器数据融合的层次

多传感器数据融合可以在不同的层次上进行，常见如下 3 种融合层次。

1) 数据层融合（低层融合）

直接将不同传感器的原始数据（如激光雷达的点云数据和摄像头的图像数据）进行整合。然而，低层融合的挑战在于不同传感器数据之间的噪声、分辨率、采样率差异较大，因此需要高效的数据预处理与校正方法。加权平均法是一种简单且常用的数据融合方式。对于每个传感器的测量数据，给定不同的权重，根据传感器的置信度来调整融合结果。权重越大，代表该传感器的数据越可靠。加权平均的计算公式为

$$x_{\text{fused}} = \sum_{i=1}^{n} w_i x_i \tag{3.51}$$

其中，x_i 为第 i 个传感器的测量值，w_i 为该传感器的权重，且 $\sum_{i=1}^{n} w_i = 1$。此方法适用于多种传感器的直接数值融合，例如，多个温度传感器的读数。

在多传感器融合的感知系统中，激光雷达和深度摄像头常用于生成点云数据。在低层融合中，来自多个激光雷达的点云数据可通过坐标转换后投影到摄像头的视角下进行配对，实现不同传感器数据的统一表示，进而进行信息融合，得到更准确的环境模型。激光雷达与摄像头之间的转换可以通过以下公式实现：

$$p_{\text{cam}} = \boldsymbol{K}\,[\boldsymbol{R}|\boldsymbol{T}]\,p_{\text{lidar}} \tag{3.52}$$

其中，p_{cam} 是在摄像头坐标系下的点，$\boldsymbol{K}$ 是摄像头内参矩阵，$[\boldsymbol{R}|\boldsymbol{T}]$ 是激光雷达到摄像头坐标系的外参矩阵，p_{lidar} 是激光雷达点云中的点。

2) 特征层融合（中层融合）

在传感器数据经过预处理后，提取不同传感器的特征，再对这些特征进行融合。例如，摄像头提取的边缘信息可以与激光雷达提取的点云轮廓进行结合，提供更加完整的物体边界信息。假设传感器 A 和 B 提取的特征分别为 f_A 和 f_B，特征拼接的公式为

$$f_{\text{fused}} = [f_A, f_B] \tag{3.53}$$

此外，核密度估计是一种概率密度估计方法，适用于具有不确定性的特征数据。在多传感器融合中，核密度估计可以用于估计目标特征在不同传感器中的概率分布，将这些分布结合以得到更精确的融合结果。其估计公式为

$$\hat{f}(x) = \frac{1}{nh} \sum_{i=1}^{n} K\left(\frac{x - x_i}{h}\right) \tag{3.54}$$

其中，K 是核函数，h 是带宽参数，x_i 是来自传感器的特征数据。

3) 决策层融合（高层融合）

每个传感器单独处理其数据并生成独立的决策结果，之后对这些决策进行融合。例如，

在自动驾驶中，激光雷达、雷达和摄像头分别检测到障碍物后，系统可以通过加权或规则对结果进行综合判断，得出最终的决策。贝叶斯推理是一种基于概率论的决策融合方法。它利用不同传感器的观测值更新系统对环境的先验知识，并基于后验概率作出最优决策。贝叶斯更新公式为

$$P(H|E) = \frac{P(E|H)P(H)}{P(E)} \tag{3.55}$$

其中，$P(H|E)$ 是给定观测 E 后假设 H 成立的后验概率，$P(H)$ 是先验概率，$P(E|H)$ 是似然函数，$P(E)$ 是归一化常数。

3. 多传感器数据融合算法

多传感器数据融合涉及多个复杂的算法，根据应用场景和需求选择不同的融合策略。常用的融合方法有如下 3 种。

1) 卡尔曼滤波

卡尔曼滤波是一种经典的用于线性系统的多传感器数据融合算法，适用于实时动态系统。它通过估计传感器的测量误差，将当前状态和传感器读数结合起来，提供对系统状态的最优估计。卡尔曼滤波广泛应用于运动跟踪和定位等任务中，如机器人定位和路径跟踪。

卡尔曼滤波是一种递归估计器，适用于线性系统。在多传感器数据融合中，卡尔曼滤波用于从多源信息中估计目标的状态。滤波器基于系统的状态转移模型和传感器观测模型，通过以下公式可递归地更新估计值。

预测步骤：

$$\hat{\boldsymbol{x}}_{k|k-1} = \boldsymbol{F}_k \hat{\boldsymbol{x}}_{k-1|k-1} + \boldsymbol{B}_k \boldsymbol{u}_k \tag{3.56}$$

$$\boldsymbol{P}_{k|k-1} = \boldsymbol{F}_k \boldsymbol{P}_{k-1|k-1} \boldsymbol{F}_k^{\mathrm{T}} + \boldsymbol{Q}_k \tag{3.57}$$

其中，$\hat{\boldsymbol{x}}_{k|k-1}$ 是时刻 k 的状态预测，$\boldsymbol{P}_{k|k-1}$ 是预测协方差，$\boldsymbol{F}_k$ 是状态转移矩阵，$\boldsymbol{Q}_k$ 是过程噪声协方差。

更新步骤：

$$\boldsymbol{K}_k = \boldsymbol{P}_{k|k-1} \boldsymbol{H}_k^{\mathrm{T}} \left(\boldsymbol{H}_k \boldsymbol{P}_{k|k-1} \boldsymbol{H}_k^{\mathrm{T}} + \boldsymbol{R}_k \right)^{-1} \tag{3.58}$$

$$\hat{\boldsymbol{x}}_{k|k} = \hat{\boldsymbol{x}}_{k|k-1} + \boldsymbol{K}_k(z_k - \boldsymbol{H}_k \hat{\boldsymbol{x}}_{k|k-1}) \tag{3.59}$$

$$\boldsymbol{P}_{k|k} = (\boldsymbol{I} - \boldsymbol{K}_k \boldsymbol{H}_k)\boldsymbol{P}_{k|k-1} \tag{3.60}$$

其中，$\boldsymbol{K}_k$ 为卡尔曼增益，z_k 为观测值，$\boldsymbol{H}_k$ 为观测矩阵，$\boldsymbol{R}_k$ 为观测噪声协方差。

在非线性系统中，卡尔曼滤波通过线性化状态方程扩展为扩展卡尔曼滤波，适用于复杂环境中的感知与定位问题。例如，在自动驾驶中，EKF 可以结合激光雷达、GPS 和 IMU 数据，估算车辆的准确位置。

2) 粒子滤波

粒子滤波是一种基于蒙特卡罗方法的贝叶斯滤波器，它通过多个离散的粒子来表示目

标状态的概率分布。在多传感器数据融合中，粒子滤波可以用于追踪动态目标，同时对传感器数据中的不确定性进行建模和处理。

在初始时刻，生成 N 个粒子，每个粒子表示系统状态空间中的一个可能状态。每个粒子会被赋予一个初始权重，通常均匀分布或依据先验信息设置。

在状态预测阶段，对于每个时间步 k，基于系统的运动模型 $p(x_k|x_{k-1})$，对每个粒子进行状态预测。这个过程可以通过对每个粒子添加随机噪声来实现，以反映系统的不确定性。

$$x_k^{[i]} = f(x_{k-1}^{[i]}) + w_k^{[i]} \tag{3.61}$$

其中，$x_k^{[i]}$ 是第 i 个粒子在时刻 k 的预测状态，$f(\cdot)$ 是状态转移函数，$w_k^{[i]}$ 是过程噪声。

根据传感器的观测值 z_k，利用观测模型 $p(z_k|x_k)$ 计算每个粒子的权重 $w_k^{[i]}$。权重反映了每个粒子预测状态与实际观测值之间的匹配程度。

$$w_k^{[i]} = p(z_k|x_k^{[i]}) \tag{3.62}$$

同时，为了避免权重过于集中在少数粒子上，通常会执行重采样操作。重采样根据每个粒子的权重随机选择新的粒子，并在新的粒子集上重新均匀分配权重。重采样的结果是删除权重较小的粒子，增加权重较大的粒子的数量。

粒子滤波相对于卡尔曼滤波的优势在于它不需要假设系统是线性或高斯分布的，因此能够处理非线性、多模态的传感器数据。对于复杂的环境感知场景，粒子滤波可以更精确地融合来自不同传感器的信息。

例如，在自动驾驶的场景中，结合激光雷达和摄像头数据，粒子滤波可以用于追踪障碍物的位置，即使目标运动模式复杂或传感器数据中存在较大的噪声，它仍能通过大量粒子的并行计算获得合理的状态估计。

3) 深度学习融合

随着深度学习的发展，多传感器融合也开始利用神经网络进行数据整合。深度学习通过使用神经网络模型，尤其是卷积神经网络（CNN）、递归神经网络（RNN）、自编码器（autoencoder）等结构，能够从多传感器输入中自动提取特征，学习不同传感器数据之间的相关性，从而在融合后的表示中提高感知精度和鲁棒性。基于深度学习的多传感器数据融合可以在不同的阶段进行融合，具有自适应性强、可扩展性好、高效的端到端学习等优点。

3.2.11　环境建模

环境建模是感知系统的核心任务之一，通过对传感器获取的数据进行处理，生成反映周围环境的三维地图或场景模型。这些模型可以为自主系统提供关键的环境信息，使其能够进行路径规划、目标跟踪和障碍物规避等任务。常见的环境建模方法包括基于激光雷达的栅格地图构建、基于视觉的三维重建技术以及结合多种传感器数据的动态场景理解算法。

1. 环境建模的基本概念

环境建模是指通过感知系统的传感器获取环境数据,结合算法处理后构建对周围环境的几何和语义理解,生成可供自主系统导航、决策和交互使用的环境模型。

环境建模的目标可以表述为:通过建模,感知系统能够准确感知周围环境中的障碍物、地形、物体及其相对位置,生成环境的二维或三维表示,为后续的任务规划和控制提供支持。

根据系统需求,环境建模可以分为以下两类。

(1) 二维建模:主要用于平面环境的感知与表示,例如室内机器人通常可以通过二维地图进行路径规划和导航。常用的二维建模方法包括栅格地图和占用栅格 (occupancy grid map)。

(2) 三维建模:适用于更加复杂的三维场景,通过感知环境的三维结构,系统能够理解物体的形状、距离和相对位置,常用于自动驾驶和无人机导航等复杂应用。典型的三维建模方法有点云建模和三维体素网格。

2. 环境建模常用算法

在环境建模过程中,涉及多种不同的算法,每种算法针对不同的数据类型和应用场景。以下介绍常用的环境建模算法。

1) 栅格地图

栅格地图是最基础的二维环境建模方法,将环境划分为均匀的栅格,对于一个栅格地图中的栅格 m_i,其状态可以表示为占用(1)或未占用(0)。基于传感器数据,可以用一个贝叶斯滤波器计算出该栅格占用的概率 $P(m_i)$。

假设传感器给出了观测数据 z_t,我们可以通过贝叶斯更新公式来计算每个栅格占用状态的后验概率:

$$P(m_i|z_1, z_2, \cdots, z_t) = \frac{P(z_t|m_i)P(m_i|z_1, z_2, \cdots, z_{t-1})}{P(z_t|z_1, z_2, \cdots, z_{t-1})} \tag{3.63}$$

其中, $P(m_i|z_1, z_2, \cdots, z_t)$ 是给定传感器观测数据后的栅格占用概率。$P(z_t|m_i)$ 是观测数据的似然函数,表示在栅格被占用或未占用的前提下,观测数据的可能性。$P(m_i|z_1, z_2, \cdots, z_{t-1})$ 是前一时刻对该栅格的占用概率的估计。$P(z_t|z_1, z_2, \cdots, z_{t-1})$ 是观测数据的总体概率,用于归一化。

为了简化计算,通常使用对数似然比(log odds ratio)来更新占用概率。对数似然比定义为

$$l(m_i) = \log \frac{P(m_i)}{1 - P(m_i)} \tag{3.64}$$

通过对数似然比形式,可以将贝叶斯更新公式转换为增量更新形式:

$$l(m_i|z_t) = l(m_i|z_{t-1}) + \log \frac{P(z_t|m_i)}{P(z_t|\neg m_i)} \tag{3.65}$$

在每次观测后，新的对数似然比值由前一时刻的对数似然比与当前观测的对数更新量来计算。更新后占用概率可以通过对数似然比反推：

$$P(m_i|z_t) = \frac{1}{1 + \exp(-l(m_i|z_t))} \tag{3.66}$$

这种方法减少了多次传感器观测下的计算复杂度，并能更好地处理传感器带来的不确定性。

栅格地图是一种高效且实用的环境建模方法，特别适合处理不确定性高的环境信息。其基于概率的方法能够有效地整合来自多传感器的观测数据，生成一个精确的环境模型。通过贝叶斯更新公式和对数似然比形式的简化，栅格地图能够快速响应传感器数据的变化，并逐步更新环境模型。

2) 同步定位与地图构建（Simultaneous Localization And Mapping，SLAM）

SLAM 算法是用于在未知环境中同时进行自我定位与地图构建的技术。SLAM 算法能够处理传感器数据，构建动态环境的地图，并通过不断更新地图进行自我定位。

(1) 算法原理。SLAM 通过传感器数据（如激光雷达或摄像头）获取环境信息，并使用滤波器（如扩展卡尔曼滤波或粒子滤波）估算系统的当前位置。同时，系统根据传感器的观测结果，更新环境地图并调整自身的路径。

(2) 视觉 SLAM。通过摄像头获取的图像进行场景理解，结合特征提取与匹配算法（如 ORB-SLAM）实现环境建模。

(3) 应用场景。SLAM 技术广泛应用于移动机器人、无人机和自动驾驶车辆的定位与导航，特别是在未知或动态环境中，SLAM 可以帮助系统实时调整。

3) 三维点云建模

三维点云建模是通过激光雷达、深度摄像头等传感器获取环境的三维坐标点云，每个点云数据点包含物体的三维位置，整个点云构成对环境的详细表示，并通过拼接或配准（如 ICP 算法）形成完整的三维环境模型。ICP 算法的目标是在两组点云之间找到最佳的旋转和平移变换，使得源点云 P 和目标点云 Q 之间的对齐误差最小。该误差通常被定义为每个点对之间的欧氏距离。算法通过迭代寻找每个点的最近邻点，并不断优化变换矩阵，逐步减小配准误差。

一般而言，给定初始的源点云 P 和目标点云 Q，通常假设有一个初始的刚性变换 $(\boldsymbol{R}_0, \boldsymbol{t}_0)$，其中，$\boldsymbol{R}_0$ 是旋转矩阵，$\boldsymbol{t}_0$ 是平移向量。

对于源点云中的每一个点 $\boldsymbol{p}_i \in \boldsymbol{P}$，在目标点云 Q 中找到距离其最近的点 $\boldsymbol{q}_i \in \boldsymbol{Q}$。这一步通常采用 KD 树（K-Dimensional tree）或其他加速最近邻搜索算法来提高效率。

计算匹配点对之间的最优旋转矩阵 $\boldsymbol{R}$ 和平移向量 $\boldsymbol{t}$，使得变换后的源点云和目标点云的点对间误差最小。最优变换可以通过最小化以下目标函数求得：

$$E(\boldsymbol{R}, \boldsymbol{t}) = \sum_{i=1}^{N} \|\boldsymbol{R}_{\boldsymbol{p}_i} + \boldsymbol{t} - \boldsymbol{q}_i\|^2 \tag{3.67}$$

其中，$\boldsymbol{p}_i$ 和 $\boldsymbol{q}_i$ 分别是源点云和目标点云中的对应点对，$\boldsymbol{R}$ 是旋转矩阵，$\boldsymbol{t}$ 是平移向量，N 是点对的数量。

使用优化后的变换矩阵 $(\boldsymbol{R}, \boldsymbol{t})$ 对源点云进行更新，将其位置调整到新的位置：

$$P_{\text{new}} = \boldsymbol{R}P + \boldsymbol{t} \tag{3.68}$$

最后，重复最近邻点匹配和变换矩阵优化步骤，直到目标函数收敛或迭代次数达到预设值。

4) 体素建模

体素建模是三维建模中的另一种方法，通过将三维空间划分为离散的立方体（体素），并使用这些体素表示环境中的物体和障碍物。体素建模的基本步骤是将连续的三维空间离散化。假设三维空间的大小为 $[X_{\min}, X_{\max}] \times [Y_{\min}, Y_{\max}] \times [Z_{\min}, Z_{\max}]$，这个空间被划分为 $n_x \times n_y \times n_z$ 个体素，每个体素的大小为

$$\Delta x = \frac{X_{\max} - X_{\min}}{n_x}, \quad \Delta y = \frac{Y_{\max} - Y_{\min}}{n_y}, \quad \Delta z = \frac{Z_{\max} - Z_{\min}}{n_z} \tag{3.69}$$

体素的中心坐标 (i, j, k) 对应的三维坐标 (x, y, z) 可以表示为

$$x = X_{\min} + i \cdot \Delta x, \quad y = Y_{\min} + j \cdot \Delta y, \quad z = Z_{\min} + k \cdot \Delta z \tag{3.70}$$

其中，i、j 和 k 为体素索引，分别满足条件 $0 \leqslant i < n_x$、$0 \leqslant j < n_y$ 和 $0 \leqslant k < n_z$。在某些应用中，体素的状态不是确定的，而是基于传感器数据估计出来的。此时，体素的占用状态可以用概率表示，即体素的占用概率 $P(v(i, j, k))$ 取值为 $0 \sim 1$，表示体素被障碍物占用的概率。

3.3　感知增强技术

感知增强技术是指通过各种先进的方法和手段，提升自主系统对环境的感知能力，以便在复杂多变的条件下作出更加准确和智能的决策。感知增强技术可以包括数据融合、图像增强、噪声抑制以及注意力机制等多种手段，目的是使得自主系统能够在不同环境和条件下具备鲁棒的感知能力。在感知增强的过程中，如何高效地选择和处理有效信息是至关重要的。自主系统面对大量的传感数据，其中很多信息可能是不相关的或者是噪声。如果自主系统没有有效的机制来甄别和选择对当前任务有用的信息，将会导致计算资源的浪费，甚至影响感知效果。因此，科学地设计注意力机制成为感知增强技术中的一个关键手段。

3.3.1　注意力机制在感知中的应用

1. 注意力机制的概念和其在人工智能中的发展

注意力机制（attention mechanism）起源于对人类认知的模仿。在人类大脑中，注意力使我们可以专注于某一特定信息，同时忽略其他不相关的背景噪声，从而提高信息处理的效率。这一理念被引入到人工智能系统中，特别是在深度学习和机器学习领域。注意力机制最早的应用之一是在机器翻译任务中，通过选择性地关注源语言中的某些词汇，模型可以更加准确地将它们翻译到目标语言中。

在人工智能中，注意力机制允许模型根据输入数据的重要性对其进行加权处理，以此选择性地关注输入的不同部分。早期的机器学习模型通常是通过固定的结构对数据进行处理的，所有输入信息被一视同仁。然而，注意力机制的引入改变了这一点，它通过对不同输入的加权选择，实现了模型资源的有效分配，从而在性能上取得突破。例如，在自然语言处理中，注意力机制使得模型能够在每个生成步骤中动态地选择重要的输入部分，这样不仅提升了模型的生成质量，也增强了对上下文的理解能力。

近年来，注意力机制得到了广泛的发展，从最初的基础注意力机制到多头注意力（multi-head attention），再到自注意力（self-attention），它们在自然语言处理（NLP）和计算机视觉（CV）等多个领域取得了显著的效果。特别值得一提的是，自注意力在 Transformer 架构中的应用使得该模型在语言生成、翻译和理解任务中取得了前所未有的成就。而且，这一机制也被引入了视觉领域，形成了像 Vision Transformer（ViT）这样的新模型，使得计算机视觉任务在没有卷积神经网络（CNN）的情况下也能达到卓越的效果。

2. 通过注意力机制选择感知中的关键特征

在感知系统中，一个关键的挑战是如何从大量的输入数据中提取出最重要的信息，以实现有效的感知。传统的深度学习模型可能会盲目地处理所有输入，导致计算效率低下，模型的泛化能力受限。注意力机制通过计算输入数据的重要性权重来选择性地处理最重要的信息，从而大大提升了系统的效率和准确性。

在注意力机制的过程中，模型首先对所有输入进行编码，以获得其特征表示。接着，通过计算每个特征的注意力权重（通常基于相似性函数，例如，点积或者加法注意力），模型确定出哪些输入特征是当前任务中最为关键的。这些重要特征会被赋予更高的权重，从而在最终的输出中占据更重要的位置。

例如，在视觉感知任务中，图像中的重要目标（如行人、车辆等）会被注意力机制赋予更高的权重，从而使得模型可以更加专注于这些目标的特征，而不是背景中的噪声。这种注意力选择的过程类似于人类在复杂场景中仅关注某些重要部分的方式，使得系统的感知结果更加符合实际应用中的需求。

3. 软注意力与硬注意力机制

在注意力机制的分类中，软注意力和硬注意力是两种主要类型，它们在特征选择的方法上有所不同。

1) 软注意力（soft attention）

软注意力是一种通过概率分布实现的注意力机制，所有的输入特征都会被赋予一个非零的注意力权重，只是不同特征之间的权重大小有所差异。这样的注意力机制可以实现对所有输入的全面分析，但通过不同程度的关注实现资源的合理分配。在深度学习中，软注意力的优势在于它是可导的，意味着可以通过梯度下降等常见的优化方法进行训练，因此它在大多数深度学习模型中得到了广泛应用。

2) 硬注意力（hard attention）

与软注意力不同，硬注意力则是通过离散的选择过程实现的，模型每次只选择一个或有限个特征进行处理，类似于在大量的输入中只"挑选"最相关的部分进行关注。硬注意力机制更接近于人类的注意模式，例如，在观察一幅图像时，人们可能会依次聚焦于其中的不同目标。然而，硬注意力的计算过程是离散的，导致在模型训练中难以直接通过常规的梯度下降方法进行优化。因此，硬注意力通常需要通过强化学习等方法来实现。

这两种注意力机制各有优劣，软注意力在精度和训练的可行性上具有优势，而硬注意力在对资源进行极端优化的场景下有独特的优势。例如，在计算能力受限的边缘设备中，硬注意力可以帮助模型高效地处理有限的输入资源。两者的结合也成为一些混合注意力模型的研究方向，以充分发挥软注意力和硬注意力的各自优势。

4. 感知中的反馈机制

1) 反馈在感知系统中的作用

反馈机制是感知系统不可或缺的组成部分，尤其在面对复杂或动态环境时尤为关键。这种机制使感知系统能够根据输入信号的质量或环境变化，对自身的感知过程进行实时调节，从而提升感知精度与稳定性。例如，当摄像头检测到图像模糊时，可以通过反馈调节焦距或曝光参数，以获取更清晰的图像；一些高性能传感器还会依据环境亮度或信噪比自适应地优化采样频率和数据处理方式。这种"自我调节"能力使得感知系统具备更强的稳定性和适应性。

类似的反馈调节机制在人类感知行为中也有直观的体现。例如，当人在视野中捕捉到一个感兴趣的物体时，会下意识地转动眼睛或头部，让该目标处于视网膜中央的高分辨区，从而获取更清晰、更多细节的信息。这一过程并非完全被动，而是由感知到的信息驱动的主动行为，是人类感知系统中反馈机制的自然体现。这种人类感知中的反馈调节行为为人工感知系统的设计提供了重要启示。基于这一理念，人工系统中逐渐发展出"主动感知"（active perception）的概念——感知系统能结合任务目标与当前感知结果动态调整感知策略，如改变感知方向、重新配置传感器参数、优化采样方式等，以在不确定和动态的环境中更高效地获取关键信息。主动感知赋予系统以目标驱动的信息获取能力，使其在复杂任务中表现得更加灵活、智能。

2) 注意力机制与感知反馈的结合

注意力机制与反馈机制的结合，使得感知系统在动态调整方面具备了更高的效率。注意力机制通过选择性地聚焦于关键特征，使得系统在感知过程中能够更加精准地获取环境中的重要信息；而反馈机制则通过对这些信息的实时分析和评价来动态调整注意力的焦点，从而进一步提升感知效果。

这种结合在许多复杂的感知任务中得到了应用。例如，在自动驾驶中的行人检测系统中，初始的感知过程可能获取到的行人信息并不十分清晰，此时通过反馈机制，系统可以不断地调整其注意力的焦点，逐步提高对行人的识别精度。此外，基于反馈的注意力调整还可以有效应对环境中的干扰和噪声，通过反馈不断修正感知结果，以实现更为稳定和可靠的性能。

感知中的反馈机制还可以用于感知的自监督学习，通过对自身的感知结果进行反馈和评估，系统可以在没有明确标注的情况下自我学习和优化。例如，在无人机的自主飞行任务中，无人机可以通过反馈自身的飞行状态（如速度、姿态等）来优化感知模块的表现，以应对不断变化的风速和气流。这种自我监督的反馈机制不仅可以提高感知的精度，还可以减少对大量标注数据的依赖，从而降低系统的开发成本。

5. 注意力机制在视觉感知中的应用

1) 深度学习与视觉感知中的注意力模型

在视觉感知领域，注意力机制的引入显著地增强了系统在图像分析和理解方面的能力。深度学习中的卷积神经网络（Convolutional Neural Network，CNN）已经被广泛用于各种视觉任务，例如，图像分类、目标检测和语义分割。然而，卷积操作本质上是局部的，在处理复杂场景时可能无法捕捉到全局上下文信息。而注意力机制则通过赋予特定区域更高的权重，使得网络可以更加集中于有价值的特征，从而弥补了卷积操作的局限性。

一种常见的注意力模型是自注意力网络（self-attention network），它能够根据输入的特征自适应地调整注意力权重。这种机制在图像中通过计算每个像素或特征与其他像素或特征之间的关系来赋予注意力权重，从而帮助模型理解图像中的整体信息。自注意力网络的核心思想是通过建立全局特征之间的联系，使得模型可以在不同的尺度上关注重要的区域。例如，在图像分类任务中，注意力机制可以帮助模型识别出具有代表性的物体部分，而忽略不相关的背景细节。

Vision Transformer（ViT）是注意力机制在视觉领域应用的典型代表。与传统的卷积神经网络不同，ViT 通过将图像划分为小块（patches），并使用多头自注意力机制来处理这些图像块之间的关系，从而获得全局的上下文信息，如图3.5所示。这样一来，ViT 可以在不依赖卷积操作的情况下，同样甚至更好地完成视觉任务。ViT 的成功展示了注意力机制在视觉感知中的巨大潜力，它不仅可以增强模型的感知能力，还能够显著提高模型对复杂场景的适应性。

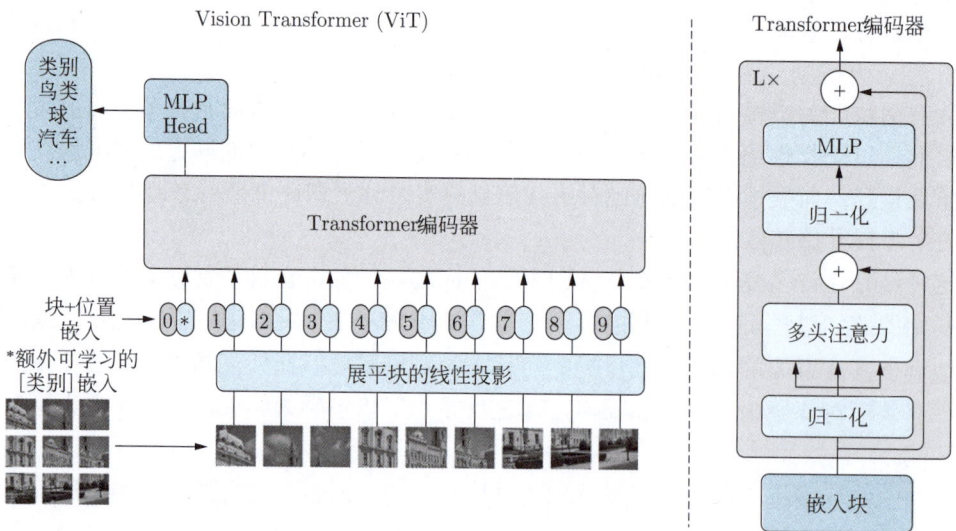

图 3.5　Vision Transformer 网络结构图

2) 视觉注意力机制在复杂环境中的聚焦

在实际应用中，视觉感知系统常常需要在复杂的环境中进行实时处理，例如，自动驾驶、无人机导航和安防监控等场景。在这些场景中，环境通常是动态变化的，且包含大量的干扰信息，这对系统的感知能力提出了很高的要求。注意力机制通过选择性地聚焦在关键区域上，使得视觉感知系统在处理复杂环境时更加高效和鲁棒。

例如，在自动驾驶系统中，车辆需要实时感知周围环境中的行人、车辆、交通标志等重要信息。注意力机制可以通过对输入图像进行加权，使得模型能够更加专注于这些关键目标，而不是背景中的其他不相关细节。这种选择性关注的能力使得系统在繁忙的城市街道中也能够准确地检测和识别各类交通参与者，从而提高驾驶的安全性和效率。

视觉注意力机制还可以帮助感知系统在低资源的情况下保持较高的性能。对于资源有限的边缘设备（例如，移动机器人和无人机）来说，计算能力和电池寿命往往是限制因素。注意力机制通过减少对非关键区域的处理，可以显著降低计算开销，从而延长设备的工作时间。此外，注意力机制还可以通过多尺度特征提取，在不同的分辨率上选择性地处理图像，进一步提高系统在不同环境下的适应性。

6. 注意力机制在其他感知领域的应用

1) 自然语言处理中的注意力机制对听觉感知系统的影响

注意力机制不仅在视觉领域表现出色，还在听觉感知系统中得到了广泛应用。自然语言处理（NLP）中的注意力机制可以用来增强听觉感知系统的性能，使得这些系统在复杂的听觉场景中能够更好地识别和理解声音信号。例如，语音识别系统可以通过注意力机制聚焦于语音信号中最有意义的部分，如强调语气、停顿和特定的音节，从而提高识别的准确性。

在语音助手和人机交互系统中，听觉感知往往需要处理大量的背景噪声，这使得有效的信息提取变得非常困难。通过引入注意力机制，系统可以选择性地关注重要的声音片段，而忽略掉背景噪声。例如，在一个嘈杂的房间中，语音助手可以通过注意力机制聚焦于用户的声音，从而更准确地理解用户的指令。这种选择性关注的能力类似于人类在聚会中的"鸡尾酒会效应"，即在嘈杂的环境中仍能专注于特定的对话。

2) 多模态感知系统中的注意力机制整合

如图 3.6 所示，多模态感知系统需要整合来自多个不同传感器的数据，例如，视觉、听觉、触觉等信息，以实现对环境的全面感知。在这样的系统中，注意力机制可以用于动态调整各模态之间的信息权重，从而实现信息的有效融合和理解。例如，在自动驾驶中，车辆的感知系统需要同时处理来自摄像头、激光雷达和超声波传感器的数据。通过引入注意力机制，系统可以根据当前环境的需要，选择性地赋予某些模态更高的权重，从而更好地理解环境信息。

在社交机器人中，多模态感知同样非常重要。社交机器人需要结合视觉和听觉信息来与人类进行自然的交互。例如，当一个人对机器人说话时，机器人不仅需要识别语音的内容（听觉感知），还需要通过视觉信息（如面部表情和手势）来理解说话者的情绪和意图。

在这种情况下，注意力机制可以帮助系统动态地调整对视觉和听觉信息的关注程度，从而更好地理解和响应人类的需求。这种多模态的注意力机制使得机器人可以在人机交互中表现得更加智能和自然。

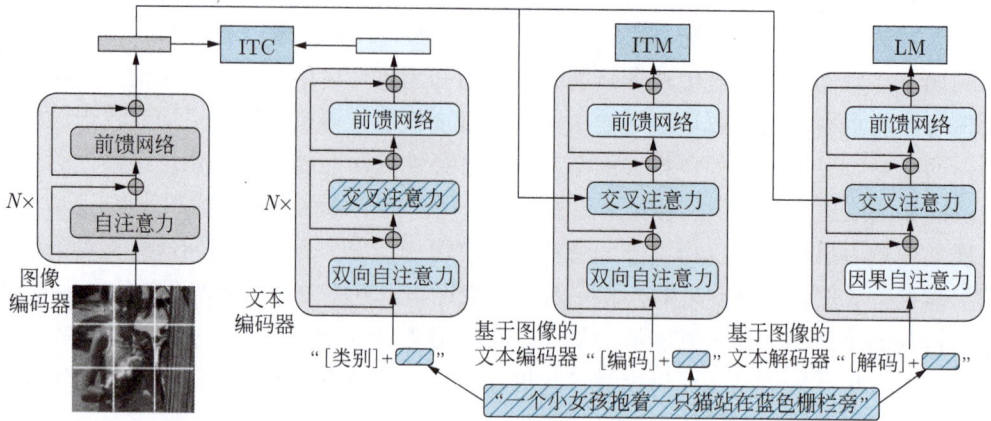

图 3.6   多模态感知系统中的注意力机制

7. 注意力机制的优化与挑战

1) 当前技术中的限制

尽管注意力机制在增强感知系统方面展现了巨大的潜力，但在实际应用中仍然存在一些需要克服的挑战。首先，注意力机制的计算复杂度较高，尤其是在处理高维输入数据时，注意力权重的计算需要大量的资源。这对于实时系统来说是一个很大的限制，特别是在边缘计算环境中，有限的计算资源无法支持复杂的注意力计算。因此，如何降低注意力机制的计算复杂度，成为一个重要的研究方向。

另一个限制是注意力机制在特征选择上的合理性。在某些情况下，模型可能会过度集中于某些特征而忽略其他同样重要的信息，导致感知结果的不平衡。例如，在视觉感知任务中，如果注意力机制过度关注某个区域而忽视了背景中的关键细节，可能会导致错误的分类或识别结果。因此，如何保证注意力权重的合理分布，是一个需要深入研究的问题。

2) 研究方向和技术改进

为了克服上述挑战，研究者们提出了多种优化注意力机制的方法。

首先，轻量化注意力机制的研究正在成为热点，通过减少注意力计算中的矩阵运算复杂度，可以有效降低计算开销。例如，使用低秩分解和稀疏注意力等技术，可以在不显著降低感知效果的情况下减少计算量。

其次，自适应注意力机制也是未来的一个重要发展方向。传统的注意力机制在计算过程中，所有的输入特征都被统一地计算权重，而自适应注意力机制则可以根据输入的特征动态调整计算方式，从而提高系统的灵活性和效率。例如，在处理视频数据时，可以根据每一帧的内容动态调整注意力的分布，从而更好地捕捉动态变化的信息。

最后，多尺度注意力机制的研究也在不断推进，通过在不同尺度上进行特征提取和注意力计算，可以使得感知系统在复杂环境中具有更强的适应性。例如，在视觉感知中，结合不同尺度的注意力机制可以帮助系统在全局和局部层面上都具有较强的感知能力，从而提高对复杂场景的理解和分析能力（如图 3.7 所示）。

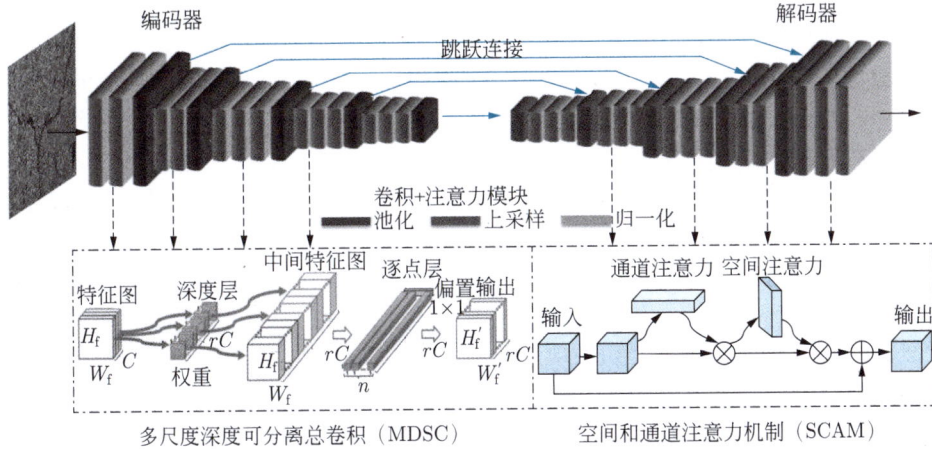

图 3.7　多尺度注意力机制在视觉感知中的应用

3.3.2　数据驱动的感知系统反馈增强

1. 数据驱动感知系统概述

1) 数据驱动感知系统的定义和特点

数据驱动的感知系统是一种通过对大量数据进行分析和建模，来增强系统对环境感知能力的方法。这种系统依赖于大规模的数据集，通过不断地学习和优化，使得系统能够对环境中的变化进行实时感知和反应。与传统的基于规则的感知系统不同，数据驱动感知系统具有更强的适应性和灵活性，因为它能够根据新获取的数据不断进行自我调整和优化。

传统的基于规则的感知系统通常依赖于预先定义的规则和逻辑，这些规则是由专家设计并嵌入到系统中的。然而，规则的适用性往往受限于环境的复杂性和动态性，当环境发生变化时，规则可能变得不再有效，导致系统的感知能力下降。相比之下，数据驱动的感知系统通过对环境中采集的大量数据进行建模和学习，可以捕捉到环境中的复杂模式和特征，从而在应对动态变化时表现出更强的鲁棒性。

2) 大数据和机器学习在感知反馈增强中的角色

大数据和机器学习在数据驱动感知系统中起到了核心作用。大数据提供了感知系统所需的丰富信息，通过对这些数据的深入分析，系统可以发现隐藏在数据中的规律和模式，从而提升感知的准确性和可靠性。例如，在自动驾驶中，感知系统需要分析来自摄像头、雷达和激光雷达的海量数据，以识别道路上的车辆、行人和其他物体。通过大数据的支持，系统可以不断学习和改进对不同场景的理解，从而实现更为准确的感知。

机器学习则是数据驱动感知系统的实现工具，通过构建预测模型和分类器，机器学习算法可以从数据中学习出感知任务所需的特征和模式。例如，监督学习可以通过标注数据集来训练感知模型，使其能够准确分类和识别目标；而无监督学习则可以帮助系统发现数据中的潜在模式，特别是在缺乏明确标注的情况下。此外，强化学习也是数据驱动感知系统中的重要技术，它通过与环境的交互不断改进系统的感知决策能力，使得系统能够在动态环境中保持最佳的表现。

2. 反馈增强的核心机制

1) 通过数据驱动的方式优化感知反馈

反馈增强是数据驱动感知系统的重要组成部分，通过对系统的感知结果进行评估和调整，反馈机制可以不断优化系统的表现。在数据驱动的框架下，反馈机制依赖于从环境中采集的数据，通过对这些数据的分析，系统可以对感知模型进行实时调整。例如，在自动驾驶中，当车辆检测到某个目标的分类不准确时，系统可以通过反馈机制重新调整模型的参数，以提高分类的准确性。

数据驱动的反馈机制的核心在于其动态性和自适应性。传统的反馈机制通常是基于固定的规则进行调整，而数据驱动的反馈机制则可以根据环境中的新数据进行自适应调整。这种自适应的反馈机制使得系统能够在面对环境中的不确定性和变化时，始终保持较高的感知性能。例如，在机器人导航中，环境中的障碍物和路径可能会不断变化，数据驱动的反馈机制可以通过实时数据的输入，动态更新路径规划和感知策略，从而提高机器人在复杂环境中的导航能力。

2) 动态数据更新与自适应感知反馈机制

动态数据更新是数据驱动感知系统反馈增强中的关键要素之一。通过不断地获取新数据并对模型进行更新，系统可以保持对环境的最新理解。传统的感知系统在部署之后，其感知模型往往是静态的，这意味着环境一旦发生变化，系统的性能就可能会显著下降。而通过动态数据更新，数据驱动的感知系统可以根据环境的变化对模型进行及时调整，从而确保感知的准确性和可靠性。

自适应感知反馈机制通过对输入数据的实时分析，能够自动调整感知模型的参数，以应对环境中的变化。例如，在自动驾驶系统中，车辆的传感器不断采集道路和交通情况的数据，当检测到某些新的危险因素时，系统会自动调整感知模型，使得车辆能够在新的条件下继续保持安全行驶。这种自适应的反馈机制使得系统能够不断进化，从而更好地适应不同的应用场景和复杂环境。

3) 使用强化学习提高反馈响应效率

强化学习是一种通过试错学习来最大化累计奖励的机器学习方法，它在数据驱动感知系统的反馈增强中具有重要的应用（见图 3.8）。通过强化学习，感知系统可以在与环境的交互中不断优化自身的反馈策略，从而提高反馈响应的效率。例如，在机器人视觉系统中，机器人可以通过强化学习来不断调整摄像头的焦点和角度，以获得最佳的视觉信息，从而提高对环境的感知能力。

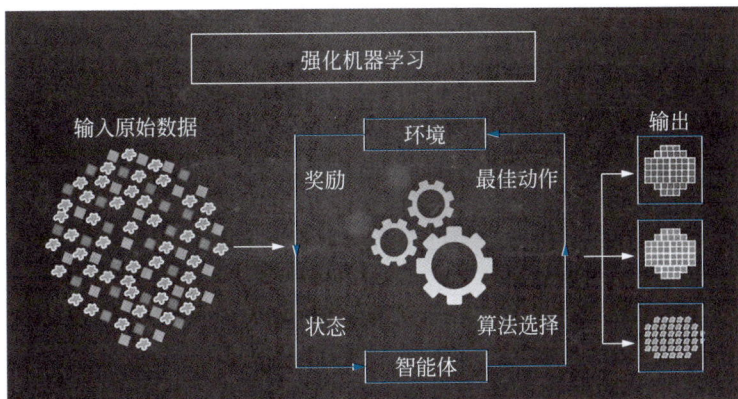

图 3.8　数据驱动反馈增强中的强化学习

强化学习的另一个重要应用是在动态任务中，例如无人机的路径规划和导航。在这些任务中，环境通常是动态变化的，传统的固定反馈机制难以适应这种变化。通过强化学习，无人机可以根据实时感知到的环境信息，动态调整其导航策略，从而确保任务的顺利完成。这种基于强化学习的反馈增强机制不仅提高了感知系统的响应速度，还增强了系统在复杂环境中的适应能力。

3.4　实训项目

为了帮助读者将理论知识应用于实际项目中，本节将介绍几个有趣且有挑战性的实训项目，涵盖自主智能系统中的注意力机制、感知增强和数据驱动反馈等技术。这些实训项目不仅能帮助读者深入理解感知系统的核心技术，还能提供动手实践的机会，提高相关技能。

3.4.1　实训项目 1：基于注意力机制的图像分类

1. 项目目标

利用深度学习模型，结合注意力机制，实现图像分类的任务。该项目旨在帮助读者理解如何通过注意力机制来提升视觉感知的性能。注意力机制是一种模仿人类视觉系统的技术，它使模型能够自动找到最为重要的特征，从而在处理图像时对有意义的部分赋予更多的权重。通过完成本项目，读者可以深入理解如何应用注意力机制来提升图像分类的准确率，并加深对深度学习模型的理解。

2. 项目内容

1) 数据集选择与处理

在本项目中，首先需要选择一个合适的图像数据集进行分类任务。我们将使用ImageNet，这是一个大规模、结构化的图像数据库，包含数百万张带有标签的图片，覆盖了广泛的物体类别。ImageNet 数据集因其多样性和规模而成为深度学习图像分类任务中的标准数据集。在项目的初始阶段，读者将学习如何从 ImageNet 官网下载数据，以及如何对数据进行预处理，包括图像的归一化、尺寸调整以及划分训练集和测试集等操作。

2) 模型设计

项目中将使用基于 PyTorch 框架的卷积神经网络（CNN）进行模型设计。在设计过程中，我们将引入注意力机制，以增强模型对图像中特征的关注能力。具体而言，读者将学习如何在 CNN 中添加自注意力层（self-attention layer），该层的主要功能是通过计算输入特征之间的相关性，从而自动聚焦于图像中的关键区域。通过结合残差连接和多头注意力机制，我们的 CNN 将能更有效地捕捉图像中的复杂模式。在具体的实现过程中，读者将编写必要的代码来定义卷积层、注意力层，以及将这些组件集成在一起以构建完整的图像分类模型。

3) 训练与评估

设计好模型后，我们将使用大规模的 ImageNet 数据集对模型进行训练。在训练过程中，我们会设置多个训练阶段，通过调节超参数（如学习率、批量大小等）逐步优化模型的性能。为了理解注意力层对模型性能的影响，读者还将学习如何在训练过程中记录和分析模型的表现，例如，准确率、损失函数的变化以及注意力机制的有效性。为了更直观地展示注意力层的效果，我们将生成注意力热图（attention heatmap），这些热图可以帮助我们理解模型在进行分类时所关注的图像区域。通过这些可视化结果，读者将可以直观地看到模型如何聚焦于目标对象的关键特征。

4) 拓展任务：Vision Transformer（ViT）

除了使用卷积神经网络结合注意力机制外，本项目还鼓励读者进一步探索 Vision Transformer（ViT）在图像分类任务中的应用。ViT 是一种纯基于自注意力机制的视觉模型，与传统的 CNN 不同，ViT 能够以全局的视角处理图像信息。通过实现 ViT 模型并将其应用于同样的图像分类任务，读者可以比较 ViT 与 CNN 在注意力机制应用上的差异，以及它们各自的优缺点。这种比较将帮助读者理解不同模型在处理视觉信息时的特性，并为他们在未来的研究或工作中选择合适的模型提供理论依据。

3. 项目步骤

(1) 数据收集：下载 ImageNet 图像分类数据集。

https://www.image-net.org/download.php

(2) 数据预处理：将数据划分为训练集、验证集和测试集，并对图像进行图像归一化、尺寸调整等预处理操作。

(3) 模型网络设计：基于 PyTorch 框架设计卷积神经网络（CNN）模型，添加自注意力层（self-attention layer），帮助模型计算图像像素之间的关系来提升模型性能。

(4) 模型搭建：结合卷积层、池化层和注意力层，构造完整模型，确保所有层的输入和输出大小正确匹配。

(5) 损失函数与优化器：设置损失函数（交叉熵损失）和优化器（Adam）。

(6) 模型训练与验证：基于训练集和验证集进行模型训练与验证。

(7) 模型优化：绘制训练和验证的损失、准确率随时间变化的曲线，进行模型评估与可视化，基于上述结果进行模型优化与调整。

4. 学习成果

1) 深度理解注意力机制在图像分类中的应用

通过设计和实现结合注意力机制的卷积神经网络模型，读者将深入理解如何利用注意力机制来提升图像分类任务的性能，尤其是在复杂背景或含有多种物体的场景中使模型聚焦于关键特征。

2) 掌握多种感知增强技术

项目中涉及的数据预处理、特征提取、注意力层设计与训练优化等环节，将帮助读者掌握感知增强的多种技术手段，包括通过去噪、图像增强等方法提高模型的输入数据质量，进而提高整体分类精度。

3) 实战深度学习模型的设计与实现

通过使用 PyTorch 框架实现卷积神经网络（CNN）并结合自注意力层，使读者提升对深度学习框架的理解与使用能力，熟练掌握设计、训练和调试深度学习模型的技能，特别是涉及多层结构的复杂模型。

4) 理解注意力机制的可视化与分析

在项目中，生成注意力热图（attention heatmap）将帮助读者理解模型在进行分类时关注的图像区域，从而更加直观地了解注意力机制对模型决策过程的影响。这种可视化方法能够帮助定位模型的关注点，进而分析模型在分类任务中可能存在的不足之处。

5) 对 ViT 模型的基础认识

通过对 Vision Transformer（ViT）进行探索和实现，读者将了解不同于 CNN 的另一种深度学习模型结构——基于自注意力机制的视觉处理方式。通过对比 ViT 与 CNN 的实验结果，读者将能够更好地理解两种模型在处理视觉信息时的异同，尤其是它们在全局特征捕捉与局部特征关注方面的差异。

6) 模型评估与优化能力的提升

读者将学习如何在训练过程中对模型进行评估，通过准确率、损失变化等指标来衡量模型的性能，并通过调整超参数来优化模型。这一过程将帮助读者掌握深度学习模型性能调优的实践经验，增强他们解决实际问题的能力。

3.4.2　实训项目 2：基于深度学习的单目深度估计

1. 项目目标

本项目旨在通过深度学习方法实现单目深度估计任务。单目深度估计是计算机视觉中的一项关键任务，目标是从单张图像中预测每个像素到相机的距离。该任务在自动驾驶、

1

机器人导航、三维重建和增强现实等领域都有着广泛的应用价值。通过完成本项目，读者将理解如何设计和实现基于深度学习的单目深度估计模型，掌握深度估计中的数据处理、模型设计、训练与评估等核心技能，并能够分析和优化模型性能。

2. 项目内容

1) 数据集选择与处理

在本项目中，我们将使用 KITTI 数据集。该数据集包含了真实驾驶场景下拍摄的图像及对应深度信息（激光雷达采样），是单目深度估计、立体视觉和自动驾驶等研究常用的标准数据集。读者需要从官方网站下载数据并进行预处理，包括图像的尺寸调整、归一化处理以及深度图的掩码处理（如填充无效深度值、去除不完整数据区域等）。读者也可自行选择其他单目深度估计的数据集，如 NYU Depth v2，关键是掌握数据的获取和处理流程。

2) 模型设计

项目将采用编码器-解码器（encoder-decoder）结构，并在此基础上加入多尺度特征融合。编码器部分可以使用预训练的深度网络（如 ResNet、DenseNet）来提取不同层次的图像特征；解码器部分通过反卷积（或上采样）逐步恢复空间分辨率，从而得到与输入图像大小相同的深度预测。在此过程中，读者将学习如何借助特征拼接（feature connection）来融合高级语义特征与低层空间信息，以提升深度预测的精细度与准确度。

3) 训练与评估

项目采用监督学习的方式进行训练，损失函数可使用 L1/L2 损失、SSIM 损失与梯度平滑损失的组合，以兼顾深度图的整体一致性和局部细节。在训练过程中，可以调整批量大小、学习率、迭代次数等超参数，以实现对模型性能的优化。评估时，读者需使用多种指标衡量模型的预测精度，如平均绝对误差（MAE）、均方根误差（RMSE）和绝对相对误差（Abs Rel）等，并通过可视化深度估计结果（如伪彩色图）直观地查看模型效果。

4) 拓展任务：引入注意力机制

为了进一步提升深度估计精度和对复杂场景的适应性，读者可尝试在模型中引入注意力机制（如通道注意力或空间注意力）。通过在编码器或解码器中嵌入注意力模块，让模型自动关注对深度信息更敏感的特征区域，从而更好地捕捉对象间的差异。对比引入注意力机制前后的实验结果，可帮助读者理解注意力机制在单目深度估计中的应用价值。

3. 项目步骤

(1) 数据收集：下载 KITTI 深度估计数据集。

https://www.cvlibs.net/datasets/kitti/eval_depth.php?benchmark=depth_prediction

(2) 数据预处理：划分训练集、验证集和测试集；图像归一化、尺寸调整以及深度图的插值与掩码处理。

(3) 模型网络设计：基于预训练编码器（如 ResNet）与解码器结构，设计多尺度特征融合，以提取图像的丰富特征并重建深度图。

（4）模型搭建：结合卷积、反卷积以及跳跃连接，确保模型输入与输出尺寸一致；在此基础上可集成注意力模块。

（5）损失函数与优化器：设置 L1 或 L2 损失、SSIM 损失和梯度平滑损失，使用 Adam 等优化器。

（6）模型训练与验证：基于训练集进行模型训练，通过验证集监测训练过程中的损失与误差指标；记录并可视化损失曲线。

（7）模型评估：在测试集上使用常见的深度评估指标（Abs Rel、RMSE 等）；可视化深度结果，观察模型在不同场景下的表现。

（8）拓展任务：在模型中引入注意力机制，进行对比实验并分析性能变化。

4. 学习成果

1）掌握单目深度估计的核心概念与应用场景

读者将在实战中理解如何从单张图像中预测深度信息及其在自动驾驶、机器人导航等领域的重要应用。

2）熟悉主流数据集与数据处理流程

通过对 KITTI 等数据集的预处理与使用，读者可掌握数据下载、划分与深度图后处理等核心技能。

3）掌握编码器-解码器结构与多尺度特征融合

通过设计和实现包含跳跃连接、多尺度特征融合等模块的网络，增强对图像多层级特征的利用能力。

4）学习深度估计模型的训练与评价方法

通过实践 L1/L2、SSIM、梯度平滑等损失的组合使用，读者可深入理解深度学习损失函数与优化策略；并掌握常用深度评估指标（如 Abs Rel、RMSE）的实用价值。

5）探索注意力机制在深度估计中的价值

在模型中集成通道注意力或空间注意力，并对比测试结果，理解注意力机制对于捕捉图像重点区域与结构的增益作用。

6）提升模型性能调优与可视化分析能力

读者将在训练与可视化过程中积累大量调优实践经验，包括调整超参数、分析损失曲线、可视化深度图等，从而进一步提升深度学习模型的综合实战能力。

3.4.3　实训项目 3：基于深度学习的恶劣天气下感知增强

1. 项目目标

设计并实现一个基于深度学习的系统，用于增强自主系统在恶劣天气条件下的感知能力。通过该项目，读者将学习如何利用深度学习技术来改善自主系统在恶劣天气条件下的视觉和感知性能，从而提升自主系统在复杂环境中的鲁棒性和可靠性。

2. 项目内容

1) 数据获取

获取包含多种恶劣天气条件数据集用于模型训练。

2) 数据增强

利用数据增强技术生成更多恶劣天气条件下的训练样本。这些增强技术包括但不限于：

(1) 图像处理技术。通过添加模拟雨滴、雾霾、雪花等效果，对现有图像进行处理，生成恶劣天气条件下的训练数据。这可以使模型更好地完成各种复杂天气下的视觉感知任务。

(2) 对比度调整与模糊处理。为了模拟不同程度的雾霾和低能见度场景，可以对图像进行对比度调整和模糊处理，以增强模型在处理模糊和对比度较低的图像时的能力。

(3) 颜色抖动与光照变化。通过对图像颜色和光照进行随机化处理，模拟真实环境中可能遇到的不同光照条件，使得模型对光照变化更加鲁棒。

3) 模型设计

设计结合恶劣天气感知增强模块的深度学习模型，实现恶劣天气下自主系统鲁棒感知。

4) 训练与验证

在扩充后的恶劣天气数据集上对模型进行训练与验证。训练过程中需要使用一些特殊的策略来提升模型的稳定性和鲁棒性。

(1) 预训练与微调。首先使用普通天气条件下的图像进行预训练，然后在恶劣天气数据集上进行微调，以使模型能够更好地适应恶劣天气。

(2) 损失函数设计。在训练过程中，可以使用结合感知增强的损失函数 [例如，对比损失（contrastive loss）] 来保持增强后的图像与原始图像在特征空间中的相似性。

(3) 模型验证。通过在各种天气条件下（如大雾、暴雨、夜晚等）的测试数据集上验证模型的性能，并与未使用感知增强技术的基准模型进行对比，评估感知增强模块的效果。为了更直观地展示效果，可以采用定量指标（如准确率、召回率）以及定性分析（如增强前后的图像对比）。

5) 拓展任务：轻量化与自适应滤波

结合轻量化模型和自适应滤波等方法，探索如何在不显著增加计算资源的情况下进一步提高模型的性能。

(1) 模型轻量化。通过剪枝、量化等技术对模型进行轻量化处理，以减少计算量和内存占用，使其适应边缘设备或嵌入式系统的需求。

(2) 自适应滤波。在恶劣天气下，由于传感器噪声增加，可以使用自适应滤波（如卡尔曼滤波）来对输入数据进行滤波，从而提高系统的鲁棒性。

(3) 边缘计算优化。针对边缘设备的硬件特点，优化模型的部署，使其在低功耗设备上仍能高效运行。使用 TensorRT 等工具对模型进行优化和加速，以提高推理速度。

3. 项目步骤

(1) 数据收集。选择包含多种恶劣天气条件（如大雾、大雨、雪天等）的数据集——

Berkeley DeepDrive (BDD100K) 数据集，BDD100K 数据集包含了丰富的驾驶场景数据，涵盖不同的天气和光照条件，适用于训练和测试模型在恶劣环境下的表现。

`https://acdc.vision.ee.ethz.ch/download`

(2) 数据预处理。扩充恶劣天气训练数据并将数据划分为训练集、验证集和测试集，对图像进行图像归一化、尺寸调整等预处理操作。

(3) 模型网络设计。设计图像增强模块，采用卷积神经网络对恶劣天气下的图像进行预处理，以增强图像的可见度，共享特征提取层，从而提高模型的效率和准确性，可以引入融合注意力机制，使得模型能够自适应地关注图像中的关键区域，特别是在恶劣天气导致视觉信息模糊时，帮助模型聚焦于重要的特征。

(4) 模型训练与验证。使用结合感知增强的损失函数 [例如对比损失（contrastive loss）] 来保持增强后的图像与原始图像在特征空间中的相似性，通过在各种天气条件下（如大雾、暴雨、夜晚等）的测试数据集上验证模型的性能，并与未使用感知增强技术的基准模型进行对比，评估感知增强模块的效果。

(5) 模型优化。绘制训练和验证的损失、准确率随时间变化的曲线，采用定量指标（如准确率、召回率）以及定性分析（如增强前后的图像对比），进行模型评估与可视化，基于上述结果进行模型优化与调整。

4. 学习成果

1) 学习恶劣天气条件下感知数据的获取与处理

通过完成本项目，读者将学会如何获取和处理恶劣天气条件下的感知数据，理解数据增强技术在扩充数据集和提升模型鲁棒性方面的作用。掌握如何使用图像处理技术来模拟恶劣天气条件，并利用这些技术对数据进行增强，以提高模型对复杂环境的适应性。

2) 掌握深度学习在恶劣天气感知增强中的应用

读者将学会如何通过深度学习模型进行去噪和增强，从而提高图像的可见度和感知性能，特别是在恶劣的天气条件下。掌握如何通过结合增强模块来提升自主系统的环境感知能力，以及如何利用注意力机制和多任务学习来进一步提升模型性能。

3) 提高自主系统在复杂环境中的可靠性和稳定性

通过在不同恶劣环境条件下测试和优化自主系统，读者将学会如何确保系统在复杂场景中的可靠性和稳定性。这对于实现自主系统在真实环境中的稳定运行至关重要。此外，通过学习如何将模型部署到模拟平台和实际设备中，读者将积累在真实环境中应用和测试深度学习模型的宝贵经验，确保系统在各种复杂的天气条件下依然能够稳定运行。

本节通过一系列实训项目为读者提供将理论应用于实际操作的机会，让读者了解感知系统在真实场景中的工作方式。这些项目涵盖了从图像分类、跨模态感知到强化学习中的反馈增强等多种技术，是巩固感知系统理论知识的绝佳途径。通过这些项目，读者不仅能够深入理解各种深度学习模型及其在感知任务中的应用，还能积累宝贵的实践经验，提升在不同场景下设计和实现智能感知系统的能力。

读者可以将这些实训项目作为进一步研究的基础，探索更具挑战性的课题，如深度强化学习在复杂场景中的应用、轻量化注意力机制在嵌入式设备上的实现以及如何在实际应用中提高多模态系统的鲁棒性。希望通过这些项目的实践，读者不仅能够加深对感知增强技术的理解，还能具备独立设计和实现智能感知系统的能力。未来，随着技术的不断发展，读者可以尝试结合更多前沿技术，如自监督学习、生成对抗网络（GAN）、神经架构搜索（NAS）等，以进一步提升感知系统的性能和应用范围。

这些实训项目将理论与实际动手紧密结合，帮助读者全面掌握自主智能系统中感知技术的核心内容，并积累宝贵的实践经验。通过不断的学习和探索，读者将能够在智能系统的研发领域中应对各种复杂的挑战，推动感知技术的发展和应用。

3.5 拓展阅读

为了更好地理解自主智能系统中的感知技术，以下是一些推荐的文献和研究方向，帮助读者深入探索相关的前沿研究和技术发展。

1. 感知增强与注意力机制

(1) VASWANI A, SHAIEER N, PARMAR N, et al. Attention is all you need[J]. *Advances in Neural Information Processing Systems*, 2017, 30: 5998-6008.

该论文记录了提出 Transformer 架构的开创性工作成果，详细描述了多头注意力机制。Transformer 在自然语言处理中的成功奠定了注意力机制的基础，使得这一技术也能广泛应用于视觉感知和多模态融合。论文中详细介绍了多头注意力的计算过程及其优势，是理解现代感知系统如何有效选择信息的关键。

(2) DOSOVITSKIY A, BEYER L, KOLESNIKOV A, et al. An image is worth 16 × 16 words: Transformers for image recognition at scale[C]. International Conference on Learning Representations, 2021, 9: 1-21.

这篇论文介绍了 Vision Transformer (ViT)，它通过将图像划分为小块并使用 Transformer 模型进行处理，展示了注意力机制在计算机视觉中的有效应用。ViT 突破了传统卷积神经网络的局限，通过自注意力机制实现了图像分类任务中的卓越表现，是深入理解注意力机制如何改善视觉感知的必读文献。

(3) BAHDANAU D, CHO K, BENGIO Y. Neural machine translation by jointly learning to align and translate[C]. International Conference on Learning Representations, 2015, 3: 15.

该论文是注意力机制在神经机器翻译中的首次应用，通过引入注意力机制，模型能够在翻译过程中动态地选择源语言句子的不同部分。该方法极大地提升了翻译质量，同时也是视觉感知领域中自注意力机制的先驱性概念。

2. 数据驱动的感知系统与反馈增强

(1) LECUN Y, BENGIO Y, HINTON G. Deep learning[J]. *Nature*, 2015, 521(7553): 436-444.

这篇综述文章详细介绍了深度学习的基本原理及其在各类感知任务中的应用。深度学习是数据驱动感知系统的核心技术，通过卷积神经网络和循环神经网络等结构，显著提升了感知系统对复杂数据的处理能力，是理解数据驱动感知系统的基础读物。

(2) KOBER J, BAGNELL J A, PETERS J. Reinforcement learning in robotics: A survey[J]. *International Journal of Robotics Research*, 2013, 32(11): 1238-1274.

该文综述了强化学习在机器人感知与控制中的应用。强化学习在感知反馈增强中起到了重要作用，通过与环境的交互不断学习优化策略，使得感知系统能够更加智能地适应复杂和动态的环境。这篇综述为理解如何通过强化学习实现反馈增强提供了全面的视角。

(3) MNIH V, KAVUKCOOGLO K, SILVER D, et al. Human-level control through deep reinforcement learning[J]. *Nature*, 2015, 518(7540): 529-533.

这篇论文介绍了深度强化学习，展示了如何通过结合深度学习和强化学习，实现对复杂环境的实时感知和反馈优化。通过深度 Q 网络（DQN），系统能够学习复杂的反馈策略，适用于视觉感知和机器人控制等多个领域。

3. 感知系统的多模态融合

(1) BALTRUŠAITIS T, AHUJA C, MORENCY L P. Multimodal machine learning: A survey and taxonomy[J]. *IEEE Transactions on Pattern Analysis and Machine Intelligence*, 2018, 41(2): 423-443.

该文综述了多模态学习的基本方法及其在感知系统中的应用，详细讨论了如何通过融合视觉、听觉和其他感知模态来提升系统的理解能力。文章提供了多模态感知系统的分类和挑战，为研究如何利用注意力机制整合多模态信息提供了理论基础。

(2) NGIAM J, KHOSLA A, KIM M, et al. Multimodal deep learning[C]. Proceedings of the 28th International Conference on Machine Learning, 2011: 689-696.

该文介绍了如何通过深度学习实现多模态感知系统的信息融合，展示了视觉和听觉信息的联合学习方式。多模态深度学习在改善感知系统对复杂环境的理解方面具有重要意义，是理解多模态感知中的注意力机制应用的重要文献。

4. 感知系统中的挑战与未来趋势

(1) HASSABIS D, KUMARAN D, SUMMERFIELD C. Neuroscience-inspired artificial intelligence[J]. *Neuron*, 2017, 95(2): 245-258.

这篇文章探讨了如何从神经科学中获得启发，以改进人工感知系统中的机制，包括注意力和反馈机制。文章中提到的神经科学与人工智能的结合为未来的感知系统提供了新思路，是理解如何进一步优化感知系统的关键参考。

(2) GOODFELLOW I J, POVGET-ABADIE J, MIRZA M, et al. Generative adversarial nets[J]. *Advances in Neural Information Processing Systems*, 2014, 27: 2672-2680.

虽然生成对抗网络（GAN）主要用于生成任务，但其在感知系统中的数据增强和噪声处理方面也有重要应用。GAN 可以用于生成高质量的感知数据，从而提高数据驱动感知系统的鲁棒性，是理解如何应对数据驱动系统局限性的关键技术。

(3) SUKHBAATAR S, GRAVE E, BOJANOWSKI P, et al. Adaptive attention span in transformers[J]. Advances in Neural Information Processing Systems, 2019, 32: 3311-3321.

该文提出了一种自适应注意力机制，可以根据任务和输入动态调整注意力的范围。这一机制在提升感知系统的灵活性和效率方面具有重要意义，是未来感知系统研究中的一个重要方向。

章节练习

第 4 章

自主决策系统

决策是自主智能系统的核心环节，承接感知模块提供的信息，综合分析环境状态与任务需求，生成合理的行动方案，为控制模块的动作实施提供依据与指导。本章将从理论基础到典型方法，系统阐述决策的原理与实现路径。4.1节介绍决策系统的基本概念，包括其定义及在自主智能系统中的关键作用。4.2节阐述基于规则的决策方法，提供了结构清晰且易于解释的传统方案。4.3节探讨基于学习的自主决策方法，突出其在提升系统适应性与智能性中的作用。4.4节对模块化方法与近年来兴起的端到端方法进行介绍与比较，分析其在性能、灵活性与可解释性等维度的差异。4.5节通过实训项目帮助读者加深对典型算法的理解，提升实际应用能力。4.6节提供拓展阅读，介绍当前领域的研究热点与技术前沿，拓宽学术视野。

4.1 决策系统的基本概念

4.1.1 定义

随着自动化和人工智能技术的快速发展，智能系统已广泛应用于多个领域，包括自动驾驶、无人机、工业机器人等领域。这些系统通过整合感知、决策和控制模块，能够在复杂环境中实现自主操作。在这些系统中，决策系统是关键功能模块，直接影响系统的整体性能。

对于所有智能系统，决策系统的核心任务是分析当前环境，判断并执行最优的行动方案。它不仅依赖外部感知数据，还会结合系统内部的规则、任务目标，确保智能体在动态和复杂的环境中作出合理、安全的决策。因此，决策系统是感知与控制的桥梁，是实现自主性、智能性的核心要素。

以自动驾驶为例，决策系统通过接收感知模块提供的环境信息，利用推理和规划算法，评估多种可能的行动方案，并最终选择最优方案执行。这一过程不会仅限于转向、加速和减速等具体操作，还涉及复杂的路径规划、避障策略以及与周围环境的交互。

(1) 自动驾驶中的决策系统。在自动驾驶中，决策系统通常需要处理来自多个传感器的数据，如摄像头、激光雷达和 GPS，来评估环境。基于这些感知数据，决策系统会规划车辆的行驶路径，并决定具体的操控行为，如转向、刹车和加速。为了保证安全，决策系统还必须考虑交通规则和车辆动态，避免碰撞，并优化驾驶体验。

(2) 无人机中的决策系统。无人机的决策系统则需要根据实时的飞行环境调整航线。例如，在完成侦察或运输任务时，无人机必须自主避开障碍物，选择最佳飞行路径，并处理来自天气、风速等动态变化因素的影响。通过决策系统，无人机能够在复杂任务环境中保持高效自主飞行。

(3) 工业机器人中的决策系统。在工业自动化领域，机器人决策系统使其能够自主完成如装配、焊接等任务。机器人依赖决策系统来根据实时的生产数据调整操作策略，以确保工作流程的效率和精度。尤其在面对生产中的异常情况时，决策系统的快速响应至关重要。

综上，决策系统是自主智能系统的核心模块，它使得系统能够自主感知环境，规划并执行复杂操作。无论是在自动驾驶、无人机还是工业机器人中，决策系统的能力决定了系统能否在动态环境中实现高效、安全的自主性。

4.1.2　作用

决策在自主智能系统中起着连接感知模块与控制模块的桥梁作用。无论是在自动驾驶、无人机还是工业机器人中，决策系统的任务都是通过分析感知系统提供的外部环境信息，决定智能体的具体行为，并为后续的规划和控制模块提供明确的行动目标。总之，决策系统相当于自主智能系统的"大脑"，在复杂环境中为智能体的行为提供了自主性、高效性和安全性的保障。

在自主智能系统中，决策系统是信息的处理中心，更是"智能"的直接体现。它不仅能够处理来自感知系统的外部数据（例如，车辆的周围环境、飞行器的航拍图像或生产线的状态信息），还能够结合系统内部存储的规则和算法，智能评估当前的状态，甚至预测未来的变化。基于这一评估，系统会通过比较不同的决策方案，最终选择一个最优方案来执行。例如，自动驾驶中的决策系统会根据交通规则、实时道路条件和车辆状态选择合适的转向、加速或减速方案，而无人机则会依据飞行目标和环境障碍作出相应调整。

一个高效的决策系统必须具备良好的鲁棒性，能够在面对感知系统中的扰动、误差甚至数据缺失的情况下，仍然作出正确的判断。例如，当无人机的传感器由于恶劣天气条件而短暂失效时，决策系统依然应能够维持无人机的飞行安全。此外，决策系统还必须平衡不同目标之间的权重。例如，在自动驾驶中，需要在安全性、舒适性和效率之间找到最优平衡点，确保系统在复杂的环境中保持最佳表现；在工业机器人中，决策系统需要实时处理来自多个传感器的数据，同时考虑生产效率和精度，选择最佳的行动路线和策略，以保证生产任务的顺利完成；同样的道理，在无人机编队或群体智能系统中，决策系统还需确保各个智能体的协同合作，以达成团队目标。

　　总之，决策系统在自主智能系统中不仅是一个任务执行模块，更是实现智能体自主性的核心组件。它通过对环境、规则和目标的综合分析，确保系统能够在动态和复杂的环境中实现高效、安全的自主操作。

4.2　基于规则的决策

　　在自主智能系统中，基于规则的决策（rule-based decision）是一种传统且至关重要的技术手段。通过预先定义的规则和逻辑，系统能够在复杂环境中作出明确的行为决策。这种方法具备高度的可解释性和确定性，尤其适用于必须严格遵循规定和标准的任务场景，如交通法规的遵守或工业生产中的操作规程。因此，基于规则的决策广泛应用于自动驾驶、无人机自主飞行、工业机器人等多个自主智能系统。

　　(1) 自动驾驶。在自动驾驶系统中，基于规则的决策为车辆提供了明确的操作指令。通过设定特定的条件-动作对，车辆能够根据不同的交通场景作出合适的响应。例如，红绿灯响应、行人避让以及道路优先级规则，均可通过预设的逻辑规则进行处理。这种决策方式确保了车辆能够在标准化的交通环境下安全、合规地运行。虽然这种方法对于应对复杂、不确定的场景有所局限，但它在确保系统的基本安全性和可预测性方面具有不可替代的作用。

　　(2) 无人机自主飞行。在无人机自主飞行系统中，基于规则的决策同样得到了广泛应用。例如，在空中交通管制环境中，无人机需要遵循特定的飞行高度、速度限制以及与其他飞行器的安全距离等规则。这些预先定义的行为准则确保了无人机在多无人机环境中的安全飞行。此外，基于规则的决策还能帮助无人机处理任务中的紧急情况，例如"如果电量低于阈值，则立即返回基地"。

　　(3) 工业机器人。工业机器人在生产过程中，也大量依赖基于规则的决策。例如，在装配任务中，机器人需要根据传感器反馈，执行工具选择、产品完成度检测等操作。这些决策可以通过条件-动作规则来实现，确保生产流程的稳定性和高效性。此外，在安全保障方面，基于规则的决策能够确保机器人的操作符合工业安全标准，例如"如果检测到人类进入作业区，则立即停止工作"。

　　基于规则的决策方法有多种实现形式，常见的技术手段包括条件-动作规则、有限状态机、专家系统和逻辑规则，如图 4.1 所示。

　　(1) 条件-动作规则是最为基础的一种决策方法，它通过设定特定的条件来触发相应的行为。例如，在自动驾驶中，如果感知系统检测到前方有障碍物，系统将触发"减速"动作。由于条件-动作规则简单易懂，适用于处理明确且单一场景的决策任务，因此在许多自主智能系统中得到了广泛应用。

　　(2) 有限状态机（Finite State Machine, FSM）是另一种常见的决策模型。自主智能

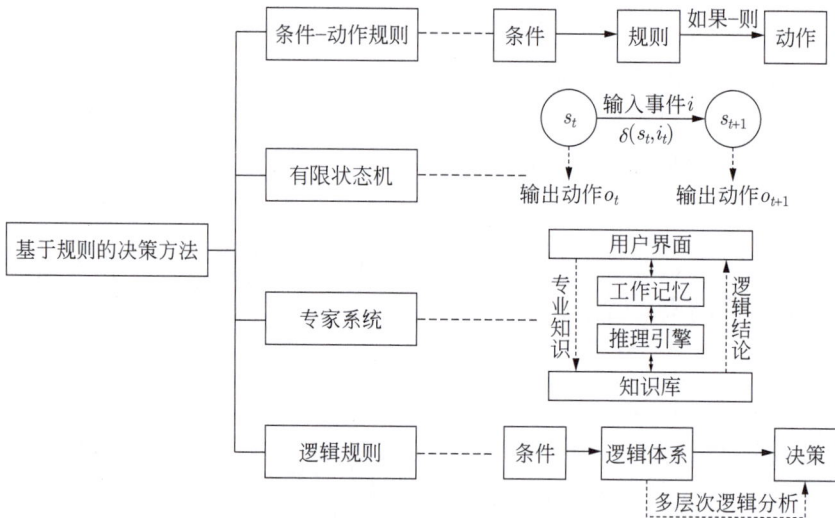

图 4.1 基于规则的决策方法

系统通常在多个不同的状态之间切换，例如，车辆可以从"巡航"状态切换到"避障"状态，工业机器人可以根据任务需求从"待机"状态切换到"工作"状态。FSM 通过定义不同状态及其间的转换条件，确保系统能够根据环境变化自动调整行为。

(3) 专家系统是一种基于知识库的决策模型，依赖专家预设的规则和经验来处理复杂的场景和多样化的任务。例如，在复杂的交通环境中，专家系统可以模拟人类驾驶员的行为作出决策，确保车辆能够在复杂道路状况下作出合理判断。专家系统能够通过查询预先存储的知识库来应对多变的场景，在某些高度结构化的环境中表现尤为出色。

(4) 逻辑规则是一种基于布尔逻辑的决策方式，适用于处理复杂的多条件判断。通过逻辑运算，系统可以根据不同的条件组合生成不同的决策方案。例如，在无人机的自主飞行中，逻辑规则能够根据风速、飞行高度和周围障碍物等条件决定飞行策略，确保飞行安全性和任务的顺利执行。

总的来说，这些基于规则的决策方法各有其适用场景。条件-动作规则适合处理单一任务，FSM 有助于系统状态的动态切换，专家系统通过知识库解决复杂问题，而逻辑规则则擅长处理多条件的综合判断。这些方法共同构成了自主智能系统中决策模块的重要组成部分。

基于规则的决策方法具有高度的确定性和可解释性。由于规则是预先定义的，系统行为可以预测，适用于需要严格遵守安全法规或操作规程的场景。此外，这种方法易于实现，适合处理明确和可预见的任务。然而，基于规则的决策在面对复杂、不确定的环境时存在局限性。例如，当交通环境变得高度动态、非结构化时，预定义规则可能不足以应对所有情况。因此，基于规则的决策常常与其他智能决策方法（如基于学习的决策系统）结合使用，以增强系统的灵活性和适应性。

总之，尽管基于规则的决策方法在面对复杂场景时存在局限，但它在确保自主智能系统的安全性、可解释性和可靠性方面仍具有不可替代的作用。在实际应用中，往往将基于规则的决策与其他更复杂的决策算法相结合，以提升系统在多样化任务中的表现。

4.2.1　条件-动作规则

条件-动作规则（condition-action rules）又称生产规则（production rules），是一种经典的基于"如果-则"结构的决策方法，如图 4.2 所示。这种方法源自早期的人工智能和专家系统，旨在通过预设的条件和动作对，模拟人类在特定情境下的决策过程。当某个条件被满足时，系统执行与之关联的动作。这种规则形式直观、易于实现，广泛应用于自主智能系统中。

图 4.2　条件-动作规则结构图

条件-动作规则通常通过几种技术手段来实现。

首先，决策树是一种常见的可视化决策方式，它将条件和动作以树状结构组织起来，内部节点代表条件判断，叶子节点代表最终的动作决策。决策树能够清晰地展示决策路径，便于理解和维护。决策树将条件和动作以树状结构组织起来，内部节点表示条件判断，叶子节点表示最终的动作决策。假设一个简单的决策树中有条件 $C_1, C_2, \cdots, C_n$ 和对应的动作 $A_1, A_2, \cdots, A_n$，其数学表达式为

$$A_i = \begin{cases} a_1, & \text{if } C_1 \text{ is true} \\ a_2, & \text{if } C_2 \text{ is true} \\ \cdots \\ a_n, & \text{if } C_n \text{ is true} \end{cases} \tag{4.1}$$

其次，布尔逻辑利用逻辑表达式组合多个条件，通过逻辑运算（如 and、or、not）来实现复杂条件的判断。这种方式在硬件设计和低级控制中较为常见，能够高效处理条件之间的组合关系。布尔逻辑通过逻辑运算符（如 $\wedge$ 表示"与"、$\vee$ 表示"或"、$\neg$ 表示"非"）组合多个条件。假设有两个条件 C_1 和 C_2，动作 A 的触发规则可以描述为

$$A = (C_1 \wedge \neg C_2) \vee (\neg C_1 \wedge C_2) \tag{4.2}$$

最后，知识库系统在条件-动作规则中广泛应用。条件-动作规则被存储在知识库中，由推理引擎根据当前状态从知识库中检索并执行相应规则。知识库系统尤其适用于需要处理复杂规则集的应用场景。推理引擎会根据当前的状态 S 评估所有条件 C，并找到满足 $S \models C$ 的规则，然后执行对应的动作 A。其中，符号 $\models$ 表示"逻辑蕴涵"。

$$\text{Rule: If } C_1 \wedge C_2, \text{ Then } A_1 \tag{4.3}$$

此外，编程语言中的条件语句也是实现条件-动作规则的常用方式。通过 if-else、switch-case 等条件控制结构直接在代码中实现这些规则，这种方式灵活高效，广泛应用于自主系统的开发中。

条件-动作规则具有以下几个显著特点。首先是高可解释性，每一条规则都明确对应着具体的条件和动作关系，整个决策过程透明、直观，便于调试和验证。因此，它特别适用于对可解释性要求较高的应用场景。其次是确定性，在相同条件下，系统总是会执行相同的动作，保证了行为的可预测性。这种确定性有助于提高系统的可靠性，尤其在安全性要求较高的任务中表现突出。最后，实现简单，条件-动作规则的定义和实现相对简单，开发和维护成本较低，适用于规则明确且系统规模较小的场景。这使其在早期的自动化系统开发中得到了广泛应用。

条件-动作规则在许多自主智能系统中得到广泛应用，尤其是在规则明确、环境相对简单的任务中。例如，在机器人导航中，机器人根据传感器获取的环境信息判断路径，并依据预设规则决定前进、转向或避障；在自动驾驶中，车辆根据交通信号灯的状态（如红灯、黄灯或绿灯）执行相应的加速、减速或停止操作。此外，在工业自动化领域，生产线设备可以根据传感器输入执行特定任务，如温度超出阈值时启动冷却系统。

然而，尽管条件-动作规则在特定环境中表现良好，但在面对复杂且动态的环境时，其扩展性和灵活性不足。随着条件和规则数量的增加，规则库会变得庞大且难以维护，增加了系统的复杂性。尤其是在需要处理大量规则或规则相互冲突时，系统的管理和维护难度显著增加。此外，条件-动作规则缺乏自适应能力，难以应对未见过的情境，无法有效适应环境变化。

4.2.2　有限状态机

如图 4.3 所示，有限状态机（Finite State Machine，FSM）是一种基于离散状态和状态转换规则的决策模型，用于管理系统在不同状态下的行为及其状态之间的转换。FSM 通过定义有限的状态集合、状态转换规则，以及在每个状态下系统应执行的操作，能够有效管理复杂系统的动态行为。FSM 的广泛应用领域包括自动驾驶、无人机、工业机器人和其他自主智能系统。

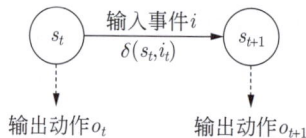

图 4.3　FSM 运行示意图

在自主智能系统中，FSM 的应用尤为重要。系统的行为可以根据外部环境感知或特定输入触发的状态转换进行调整，从而确保智能体在动态环境中能够作出合适的响应。一个 FSM 可以表示为一个五元组 $(S, I, O, \delta, \lambda)$，其中，

(1) S 是有限状态的集合，表示系统可能处于的所有状态。

(2) I 是输入事件的有限集合，表示触发状态转换的外部条件。

(3) O 是输出动作的集合，表示系统在某个状态下应执行的行为。

(4) $\delta : S \times I \to S$ 是状态转换函数，描述系统从一个状态转移到另一个状态的规则。

(5) $\lambda : S \to O$ 是输出函数，描述系统在某个状态下的行为。

状态转换的数学表达式为

$$s_{t+1} = \delta(s_t, i_t) \tag{4.4}$$

其中，$s_t \in S$ 表示当前状态，$i_t \in I$ 表示当前输入，$s_{t+1} \in S$ 表示下一状态。

输出动作的数学表达式为

$$o_t = \lambda(s_t) \tag{4.5}$$

其中，$o_t \in O$ 表示当前状态下的输出动作。

FSM 的表示和实现方式有多种途径：

首先，状态图（state diagram）是 FSM 的一种常见表示方法，通过图形化的方式展示状态和状态转换的关系。每个节点代表系统的一个状态，边代表系统在某个条件下从一个状态转移到另一个状态的条件。状态图提供了直观的视角，便于设计和理解系统的行为流转。例如，图4.4表示了一个简单的 FSM 状态图。

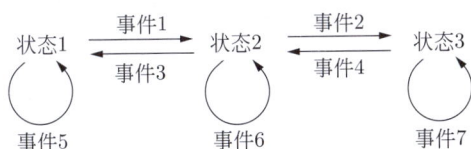

图 4.4　FSM 状态图

其次，状态转移表（state transition table）以表格形式列出所有可能的状态、输入事件以及对应的下一状态和应执行的动作。这种方式有助于系统化地梳理状态转换关系，尤其是在复杂系统中，可以清晰定义每个状态的行为逻辑。其结构如表 4.1 所示。

表 4.1　状态转移表示例

当前状态	输入事件	下一状态	输出动作
s_1	i_1	s_2	o_1
s_2	i_2	s_3	o_2
s_3	i_3	s_1	o_3

此外，FSM 还可以通过编程实现，在代码中使用数据结构（如枚举、结构体）和条件控制语句（如 switch-case、if-else）来管理状态和状态转换。大多数现代编程语言和开发框架中，都提供了对 FSM 的支持，简化了开发过程。伪代码如下：

```
state = s1
while true:
    input = get_input()
    if state == s1:
        if input == i1:
            state = s2
            execute(o1)
        elif input == i2:
            state = s3
            execute(o2)
    elif state == s2:
        if input == i3:
            state = s1
            execute(o3)
```

FSM 的特点在自主智能系统中表现得尤为突出。首先是逻辑清晰，FSM 的状态和转换规则明确，便于理解和调试。其次，FSM 具有高度确定性，即系统在相同的条件下会始终执行相同的行为，从而保证系统的可靠性和可预测性。最后，FSM 的易于测试和验证特点使其在形式化验证和系统测试中具备明显优势，确保系统能够按照预期执行。

FSM 在多种自主智能系统中具有广泛的应用。首先，在自动驾驶系统中，FSM 可用于管理车辆的不同驾驶状态。车辆可以在"起步""巡航""变道""减速""停车"等状态之间根据道路和交通条件进行转换。FSM 通过感知模块接收来自环境的数据，例如，交通信号灯、前方车辆的速度和距离等，来触发状态转换。例如，当车辆检测到红灯时，FSM 会从"巡航"状态转换到"减速"，再转换到"停车"状态，从而实现对交通信号的响应。其次，无人机自主飞行同样可以通过 FSM 进行管理。在自主飞行任务中，无人机可能会在"起飞""巡航""避障""降落"等状态之间进行切换。FSM 根据无人机的飞行高度、GPS 定位和周围障碍物的检测信息来决定状态转换，从而确保飞行的安全和任务的完成。此外，FSM 在工业机器人中的应用也十分广泛。工业机器人通常在生产流程中执行多种任务，FSM 可以用于控制它们的操作状态。例如，机器人可以在"待机""工作""避障""故障处理"等状态间进行切换。FSM 根据传感器提供的环境信息（如生产线的状态或检测到的故障）自动调整操作行为，确保生产任务的顺利完成。

尽管 FSM 在自主智能系统中的应用广泛，但它也存在一定的局限性。首先，FSM 的扩展性较差。随着系统复杂度的增加，状态和转换的数量可能急剧增长，导致"状态爆炸"问题，这不仅增加了设计和维护的难度，还可能使 FSM 过于复杂而难以管理。其次，FSM 的灵活性不足，因为状态和转换规则在系统设计时已被预先定义，FSM 难以适应动态变化的环境和未预见的情境。例如，在复杂的现实场景中，FSM 可能无法根据新的情况及时调整其行为，导致系统响应滞后或不适应。最后，FSM 在处理并发事件时存在一定挑战。传统的 FSM 设计针对单一输入和输出进行决策，因此在多线程或并发系统中，处理并发事件的能力有限。这可能导致资源竞争、死锁等问题，影响系统的稳定性和性能。

尽管存在这些局限性，FSM 在许多自主智能系统中依然是重要的决策工具。它能够提供清晰的逻辑结构和稳定的状态管理，是许多自主智能系统实现高可靠性和可预测性的基础。

4.2.3　专家系统

专家系统（expert system）是一种基于领域专家知识构建的规则系统，旨在模拟人类专家在特定领域的决策过程。通过知识库和推理引擎的协同工作，专家系统能够为复杂问题提供高质量的决策支持和解决方案。这类系统在多个需要深厚专业知识的领域得到了广泛应用，如医学诊断、金融分析和工程设计等。

如图 4.5 所示，专家系统的核心组件包括以下几部分。

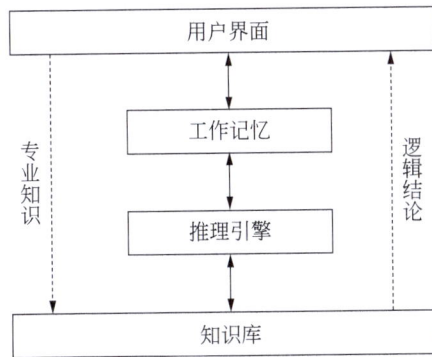

图 4.5　专家系统结构图

首先，知识库（knowledge base）存储领域专家积累的深层次知识。这些知识可以是事实、规则或启发式信息。知识库的质量直接决定了系统的决策能力和准确性。以自主智能无人系统为例，知识库存储的知识可以包括如下内容。

(1) 任务规则（task rules）：描述无人系统在特定场景下需要完成的任务。例如，

$$\text{Rule: If 目标区域清空 Then 执行巡逻任务}.$$

(2) 环境感知规则（perception rules）：对传感器数据的处理与解释。例如，

$$\text{Rule: If 障碍物距离} < D_{\text{安全}}, \text{Then 减速并规避}.$$

(3) 优化规则（optimization rules）：定义资源使用的优先级和调度策略。

其次，推理引擎（inference engine）是专家系统的核心，负责处理知识库中的信息并进行推理。推理引擎根据输入的数据，通过规则推理、模糊逻辑或贝叶斯推理等方法，生成符合逻辑的结论和建议。无人系统中的推理方法包括如下几种。

(1) 规则推理：处理简单的条件-动作关系，例如，

$$\text{If 检测到目标 Then 导航到目标}.$$

(2) 模糊逻辑推理：在不确定情况下，结合环境感知数据进行柔性决策。例如，障碍物距离的模糊隶属函数可以表示为

$$\mu(d) = \begin{cases} 1, & d < d_{危险} \\ 0, & d > d_{安全} \\ 线性过渡, & 其他 \end{cases}$$

(3) 贝叶斯推理：对环境的不确定性进行概率处理。例如，

$$P(目标存在|传感器数据) = \frac{P(数据|目标存在)P(目标存在)}{P(数据)}$$

工作记忆（working memory）是系统用于存储推理过程中产生的中间结果和临时数据的地方，支持多步推理和复杂问题的解决。

最后，用户界面（user interface）提供了人机交互的途径，使用户能够输入问题并查看系统给出的结论或建议。

专家系统的特点使其在自主智能系统中有重要应用。首先，专家系统具有高可解释性，因为其决策过程基于明确的规则和逻辑，用户能够理解系统的推理路径，并对其结果有信心。其次，专家系统能够处理复杂的专业问题，其深厚的领域知识使其在复杂环境中作出高水平的决策。最后，通过模糊逻辑和贝叶斯推理，专家系统可以处理不确定性信息，在不完全或模糊的数据下进行推理判断。

在自主智能系统领域，专家系统发挥了关键作用。例如，在自动驾驶中，专家系统可以结合道路交通规则、驾驶经验和传感器感知信息，帮助车辆在复杂交通环境中进行决策。通过知识库中的规则，系统可以处理道路优先权判定、障碍物避让和应对特殊天气等场景，从而提高驾驶的安全性和效率。在智能机器人领域，专家系统同样得到了广泛应用。通过整合传感器数据与专家知识，机器人可以自主完成任务规划、路径规划以及环境交互等操作。专家系统不仅提高了机器人在动态环境中的适应能力，还提升了任务执行的可靠性。

尽管专家系统在多个领域具有强大的决策支持能力，但其局限性也不容忽视。首先，知识获取困难是专家系统开发的主要挑战之一。构建和维护高质量的知识库需要依赖领域专家，知识获取过程费时且容易受到主观因素的影响，这使得系统的开发变得复杂和耗时。其次，专家系统的跨领域适应性差。由于其设计通常针对特定领域，专家系统在其他领域的移植和应用较为困难，增加了在新领域开发的成本和难度。最后，专家系统在处理大量规则时，容易出现计算复杂度高的问题。当规则数量庞大或推理过程复杂时，系统的计算性能可能受到限制，影响实时性。这在需要快速响应的场景中可能导致系统无法及时提供决策支持。

4.2.4 逻辑规则

如图 4.6 所示，逻辑规则（logic rule）是基于形式逻辑构建的决策方法，利用逻辑表达式来定义条件和推理步骤，帮助系统在复杂环境中作出理性决策。逻辑规则通过布尔逻

辑、模糊逻辑或其他逻辑体系，适合处理具有明确因果关系和不确定性的问题。除了应对简单的"是/否"条件判断，逻辑规则还能够通过多层次的推理分析更复杂的场景。例如，在模糊逻辑中，系统通过对不确定性进行量化处理，能够在不完全符合条件的情况下进行柔性判断。这种决策方式不仅具有灵活性，还基于清晰的因果关系，使决策过程易于追踪和理解。

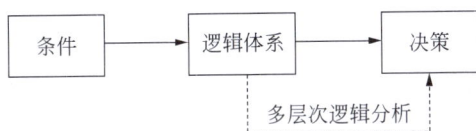

图 4.6 逻辑规则结构图

逻辑规则的实现方式包括以下几种：

首先，布尔逻辑是逻辑规则最基本的实现形式，利用布尔代数中的逻辑运算（如 $\wedge$ 表示"与"、$\vee$ 表示"或"、$\neg$ 表示"非"）来构建条件和规则，适用于处理明确的真/假判断问题，这种情况下与"条件-动作规则"有些类似，但逻辑规则适用的取值范围是连续的，而条件-动作规则是则离散的。

模糊逻辑用于处理不确定性和模糊信息。它将变量的取值范围从二值扩展到连续区间，并通过隶属函数对模糊性进行量化。假设传感器检测到障碍物距离 d，模糊逻辑可以通过隶属函数描述模糊性，例如，

$$\mu_{接近}(d) = \begin{cases} 1, & d \leqslant d_{危险} \\ 0, & d \geqslant d_{安全} \\ 线性递减, & d_{危险} < d < d_{安全} \end{cases} \tag{4.6}$$

根据 $\mu_{接近}(d)$ 的值，系统可以柔性调整车辆的速度或轨迹，而不是仅依赖硬性条件。

一阶逻辑（谓词逻辑）扩展了逻辑规则的表达能力，引入了量词（$\forall$、$\exists$）和变量，可以描述更复杂的关系和推理过程。一阶逻辑的表达形式为

$$\forall x(障碍物(x) \wedge 接近(x) \rightarrow 规避(x)) \tag{4.7}$$

式 (4.8) 表示"对于所有障碍物 x，如果 x 接近，则需要规避 x"。这种逻辑适合处理对象及其属性关系的复杂系统。

最后，逻辑编程语言（如 Prolog）通过内置的逻辑推理机制和规则系统，能够支持复杂的逻辑推理与决策过程。例如，在无人机任务规划中，可以使用 Prolog 描述任务规则和推理步骤：

```
rule(fly_to_target) :- has_target(Target), not(obstacle_in_path(Target)).
rule(avoid_obstacle) :- obstacle_in_path(Target), plan_new_path(Target).
```

逻辑编程语言可以根据事实和规则自动推导下一步操作，广泛应用于学术研究和特定

智能系统的开发中。

逻辑规则的特点体现在以下几方面：首先是高可解释性，逻辑规则基于明确的逻辑表达式，因果关系清晰，便于追踪决策路径，用户可以很容易地理解系统的推理过程。其次，逻辑规则具有较强的灵活性，可以根据不同的逻辑体系（如布尔逻辑、模糊逻辑）适应多种决策需求，既能够处理确定性问题，也能够处理不确定性问题。最后，逻辑规则还具有可组合性，通过逻辑运算符的组合，系统可以构建复杂的规则体系，实现多层次的逻辑推理。

逻辑规则在自主智能系统中有广泛的应用，尤其是在决策和推理环节。例如，在自动驾驶中，逻辑规则用于车辆的实时决策。通过布尔逻辑，车辆可以判断交通信号灯状态、交通标志和前方障碍物的位置，并据此作出加速、减速或转向的决策。而模糊逻辑则用于处理传感器数据中的不确定性，如对模糊的障碍物距离或速度信息进行柔性判断，以实现更平滑的控制策略。在工业自动化中，逻辑规则被用于生产过程的监控与控制。系统通过逻辑表达式定义设备的运行条件和安全措施，确保生产线的稳定运行和安全性。例如，模糊逻辑可用于故障诊断和预测性维护，通过分析设备运行数据评估潜在的故障风险，并提前采取措施避免生产中断。在智能家居和物联网设备中，逻辑规则也发挥了重要作用。系统根据传感器数据（如温度、湿度、光照等）以及用户偏好，通过逻辑规则动态调整家电设备的运行状态，以提升用户体验并优化能源效率。

尽管逻辑规则具有高可解释性和灵活性，但在处理大量规则或多层次逻辑时，可能面临计算开销增加和管理难度加大的问题。随着规则数量的增长，推理过程变得更加复杂，可能影响系统的实时性和性能。尤其在自动驾驶和工业自动化等需要快速响应的场景中，这种计算开销可能导致系统无法满足性能要求。此外，逻辑规则的自适应性不足也是一大限制。由于逻辑规则是预先定义的，系统难以根据动态变化或未知环境自动调整和学习新的规则。这在高度动态或不确定性强的环境中，限制了系统的适应能力。

4.3 基于学习的自主决策

在实际应用落地的过程中，基于规则的决策方法常常面临一些挑战，例如在应对未知情况时难以作出合理决策，以及在处理复杂控制问题时难以高效管理大量规则。相比之下，基于学习的自主决策依托于机器学习或深度学习模型，通过对海量历史数据的学习生成决策。该系统可以自动学习并适应新的情况，处理未遇到过的未知情况，同时在应对大规模数据和复杂输入时具备良好的扩展性，无须手动添加规则。基于规则的决策系统通常适用于相对简单的控制场景，但在应对实际的复杂控制问题时，往往需要采用基于学习的自主决策方法，以实现更灵活且具备可扩展性的控制目标。

本节将介绍基于学习的自主决策中几种常见的方法，包括动态规划与强化学习、迁移学习和多任务学习等。

4.3.1　动态规划与强化学习

1. 马尔可夫决策过程

马尔可夫决策过程（Markov Decision Processes，MDP）是动态规划和强化学习的数学基础，也是序列决策的经典形式化表达。一个 MDP 通常由状态空间 S、动作空间 A、状态转移函数 P、奖励函数 R 和折扣因子 γ 组成，可表示为一个五元组 (S, A, P, R, γ)。进行学习并实施决策的客体被称为智能体（agent），智能体之外所有的与其相互作用的事物都被称为环境（environment）。在每个时刻 t，智能体依据此刻环境可观测到的状态 S_t 进行学习及选择动作 A_t，环境对此动作作出相应的响应，并向智能体呈新的状态 S_{t+1} 并同时产生一个收益 R_{t+1}，而收益是智能体在动作选择过程中想要长期最大化的目标，其交互过程如图 4.7 所示。

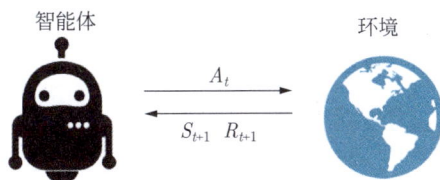

智能体　　　　　　　　　　　　　　　　**环境**

A_t

S_{t+1}　R_{t+1}

图 4.7　智能体与环境交互示意图

在智能体与环境不断交互的过程中产生了一个序列轨迹：$S_0, A_0, R_1, S_1, A_1, R_2, \cdots, S_t, A_t, R_{t+1} \cdots$ 在有限 MDP 中，随机变量 R_t 和 S_t 具有定义明确的离散概率分布，并且只依赖于前继状态和动作，状态转移函数 P 定义为

$$P(s', r \mid s, a) \triangleq P\{S_t = s', R_t = r \mid S_{t-1} = s, A_{t-1} = a\} \tag{4.8}$$

状态转移函数 P 给出的概率完全刻画了环境的动态特性，S_t 和 R_t 只取决于 S_{t-1} 和 A_{t-1}，而与更早之前的状态和动作无关，这样的状态被称为具有马尔可夫性。策略 π 是在状态 S 下采取动作 A 的概率的映射，即 $\pi: S \times A \mapsto [0, 1]$ 是一个条件概率密度函数：

$$\pi(a \mid s) = P\{A = a \mid S = s\} \tag{4.9}$$

我们的一般目标是最大化期望回报，回报是指从当前时刻开始到这一回合结束的所有奖励的总和。实际通常使用折扣回报，定义为

$$G_t = R_t + \gamma \cdot R_{t+1} + \gamma^2 \cdot R_{t+2} + \gamma^3 \cdot R_{t+3} + \cdots = \sum_{k=0}^{\infty} \gamma^k R_{t+k+1} \tag{4.10}$$

其中，G_t 为折扣回报，$\gamma \in [0, 1]$ 为折扣因子，γ 越小，代表在智能体的学习中越不关注未来可能的收益。价值函数被引入以评估当前智能体在给定状态下可获得的期望折扣回报，策略 π 下的状态价值函数定义为

$$v_\pi(s) = \mathbb{E}_\pi\left[G_t \mid S_t = s\right] = \mathbb{E}_\pi\left[\sum_{k=0}^{\infty} \gamma^k R_{t+k+1} \mid S_t = s\right] \tag{4.11}$$

智能体在给定状态下采取某个确定动作之后的价值被记为动作价值函数 $Q(s,a)$，策略 π 下的动作价值函数定义为

$$Q_\pi(s,a) = \mathbb{E}_\pi\left[G_t \mid S_t = s, A_t = a\right] = \mathbb{E}_\pi\left[\sum_{k=0}^{\infty} \gamma^k R_{t+k+1} \mid S_t = s, A_t = a\right] \tag{4.12}$$

将最优策略记为 π^*，对应的最优动作价值函数定义为

$$Q_{\pi^*}(s,a) = \max_\pi Q_\pi(s,a) \tag{4.13}$$

通常将最优价值函数和最优动作价值函数简写为 $v_*(s)$ 和 $Q_*(s,a)$。

动态规划以及强化学习的关键思想是使用价值函数来组织和构建寻找最优策略的过程。一旦我们找到了最优价值函数 v_* 或 Q_*，就可以直接获得最优策略。这些函数满足贝尔曼最优方程：

$$\begin{aligned} v_*(s) &= \max_a \mathbb{E}\left[R_{t+1} + \gamma v_*(S_{t+1}) \mid S_t = s, A_t = a\right] \\ &= \max_a \sum_{s',r} P(s',r \mid s,a)\left[r + \gamma v_*(s')\right] \end{aligned} \tag{4.14}$$

或

$$\begin{aligned} Q_*(s,a) &= \mathbb{E}\left[R_{t+1} + \gamma \max_{a'} Q_*(S_{t+1},a') \mid S_t = s, A_t = a\right] \\ &= \sum_{s',r} P(s',r \mid s,a)\left[r + \gamma \max_{a'} Q_*(s',a')\right] \end{aligned} \tag{4.15}$$

2. 动态规划

动态规划（Dynamic Programming, DP）是一种求解马尔可夫决策过程（MDP）的经典算法[1]。DP 的核心思想是通过递归地求解状态价值函数或动作价值函数来找到最优策略。通常，DP 包含两种主要方法：策略迭代（policy iteration）和价值迭代（value iteration）。

1）策略迭代

策略迭代方法是一种基于策略评估（policy evaluation）和策略改进（policy improvement）的迭代算法。其基本流程如下：

(1) 初始化策略。初始化策略为 π_0。

(2) 策略评估。在给定的策略 π_k 下，计算每个状态 $s \in S$ 的价值函数 $v_{\pi_k}(s)$：

$$v_{\pi_k}(s) = \mathbb{E}_{\pi_k}\left[\sum_{t=0}^{\infty} \gamma^t R_{t+1} \mid S_0 = s\right] \tag{4.16}$$

(3) 策略改进。基于当前的价值函数 $v_{\pi_k}(s)$，生成一个新的策略 π_{k+1}，使得：

$$\pi_{k+1}(s) = \arg\max_a \sum_{s',r} P(s',r \mid s,a)\left[r + \gamma v_{\pi_k}(s')\right] \tag{4.17}$$

(4) 迭代。重复步骤 (2) 和步骤 (3)，直到策略不再发生变化，即达到收敛，得到最优策略 π^*。

2) 价值迭代

价值迭代方法是一种直接逼近最优价值函数 $v_*(s)$ 的算法。不同于策略迭代中的完整策略评估，价值迭代在每次更新时都仅进行一次贝尔曼方程的迭代计算。其基本流程如下：

(1) 初始化价值函数。初始化价值函数为 $v_0(s)$（对任意状态 $s \in S$）。

(2) 价值更新。对每个状态 s，根据以下公式更新价值函数：

$$v_{k+1}(s) = \max_a \sum_{s',r} P(s',r \mid s,a)\left[r + \gamma v_k(s')\right] \tag{4.18}$$

(3) 迭代。重复步骤 (2)，直到价值函数不再发生变化，即达到收敛，得到最优价值函数 v_*。

(4) 提取最优策略。一旦价值函数 $v_*(s)$ 收敛，最优策略 π^* 可通过以下公式提取：

$$\pi^*(s) = \arg\max_a \sum_{s',r} P(s',r \mid s,a)\left[r + \gamma v_*(s')\right] \tag{4.19}$$

3. 强化学习

强化学习（Reinforcement Learning，RL）是一种通过与环境交互并基于奖励信号来学习策略的机器学习方法。智能体通过不断试验不同的动作来最大化其累计回报。RL 的核心思想与动态规划相似，都涉及状态价值函数和动作价值函数，但在 RL 中，状态转移概率通常未知，一般通过试探性地与环境交互来学习和改进策略。

常见的 RL 算法包括 Q-learning 和深度 Q 网络（DQN），它们在不依赖完整模型的情况下估计价值函数，并逐步改善策略。

Q-learning 算法[13] 是一种经典且广泛使用的强化学习算法，其核心更新公式为

$$Q(s,a) \leftarrow Q(s,a) + \alpha\left[R + \gamma \max_{a'} Q(s',a') - Q(s,a)\right] \tag{4.20}$$

其中，α 是学习率，γ 是折扣因子。

DQN 结合了 Q-learning 和神经网络，用于解决高维状态空间中的问题。通过使用经验回放和目标网络，DQN 能有效稳定训练过程。

4.3.2　迁移学习与多任务学习

1. 迁移学习

如图 4.8 所示，迁移学习（transfer learning）是一种通过将一个任务中学到的知识应

用到其他相关任务的学习方法。它的核心思想是利用源任务中的经验加速目标任务的学习，尤其是在目标任务数据稀缺或训练资源有限的情况下。迁移学习在任务之间共享特征、参数或模型结构，能够有效减少训练时间和数据需求，同时提升目标任务的性能。

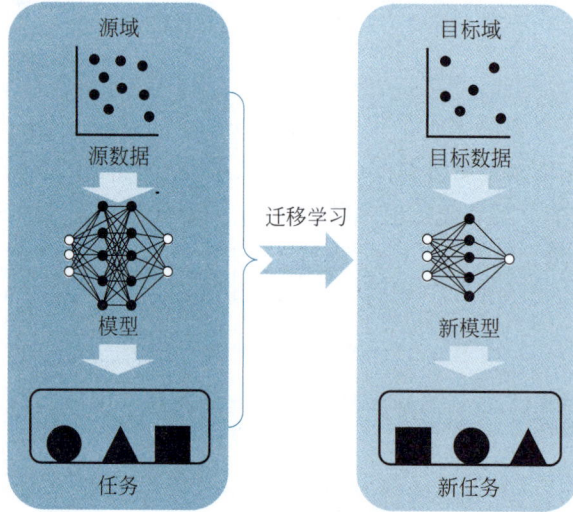

图 4.8   迁移学习示意图

迁移学习在机器学习和强化学习中起到提升效率和性能的关键作用。在强化学习中，通过迁移源任务中的策略、价值函数或状态表示，智能体可以快速适应新任务，显著减少探索时间和样本复杂度。迁移学习还可以克服数据获取困难和计算成本高昂的问题，是解决动态环境、跨任务优化和复杂决策场景的有效工具。

迁移学习的主要方法可以根据源任务和目标任务之间的关系以及知识迁移的方式分为以下几类：

(1) 特征迁移（feature transfer），将在源任务中学习的共享特征用于目标任务，常见于深度学习中提取中间层表示；

(2) 参数迁移（parameter transfer），将源任务中训练好的模型参数初始化到目标任务中并进行微调，适用于模型结构相似的场景；

(3) 实例迁移（instance transfer），将选择或加权源任务的数据实例直接应用于目标任务，常用于数据分布相近的情况下；

(4) 关系迁移（relational transfer），通过学习任务之间的关系或策略映射实现知识共享，尤其在强化学习中适合不同环境的策略迁移。

这些类型各自适应不同的迁移场景，有效提升目标任务的学习效率。

迁移学习广泛应用于多个领域。例如，在计算机视觉中，使用预训练模型（如 ResNet）提取图像特征以应用到分类任务；在自然语言处理中，BERT 等模型通过迁移语言知识服务于情感分析或问答系统。在强化学习中，迁移学习被用于机器人控制（从仿真环境到现实环境的策略迁移）、自动驾驶（不同交通场景的适应性优化）以及游戏 AI（从简单关卡到复杂关卡的策略延续），大大提高了智能系统的灵活性和鲁棒性。

2. 多任务学习

多任务学习（Multi-Task Learning，MTL）是一种先进的机器学习范式，它允许在一个统一的模型中同时训练和优化多个相关任务。通过共享不同任务的模型参数、特征或表示，多任务学习能够利用任务之间的关联性来提升整体学习效果。与传统的单任务学习不同，多任务学习将多个目标任务融入一个统一的框架中，模型通过捕捉任务间的共享信息，同时优化多个任务的性能。

多任务学习的核心作用在于信息共享和正则化。通过共享多个任务的知识，模型可以减少每个任务对数据的依赖，提高小数据任务的性能；此外，共享学习过程起到了一种正则化作用，避免模型过拟合于某个单一任务。多任务学习在泛化性能上具有显著优势，尤其适用于任务之间有潜在联系但特定任务数据稀缺的场景。它还能显著降低模型训练的计算成本，因为多个任务共享一个模型结构。

多任务学习广泛应用于多个领域。在自然语言处理中，BERT 和 GPT 等模型通过多任务预训练学习语言的语法、语义和上下文，支撑翻译、问答和情感分析等任务；在计算机视觉中，模型可以同时执行目标检测、图像分割和属性分类，提高多目标应用的效率；在医学领域，多任务学习被用于预测多种疾病的诊断结果，提升诊断的准确性和可靠性。此外，在强化学习中，多任务学习可用于训练机器人完成不同但相关的动作，使其更具适应性和灵活性。

4.4 模块化与端到端方法的比较

自主智能系统（如自动驾驶车辆、无人机、工业机器人等）通常由环境感知系统、中央处理系统和底层控制系统组成。根据中央处理系统的架构，这些系统的方案主要分为模块化和端到端两种方式。模块化方法将任务分解为多个相对独立的模块进行处理，而端到端方法则直接从感知输入生成控制指令。接下来本节将以自动驾驶场景为例，详细探讨这两种架构的特点及其在具体场景中的应用。

4.4.1 模块化方法

自动驾驶系统通常采用模块化的方法，将车辆的操作分解为若干独立的功能模块。每个模块承担特定的职责，它们的协同工作保证了系统的稳定性和整体性。这种设计理念源自机器人技术，为自动驾驶技术的早期发展奠定了坚实的基础。这种结构化、层次化的设计框架尤其适用于解决诸如实时感知、路径规划和车辆控制等复杂而多样的任务。如图 4.9 所示，模块化方法主要分为以下几部分。

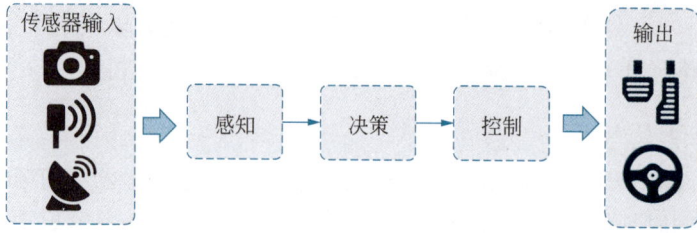

图 4.9   模块化方法结构图

1. 感知模块

首先,感知模块负责收集并处理来自多种传感器(如摄像头、激光雷达、雷达和 GPS)的数据。每种传感器在系统中扮演着独特的角色:摄像头用于捕捉视觉细节,激光雷达提供深度信息和三维地图,雷达用于测量物体的距离和速度,GPS 则用于位置跟踪和导航。感知模块的多传感器融合的过程可以表示为

$$E(t) = f_{\text{fusion}}(S_1(t), S_2(t), \cdots, S_n(t)) \tag{4.21}$$

其中,$S_i(t)$ 表示第 i 个传感器在时间 t 的输出,$E(t)$ 为融合后的环境感知结果。

这些传感器协同工作,使系统能够识别并理解周围环境中的关键要素,包括物体、车道标记、行人及其他动态或静态元素,从而为自动驾驶的安全与精确决策奠定基础。在得到感知特征后,通过预测周围车辆和行人的运动轨迹,帮助系统识别潜在的冲突并调整规划路径。通过分析附近物体的速度、方向和行为模式,系统能够提前预判可能的风险,避免碰撞事故。因此,车辆能主动适应交通流量的变化,为实现安全、高效的自动驾驶提供支持。

2. 决策模块

该模块通过有限状态机或其他先进的决策模型,根据实时环境条件和对周围物体运动轨迹的预测,选择最合适的驾驶行为。该模块负责处理从超车、变道到在十字路口停车等一系列操作。通过综合分析道路状况和交通参与者的动态行为,车辆能够在复杂场景中作出安全、高效的响应。接着通过路径规划方法,为车辆设计最佳行驶路线,综合考虑交通规则、道路障碍和预定目的地等因素,以规划一条安全且顺畅的行驶轨迹。路径规划过程可以形式化为优化问题:

$$\min \int_{t_0}^{t_f} \left(C_{\text{安全}}(x, y) + C_{\text{平滑}}(x', y') \right) \mathrm{d}t \tag{4.22}$$

其中,$C_{\text{安全}}$ 为路径的安全性代价函数,$C_{\text{平滑}}$ 为路径平滑度的代价函数。

这不仅支持全局路线的设计,还能实时进行调整,例如,在复杂路况下的变道操作。通过精准的路径规划,车辆能够高效应对动态环境变化,确保驾驶过程的安全性与连续性。

3. 控制模块

该模块将路径规划中生成的行驶轨迹转化为具体的车辆操作指令,直接管理转向、制

动和加速等执行器的动作。假设目标轨迹为 $(x_d(t), y_d(t))$，控制模块通过反馈控制系统调整车辆的实际位置 $(x(t), y(t))$，以最小化误差：

$$e_x(t) = x_d(t) - x(t), \quad e_y(t) = y_d(t) - y(t) \tag{4.23}$$

控制信号的生成可以通过 PID 控制器实现：

$$u(t) = K_p e(t) + K_i \int e(t)\mathrm{d}t + K_d \frac{\mathrm{d}e(t)}{\mathrm{d}t} \tag{4.24}$$

其中，$e(t)$ 是误差，K_p、K_i、K_d 分别为比例、积分和微分增益。

控制模块的目标是确保车辆能够平稳、安全地沿规划路径行驶，同时适应实时变化的路况和交通环境。通过精确的控制，车辆可以实现流畅的驾驶体验和高水平的安全性能。

模块化方法依赖于多个独立软件模块的协同工作，各模块负责处理特定的任务。典型的模块化架构已经在机器人操作系统（ROS）等广泛应用。模块化方法的一个显著优点是其高可解释性。由于每个模块的输入和输出都有明确定义，因此当系统出现故障时，可以追溯到具体模块并进行调试和优化。此外，模块化方法使得各模块可以独立开发和改进，从而提高了系统的灵活性和可维护性。例如，感知模块可以专注于环境理解，规划模块可以专注于路径规划，而控制模块则负责执行具体操作。每个模块都有定义明确的任务，便于开发、测试和调试。

然而，模块化系统的局限性也十分明显。在复杂、多变的环境中，模块化系统的预定义流程可能限制其灵活性和实时性。例如，在复杂的交通场景中，模块化系统可能难以快速调整优先级，导致系统对紧急情况的反应滞后。同时，一个模块中的错误（例如，感知模块中对象检测的不准确）可能会引发连锁反应，对后续模块的功能产生负面影响。这种错误可能导致系统误判周围环境，从而影响路径规划、决策制定和车辆控制的准确性，最终降低整个自动驾驶系统的可靠性。此外，某些模块可能处理了过多无关信息，从而降低了系统对关键因素的敏感度。例如，感知模块可能检测到所有物体的 3D 边界框，但实际决策中只需要关注某些移动物体。

4.4.2 端到端方法

如图 4.10 所示，端到端方法通过将从感知输入到控制输出的整个流程视为一个统一的学习任务，简化了系统架构。这种方法直接学习从输入到输出的映射关系，避免了各个模块的分离，因而减少了手工设计的复杂度。在许多任务中，端到端方法已展现出卓越的性能，例如，在 Atari 电子游戏、《星际争霸》以及 *Dota 2* 等复杂环境下，端到端方法达到了超人级的表现。

大多数端到端自动驾驶系统采用深度卷积神经网络（CNN），这种网络在提取传感器输入中的复杂空间和时间模式方面表现尤为出色。CNN 主要处理来自摄像头的原始视觉数据，同时可以集成其他传感器（如激光雷达和雷达）的数据，从而形成全面的环境感知，支持系统实时作出驾驶决策。

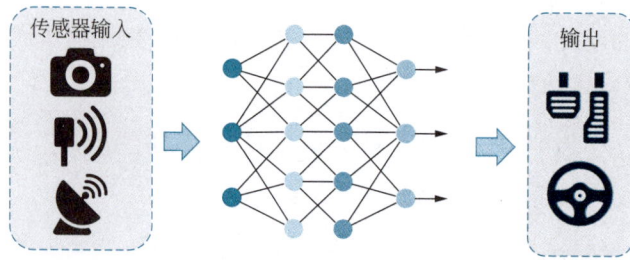

图 4.10   端到端方法结构图

然而，在系统结构上，完全端到端方法和隐式端到端方法存在显著区别。完全端到端方法将传感器输入直接映射到驾驶控制输出，整个过程由一个单一的神经网络模型完成，没有明确的模块划分和中间处理。而隐式端到端方法则在端到端学习的框架下引入了隐含的模块化结构，将任务分解为感知、决策和控制等功能模块。虽然这些模块可能仍然由神经网络实现，但它们具有明确的功能分工和信息流动路径，从而提高了系统的可解释性和可靠性。

端到端模型的训练依赖于大量真实驾驶数据。通过训练，网络学习将特定的驾驶场景（由传感器数据捕获）与相应的车辆控制指令（如转向、加速或制动）关联起来。这种方法使网络能够直接从原始输入数据映射到驾驶操作，而无须依赖预定义的规则或分层的中间步骤。这种直接映射的方法不仅简化了系统设计，还提升了模型对复杂驾驶场景的适应能力。然而，它对高质量数据和大规模训练的需求也极为苛刻。

在自主智能系统中，端到端方法具有全局优化能力，适合动态、非结构化的环境。端到端方法直接从原始输入学习最优控制策略，能够在复杂多变的环境中快速适应。例如，农田作业中的无人机和机器人常面临不规则的地形和多变的环境条件，端到端方法能够通过大数据训练快速调整操作策略，减少对各模块间通信和调度的依赖。

然而，端到端系统的可解释性和泛化能力常受到质疑。当系统在某些情况下表现异常时，端到端模型难以解释其行为或找出问题所在。这种"黑盒"特性使得系统在高安全性场景中的应用受限。此外，端到端模型在新环境中的泛化能力较差，尤其是在数据稀缺的场景下，系统可能无法应对未见过的情况。

模块化方法和端到端方法各有优缺点，适用于不同的应用场景。模块化系统因其高安全性和可解释性，通常更适合在需要精确控制的场景中应用。例如，在城市交通或无人驾驶出租车等需要严格遵守安全法规的环境中，模块化设计提供了透明的决策过程，便于调试和故障排查，符合监管要求。另外，端到端方法更适合动态环境和数据资源丰富的场景。端到端架构通过直接学习全局优化，减少了对手工设计模块的依赖。在农田、林地等非结构化环境中，端到端方法可以灵活应对多变的地形和障碍物。此外，由于端到端系统通常具有较低的硬件复杂度和能耗，它也非常适合应用于小型无人机和机器人等成本敏感的系统。

综上所述，模块化方法适合高安全性、稳定环境下的应用，而端到端方法则在动态、复杂环境中表现更好。根据自主智能系统的应用场景、安全性要求和开发目标，选择适当的架构至关重要。

4.5　实训项目

4.5.1　实训项目 1：使用条件-动作决策实现纵向跟车

1. 项目目标

根据前车速度和距离进行速度决策，并通过速度控制器（如 PID 控制器等）进行车辆控制：

(1) 当自车在一定范围（比如 100m）内检测不到其他车辆时，则自车按照一定速度行驶；

(2) 如果自车周围检测到车辆，根据距离和速度信息，作出跟车决策——自车跟随在前车后方，保持固定的间距（比如 20m）行驶。

2. 实验步骤

(1) 实验建模，设置自车匀速行驶，前方 200m 处有一辆慢速行驶的车。

(2) 编写速度决策函数实现：

① 当自车与前车距离大于或等于 100m 时，保持自车匀速行驶。

② 当自车与前车距离小于 100m 时，自车减速。

③ 当自车与前车距离达到 20m 时，保持自车速度与前车相同。

(3) 使用速度控制器，将速度转化成车辆的控制量。

(4) 在仿真环境中进行测试。

4.5.2　实训项目 2：基于有限状态机实现自动驾驶决策

1. 项目目标

车辆需要在道路上安全行驶，并完成 3 个测试场景：

(1) 行人横穿马路。行人与测试车碰撞时间小于 5s 时以 5km/h 的速度横穿道路。

(2) 两轮车沿道路骑行。一辆自行车在与测试车碰撞时间小于 10s 时以 5km/h 的速度沿测试车所在车道与测试车同方向行驶。

(3) 前车静止。测试车前方同车道有车辆，处于静止状态。

2. 决策模块输入和输出信息

在仿真环境中输入相关的感知、定位、全局路径信息和与之对应的时间戳。

(1) 感知信息：包含主车一定距离范围内障碍物位置、速度等状态信息和车道线的拟合参数信息。

(2) 定位信息：包含主车位置、速度等状态信息。

(3) 全局路径信息：包含全局规划路径点信息。

决策模块需要输出决策动作和车辆下一时刻的位置和速度信息。

3. 动作空间

(1) 前行：车辆保持当前车道，正常行驶。

(2) 变道：向左/右换道。

(3) 刹车：车辆停止行驶。

4. 状态转移条件

(1) 从"前进状态"转到"变道状态"：两轮车沿道路骑行、前车静止。

(2) 从"前进状态"转到"刹车状态"：前方行人横穿马路。

(3) 从"停车状态"转到"前进状态"：行人通过马路后。

(4) 从"变道状态"转到"前进状态"：完成变道操作后。

5. 项目步骤

(1) 搭建实验环境，配置相关行人、车辆，导入感知信息。

(2) 定义多个状态类（如"前进状态""变道状态""停车状态"）。

(3) 每个状态类包括：

① on_enter()——进入该状态时的操作（如加速、刹车）。

② on_exit()——退出该状态时的操作（如停止加速）。

③ handle_event()——根据传感器数据决定是否切换到下一个状态。

(4) 状态转移和控制：通过传感器数据（如障碍物检测、交通信号等）触发状态转移，控制车辆行为（加速、刹车、转向）来适应当前状态。

(5) 决策算法实现：编写 FSM 算法实现，调整参数优化效果。

4.5.3 实训项目 3：通过强化学习实现倒立摆平衡

本实训项目以经典倒立摆平衡问题为基础，要求采用强化学习方法求解。

1. 任务目标

(1) 控制小车左右移动，使杆子保持直立。

(2) 每一步保持杆子平衡获得 +1 的奖励。

(3) 目标是在 500 步内最大化累计奖励。

2. 状态空间

状态空间包含如下 4 个变量。

(1) 小车位置：$[-4.8, 4.8]$。

(2) 小车速度：$(-\infty, \infty)$。

(3) 杆子角度：$[-0.418, 0.418]$ rad（约 $\pm 24°$）。

(4) 杆子角速度：$(-\infty, \infty)$。

3. 动作空间

(1) 0：向左推动小车。

(2) 1：向右推动小车。

4. 奖励函数

每一步平衡杆子得 +1 奖励。目标是最大化累计奖励。

5. 终止条件

回合将在以下情况之一时终止：

(1) 杆子角度超过 $\pm 12°$。

(2) 小车位置超出 ± 2.4m。

(3) 达到 500 步限制。

6. 项目步骤

(1) 环境初始化：基于 Python 语言，安装 gym 库，导入 CartPole 环境。

```
import gym
env = gym.make('CartPole-v1')
```

(2) 探索环境：打印状态和动作空间。

```
print(env.observation_space)
print(env.action_space)
```

(3) 随机策略测试：运行随机策略观察效果。

```
state = env.reset()
done = False
while not done:
    action = env.action_space.sample()
    state, reward, done, _ = env.step(action)
    env.render()
env.close()
```

(4) 算法实现：实现 Q-learning 或 DQN 算法进行训练，并记录训练过程中的性能提升。

(5) 结果分析：绘制奖励随时间变化的曲线，并尝试调整参数如折扣因子 γ 和学习率，以优化性能。

7. 学习目标

(1) 理解状态、动作和奖励函数在强化学习中的作用。

(2) 掌握 OpenAI Gym 环境的基本操作。

(3) 实现和优化简单的强化学习算法。

8. 参考资料

参考 OpenAI Gym 的倒立摆环境文档。

4.6　拓展阅读

为了更好地理解自主智能系统中的决策技术和相关研究进展，以下是一些推荐的文献。

1. 行为克隆

(1) BOJARSKI M, DEL TESTA D, DWORAKOWSKI D, et al. End to end learning for self-driving cars[EB/OL], 2016, https://arxiv.org/abs/1604.07316.

该研究通过训练卷积神经网络（CNN），以端到端方式将摄像头捕获的像素直接映射为转向指令，实现在多种场景下的自动驾驶。系统仅以人类转向角为训练信号，无须明确设计中间步骤，自动学习关键特征并同时优化整体性能。与传统的分步骤方法相比，该方法更高效、结构更简洁，且适用于复杂环境，如无车道线或视觉线索不清晰的道路。

(2) ZHANG Z, LINIGER A, DAI D, et al. End-to-end urban driving by imitating a reinforcement learning coach[C]. Proceedings of the IEEE/CVF International Conference on Computer Vision, 2021: 15222-15232.

该研究训练了一个强化学习智能体 Roach，用来监督 IL 智能体的训练进化，提升了 IL 的性能上限。通过单目摄像头的输入，再将鸟瞰图像映射到连续的低层次动作，并接入强化学习进行指导。实验表明其在 CARLA LeaderBoard 上取得了先进水平，在 NoCrash-dense 基准中成功率达到 78%，并展现了优异的泛化能力和鲁棒性。

(3) SPENCER J, CHOUDHURY S, BARNES M, et al. Expert intervention learning: An online framework for robot learning from explicit and implicit human feedback[J]. *Autonomous Robots*, 2022, 1-15.

该研究提出了一种名为专家干预学习（EIL）的方法，用于通过人机交互实现可扩展的机器人学习。与仅依赖离线示范或要求人工标注每个状态的方法相比，EIL 结合了两者的优点，通过专家的干预或非干预反馈获取状态和动作质量的信息，并将其形式化为对价值函数的约束。使用在线学习技术，EIL 在真实和模拟驾驶任务中仅需少量专家控制数据（约 1min）即可从零开始学习避障行为，证明了其高效性和实用性。

2. 逆强化学习

(1) WU Z, SUN L, ZHAN W, et al. Efficient sampling-based maximum entropy inverse reinforcement learning with application to autonomous driving[J]. *IEEE Robotics and Automation Letters*, 2020, 5(4): 5355-5362.

该研究提出了一种基于采样的高效最大熵逆向强化学习算法，可从人类驾驶数据中直接学习连续域的奖励函数，同时考虑轨迹的不确定性。实验表明，该算法在非交互和交互场景下，比现有方法具有更高的预测精度、更快的收敛速度和更好的泛化能力，为优化自动驾驶车辆的自然交互提供了新方法。

(2) FERNANDO T, DENMAN S, SRIDHARAN S, et al. Deep inverse reinforcement learning for behavior prediction in autonomous driving: Accurate forecasts of vehicle motion[J]. *IEEE Signal Processing Magazine*, 2020, 38(1): 87-96.

该研究总结了精准行为预测在自动驾驶中的重要性，并分析了近年来深度学习和逆向强化学习（IRL）领域的关键进展，特别是深度 IRL（D-IRL）在克服传统技术局限性方面的潜力。研究通过定量和定性评估表明，尽管 D-IRL 在其他领域取得了一定成功，其在自动驾驶行为建模中的应用仍有较大的研究空间。

(3) PHAN-MINH T, GRIGORE E C, BOULTON F A, et al. DriveIRL: Drive in real life with inverse reinforcement learning[C]. IEEE International Conference on Robotics and Automation (ICRA), 2023, 1544-1550.

该研究提出了在密集城市交通中的基于逆向强化学习（IRL）的车辆规划器 DriveIRL，能够在复杂城市交通中实现自主驾驶。通过对专家驾驶数据生成的轨迹进行评分，系统能选择最佳方案，并交由控制器执行。DriveIRL 设计简洁，采用灵活且可解释的特征工程，在实际测试中表现优异，成功应对了插队、急刹车和接送区等复杂场景。此外，研究团队公开了部分用于训练的数据集，为后续研究提供支持。

3. 元学习

(1) FINN C, ABBEEL P, LEVINE S. Model-agnostic meta-learning for fast adaptation of deep networks[C]. International Conference on Machine Learning, 2017, 1126-1135.

该研究首次提出了一种模型无关的元学习算法，适用于任何通过梯度下降训练的模型，可广泛应用于分类、回归和强化学习等任务。该方法通过在多种任务上训练模型，通过显式优化模型参数，使其能在新任务中仅需少量梯度更新即可实现良好的性能。实验表明，该方法在少样本图像分类基准上达到先进水平，同时在少样本回归和强化学习中表现出色，并显著加速了策略梯度的微调过程。

(2) DONG C, CHEN Y, DOLAN J M. Interactive trajectory prediction for autonomous driving via recurrent meta induction neural network[C]. International Conference on Robotics and Automation (ICRA),2019, 1212-1217.

该研究提出了一种用于交互式驾驶预测的"循环元归纳网络"（RMIN）框架，解决了密集交通或城市区域中自动驾驶车辆交互的关键挑战。与传统假设人类驾驶行为分布的方法不同，RMIN 基于条件神经过程（CNP），并解决了其无法处理序列信息的局限性。通过将循环神经单元替代原有子网络，RMIN 利用目标车辆及其周围车辆的历史观测信息进行行为估计。实验表明，该方法在预测目标车辆车道变换轨迹方面优于现有方法，并通过元学习框架减少了对数据集规模的依赖，从而降低了自动驾驶数据采集的需求。

(3) NAJIBI M, JI J, ZHOU Y, et al. Motion inspired unsupervised perception and prediction in autonomous driving[C]. European Conference on Computer Vision, 2022, 424-443.

该研究提出了一种无监督的框架，用于训练自动驾驶系统中的感知和预测模型，以识别和理解开放集的移动物体及其行为。传统方法依赖昂贵的人工标注，并局限于少量预定义的目标类别，而该方法通过自学习的流触发自动化元标注流程，实现自动监督。实验结果表明，该方法在 Waymo Open 数据集上的 3D 检测性能显著优于传统无监督方法，且接近于有监督场景流的表现。此外，在开放集 3D 检测和轨迹预测中表现出良好潜力，为弥补完全监督系统的安全性差距提供了可能性。

章节练习

第 5 章

智能控制系统

第 4 章详细介绍了决策系统。在自主智能系统中，决策系统的主要功能是综合考虑由感知系统获取的环境信息和任务需求作出高层次的决策。这些决策为自主智能系统的行动提供了总体方向，例如，设定目标、选择方案和规划路径。然而，决策系统仅负责制定"做什么"的策略，如何通过具体的操作实现这些策略，也就是"怎么做"，则依赖于自主智能系统中的另一个关键部分——控制系统。本章聚焦于控制系统：首先，5.1节阐述控制系统的基本概念，涵盖其定义、组成、作用及分类。随后，5.2节介绍典型的控制方法，包括 PID 控制和全状态反馈控制，并同步介绍对控制系统的建模与分析方法，包括较经典的传递函数法和较现代的状态空间法。接着，5.3节进一步探讨控制系统的优化与自适应，涵盖其概念与方法。这些方法通常依赖系统模型进行分析与设计，因此，5.4节介绍如何利用系统数据通过辨识技术得到系统模型。最后，通过5.5节的实训项目和5.6节的拓展阅读材料支持读者加深理解和提高应用能力。

5.1 控制系统的基本概念

在自主智能系统中，控制系统的角色是确保决策系统制定的策略能够被正确、准确和高效地执行。本节首先介绍控制系统的一些基本概念，包括常用术语、定义及基于术语的控制系统作用表述。

5.1.1 定义与组成

控制系统通常可以以框图的形式表示。图5.1表示了一个典型的控制系统，描述了其各个组成部分及相互之间的关系。从图 5.1 中我们可以看到控制系统的几个关键组成部分。

(1) 控制器：处理输入信号并生成控制信号。

(2) 执行器：将控制信号转换为实际的物理操作，影响系统输出。

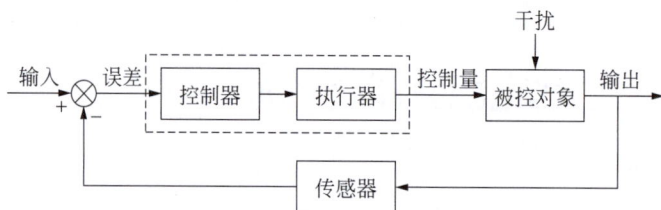

图 5.1   典型控制系统的框图表示

(3) 被控对象：代表被控制的设备或过程，它接受执行器的作用并产生输出。

(4) 传感器：监测系统输出的实际状态，并将其作为反馈信号传回控制器。

其中，当对控制系统进行分析而不强调控制信号与物理操作的区分时，"控制器"和"执行器"经常合称为"控制器"；"传感器"也常被称为"检测与变送器"。

图5.1中的箭头表示了控制系统各个组成部分之间的信号流，即信号从输入到输出的流动路径以及反馈回路中的信息传递过程。其中的关键信号包括：

(1) 输入。控制系统接收到的信号或信息，通常代表控制目标或期望输出，是控制系统根据外部需求对系统进行调节的基础。在进行系统分析时通常以字母 r 表示。

(2) 输出。系统在控制过程中的实际反应或结果，通常是控制系统调节后产生的结果信号。通常以字母 y 表示。

(3) 误差。期望输出和实际输出之间的差异，通常被控制器用于生成控制动作，以减小这种差异。通常以字母 e 表示。

(4) 控制量。控制系统调整的具体量，用于影响系统输出。通常以字母 u 表示。

(5) 干扰。影响系统输出的外部因素或非预期变化，通常是不可控的。控制系统的目标之一是尽量减小干扰对输出的影响。通常以字母 w 表示。

其中，当输入 r 代表对系统输出的期望值时，r 也常被称为"参考信号"或"设定值"。在这种情况下，误差 e 就是参考信号 r 和系统输出 y 之间的差异，也就是 $e = r - y$。此时，框图中的 $\otimes$ 就代表了求差值的运算，有时被称为"比较器"。控制器根据误差信号生成控制动作，也就是决定控制量的取值。从误差信号到控制量取值的关系称为"控制律"或"控制策略"。典型的控制律包括比例控制、积分控制、微分控制以及它们的组合，具体内容将在5.2节介绍。

在自主智能系统中，控制系统的输入通常由决策系统生成。决策系统规划期望输出，也就是期望的系统行为，并将其传递给控制系统作为参考信号。控制系统根据参考信号调节被控对象，使系统的实际输出（实际行为）尽可能接近期望输出（期望行为）。

基于以上的术语和讨论，下面给出自主智能系统中的控制系统的定义：

控制系统是自主智能系统的关键组成部分，其主要功能是根据决策系统提供的参考信号，运用控制律生成适当的控制信号，实时调节被控对象的状态或行为，抵消或减小干扰的影响，使系统的实际输出逼近期望输出。

5.1.2　作用与性质

在上面给出的控制系统的定义中，我们描述了控制系统作为自主智能系统的组成部分所起到的作用。简单而言，其作用是使系统的实际输出逼近由决策系统规划的期望输出。为正确、准确和高效地实现这一作用，控制系统需要具备以下几个关键性质：稳定性、跟随性、鲁棒性和自适应性。下面依次说明这几个性质。

(1) 稳定性。控制系统的稳定性是指系统原本处在某个平衡状态，在受到干扰影响而偏离平衡状态后，系统逐渐恢复到原平衡状态或保持输出有界的能力。

(2) 跟随性。控制系统的跟随性是指当输入的参考信号发生变化时，系统的输出能够及时地跟随参考信号，保持较小误差的能力。

(3) 鲁棒性。控制系统的鲁棒性是指系统在运行环境或自身参数存在不确定性或发生变化时，仍能保持稳定性并确保较小跟随误差的能力。

(4) 自适应性。控制系统的自适应性是指系统能够根据环境或参数的变化自动调整控制策略，以维持高性能的能力。

在以上几个性质中，稳定性是绝大多数控制系统设计必须首先满足的核心性质。稳定性的具体定义在控制和动力系统理论中有多种形式（具体形式通常取决于系统结构及应用背景）。以下是 3 种常用的稳定性定义：

(1) 李雅普诺夫（Lyapunov）稳定性。如果系统对任意足够小的初始偏离的响应始终保持在平衡状态附近的某个邻域内，则称该系统在此平衡状态处是李雅普诺夫稳定的。

(2) 渐近（asymptotic）稳定性。如果系统在平衡状态附近不仅是李雅普诺夫稳定的，而且其响应随着时间的推移最终收敛到平衡状态，则称该系统在此平衡状态处是渐近稳定的。

(3) BIBO（bounded input bounded output）稳定性。如果系统对于任意有界输入，其输出也始终有界，则称该系统是 BIBO 稳定的。

在以上 3 种稳定性定义中，渐近稳定性通常是最强的，蕴含了其他两种稳定性。

5.1.3　分类与特点

1. 开环与闭环

在开环（open-loop）控制系统中，系统的输出不会反馈给控制器，控制器完全根据系统的输入信号（如参考信号或设定值）决定并生成控制信号。由于缺乏反馈，系统无法感知输出与期望值之间的偏差，也就无法根据偏差状态对控制信号进行调整，因此控制效果对外部干扰和参数变化敏感。开环控制系统具有如下特点：

(1) 系统简单，易于实现；

(2) 不具备自动调节能力，无法应对扰动和系统变化；

(3) 精度受限。

在闭环（closed-loop）控制系统中，系统通过反馈回路实时监控输出，控制器根据输出与参考输入之间的偏差调整控制信号。闭环控制系统具有如下特点：

(1) 具有一定的自动补偿外界干扰和系统变化的能力；

(2) 精度高，适用于复杂控制场景；

(3) 设计较复杂，可能存在不稳定性问题。

2. 单输入单输出与多输入多输出

单输入单输出（Single Input Single Output，SISO）系统指的是只有一个输入变量和一个输出变量的系统。

多输入多输出（Multiple Input Multiple Output，MIMO）系统指的是有多个（> 1 个）输入变量或多个输出变量的系统，且它们之间可能存在相互影响。多输入多输出系统的分析与设计比单输入单输出系统更复杂，需要考虑多个输入和输出之间的耦合关系。

3. 连续时间与离散时间

连续时间（continuous-time）系统和离散时间（discrete-time）系统的区别在于信号在时间维度上的表示方式。

连续时间系统的输入、输出和状态变量在时间上是连续的，可以在任何时刻 $t \in \mathbb{R}$ 取值。连续时间系统的行为通常以对时间 t 求导的微分方程进行描述。

离散时间系统的输入、输出和状态变量只在离散的时间点 $k \in \mathbb{Z}$ 上定义。离散时间系统的行为通常以差分方程进行描述。

真实物理系统通常是连续时间系统；离散时间系统通常是数字系统，或是对真实物理系统的采样化、数字化描述。

4. 线性与非线性

线性（linear）系统的输入与输出之间具有线性关系（即满足叠加性与齐次性），其动态行为通常可用线性微分方程进行描述，分析与求解较容易。

非线性（nonlinear）系统不满足线性关系，即输入与输出之间存在非线性关系。非线性系统在现实世界广泛存在，但其分析过程复杂，并可能存在极限环、混沌等复杂动态行为。对于非线性程度不高的系统，通常使用近似的线性模型进行分析。

5. 时不变与时变

时不变（time-invariant）系统的特性在时间上保持不变，具体而言，若将输入信号推迟一段时间，则系统的输出也将相应推迟同样的时间，且输出信号的形状保持不变。换句话说，时间平移不会影响系统的动态响应。时不变系统的特性固定，分析和设计较简单。绝大多数工程系统均可近似为时不变系统。

时变（time-varying）系统的特性随时间变化，即在不同时间输入相同信号，系统的输出可能不同。时变系统的分析和设计较复杂，常用于描述具有显著变化特性的系统。

本章将重点讨论连续时间的线性时不变（LTI）控制系统的设计和分析。

5.2　典型控制方法

本节将介绍几个典型的控制方法。5.1.2节介绍了控制系统的几个关键性质。这里，在介绍控制方法的同时，我们将一并介绍对采用这些控制方法的闭环系统进行分析的方法，包括传递函数方法和状态空间方法。

为了更好地理解这些方法和性质，我们将采用一个贯穿始终的例子来辅助对这些方法的讲解。考虑一个质量为 $m = 1$ 的滑块在一个水平无摩擦的表面上滑动（如图5.2所示），滑块在 t 时刻的位置记为 $x(t)$。在滑块上施加一个水平力 $F(t)$ 推动滑块运动，根据牛顿第二定律，可以得到以下的微分方程描述滑块的运动：

$$\ddot{x}(t) = \frac{F(t)}{m} = F(t), \quad m = 1 \tag{5.1}$$

其中，$\ddot{x}(t)$ 代表 $x(t)$ 相对于时间的二阶导数，也就是加速度。这个例子可以用于近似地描述一个轮式机器人在水平表面上沿纵向运动的过程，其中水平力 $F(t)$ 由电动机的扭矩通过轮子施加于地面，反作用力推动机器人前进（如图5.3所示）。假设我们的目标是实时控制水平力 $F(t)$ 的大小和方向，将滑块从初始静止位置 $x(0) = 0$ 移动到目标位置 x_{target}。

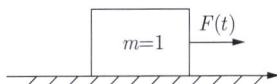

图 5.2　水平无摩擦运动滑块示意图

图 5.3　轮式机器人在水平表面上运动

在考虑如何设计 $F(t)$ 以实现上述目标之前，我们先来看一下这个目标是如何与控制系统最重要的性质——稳定性——相关的：我们不妨假设滑块原本就静止在 x_{target} 位置，后因受到了一些干扰影响偏离了 x_{target}，到达了 $x = 0$。如果在施加 $F(t)$ 控制后的系统是渐近稳定的，那么根据渐近稳定性的定义，系统将逐渐恢复/收敛到原平衡状态也就是 $x = x_{\text{target}}$。因此，可以看到，我们的目标可以通过设计 $F(t)$ 使控制后的系统在 $x = x_{\text{target}}$ 渐近稳定来实现。下面介绍具体的控制方法。

5.2.1　PID 控制

1. 比例控制和微分控制

首先，我们尝试根据直觉来设计一个 $F(t)$ 的控制策略。滑块位置的期望值 x_{target} 和实际值 $x(t)$ 的误差为 $e(t) = x_{target} - x(t)$。当误差为正也就是 $x(t)$ 小于 x_{target} 时，理应施加一个正向的力也就是一个正的 $F(t)$ 值将滑块继续朝 x_{target} 推动；当误差为负也就是 $x(t)$ 已经超过了 x_{target} 时，理应施加一个反向的力也就是一个负的 $F(t)$ 值将滑块拉回。同时，当误差较大也就是 $x(t)$ 离 x_{target} 较远时，理应施加一个较大的力将滑块快速朝 x_{target} 推（拉）动；当误差较小也就是 $x(t)$ 已经离 x_{target} 比较近时，理应减小 $F(t)$ 的大小让滑块慢慢靠近 x_{target} 尽量不超出。根据以上的直觉，我们可以得到如下的控制策略：

$$F(t) = K_p e(t) = K_p(x_{target} - x(t)) \tag{5.2}$$

其中，K_p 是一个正的常数。在这个控制策略中，控制量 $F(t)$ 的值正比于误差 $e(t)$。因此，这个控制策略称为"比例控制"（proportional control），其中的比例系数 K_p 称为"比例增益"。

现在来分析一下使用如上的比例控制策略是否能实现我们的目标。将式(5.2)代入式(5.1)，得到如下的闭环系统微分方程：

$$\ddot{x}(t) + K_p x(t) = K_p x_{target} \tag{5.3}$$

其中，K_p 和 x_{target} 均为常数。因此，式(5.3)是一个一元二阶常系数线性微分方程。我们可以使用二阶常系数线性微分方程的求解公式求出式(5.3)对于给定初始条件 $x(0) = \dot{x}(0) = 0$ 的解，如下：

$$x(t) = x_{target} \left(1 - \cos\left(\sqrt{K_p}\, t\right)\right) \tag{5.4}$$

从解的表达式可以看到，使用如式(5.2)所示的比例控制，滑块将围绕目标位置 x_{target} 以 $\dfrac{2\pi}{\sqrt{K_p}}$ 为周期进行振荡而不能停止在目标位置，如图 5.4 所示。也就是说，在这个例子中，如式(5.2)所示的比例控制不能实现我们的目标。

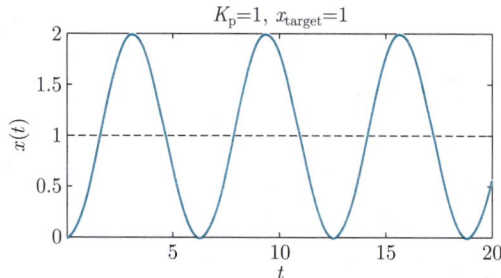

图 5.4　滑块在比例控制下的运动轨迹

现在尝试完善我们的直觉：当 $x(t)$ 接近 x_{target} 的速度较慢时，可以施加一个适当较大的力加快 $x(t)$ 接近 x_{target} 的速度；但当 $x(t)$ 快速接近 x_{target} 时，尤其当 $x(t)$ 与 x_{target} 的距离已经比较小时，应适当减小施加力的大小或施加一个反向的力以尽量防止 $x(t)$ 超出 x_{target}。基于以上直觉，我们考虑如下的控制策略：

$$F(t) = K_{\text{p}}e(t) + K_{\text{d}}\dot{e}(t) = K_{\text{p}}(x_{\text{target}} - x(t)) - K_{\text{d}}\dot{x}(t) \tag{5.5}$$

其中，K_{p} 和 K_{d} 均为正的常数。在这个控制策略中，控制量 $F(t)$ 的第一项正比于误差 $e(t)$，第二项正比于 $e(t)$ 相对于时间的微分。因此，这个控制策略称为"比例-微分控制"（proportional-derivative control），其中的比例系数 K_{p} 和 K_{d} 分别称为"比例增益"和"微分增益"。分析这个控制策略，可以看到，当 $e(t)$ 为正且在减小（也就是 $\dot{e}(t)$ 为负）时，策略的第二项起到减小施加力 $F(t)$ 的大小或使其为负（也就是施加一个反向力）的作用，符合我们基于直觉设计的要求。

将式(5.5)代入式(5.1)，得到如下的闭环系统微分方程：

$$\ddot{x}(t) + K_{\text{d}}\dot{x}(t) + K_{\text{p}}x(t) = K_{\text{p}}x_{\text{target}} \tag{5.6}$$

使用二阶常系数线性微分方程的求解公式求出式(5.6)对于给定初始条件 $x(0) = \dot{x}(0) = 0$ 的解，如下：

$$x(t) = \begin{cases} x_{\text{target}}\left(1 + \dfrac{K_{\text{p}}}{a(a-b)}e^{at} - \dfrac{K_{\text{p}}}{b(a-b)}e^{bt}\right), & K_{\text{d}}^2 > 4K_{\text{p}} \\[3mm] x_{\text{target}}\left(1 - \dfrac{2K_{\text{p}}}{K_{\text{d}}}\left(t + \dfrac{2}{K_{\text{d}}}\right)e^{-\frac{K_{\text{d}}}{2}t}\right), & K_{\text{d}}^2 = 4K_{\text{p}} \\[3mm] x_{\text{target}}\left(1 - \left(\cos(ct) + \dfrac{K_{\text{d}}}{2c}\sin(ct)\right)e^{-\frac{K_{\text{d}}}{2}t}\right), & K_{\text{d}}^2 < 4K_{\text{p}} \end{cases} \tag{5.7}$$

其中，$a = \dfrac{-K_{\text{d}} + \sqrt{K_{\text{d}}^2 - 4K_{\text{p}}}}{2}$，$b = \dfrac{-K_{\text{d}} - \sqrt{K_{\text{d}}^2 - 4K_{\text{p}}}}{2}$ 以及 $c = \sqrt{K_{\text{p}} - \dfrac{K_{\text{d}}^2}{4}}$，在各自情况下均为实数，且 a 和 b 均为负数。从解的表达式可以看到，在所有 3 种情况下，使用如式(5.5)所示的比例-微分控制，$x(t)$ 将随着 t 的增加逐渐收敛到 x_{target}，如图 5.5 所示。也就是说，在这个例子中，如式(5.5)所示的比例-微分控制能够实现我们的目标。

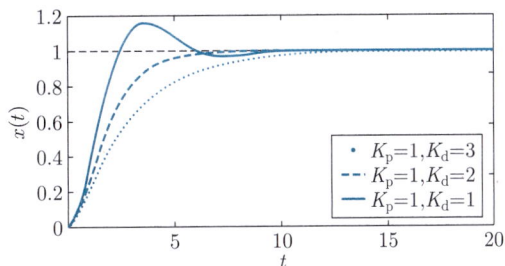

图 5.5　滑块在比例-微分控制下的运动轨迹

我们看到，对于如式(5.1)所示的例子，比例控制不能实现我们的目标，而比例-微分控制能够实现我们的目标。应当注意，这不代表比例控制在所有情况下都不能使用，也不代表比例-微分控制在所有情况下都能取得比比例控制更好的控制效果。比如，如果表面有动摩擦且摩擦系数 $\mu > 0$，则描述滑块运动的微分方程将变为

$$\ddot{x}(t) = F(t) - \mu \operatorname{sign}(\dot{x}(t)) \tag{5.8}$$

其中，$\operatorname{sign}(\cdot)$ 代表符号函数：如果输入为正，则返回 1；如果输入为负，则返回 −1；如果输入为 0，则返回 0。此时，比例控制也能够实现我们的目标。

从以上案例中可以看到，直觉常常是不够可靠的——我们必须对提出的控制策略进行基于数学的分析来得出它是否能够满足我们的控制需求。同时我们也看到，微分方程的求解是一个烦琐复杂的过程——通过求解闭环系统的微分方程来对控制策略进行分析非常耗时耗力。因此，我们希望有一个工具能够极大地简化分析过程并依然能够得到可靠的结论。接下来介绍这样的一个分析工具，即"传递函数"。

2. 传递函数模型和分析方法

传递函数是控制系统分析中的重要工具，用于描述系统输入与输出之间的关系。它的定义涉及时域信号的拉普拉斯变换。首先来复习一下拉普拉斯变换的定义和重要性质。

定义 5.1   对于一个定义在 $t \geqslant 0$ 的时域信号 $f(t)$，它的拉普拉斯变换 $F(s)$ 定义为

$$F(s) = \int_0^\infty f(t)\mathrm{e}^{-st}\,\mathrm{d}t \tag{5.9}$$

其中，s 是一个复变量，常表示为 $s = \sigma + \mathrm{i}\omega$（其中，$\sigma$ 是实部，ω 是虚部）。

对于一个给定的时域信号，比如 $f(t)$，常用 $\mathcal{L}\{\cdot\}$ 表示对其进行拉普拉斯变换，也就是 $F(s) = \mathcal{L}\{f(t)\}$。拉普拉斯变换具有如下几个重要性质。

(1) 线性性质：

$$\mathcal{L}\{af(t) + bg(t)\} = a\mathcal{L}\{f(t)\} + b\mathcal{L}\{g(t)\} \tag{5.10}$$

其中，$f(t)$ 和 $g(t)$ 是任意两个时域信号，a 和 b 是任意两个实常数。

(2) 微分性质：若 $f(t)$ 的拉普拉斯变换为 $F(s)$，则

$$\mathcal{L}\{f^{(n)}(t)\} = s^n F(s) - s^{n-1}f(0) - \cdots - f^{(n-1)}(0) \tag{5.11}$$

其中，s 为拉普拉斯变换的复变量，$f^{(n)}(t)$ 表示 $f(t)$ 相对于 t 的 n 阶导数，以此类推。

(3) 积分性质：若 $f(t)$ 的拉普拉斯变换为 $F(s)$，则

$$\mathcal{L}\left\{\int_0^t f(\tau)\,\mathrm{d}\tau\right\} = \frac{F(s)}{s} \tag{5.12}$$

(4) 卷积性质：若 $f(t)$ 和 $g(t)$ 的拉普拉斯变换分别为 $F(s)$ 和 $G(s)$，则

$$\mathcal{L}\{f(t) * g(t)\} = \mathcal{L}\left\{\int_0^t f(\tau)g(t-\tau)\,\mathrm{d}\tau\right\} = F(s)G(s) \tag{5.13}$$

其中，$*$ 表示卷积运算。

现在，基于拉普拉斯变换，我们给出传递函数的定义。

定义 5.2　对于一个输入为 $u(t)$、输出为 $y(t)$ 的线性时不变系统，其传递函数 $G(s)$ 定义为零初始条件下输出信号的拉普拉斯变换与输入信号的拉普拉斯变换之比：

$$G(s) = \frac{Y(s)}{U(s)} \tag{5.14}$$

在以上定义中，"零初始条件"代表 $u(t)$ 和 $y(t)$ 在 $t=0$ 时刻自身和任意阶导数的值均为 0。

现在根据以上定义尝试写出如式 (5.1) 所示的滑块开环运动系统的传递函数。对于这个系统，我们可认为施加的水平力 $F(t)$ 为系统的输入 $u(t)$，滑块的位置 $x(t)$ 为系统的输出 $y(t)$。那么，微分方程(5.1)可重新写为

$$\ddot{y}(t) = u(t) \tag{5.15}$$

对等式两侧分别进行拉普拉斯变换，利用拉普拉斯变换的微分性质，得到：

$$s^2 Y(s) - sy(0) - \dot{y}(0) = U(s) \tag{5.16}$$

假设零初始条件，也就是 $y(0) = \dot{y}(0) = 0$，进一步得到：

$$s^2 Y(s) = U(s) \tag{5.17}$$

因此，可得到以下传递函数：

$$G(s) = \frac{Y(s)}{U(s)} = \frac{1}{s^2} \tag{5.18}$$

从传递函数的定义和以上例子可以看到，传递函数将系统原本的微分方程表达转化为了一个代数方程表达。为更清楚地理解这一转化，我们继续尝试写出滑块在比例控制下闭环运动系统 (见式(5.3)) 和在比例-微分控制下闭环运动系统 (见式(5.6)) 的传递函数。对于以上闭环系统，可认为设定的目标位置 x_{target} 为系统的输入 $u(t)$，滑块的位置 $x(t)$ 为系统的输出 $y(t)$。那么，比例控制下闭环系统的微分方程(5.3)可重新写为

$$\ddot{y}(t) + K_{\text{p}} y(t) = K_{\text{p}} u(t) \tag{5.19}$$

对等式两侧分别进行拉普拉斯变换，假设零初始条件，并移项化简后可以得到以下传递函数：

$$G(s) = \frac{Y(s)}{U(s)} = \frac{K_{\text{p}}}{s^2 + K_{\text{p}}} \tag{5.20}$$

同样，比例-微分控制下闭环系统的微分方程和传递函数分别为

$$\ddot{y}(t) + K_{\mathrm{d}}\dot{y}(t) + K_{\mathrm{p}}y(t) = K_{\mathrm{p}}u(t) \tag{5.21}$$

$$G(s) = \frac{Y(s)}{U(s)} = \frac{K_p}{s^2 + K_{\mathrm{d}}s + K_{\mathrm{p}}} \tag{5.22}$$

对于一个单输入单输出线性时不变系统，其输入-输出的动态关系通常可以表达为以下高阶线性微分方程：

$$\begin{aligned} &y^{(n)}(t) + a_{n-1}y^{(n-1)}(t) + \cdots + a_1 y^{(1)}(t) + a_0 y(t) \\ &= b_m u^{(m)}(t) + b_{m-1}u^{(m-1)}(t) + \cdots + b_1 u^{(1)}(t) + b_0 u(t) \end{aligned} \tag{5.23}$$

其中，$(\cdot)^{(k)}$ 代表变量对时间 t 的 k 阶导数，a_i 和 b_j 均为常系数。根据传递函数的定义，可以对以上一般情况写出如下的传递函数：

$$G(s) = \frac{Y(s)}{U(s)} = \frac{b_m s^m + b_{m-1}s^{m-1} + \cdots + b_1 s + b_0}{s^n + a_{n-1}s^{n-1} + \cdots + a_1 s + a_0} \tag{5.24}$$

可以看到，以上一般情况的传递函数的分子和分母为两个复变量 s 的多项式，其中分子为 m 阶多项式 $N(s) = b_m s^m + b_{m-1}s^{m-1} + \cdots + b_1 s + b_0$，分母为 n 阶多项式 $D(s) = s^n + a_{n-1}s^{n-1} + \cdots + a_1 s + a_0$。分子多项式 $N(s)$ 的根（复数域内使多项式的值等于零的变量值）称为传递函数的"零点"，分母多项式 $D(s)$ 的根称为传递函数的"极点"。图5.6展示了传递函数 $G(s) = \dfrac{s^2 - 25}{s^4 - 2s^3 - 120s^2}$ 在实数轴上的取值及其零点（差号）和极点(竖线) 的位置。

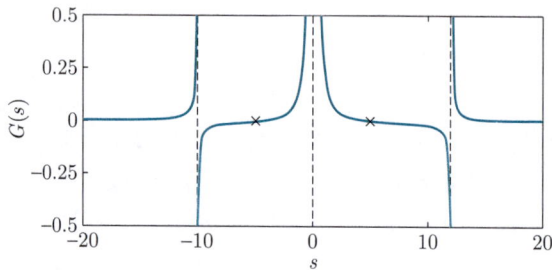

图 5.6   传递函数 $G(s) = \dfrac{s^2 - 25}{s^4 - 2s^3 - 120s^2}$ 及其零点和极点位置

现在，我们可以用传递函数来表达一个系统或模块的输入-输出关系。比如，假设如图5.1所示系统的各个组成部分均为单输入单输出、线性且时不变。那么，我们可以以传递函数的方式来表达并指代各个组成部分，如图5.7所示。其中，$G_{\mathrm{c}}(s)$ 代表了控制器（包括执行器）的传递函数，$G_{\mathrm{p}}(s)$ 代表了被控对象的传递函数（假设没有干扰），$H(s)$ 代表了传感器的传递函数，以及 $r(t)$、$e(t)$、$u(t)$ 和 $y(t)$ 分别代表参考输入、误差、控制量和系统输出。根据传递函数的定义，可以得到以下几个关系式：

$$E(s) = R(s) - H(s)Y(s) \tag{5.25}$$

$$U(s) = G_{\mathrm{c}}(s)E(s) \tag{5.26}$$

$$Y(s) = G_{\mathrm{p}}(s)U(s) \tag{5.27}$$

其中，$R(s)$、$E(s)$、$U(s)$ 和 $Y(s)$ 分别代表 $r(t)$、$e(t)$、$u(t)$ 和 $y(t)$ 的拉普拉斯变换。结合以上关系式，我们可以得到从参考输入 $R(s)$ 到系统输出 $Y(s)$ 的传递函数，称为"闭环传递函数"，如下：

$$M(s) = \frac{Y(s)}{R(s)} = \frac{G_{\mathrm{p}}(s)G_{\mathrm{c}}(s)E(s)}{E(s) + H(s)G_{\mathrm{p}}(s)G_{\mathrm{c}}(s)E(s)} = \frac{G_{\mathrm{c}}(s)G_{\mathrm{p}}(s)}{1 + G_{\mathrm{c}}(s)G_{\mathrm{p}}(s)H(s)} \tag{5.28}$$

通常，传感器的传递函数 $H(s)$ 可以近似为 1，则闭环传递函数的表达式可以简化为

$$M(s) = \frac{Y(s)}{R(s)} = \frac{G_{\mathrm{c}}(s)G_{\mathrm{p}}(s)}{1 + G_{\mathrm{c}}(s)G_{\mathrm{p}}(s)} \tag{5.29}$$

如前所述，传递函数是一种使我们能够简便而可靠地对系统进行分析的工具。下面介绍如何通过传递函数分析系统的稳定性。

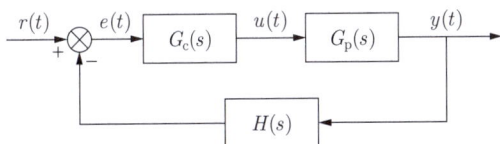

图 5.7　典型控制系统的传递函数表示

定理 5.1　基于传递函数的稳定性判据

如果一个单输入单输出线性时不变系统的传递函数的所有极点（即分母多项式的所有根）都位于复平面的左半平面（不包含虚轴），那么该系统具有渐近稳定性。

在上述稳定性判据中，"位于复平面的左半平面"也就是该复数的实部为负。根据该判据，系统的稳定性可以通过求解其传递函数的分母多项式等于 0 这个多项式方程来得到判断，因此该多项式方程也称为系统的"特征方程"。

现在回到滑块的例子：比例控制下闭环系统传递函数 (见式(5.20)) 有两个极点，分别为 $s_1 = \sqrt{K_{\mathrm{p}}}\mathrm{i}$ 和 $s_2 = -\sqrt{K_{\mathrm{p}}}\mathrm{i}$。这两个极点的实部为 0，落在虚轴上，不位于复平面的左半平面。根据定理5.1的稳定性判据，该闭环系统不具有渐近稳定性。这和我们通过求解微分方程(5.3)得到的结论一致。在比例-微分控制下，闭环系统传递函数 (见式(5.22)) 的两个极点为 $s_1 = \dfrac{-K_{\mathrm{d}} + \sqrt{\Delta}}{2}$ 和 $s_2 = \dfrac{-K_{\mathrm{d}} - \sqrt{\Delta}}{2}$，其中，$\Delta = K_{\mathrm{d}}^2 - 4K_{\mathrm{p}}$。当 $K_{\mathrm{d}}^2 \geqslant 4K_{\mathrm{p}}$，$0 \leqslant \Delta \leqslant K_{\mathrm{d}}^2$ 时，s_1 和 s_2 为两个负实数；当 $K_{\mathrm{d}}^2 < 4K_{\mathrm{p}}$，$\Delta < 0$ 时，s_1 和 s_2 为两个实部为负的复数——在所有情况下，s_1 和 s_2 均位于复平面的左半平面。根据稳定性判据，该闭环系统具有渐近稳定性。这也和我们通过求解微分方程(5.6)得到的结论一致。

通过以上分析过程可以发现，求解传递函数的极点，也就是求解一个代数多项式的根，比求解一个微分方程要简单许多。同时，根据极点位置得到的稳定性结论和根据微分方程解得到的稳定性结论一致。因此，传递函数是一种简便而可靠地分析系统稳定性的工具。

3. PID 控制

在以上的例子和分析中，我们还没有考虑干扰的影响。现在假设在上面的例子中，还有另一个力 $F_w(t)$ 沿水平方向作用在滑块上（如图5.8所示）。此时描述滑块运动的微分方程变为

$$\ddot{x}(t) = F(t) + F_w(t) \tag{5.30}$$

比如，$F_w(t)$ 可能是由于风力造成的。此时，我们只能控制 $F(t)$ 但对 $F_w(t)$ 无法进行控制。在这种情况下，$F_w(t)$ 即为干扰。在现实世界中，干扰是无处不在的。

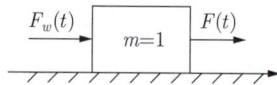

图 5.8   受扰动的滑块示意图

现在，假设仍然用比例-微分控制 $F(t)$，也就是 $F(t) = K_p(x_{target} - x(t)) - K_d\dot{x}(t)$，则闭环微分方程为

$$\ddot{x}(t) + K_d\dot{x}(t) + K_px(t) = K_px_{target} + F_w(t) \tag{5.31}$$

进一步假设 $F_w(t)$ 是一个未知大小的恒定力，也就是 $F_w(t) = c$，c 是一个未知非零常数。此时，通过求解微分方程或数值仿真，可以发现 $x(t)$ 不再能够收敛到 x_{target}，而是收敛到一个与 x_{target} 存在一定偏差的稳态（如图5.9所示）。通过更具体的分析可以得出稳态偏差的大小为

$$e_{ss} = -\frac{c}{K_p} \tag{5.32}$$

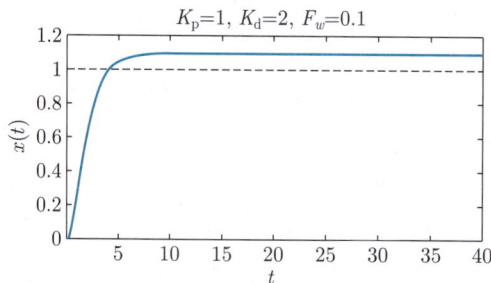

图 5.9   滑块在比例-微分控制和常数干扰下的运动轨迹

这个例子向我们展示了干扰对控制效果的影响。如果干扰的大小可以被测量，也就是知道常数 c 的值，那么我们只需要修改控制律为 $F(t) = K_p(x_{target} - x(t)) - K_d\dot{x}(t) - c$，

就可以对干扰 $F_w(t) = c$ 进行补偿消除其影响。但是，在很多情况下是无法直接测量干扰的大小的。那么我们自然想知道，是否有一种控制方法，能够在不对干扰进行测量的情况下也可以抑制或消除干扰的影响。

现在考虑使用如下的控制策略：

$$F(t) = K_{\mathrm{p}}e(t) + K_{\mathrm{i}}\int_0^t e(\tau)\,\mathrm{d}\tau + K_{\mathrm{d}}\dot{e}(t) \tag{5.33}$$

其中，$e(t)$ 仍然代表偏差 $x_{\mathrm{target}} - x(t)$，$K_{\mathrm{p}}$、$K_{\mathrm{i}}$ 和 K_{d} 均为正的常数。可以看到，这个控制策略的第一项和第三项与比例-微分控制的对应项相同，而新出现的第二项正比于 $e(t)$ 在时间上的积分。因此，这个控制策略称为"比例-积分-微分控制"（proportional-integral-derivative control）或 PID 控制，其中积分项的系数 K_{i} 称为"积分增益"。作为练习，我们可以写出 PID 控制器的传递函数：

$$G_{\mathrm{pid}}(s) = \frac{U(s)}{E(s)} = K_{\mathrm{p}} + \frac{K_{\mathrm{i}}}{s} + K_{\mathrm{d}}s \tag{5.34}$$

其中，$U(s)$ 代表控制器输出 $u(t) = F(t)$ 的拉普拉斯变换。

现在，把如式(5.34)所示的 PID 控制律代入式(5.30)并仍然假设干扰力 $F_w(t)$ 为常数 c，可得到以下闭环系统：

$$\ddot{x}(t) + K_{\mathrm{d}}\dot{x}(t) + K_{\mathrm{p}}x(t) + K_{\mathrm{i}}\int_0^t x(\tau)\,\mathrm{d}\tau = (K_{\mathrm{p}} + K_{\mathrm{i}}t)x_{\mathrm{target}} + c \tag{5.35}$$

求解或仿真该方程，我们发现 $x(t)$ 重新随 t 增加收敛到了 x_{target}（如图5.10所示）。

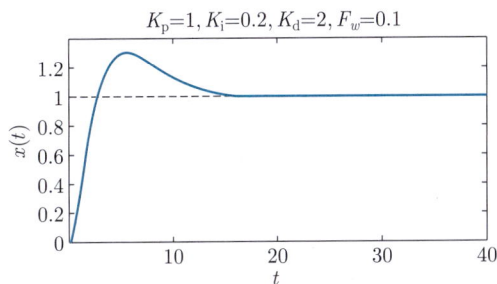

图 5.10　滑块在 PID 控制和常数干扰下的运动轨迹

在这个例子中可以看到，PID 控制在不知道也不测量干扰 $F_w(t) = c$ 大小的情况下消除了干扰的影响。总的来说，积分控制可以用于抑制或消除未知（近似）常数或缓慢变化干扰的影响。

图5.11展示了一个典型的稳定的闭环系统在阶跃参考信号输入下的响应曲线。对于该响应过程有如下几个重要的评价指标。

(1) 上升时间：系统响应从稳态值的 10% 上升 90% 所需的时间，反映了系统对输入信号的快速响应能力。

(2) 调节时间：系统从开始响应至到达并保持在稳态值的 ±5% 误差范围以内所需的时间，反映了系统的收敛速度。

(3) 超调量：系统响应超出稳态值之上的最大偏差量，可衡量系统响应过程中的振荡程度。在一些应用中（如定位控制），过大的超调量可能导致不安全。

(4) 稳态误差：系统输出在收敛到稳态后与参考值之间的误差，反映了系统在稳态时跟随输入信号的能力，通常希望稳态误差越小越好。

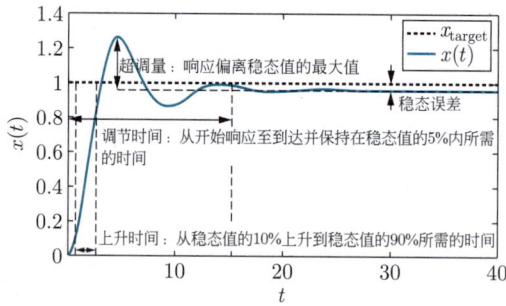

图 5.11   系统响应示意图

表5.1总结了 PID 增益变化对系统响应的几个指标的影响趋势，可作为参考指导 PID 控制增益值的设计与调节。

表 5.1   PID 增益变化对系统响应的影响

参数值增大	上 升 时 间	超 调 量	调 节 时 间	稳 态 误 差
K_p	减小	增大	影响不大	减小
K_i	减小	增大	增大	消除
K_d	影响不大	减小	减小	无影响

5.2.2   全状态反馈控制

5.2.1 节介绍了 PID 控制及基于传递函数对系统稳定性进行分析的方法。尽管 PID 控制在很多应用中都能取得令人满意的控制效果，并因此成为工业界最广泛使用的控制方法之一，但它的能力仍然受限于其结构（只利用了误差、其积分及一阶导数）。例如，对于一些较复杂的系统（如 $G_p(s) = \dfrac{1}{s^2(s^2 + 4)}$），使用 PID 控制不足以使闭环系统（$M(s) = \dfrac{G_c(s)G_p(s)}{1 + G_c(s)G_p(s)}$）稳定。另外，PID 控制及基于传递函数的分析方法比较适用于单输入单输出的系统，对于多输入多输出系统效果不佳。因此，本节介绍另一种控制方法——全状态反馈控制——并介绍其对应的基于状态空间模型的分析方法。

1. 状态空间模型

让我们回到滑块的例子：描述滑块运动的微分方程为

$$\ddot{y}(t) = u(t) \tag{5.36}$$

其中，$u(t)$ 代表水平力，是系统的控制输入；$y(t)$ 代表滑块的位置，是系统的输出。这是一个二阶微分方程。

现在，定义下面两个新的变量：

$$x_1(t) = y(t), \quad x_2(t) = \dot{y}(t) \tag{5.37}$$

对这两个变量求导，根据定义及式(5.36)，可以得到下面两个微分方程：

$$\begin{cases} \dot{x}_1(t) = \dot{y}(t) = x_2(t) \\ \dot{x}_2(t) = \ddot{y}(t) = u(t) \end{cases} \tag{5.38}$$

可以看到，通过引入新的变量，我们得到了两个一阶微分方程，并且它们的组合能够表达原二阶系统（由二阶微分方程表示的系统，见式(5.36)）。这两个新的变量 $x_1(t)$ 和 $x_2(t)$ 称为系统的"状态量"。现在将这两个状态量作为向量的元素构成一个向量 $\boldsymbol{x}(t)$：

$$\boldsymbol{x}(t) = \begin{bmatrix} x_1(t) \\ x_2(t) \end{bmatrix} \tag{5.39}$$

对该向量求导得到式(5.38)的向量化表达：

$$\dot{\boldsymbol{x}}(t) = \begin{bmatrix} \dot{x}_1(t) \\ \dot{x}_2(t) \end{bmatrix} = \begin{bmatrix} x_2(t) \\ u(t) \end{bmatrix} = \begin{bmatrix} 0 & 1 \\ 0 & 0 \end{bmatrix} \boldsymbol{x}(t) + \begin{bmatrix} 0 \\ 1 \end{bmatrix} u(t) \tag{5.40}$$

向量 $\boldsymbol{x}(t)$ 称为系统的"状态向量"或简称为系统的"状态"，$\boldsymbol{x}(t)$ 取值的空间（在这个例子中为二维实数空间 $\mathbb{R}^2$）称为系统的"状态空间"，式(5.40)中的向量微分方程称为系统的状态空间表达。

根据 $\boldsymbol{x}(t)$ 和 $x_1(t)$ 的定义，可以写出以下从系统状态到系统输出的关系式：

$$\boldsymbol{y}(t) = \begin{bmatrix} 1 & 0 \end{bmatrix} \boldsymbol{x}(t) \tag{5.41}$$

其中，$[1 \quad 0]$ 为一个行向量。

总的来说，一个线性时不变系统可以表达为如下状态空间下的标准形式：

$$\begin{cases} \dot{\boldsymbol{x}}(t) = \boldsymbol{A}\boldsymbol{x}(t) + \boldsymbol{B}\boldsymbol{u}(t) \\ \boldsymbol{y}(t) = \boldsymbol{C}\boldsymbol{x}(t) + \boldsymbol{D}\boldsymbol{u}(t) \end{cases} \tag{5.42}$$

其中，$\boldsymbol{A}$ 称为"系统矩阵"或"状态矩阵"，$\boldsymbol{B}$ 称为"输入矩阵"，$\boldsymbol{C}$ 称为"输出矩阵"，以及 $\boldsymbol{D}$ 称为"直接传递矩阵"，均为系统的参数。对于上面滑块的例子，我们有

$$A = \begin{bmatrix} 0 & 1 \\ 0 & 0 \end{bmatrix}, \quad B = \begin{bmatrix} 0 \\ 1 \end{bmatrix}, \quad C = \begin{bmatrix} 1 & 0 \end{bmatrix}, \quad D = 0 \tag{5.43}$$

对于如下的高阶系统：

$$y^{(n)}(t) + a_{n-1}y^{(n-1)}(t) + \cdots + a_1 y^{(1)}(t) + a_0 y(t) = b_0 u(t) \tag{5.44}$$

通过定义状态量

$$x_1(t) = y(t), \quad x_2(t) = y^{(1)}(t), \quad \cdots, \quad x_n(t) = y^{(n-1)}(t) \tag{5.45}$$

我们可以将系统表达为标准形式（见式(5.42)）并有

$$A = \begin{bmatrix} 0 & 1 & \cdots & 0 & 0 \\ 0 & 0 & \cdots & 0 & 0 \\ \vdots & \vdots & \ddots & \vdots & \vdots \\ 0 & 0 & \cdots & 0 & 1 \\ -a_0 & -a_1 & \cdots & -a_{n-2} & -a_{n-1} \end{bmatrix}, \quad B = \begin{bmatrix} 0 \\ 0 \\ \vdots \\ 0 \\ b_0 \end{bmatrix}, \quad C = \begin{bmatrix} 1 & 0 & \cdots & 0 & 0 \end{bmatrix}, \quad D = 0$$

$$\tag{5.46}$$

事实上，式(5.42)也可用于表示多输入多输出的系统。比如，$\boldsymbol{u}(t) = [u_1(t) \quad u_2(t) \quad \cdots \quad u_m(t)]^{\mathrm{T}}$，其中，$u_1(t), u_2(t), \cdots, u_m(t)$ 代表系统的 m 个输入；$\boldsymbol{y}(t) = [y_1(t) \quad y_2(t) \quad \cdots \quad y_p(t)]^{\mathrm{T}}$，其中，$y_1(t), y_2(t), \cdots, y_p(t)$ 代表系统的 p 个输出。系统的状态量 $x_1(t), x_2(t), \cdots, x_n(t)$ 可能是也可能不是输出量本身及其一阶到高阶导数。总的来说，式(5.42)中的各个变量和参数及它们的取值空间可写为 $\boldsymbol{x}(t) \in \mathbb{R}^n, \boldsymbol{u}(t) \in \mathbb{R}^m, \boldsymbol{y}(t) \in \mathbb{R}^p, \boldsymbol{A} \in \mathbb{R}^{n \times n}, \boldsymbol{B} \in \mathbb{R}^{n \times m}, \boldsymbol{C} \in \mathbb{R}^{p \times n}$ 及 $\boldsymbol{D} \in \mathbb{R}^{p \times m}$，其中的维度值 n、m 和 p 取决于具体系统。

案例 5.1 航天器姿态动力学系统

在小角度扰动下，航天器姿态动力学可由以下线性模型近似表示，用于控制系统设计和稳定性分析：

$$\begin{cases} \dot{\boldsymbol{x}}(t) = \boldsymbol{A}\boldsymbol{x}(t) + \boldsymbol{B}\boldsymbol{u}(t) \\ \boldsymbol{y}(t) = \boldsymbol{C}\boldsymbol{x}(t) \end{cases}$$

其中，$\boldsymbol{x}(t) \in \mathbb{R}^6$，前 3 个状态量 $\phi(t)$、$\theta(t)$、$\psi(t)$ 代表航天器机体坐标系相对于惯性坐标系的欧拉横滚角、俯仰角、偏航角（如图5.12所示），后 3 个状态量 $\omega_1(t)$、$\omega_2(t)$、$\omega_3(t)$ 代表 3 个方向的角速度；$u(t) \in \mathbb{R}^3$，3 个输入量代表 3 个方向的控制力矩，通常由姿态控制装置（如陀螺、反作用飞轮等）提供；$y(t) \in \mathbb{R}^3$，以 3 个欧拉角作为输出量。模型的参数为

$$A = \begin{bmatrix} \mathbf{0}_{3 \times 3} & \boldsymbol{I}_{3 \times 3} \\ \mathbf{0}_{3 \times 3} & -\boldsymbol{J}^{-1}\boldsymbol{C} \end{bmatrix}, \quad B = \begin{bmatrix} \mathbf{0}_{3 \times 3} \\ \boldsymbol{J}^{-1} \end{bmatrix}, \quad C = \begin{bmatrix} \boldsymbol{I}_{3 \times 3} & \mathbf{0}_{3 \times 3} \end{bmatrix}$$

其中，$\mathbf{0}_{3 \times 3}$ 表示 3×3 元素均为 0 的矩阵，$\boldsymbol{I}_{3 \times 3}$ 表示 3×3 的单位矩阵，$\boldsymbol{J} \in \mathbb{R}^{3 \times 3}$ 表示航

天器关于质心的惯性矩阵，$C \in \mathbb{R}^{3\times 3}$ 表示角速度的耦合效应（陀螺效应），通常可忽略设为 $\mathbf{0}_{3\times 3}$。显然，这是一个由状态空间模型表示的多输入多输出系统。

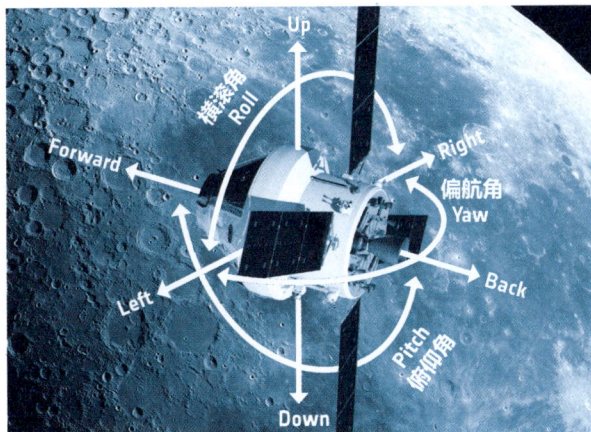

图 5.12　航天器姿态欧拉角表示

如果允许式(5.42)中的参数矩阵 A、B、C 和 D 随时间变化（也就是可以将它们表示成时间 t 的函数），那么状态空间模型也可用于表示时变系统。如果我们进一步允许式(5.42)的等式右侧可以为任意关于状态 $x(t)$ 和输入 $u(t)$ 的函数（也就是说，不一定为线性函数），那么状态空间模型也可用于表示非线性系统。

2. 全状态反馈控制

全状态反馈控制（full-state feedback control）是一种利用系统所有状态量作为反馈信息来决定控制输入的控制方法。对于线性系统，通常考虑线性反馈控制律：

$$u(t) = -Kx(t) + v(t) \tag{5.47}$$

其中，$K \in \mathbb{R}^{m\times n}$ 称为"反馈增益矩阵"，$v(t) \in \mathbb{R}^m$ 是一个由参考输入 $r(t)$ 决定的开环信号（当参考输入为常数时 $v(t)$ 也为常数）。

将式(5.47)代入式(5.42)，可以得到如下的闭环系统状态方程：

$$\dot{x}(t) = \underbrace{(A - BK)}_{\triangleq A_c}x(t) + Bv(t) \tag{5.48}$$

其中，$A_c \triangleq A - BK$ 通常称为"闭环系统矩阵"。对于以上由状态空间模型表示的线性时不变闭环系统，我们可以使用下面的定理来分析它的稳定性。

定理 5.2　基于状态空间模型的稳定性判据

对于一个以状态空间模型表示的线性时不变系统，如果其系统矩阵的所有特征值都位于复平面的左半平面（不包含虚轴），那么该系统具有渐近稳定性。

对于一个 $n \times n$ 的方阵 A，可通过求解下面方程的根来计算它的特征值：

$$\det(\boldsymbol{A} - \lambda \boldsymbol{I}_{n \times n}) = 0 \qquad\qquad (5.49)$$

其中，λ 为方程的变量，$\boldsymbol{I}_{n \times n}$ 表示 $n \times n$ 的单位矩阵，$\det(\cdot)$ 表示矩阵 $(\cdot)$ 的行列式。根据行列式的公式对方程等式左侧进行展开可得到一个变量 λ 的多项式，因此该方程是一个多项式方程，称为矩阵 $\boldsymbol{A}$ 的"特征方程"。

当开环系统的参数 $\boldsymbol{A}$ 和 $\boldsymbol{B}$ 矩阵均给定，在设计全状态反馈控制律（见式(5.47)）时，为了使闭环系统具有渐近稳定性，根据定理5.2的稳定性判据，应选取反馈增益矩阵 $\boldsymbol{K}$ 使得闭环系统矩阵 $\boldsymbol{A}_{\mathrm{c}} \triangleq \boldsymbol{A} - \boldsymbol{B}\boldsymbol{K}$ 的所有特征值均位于复平面的左半平面。基于这个原则，通常可以采用下面的两种方法来设计全状态反馈控制的增益矩阵 $\boldsymbol{K}$：

(1) 极点配置法（pole placement）。

极点配置法是通过将闭环系统矩阵 $\boldsymbol{A}_{\mathrm{c}} \triangleq \boldsymbol{A} - \boldsymbol{B}\boldsymbol{K}$ 的特征值（极点）配置到指定位置来设计 $\boldsymbol{K}$，主要步骤为：

① 确定开环系统矩阵 $\boldsymbol{A}$ 和输入矩阵 $\boldsymbol{B}$；

② 指定期望的闭环极点位置；

③ 使用配置算法计算反馈增益矩阵 $\boldsymbol{K}$。例如，在 MATLAB 中可以使用 place( ) 函数实现：

$$K = place(A, B, desired\_poles)$$

其中，`desired_poles` 是一个包含 n 个元素的向量，每个元素对应一个期望的闭环极点位置。

一个与极点配置密切相关的问题是，对于给定开环矩阵 $\boldsymbol{A}$ 和 $\boldsymbol{B}$，我们是否可以通过设计增益矩阵 $\boldsymbol{K}$ 任意地配置闭环矩阵 $\boldsymbol{A}_{\mathrm{c}} = \boldsymbol{A} - \boldsymbol{B}\boldsymbol{K}$ 的极点？对于这个问题，首先，根据代数基本定理，闭环矩阵 $\boldsymbol{A}_{\mathrm{c}}$ 的任何非实复数极点都成共轭对出现。也就是说，如果我们期望 $\boldsymbol{A}_{\mathrm{c}}$ 的一个极点位于 $\sigma + \mathrm{i}\omega$，则必须将 $\sigma + \mathrm{i}\omega$ 和 $\sigma - \mathrm{i}\omega$ 均指定为期望的闭环极点位置。在这一前提下，是否可以任意地配置 $\boldsymbol{A}_{\mathrm{c}}$ 的极点位置取决于给定 $(\boldsymbol{A}, \boldsymbol{B})$ 组合的一个重要性质称为"可控性"（controllability）。具体而言，当 $(\boldsymbol{A}, \boldsymbol{B})$ 可控（controllable）时，可以通过选择适当的 $\boldsymbol{K}$ 来任意配置闭环矩阵 $\boldsymbol{A}_{\mathrm{c}} = \boldsymbol{A} - \boldsymbol{B}\boldsymbol{K}$ 的极点，这一结论称为"极点配置定理"。可控性可通过构造可控矩阵 $\mathcal{C} = [\boldsymbol{B} \quad \boldsymbol{A}\boldsymbol{B} \quad \cdots \quad \boldsymbol{A}^{n-1}\boldsymbol{B}]$ 来检验——当 $\mathcal{C}$ 具有满秩，则 $(\boldsymbol{A}, \boldsymbol{B})$ 可控。可控性通常是设计闭环控制的基本前提。

(2) 线性二次调节器（LQR）。

LQR 方法是基于优化的全状态反馈控制设计方法，通过优化一个性能指标函数来计算反馈增益矩阵 $\boldsymbol{K}$，具体的设计方法将在下面介绍。

5.3 优化与自适应智能控制

在控制系统的设计和运行中，优化与自适应是两种不可或缺的理念和能力。优化聚焦于在资源、时间等限制条件下，追求系统性能的最优；自适应则强调在系统参数不确定和环境变化的情况下，自动调整控制策略以保持稳定和高效。两者的结合使控制系统能够在不确定的动态环境中既高效运行又具有灵活性，对于自主智能的实现具有重要意义。

5.3.1　优化控制与滚动优化

1. 优化控制

优化控制也称为"最优控制"（optimal control），是一种通过优化目标函数来设计控制策略的方法，其核心思想是在系统约束条件下使性能指标（如误差、能耗、时间等）达到最优。具体来说，优化控制有如下 3 个作用。

(1) 实现多目标权衡下的性能最优：可权衡的目标包括任务完成的精度、能耗、时间等。

(2) 增强系统的稳定性和鲁棒性：通过优化设计，可有效避免控制输入过于激烈或系统输出显著偏离目标。

(3) 简化控制系统的设计：优化控制通过明确的数学形式和优化算法为控制系统提供了一种简单而高效的设计方法。

优化控制的目标通常在数学上表达为最小化（或最大化）一个性能指标函数 J，通常表示为以下积分形式：

$$J = \int_{t_0}^{t_f} L(x(t), u(t))\,\mathrm{d}t + \Phi(x(t_f)) \tag{5.50}$$

其中，$L(x(t), u(t))$ 是运行成本函数，希望降低它在时间上的积分；$\Phi(x(t_f))$ 是终端成本函数，通常通过它衡量并减小系统终端状态和目标状态的偏差；时间 t_0 和 t_f 分别代表控制任务的开始和结束时刻，时间段 $[t_0, t_f]$ 常称为"预测时域"。对于一些没有固定或预先制定结束时刻的控制任务，t_f 可以作为变量和控制量一起优化。对于一些需要持续进行，没有结束时刻的控制任务，t_f 可以设为正无穷 ∞，此时将不设置终端成本 $\Phi(x(t_f))$。

求解优化控制需要对系统的行为也就是控制输入 $u(t)$ 到系统状态 $x(t)$ 演化的传递关系进行预测，通常通过一个系统的状态空间模型计算这种预测，可表达为 $\dot{x}(t) = f(x(t), u(t))$。在系统运行过程中，可能希望严格满足一些约束条件，包括控制约束 $u(t) \in U$（可用于表达执行器的能力上限，如 $u_{min} \leqslant u(t) \leqslant u_{max}$）、状态约束 $x(t) \in X$（可用于表达一些安全条件，如自动驾驶的避障要求）及终端状态约束 $x(t_f) \in X_f$（可用于表达控制任务完成的判断条件或精度目标）。大多数优化控制问题的最优解取决于系统在 t_0 时刻的状态，称为"初始条件"并记为 x_0。因此，一个优化控制问题通常可以表述为如下标准形式（称为"Bolza 型"）：

$$\min \quad J = \int_{t_0}^{t_f} L(x(t), u(t))\,\mathrm{d}t + \Phi(x(t_f)) \tag{5.51a}$$

$$\text{subject to} \quad \dot{x}(t) = f(x(t), u(t)), \quad x(t_0) = x_0 \tag{5.51b}$$

$$u(t) \in U, \quad x(t) \in X, \quad x(t_f) \in X_f \tag{5.51c}$$

优化控制问题的求解方法主要有如下 3 种。

(1) 直接法：将问题离散化后求解非线性规划问题。

(2) 间接法：利用变分法或极值原理（Pontryagin 极大值原理）导出最优解的必要条件后求解[8]。

(3) 动态规划法：基于贝尔曼方程进行求解[1]。

线性二次调节器（Linear Quadratic Regulator，LQR）是一种经典的优化控制方法，可用于对线性系统的二次型性能指标进行优化。LQR 旨在通过设计最优控制，使系统在平衡状态偏差和控制代价的基础上实现最优。

具体来说，LQR 的目标是最小化以下二次型目标函数：

$$J = \int_0^\infty \left(\boldsymbol{x}(t)^{\mathrm{T}} \boldsymbol{Q} \boldsymbol{x}(t) + \boldsymbol{u}(t)^{\mathrm{T}} \boldsymbol{R} \boldsymbol{u}(t) \right) \mathrm{d}t \tag{5.52}$$

其中，$\boldsymbol{x}(t)$ 表示系统状态与期望稳定点（设为零点）之间的偏差；$\boldsymbol{u}(t)$ 表示控制输入；$\boldsymbol{Q}$ 为状态权重矩阵，用于权衡状态偏差；$\boldsymbol{R}$ 为控制权重矩阵，用于权衡控制能量或力度。

最小化以上二次型目标函数的最优控制律为

$$\boldsymbol{u}(t) = -\boldsymbol{K}_{\mathrm{lqr}} \boldsymbol{x}(t) \tag{5.53}$$

其中，增益矩阵 $\boldsymbol{K}_{\mathrm{lqr}}$ 可以通过求解下面的"代数 Riccati 方程"计算得到：

$$\boldsymbol{A}^{\mathrm{T}} \boldsymbol{P} + \boldsymbol{P} \boldsymbol{A} - \boldsymbol{P} \boldsymbol{B} \boldsymbol{R}^{-1} \boldsymbol{B}^{\mathrm{T}} \boldsymbol{P} + \boldsymbol{Q} = 0, \quad \boldsymbol{K}_{\mathrm{lqr}} = \boldsymbol{R}^{-1} \boldsymbol{B}^{\mathrm{T}} \boldsymbol{P} \tag{5.54}$$

在 MATLAB 中可以使用 lqr( ) 函数求解以上方程得到增益矩阵：

```
K_lqr = lqr(A, B, Q, R)
```

LQR 方法将设计增益矩阵 $\boldsymbol{K}$ 的过程转化为了设计目标函数参数 $\boldsymbol{Q}$ 和 $\boldsymbol{R}$ 的过程，而后者的设计更为直观：若想提高某个状态量的收敛速度，只需提高该状态量对应的惩罚权重；若想降低控制力度，只需"增大"控制权重 $\boldsymbol{R}$。因此，优化控制提供了一种简单而高效的反馈控制设计方法。

需要注意的是，对绝大多数表述为 Bolza 标准形式（见式(5.51)）的优化控制问题我们都无法找到如 LQR 方法中的解析解。比如，当系统模型 $\dot{x}(t) = f(x(t), u(t))$ 不是线性、系统模型是线性但是目标函数不是二次型、系统模型是线性且目标函数是二次型但存在控制或状态约束，在以上任何一种情况下我们都无法找到解析解。因此，优化控制问题通常使用计算机通过数值方法来（近似）求解。求解优化控制问题的数值工具或软件通常称为"求解器"（solver）。

2. 滚动优化控制

前面提到，优化控制依赖于通过一个模型对系统从当前状态到未来行为进行预测。然而，模型和实际系统之间通常存在误差，误差可能来源于模型中未包含的系统动力学细节、模型参数的误差以及外部扰动对实际系统的影响等。由于误差的存在，模型对系统行为预测的准确度随着预测时长逐渐降低。同时，优化控制问题的数值解通常为开环控制信号的形式（比如通过直接法或基于极值原理的间接法得到的数值解），这样的开环信号无法对误差进行响应和补偿，导致控制效果降低。

滚动优化控制（Rolling-Horizon Optimal Control，RHOC）又称为模型预测控制（Model Predictive Control，MPC），是优化控制的一种动态实现方法。其核心思想是周期性地求解一个以系统当前状态为初始条件的优化控制问题（也就是把系统的当前状态设为式(5.51)中的 x_0），得到最优控制信号的解之后，将解的第一部分作用于实际系统，然后随着系统状态的更新以一个时域向前滚动的形式重新预测和优化下一步的控制和行为。滚动优化控制的关键步骤和流程如图5.13所示，算法5.1以伪代码形式详细描述了其具体实现过程。

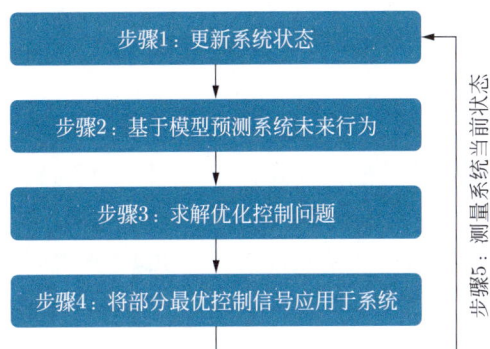

图 5.13 滚动优化控制的关键步骤和流程

算法 5.1 滚动优化控制

1: 设置优化控制的参数（包括预测时域长度 $T_p = t_f - t_0$、目标函数(5.51a)、系统模型(5.51b)、约束条件(5.51c)）和滚动优化的周期 ΔT；
2: **while** 控制任务尚未完成 **do**
3:     将系统的当前状态 $x(t_0)$ 设为优化控制问题的初始条件 x_0，t_0 表示当前时刻；
4:     数值求解优化控制问题(5.51)；
5:     **if** 求解器找到了问题(5.51)的可行（近似）最优解，记为 $u^*(t)$ $t \in [t_0, t_f]$ **then**
6:         将最优控制解的一部分，$u^*(t)$ $t \in [t_0, t_0 + \Delta T]$，作用于实际系统；
7:     **else** 使用备用控制律控制实际系统；
8:     **end if**
9:     在 ΔT 时长后采样测量系统在控制作用后达到的最新状态 $x(t_0 + \Delta T)$；
10:     将 t_0 更新为 $t_0 + \Delta T$；
11: **end while**

滚动优化控制结合了优化控制与反馈控制的优势。与其他控制方法相比，滚动优化控制继承了优化控制在多目标权衡优化和显式处理约束等方面的能力，具有高度的灵活性。与传统优化控制相比，滚动优化控制通过周期性测量系统的当前状态并将其更新到动态求解的优化控制问题当中，从而获得反馈信息，形成闭环反馈控制，因此可实现对误差的补偿与修正，显著提升了控制的鲁棒性。正因如此，滚动优化控制已成为智能控制领域的关键技术，广泛应用于工业过程控制、自动驾驶和能源管理等领域。

值得注意的是，滚动优化控制已逐渐发展为一个高度灵活的框架，其用于预测系统行为的模型不局限于传统的机理导出的状态空间模型，数据驱动模型、神经网络模型等新型预测方法均可以无缝融入滚动优化控制框架，从而进一步扩展了其应用范围和适应性。然而，滚动优化控制需要周期性地在线实时求解优化控制问题，这对算力提出了较高的要求，尤其是在复杂系统或快速控制场景中，可能成为实际应用的限制因素。

5.3.2　自适应控制

自适应控制（adaptive control）是针对系统参数不确定性或环境变化，动态调整控制策略的一种方法。其核心思想是通过实时调整控制器的参数，使系统在各种工况下都能保持预期性能。自适应控制的作用包括：

(1) 应对不确定性——面对未知环境、自身参数变化或外部扰动，能够实时调整策略以保持系统性能。

(2) 扩展系统能力——使系统能够在不同工况条件下自主调整，适应广泛的应用场景。

(3) 增强鲁棒性——提升系统对突发变化的快速响应能力。

系统信息反馈（包括控制效果的信息反馈）是实现自适应控制的核心要素，它为控制器提供了调整和优化所需的实时数据，使控制器能够根据当前的系统和环境状态以及控制目标的偏差进行动态调整，从而有效应对系统参数和环境的不确定性及变化。由此可见，自适应控制本质上是一个闭环反馈系统，依赖于实时反馈信息的连续流动和处理，形成"感知—调整—优化"的闭环机制。

自适应控制的策略可分为如下两种。

(1) 直接法——通过直接实时调整控制器的参数来实现自适应，过程中不显式估计不确定或变化的系统参数。

(2) 间接法——首先实时估计系统（或其模型）的参数，然后根据估计的参数值计算控制器的参数，从而实现自适应。

比例自适应控制（Proportional Adaptive Control，PAC）是一种简单且广泛使用的直接法自适应控制策略，其核心思想是通过实时调整比例增益，动态适应系统参数或外部环境的不确定性或变化，从而使系统输出稳定地跟踪参考信号。这种方法特别适用于一阶系统，具有实现简单、计算量低的特点。

考虑以下一阶被控系统：

$$\dot{y}(t) = ay(t) + bu(t) \tag{5.55}$$

其中，$y(t)$ 代表系统输出，$u(t)$ 代表控制量，a 和 b 为未知或随时间变化的系统参数。我们的目标是设计一个控制器使系统输出 $y(t)$ 能够准确地跟踪参考信号 $r(t)$，也就是使误差 $e(t) = r(t) - y(t)$ 收敛到 0。

比例自适应控制的核心是控制律：

$$u(t) = K_{\mathrm{p}}(t) \cdot e(t) \tag{5.56}$$

其中，$K_{\mathrm{p}}(t)$ 为实时调整的比例增益。为了使增益 $K_{\mathrm{p}}(t)$ 能够适应系统参数（a 和 b）及其变化，设计增益的动态更新规则为

$$\dot{K}_{\mathrm{p}}(t) = \gamma \cdot e(t) \cdot \dot{y}(t) \tag{5.57}$$

其中，$\dot{y}(t)$ 是输出的导数，$\gamma > 0$ 是学习率，影响控制参数更新的速度。通过该更新律，增益 $K_{\mathrm{p}}(t)$ 会根据误差 $e(t)$ 和输出的变化率 $\dot{y}(t)$ 动态调整，以改善跟踪性能。

通过进一步的分析可以得出：当参数 a、b 以及参考信号 $r(t)$ 均为常数（也就是参数和参考信号均停止变化），在更新律下增益 $K_{\mathrm{p}}(t)$ 将逐渐收敛到一个稳定值 K_{p}^*，且误差 $e(t)$ 将收敛到 0。

5.4　数据驱动的模型辨识

5.2节和5.3节介绍了如何利用模型——传递函数模型或状态空间模型——对系统性质进行分析并据此进行控制参数的设计与优化。因此，获取一个能够充分准确地描述系统输入输出关系的模型经常是控制系统开发的第一步和重要一步。对于相对简单的动力学过程（如滑块的例子），我们也许可以根据物理定律和适当的变换推导得到模型。但对于更复杂的系统（尤其是包含物理过程和数字处理过程的混合系统），通过推导得到其精确模型的难度显著增加甚至变得不可行。在很多应用中，对于一个给定的系统，即使模型的形式已知，其中也可能存在一些未知且难以直接测量的参数。此时，我们可以通过系统数据和辨识的方法估计模型和参数值。

5.4.1　典型辨识方法

5.2.1节介绍了传递函数模型。一个单输入单输出线性时不变系统的传递函数通常可以表示为

$$G(s) = \frac{Y(s)}{U(s)} = \frac{b_m s^m + b_{m-1} s^{m-1} + \cdots + b_1 s + b_0}{s^n + a_{n-1} s^{n-1} + \cdots + a_1 s + a_0} \tag{5.58}$$

其中，$U(s)$ 表示输入信号的拉普拉斯变换，$Y(s)$ 表示输出信号的拉普拉斯变换。

典型的传递函数模型的辨识方法有如下 4 种。

(1) 脉冲响应法：通过测量系统对单位脉冲输入的输出响应估计传递函数。单位脉冲输入，通常计作 $\delta(t)$，指的是在从 0 时刻开始的极短的时间内施加一个极大的输入，该输入在极短的施加时间上的积分为 1。单位脉冲输入的拉普拉斯变换为 1，也就是 $U(s) = \mathcal{L}\{\delta(t)\} = 1$。此时，在理论上传递函数就等于输出信号的拉普拉斯变换，即 $G(s) = \dfrac{Y(s)}{U(s)} = Y(s)$。

(2) 阶跃响应法：通过测量系统对阶跃输入的输出响应估计传递函数。阶跃输入也就是从开始施加时刻（通常计作 0 时刻）的常数输入。单位阶跃输入可以写为 $u(t) = \begin{cases} 0, & t < 0 \\ 1, & t \geqslant 0 \end{cases}$，它的拉普拉斯变换为 $U(s) = \dfrac{1}{s}$。

(3) 极点-零点匹配法：根据系统的输入-输出响应估计极点和零点，然后由极点和零点构造出传递函数。

(4) 最小二乘法（Least Squares，LS）：利用输入-输出数据建立线性方程组，通过最小化误差平方和估计传递函数参数。

5.2.2 节介绍了状态空间模型。一个线性时不变系统的状态空间模型通常可以表示为

$$\begin{cases} \dot{\boldsymbol{x}}(t) = \boldsymbol{A}\boldsymbol{x}(t) + \boldsymbol{B}\boldsymbol{u}(t) \\ \boldsymbol{y}(t) = \boldsymbol{C}\boldsymbol{x}(t) + \boldsymbol{D}\boldsymbol{u}(t) \end{cases} \tag{5.59}$$

其中，$\boldsymbol{u}(t)$、$\boldsymbol{x}(t)$ 和 $\boldsymbol{y}(t)$ 分别表示系统的输入向量、状态向量和输出向量，$\boldsymbol{A}$、$\boldsymbol{B}$、$\boldsymbol{C}$ 和 $\boldsymbol{D}$ 分别为系统的状态矩阵、输入矩阵、输出矩阵和直接传递矩阵。

典型的状态空间模型的辨识方法有如下 3 种。

(1) 最小二乘法：利用输入-状态-输出数据建立线性方程组，并通过最小二乘法估计状态空间矩阵。

(2) 子空间辨识法：通过奇异值分解（Singular Value Decomposition，SVD）直接从输入-输出数据提取状态空间矩阵。

(3) 最大似然估计：在已知或可估计扰动和噪声统计分布的前提下，基于概率模型，通过最大化观测数据的似然函数来估计状态空间模型的参数。

5.4.2　最小二乘法辨识

下面以最小二乘法为例介绍如何通过数据辨识得到一个系统的状态空间模型。首先，假设已经观测系统的运行过程，得到一个数据集 $\{\boldsymbol{x}(t_i), \boldsymbol{u}(t_i), \dot{\boldsymbol{x}}(t_i), \boldsymbol{y}(t_i)\}_{i=1}^{N}$，其中，$t_i$ 表示各个观测时刻，N 表示数据点的数目。系统状态的导数 $\dot{\boldsymbol{x}}(t_i)$ 可以通过对数据进行数值微分来估计，即 $\dot{\boldsymbol{x}}(t_i) \approx \dfrac{\boldsymbol{x}(t_i + \Delta t) - \boldsymbol{x}(t_i)}{\Delta t}$，$\Delta t$ 是一个较小的时间步长。我们的目标是找到一组矩阵 $(\boldsymbol{A}, \boldsymbol{B}, \boldsymbol{C}, \boldsymbol{D})$，使其对所有观测数据的拟合误差的平方和最小。具体来说，我们希望最小化以下误差函数：

$$J = \sum_{i=1}^{N} \left(\|\dot{\boldsymbol{x}}(t_i) - (\boldsymbol{A}\boldsymbol{x}(t_i) + \boldsymbol{B}\boldsymbol{u}(t_i))\|^2 + \|\boldsymbol{y}(t_i) - (\boldsymbol{C}\boldsymbol{x}(t_i) + \boldsymbol{D}\boldsymbol{u}(t_i))\|^2 \right) \tag{5.60}$$

构造以下回归方程：

$$\underbrace{\begin{bmatrix} A & B \\ C & D \end{bmatrix}}_{\Theta} \underbrace{\begin{bmatrix} x(t_1) & x(t_2) & \cdots & x(t_N) \\ u(t_1) & u(t_2) & \cdots & u(t_N) \end{bmatrix}}_{\Phi} = \underbrace{\begin{bmatrix} \dot{x}(t_1) & \dot{x}(t_2) & \cdots & \dot{x}(t_N) \\ y(t_1) & y(t_2) & \cdots & y(t_N) \end{bmatrix}}_{Z} \tag{5.61}$$

即 $\Theta\Phi = Z$，其中，Φ 和 Z 为数据矩阵，Θ 为待估计的参数矩阵。根据最小二乘法原理，可以得到最优解为

$$\Theta(\Phi\Phi^{\mathrm{T}}) = Z\Phi^{\mathrm{T}} \quad \Longrightarrow \quad \begin{bmatrix} \hat{A} & \hat{B} \\ \hat{C} & \hat{D} \end{bmatrix} = \hat{\Theta} = Z\Phi^{\mathrm{T}}(\Phi\Phi^{\mathrm{T}})^{-1} \tag{5.62}$$

值得注意的是，为保证辨识得到的模型能够准确且充分地描述系统，对系统的观测数据 $\{x(t_i), u(t_i), \dot{x}(t_i), y(t_i)\}_{i=1}^{N}$ 需要包含足够丰富的信息，通常指输入信号 $u(t)$ 要能激发系统的所有动态特征并表达在状态 $x(t)$ 和输出 $y(t)$ 的数据中——这一条件通常称为"充分激励"（sufficient excitation）。对于线性时不变系统，常用正弦扫频、白噪声、伪随机二值序列等信号作为激励输入。

最小二乘法还可用于在线辨识，即在系统运行过程中，利用实时观测数据递推更新系统模型，以逐步提高模型精度并适应动态变化。

假设在 t 时刻观测到新的数据点 $\{x(t), u(t), \dot{x}(t), y(t)\}$，则可根据以下公式递推更新系统模型：

$$\hat{\Theta}(t^+) = \hat{\Theta}(t^-) + \varepsilon(t)\gamma(t) \tag{5.63}$$

其中，$\hat{\Theta}(t^-) = \begin{bmatrix} \hat{A}(t^-) & \hat{B}(t^-) \\ \hat{C}(t^-) & \hat{D}(t^-) \end{bmatrix}$ 表示更新前的模型；$\hat{\Theta}(t^+) = \begin{bmatrix} \hat{A}(t^+) & \hat{B}(t^+) \\ \hat{C}(t^+) & \hat{D}(t^+) \end{bmatrix}$ 表示更新后的模型；$\varepsilon(t) = \begin{bmatrix} \dot{x}(t) \\ y(t) \end{bmatrix} - \hat{\Theta}(t^-) \begin{bmatrix} x(t) \\ u(t) \end{bmatrix}$ 表示更新前模型的预测误差；$\gamma(t)$ 表示一个修正向量，由下式递推更新：

$$\gamma(t) = \frac{\begin{bmatrix} x(t) \\ u(t) \end{bmatrix}^{\mathrm{T}} \Gamma(t)}{\begin{bmatrix} x(t) \\ u(t) \end{bmatrix}^{\mathrm{T}} \Gamma(t) \begin{bmatrix} x(t) \\ u(t) \end{bmatrix} + \lambda} \tag{5.64}$$

$$\Gamma(t^+) = \frac{1}{\lambda} \Gamma(t) \left(I - \begin{bmatrix} x(t) \\ u(t) \end{bmatrix} \gamma(t) \right) \tag{5.65}$$

其中，$\Gamma(t^+)$ 表示用于下一轮模型更新的 $\Gamma(t)$ 值（相应地，本轮更新所使用的 $\Gamma(t)$ 值是

由上一轮更新时计算得到的）；λ 是一个 $0 \sim 1$、通常接近 1 的常数，称为"遗忘系数"——当 $\lambda < 1$ 时，模型会逐渐遗忘旧数据，更侧重于拟合最新数据所反映的系统行为；当 $\lambda = 1$ 时，模型对旧数据和新数据赋予相同的权重。

算法5.2以伪代码形式描述了利用上述"递推最小二乘法"（Recursive Least Squares，RLS）在线更新系统模型的过程。

算法 5.2　在线模型辨识

1: 初始化模型参数 $\hat{\boldsymbol{\Theta}}(t) = \begin{bmatrix} \hat{A}(t) & \hat{B}(t) \\ \hat{C}(t) & \hat{D}(t) \end{bmatrix}$、修正向量参数 $\boldsymbol{\Gamma}(t)$（通常可初始化为 $\boldsymbol{\Gamma}(t) = \sigma \boldsymbol{I}$，其

  中，σ 为较小的正实数），选取遗忘系数 λ 和采样周期 ΔT；
2: **while** 系统保持运行 **do**
3: 　　测量系统的输入、状态和输出信号，采样得到数据点 $\{\boldsymbol{x}(t), \boldsymbol{u}(t), \dot{\boldsymbol{x}}(t), \boldsymbol{y}(t)\}$，其中，$\dot{\boldsymbol{x}}(t)$ 可通过数值微分估计；
4: 　　由式(5.63)和式(5.64)更新模型参数 $\hat{\boldsymbol{\Theta}}(t)$；
5: 　　由式(5.65)更新修正向量参数 $\boldsymbol{\Gamma}(t)$；
6: 　　在 ΔT 时长后重新采样；
7: **end while**

本节介绍了通过数据辨识系统模型的方法，其核心目的是利用模型分析系统性质并指导控制策略的设计与优化。值得注意的是，研究人员还提出了一些方法，可绕过模型辨识过程，直接从数据中获取具有一定稳定性和鲁棒性保证的控制策略，这类方法被称为"数据驱动控制"（data-driven control）。例如，第 4 章介绍的强化学习方法不仅可用于开发决策系统，也可用于从数据中学习并构建最优控制策略。由于数据驱动控制能够直接、便捷地获取控制策略，近年来在学术研究和工程应用中受到了广泛关注。

5.5　实训项目

5.5.1　实训项目 1：最优路径跟踪

1. 问题描述

设计控制器，使机器人从初始状态出发，沿预定路径运动，最小化轨迹偏差和控制输入的能耗。机器人的预定路径可以是由机器人的决策系统规划生成的期望路径。

假设机器人为两轮差速小车且其纵向速度恒定，则系统动态简化为横向控制问题。定义状态变量：

$$\boldsymbol{x}(t) = \begin{bmatrix} e(t) \\ \theta_{\mathrm{e}}(t) \end{bmatrix}$$

其中，$e(t)$ 表示机器人当前位置与目标路径的横向偏差，$\theta_e(t)$ 表示机器人当前方向与目标路径方向的角度误差（如图5.14所示）。系统动态的状态空间表达式为

$$\dot{\boldsymbol{x}}(t) = \begin{bmatrix} 0 & 1 \\ 0 & 0 \end{bmatrix} \boldsymbol{x}(t) + \begin{bmatrix} 0 \\ 1 \end{bmatrix} u(t)$$

其中，$u(t)$ 表示转向角，是控制输入。

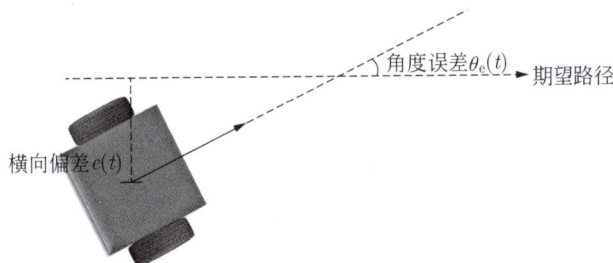

图 5.14　两轮差速小车跟踪期望路径

考虑优化性能指标

$$J = \int_0^\infty (e(t)^2 + \theta_e(t)^2 + 0.01u(t)^2)\mathrm{d}t$$

2. 控制器设计

通过 LQR 方法设计最优反馈控制律。

3. 仿真分析

考虑初始状态：$\boldsymbol{x}(0) = [0.5\ \ 0.2]^\mathrm{T}$，即机器人初始偏离目标路径 0.5m，方向偏差为 0.2rad。

通过仿真观察路径跟踪结果并绘制图示：

(1) 状态随时间变化：横向偏差 $e(t)$ 和角度误差 $\theta_e(t)$ 随时间逐渐减小。

(2) 控制输入随时间变化：控制输入 $u(t)$ 平滑收敛，无明显突变。

5.5.2　实训项目 2：自适应温度调节

1. 问题描述

自适应室温调节系统是智能家庭能源系统的重要组成部分，其控制问题可以被描述为：一个加热系统需要根据目标温度 $r(t)$ 调整供热功率 $u(t)$，使房间实际温度 $y(t)$ 跟踪目标温度 $r(t)$。由于热损失和供热效率的不确定性（即系统参数 a、b 不确定），需要使用比例自适应控制器动态调整增益 $K_p(t)$。

系统模型为

$$\dot{y}(t) = -ay(t) + bu(t)$$

控制目标是使房间温度 $y(t)$ 收敛到目标温度 $r(t)$。

2. 控制器设计

设计控制器如下：

(1) 误差定义为

$$e(t) = r(t) - y(t)$$

(2) 控制律为

$$u(t) = K_{\mathrm{p}}(t) \cdot e(t)$$

(3) 参数更新律为

$$\dot{K}_{\mathrm{p}}(t) = \gamma \cdot e(t) \cdot \dot{y}(t)$$

3. 仿真分析

1) 参数设置

假设系统参数如下：

(1) 热损失系数 $a = 0.1$，供热效率 $b = 2$；

(2) 目标温度 $r(t) = 25℃$，初始温度 $y(0) = 15℃$，初始比例增益 $K_{\mathrm{p}}(0) = 1$；

(3) 学习率 $\gamma = 0.8$。

2) 仿真结果

预期的仿真结果如下：

(1) 初始阶段，误差较大，系统通过动态调整 $K_{\mathrm{p}}(t)$ 快速减小误差；

(2) 在 $t \to \infty$ 时，房间温度 $y(t)$ 平稳收敛到目标值 $r(t) = 25℃$；

(3) 增益 $K_{\mathrm{p}}(t)$ 在初期快速调整，随后趋于稳定。

3) 仿真曲线

(1) 误差曲线 $e(t)$：显示误差逐渐收敛到零；

(2) 增益曲线 $K_{\mathrm{p}}(t)$：初期快速调整，后期稳定在一个值。

5.6　拓展阅读

(1) DORF R C, BISHOP R H. Modern control systems[H]. 14th ed. NJ: Pearson Education, 2022.

这本书是控制系统理论的经典英文教材。

(2) BRYSON A E. Applied optimal control: Optimization, estimation and control[M]. Boca Raton, Fla: Taylor & Francis, 2018.

这本书深入浅出地介绍了优化控制，包括 LQR 的具体理论。

(3) IOANNOU P A, SUN J. Robust adaptive control[M]. NJ: Dover Publications, 2012.

这本书介绍了自适应控制的理论和算法。

(4) RECHT B. A tour of reinforcement learning: The view from continuous control[J]. *Annual Review of Control, Robotics, and Autonomous Systems*, 2019, 2(1): 253-279.

这篇综述论文介绍了强化学习方法在解决控制问题中的应用。

(5) 胡寿松，姜斌，张绍杰. 自动控制原理 [M]. 北京：科学出版社，2024.

(6) 孔祥东，姚成玉. 控制工程基础 [M]. 北京：机械工业出版社，2023.

以上两本书均为面向自动化相关专业本科学生的关于控制理论与工程应用的经典教材，系统讲解了自动控制的基本理论与分析、设计方法，内容既涵盖经典控制理论，又引入一定的现代控制方法，注重知识体系的系统性与工程实践能力的培养。

(7) 陈虹. 模型预测控制 [M]. 北京：科学出版社，2013.

这本书介绍了模型预测控制（MPC）的理论和算法，MPC 是自主智能系统规划与控制的重要方法之一。

章节练习

第 6 章

多智能体系统协同

在前几章中，我们主要探讨了单体自主智能系统的基本原理，涵盖了感知、决策与控制的机制与方法。本章将视角拓展至多体智能，重点介绍多智能体系统的交互协同。

6.1 多智能体系统的基本概念

本节主要介绍关于多智能体的相关概念，内容主要包括多智能体的定义和特性、多智能体系统典型协作应用、多智能体系统典型组织架构以及通信拓扑相关描述方法。

6.1.1 交互性、自组织与群智涌现

蚂蚁，作为一种随处可见的昆虫，当以个体存在时，其能力和智力都没有出众之处，不论是工蚁或是蚁后都没有足够的能力来指挥或完成诸如筑巢、觅食、御敌等一系列复杂行为，但是蚂蚁作为群体存在时，却能涌现出令人惊叹的群体合作智能。在自然界中我们也能够观察到很多像这样的生物群体的群集行为，比如鸟群排列成整齐的"一"字形或"人"字形队列飞行以便于群体自我调整来避开天敌或障碍；鹿群在躲避天敌捕食时以合理队形统一行动，个体在没有看到捕食者的情况下也可以根据其邻近其他鹿的奔跑方向来决定自己的行动方式；鱼群首尾相接形成鱼阵，如同一个有机体般进行整体行动，以抵御鹈鹕和其他鱼类天敌的袭击，保证族群存续等。这种集体合作能够使生物群体在觅食生存、逃避天敌等方面获得单独个体难以实现的优势，完成复杂的、有一定目的或功能性的活动。群集行为是复杂性科学研究的焦点之一，基于个体之间的协作规律可能产生难以想象的整体同步效应，在复杂性科学中称之为涌现（emergence）[15]。

对于这类生物群体的群集现象，早期有许多实验物理学家和计算机专家进行了

相应的仿真和实验研究，其普遍采用模拟仿生的方法证明生物群集现象可以通过个体的简单行为规律获得，其中较为著名的是 Reynolds 在 1986 年所完成的模拟动物协作运动的计算机模型的开创性工作，其构建了仿真的群生物"boid"[9]，这种基本的群模型仅包含 3 个简单的指导规则：

(1) 群中心定位（cohesion）——试图与邻近个体保持接近；

(2) 避免碰撞（separation）——避免与邻近个体发生冲突；

(3) 速度匹配（alignment）——试图与邻近个体的速度相匹配。

这 3 条规则被称为 Reynolds 聚集规则，它们描述了一个"boid"如何基于位置和邻近个体的速度进行分离、内聚和排列运动，从而首次给出了群集的形式化定义，并且基于该规则能够达成类似于鸟类群迁的动物灵活性行为。

生物群体中相对简单的个体在相互之间的沟通、协调、合作之下能够产生复杂精妙的群体行为，这些现象的共同特征是一定数量的自主个体通过通信、合作和自组织，在群体层面上呈现出有序的协同运动和行为，这种行为可以使群体系统实现一定的复杂功能，表现出确定的集体"意向"或"目的"。特别地，当群体系统由结构和功能都相对简单的个体组成时（如蚁群），这种自发形成的群体行为能使系统整体呈现出一定程度的"群体智能"，以完成复杂的运动任务，即"群智涌现"（如图 6.1 所示）。受到这类生物群体的群集行为的启发，学者们提出了多智能体系统（Multi-Agent System，MAS）的概念，其由分布的大量自治或半自治子系统（智能体）通过相应通信网络互联所构成，是一种复杂的大规模的"系统之系统"（System Of Systems，SOS）。

图 6.1　群智涌现

多智能体系统是当今人工智能研究中的前沿学科之一，是分布式人工智能的一个重要分支，其主要研究目的在于通过功能相对简单的智能体之间的交互进行合作协调控制，以最终完成单个智能体难以独自完成的复杂任务。多智能体系统的应用研究可以追溯到 20

世纪 80 年代，在近十几年更是已成为当今人工智能以及控制理论研究领域的热点之一。以下给出一些多智能体系统中的相关概念和定义以便理解。

MAS 中的智能体一词，在英文中一般写作 agent，其概念由 Minsky 在其 1986 年出版的《思维的社会》一书中提出[5]。Minsky 认为社会中的某些个体经过协商之后可求得问题的解，这些个体就是智能体。他还认为智能体应具有社会交互性和智能性。从此，智能体的概念便被引入人工智能和计算机领域，并迅速成为研究热点。在此我们给出关于智能体的两个定义：

(1) 弱定义——智能体是用来完成某类任务的能作用于自身和环境、有生命周期的一个物理的或抽象的计算实体；

(2) 强定义——在弱定义的基础上，智能体还要进一步包括一些人类的情感特征，甚至具备诸如通信能力和理性等，而且这些特性会随着环境变化而不断地进行能动的自我更新。

在多智能体系统研究中，智能体一般具有如下特点。

(1) 自治性：即在没有外界干预的情况下自主完成任务的能力；

(2) 通信能力：智能体应具有与其他智能体或环境通信以便获取信息的能力；

(3) 协作能力：智能体应当具有协作精神以便共同合作；

(4) 决策能力：智能体个体应该能够对当前任务作出判断，并根据所做判断，决定单独执行任务或是与其他个体协作执行任务；

(5) 推理能力：智能体应当能够根据获取到的信息进行进一步推理分析，推理能力是智能体区别于其他实体的关键所在；

(6) 自适应性：为了维持自治性和推理能力，智能体应当能够评估外部环境的当前状态并将其融入下一步行动的决策之中。

多智能体系统是由多个智能体组成的具有松散耦合结构的、通过系统中智能体之间及智能体与环境之间进行通信、协商与协作来共同完成单个智能体由于能力、知识或资源上的不足而无法解决的问题的系统。自上而下看，它将大而复杂的系统（SOS）分解成小的、彼此互相通信和协调的、易于管理的子系统；自下而上看，它将多个智能体组成交互式团体从而涌现出"1＋1＞2"的特性。对于多智能体系统的研究通常是从单体过渡到群体，但并非单纯的数量变化或简单的分解，而是更加强调整体性以及内在的自组织和自协调规律。MAS 中各智能体成员之间的活动是自治独立的，其自身的目标和行为不直接受其他智能体成员的限制，它们通过竞争和磋商等手段协商和解决相互之间的矛盾和冲突。

从系统的角度来看，多智能体系统主要具有如下特点。

(1) 自主性：在多智能体系统中，各智能体能够管理自身行为，并进行自主合作或竞争；

(2) 容错：智能体能够共同形成合作系统以完成个体任务或协作任务，并且当其中部分智能体出现故障时，其他智能体一般能够自主适应新环境并继续完成任务，不易导致整个系统陷入故障情况；

(3) 灵活性和可扩展性：智能体之间呈现高内聚低耦合特性，使多智能体系统具有很强的可扩展性；

(4) 协作能力：智能体之间能够通过合适的策略相互协作以完成全局目标。

从系统与控制理论研究的角度来看，在前述的生物群集行为中，我们可以发现多智能体系统动力学与控制问题相较于传统的控制问题具有许多新特点，这些特点为多智能体系统的研究带来了相当的挑战性和困难，具体可以分为以下 3 部分：

首先，系统在结构上存在个体动态与通信拓扑相结合的基本特点，即每个个体都有一定的自主能力，包括一定程度的自我运动控制，局部范围内的信息获取、处理和通信能力，系统中的个体通过局部信息交换相互作用并调整自身动态行为，系统整体动力学由每个个体动态和个体间的通信拓扑所决定，因此通信拓扑和信息交互在决定群体系统动态行为方面起着相当重要的作用。并且由于个体的自主运动和局部信息传感能力，当个体间交互、进入或离开彼此的局部通信范围时，关联特性也会发生变化，从而导致整个系统的通信拓扑结构会随之不断变化。这与以往系统结构固定不变的情况不同，极大地增加了问题的难度，需要发展新的理论与方法来解决。

其次，在群集行为中，个体遵循的简单行为规则会通过局部信息交换以及相互作用，进而影响整个群体系统的动力学特性。并且群体系统中通常包含大量的个体，难以通过给每个个体设定具体的和全局的运动规划来实现期望的群体行为。从自然和社会的种种群体现象来看，群体行为完全可以在简单的个体行为基础之上，通过系统的自组织产生，例如，在车流的形成和维持过程中，每个司机通常只需根据其周围相邻车辆的运动状态，如相对距离与速度，来调整自己车辆的运动状态，基于共同的加速或减速规则，就可以形成车流在整体上的有序运动。在这类群体现象中，每个个体都遵循相同或相似的简单运动规则，如加速或减速，这些规则通常仅规定个体如何依据获得的局部信息作出相应的基本反应，而与群体运动行为或目标无直接关系。群体行为是通过所有个体关联合作涌现出的自组织运动，不同的关联方式将会产生不同的群体行为，如何分析和设计个体行为规则和关联耦合结构从而实现预期的群体运动是控制理论与应用的一个重要研究课题。

最后，从控制目标来看，群体系统协调控制的基本任务是实现期望的系统构型和整体运动方式，如以确定的队形按照预期的速度和方向行进，而完成这一任务的手段，如上所述，只能是通过个体之间的相互作用规则，以及必要和可行的外部干预（如赋予某些特定个体特殊的规则和信息）等。因此，控制理论中一些重要的概念，如稳定性、能控性等，还需要进一步发展完善以充分反映多智能体系统中的新特点和要求。群体系统的稳定性不仅要刻画系统保持预期运动方式的能力，同时还应能够体现保持特定系统构型的能力。同样，群体系统的能控性也应同时考虑系统的期望构型及其运动方式。值得注意的是，在一般情况下，确定系统稳态构型的个体耦合方式往往是非线性的，因此无论是稳定性问题还是能控性问题的研究，都存在其固有的困难。

综上所述，多智能体系统的动力学与控制问题呈现出独特的特点与挑战性。首先，系统的结构动态性，即个体动态与通信拓扑的结合以及通信拓扑结构的不断变化，要求我们发展新的理论和方法来应对这种复杂性。其次，群体行为的自组织特性意味着简单的个体行为规则和局部信息交互能够产生复杂的群体动态，这要求我们深入研究如何通过设计个体行为规则和关联耦合结构来实现预期的群体运动。同时，群体系统的协调控制目标不仅涉及系统的稳定性和能控性，还必须考虑系统构型和整体运动方式的实现，这需要我们对控制理论中的基本概念进行进一步的发展和完善。特别地，由于个体耦合方式以及个体动力学本身的非线性特性，使得对于多智能体系统的研究变得更加复杂。

近年来，国内外在多智能体系统协调与控制问题方面取得了很大的进展，但仍存在很多问题有待进一步研究，例如，如何尽可能地减少对于全局信息的依赖、各种通信拓扑结构下算法的稳定性分析、对于没有一般性方法的非线性系统的算法研究等，因此，多智能体系统的动力学与控制研究不仅需要创新的思维方式和方法论，也需要跨学科的知识融合。近年来，神经网络、机器学习、深度学习等技术的快速发展就为解决系统中的复杂非线性问题提供了一种新的解决方案，也为多智能体系统的研究注入了全新的活力。

6.1.2　协同、协作与协调

由 6.1.1 节的介绍可知，通过功能有限的个体彼此之间的通信、交互与合作，其所组成的多智能体系统能够完成单个个体难以完成的复杂任务。在多智能体系统的控制问题研究中，我们的核心任务是设计出能够有效促进智能体间"协作"的控制算法，并确保各个智能体以及整个多智能体系统在行为上实现"协调"，以满足系统运作的需求，最终目标是实现多智能体系统在更高层次上的"协同"，即通过智能体间的紧密合作，能够达成共同的控制目标，并实现期望的群体行为和性能。因此，我们将多智能体系统控制的要点归纳为协同、协作与协调。接下来，通过多智能体系统协同控制的几种典型应用进行具体分析。

1. 一致性控制问题

一致性控制问题通常要求多智能体系统中各个体依照一定的控制规律，通过彼此之间的通信与交互，最终使所有个体的状态趋于一致。在多智能体系统控制问题中，一致性控制问题作为智能体之间合作协同控制的基础，具有重要的现实意义和理论价值，其在多智能体系统的研究中长期占有重要的地位，到目前为止已经形成了较为系统的理论体系。在一致性控制问题的分析研究中，研究的重点一般在于一致性控制协议的设计与分析。一致性协议是智能体之间相互作用的局部规则，它描述了各智能体与其相邻智能体之间的信息交换过程。不同类型的多智能体一致性协议体现了多智能体技术在各领域应用中的不同需求。目前，已有很多学者针对不同应用场景提出了相应的一致性协议，并受到了学界的广泛关注和研究。一致性控制问题是研究多智能体协同控制问题的基础，以下几类多智能体系统协同问题大多可以被认为是一致性控制问题的变体。

2. 跟踪问题

跟踪问题是一致性问题的一类子问题。在介绍跟踪问题之前，我们先介绍多智能体系统协同控制中的一种重要控制方法：跟随领航者法。该方法首先设定一定数量的智能体为"领航者"，这些领航者通常具有预设的期望状态或轨迹。其余智能体为"跟随者"。在通信网络拓扑满足一定要求的情况下，通过设计一致性算法，可以使跟随者智能体的状态与领航者一致，从而实现整个多智能体系统状态达到期望目标。在跟踪问题中，可将跟踪目标设定为多智能体系统中的领航者，其余智能体为跟随者，类似于一致性问题，基于跟随领航者法可以使跟随者的状态趋向于领航者的状态，最终与其一致，即达成跟踪效果。在跟踪问题中，一般只有一个领航者。领航者可以是实际存在的，也可以是虚拟的。虚拟领航者通常代表由人工指定的系统期望状态，而实际领航者则是真实的跟踪目标对象。然而，在现实生活中，真实领航者的部分状态可能无法观测到。因此，可能需要引入观测器等方法来进一步处理此类跟踪问题。

3. 编队问题

近年来，基于地面无人小车系统、无人飞行器系统、自组织水下舰队、卫星群等系统的广泛工程应用，编队控制问题受到控制领域中很多学者的关注。编队控制问题可以认为是一致性控制的一个推广，其一般要求系统中的个体在避免碰撞的同时共同保持一个预设的几何形状，一般可以通过相邻智能体之间的相对距离来刻画整体编队队形，因此对一致性控制协议进行一定的线性变换就可以将一致性算法推广到编队控制应用中。目前编队控制的主要方法主要有两种，分别是基于常规控制算法的多智能体编队控制方法和基于行为的智能体编队控制方法，其中前者更适用于静态或平稳环境中，而后者适用范围较广，能够依据外界环境的变化而调整，但调整过程需要较长的时间。

4. 蜂拥问题

在一个多智能体系统中，要求所有智能体最终达到速度矢量相匹配、相互间距离稳定的状态，称为蜂拥控制问题。蜂拥现象在自然界（例如，鸟群、鱼群、蚁群、蜂群等）中广泛存在，它能够帮助生物躲避天敌、增加觅食可能性等。Olfati 等最早针对具有避障的蜂拥控制作出了一系列重要工作，其针对 boid 模型定义了另外一种人工势场函数，使得在不发生碰撞时所有个体速度可以达成一致[6]。在蜂拥控制中，一致性控制一般主要用于实现智能体之间的速度匹配。

5. 聚集问题

聚集控制主要研究多智能体系统中的所有个体通过给定算法能够实现在同一地点聚集等实际应用问题。聚集问题发源于机器人应用的发展，如一群机器人要合作完成任务，需要到达一个共同地点会合，并在位置区域进行搜救工作，或是一群无人机需要按时到达指定地点会合等问题。

聚集属于一类特殊的一致性问题，聚集表示位置一致，需要设计一种局部控制策略使得所有智能体最终能够共同到达一个预定点或未知点。此外，一致性算法还可以用于提高聚集过程对于环境不确定性的鲁棒性，如不均匀的风速对无人机群聚集任务中个体的干扰。

6. 合围问题

合围控制可以认为是一种具有多个领航者的跟随领航者问题，其目标为通过设计相应的控制算法使领航者形成一定编队，并确保所有跟随者的位置（状态）都保持在以领航者为顶点所构成的凸包之内，从而实现合围效果，现实中的牧羊犬赶羊现象即是合围问题的一种实例。

6.1.3　组织架构

多智能体系统的组织架构依据其控制结构一般可以分为集中式、分散式和分布式 3 种（如图 6.2 所示），其中最为常用的为分布式架构。下面介绍这 3 种架构的特点。

1. 集中式

集中式架构中一般由一个智能体承担所有的决策和控制任务，其他智能体单纯执行这些决策，从而实现集中控制整个系统。这是一种规划与决策的自上而下式的层次控制结构，其本质上可以看作是传统单个系统控制方法的直接延伸。由于集中式架构的中心节点拥有所有信息，其能对所有智能体进行完全的控制，因此集中式架构的协调性较好，但也导致此架构对中心节点的依赖性很强，一旦中心节点出现问题就会严重影响整个系统的效率和稳定性，实时性、动态性较差，对环境变化的响应能力不强。

2. 分散式

与集中式架构相反，分散式架构中各个智能体一般具有高度的自治能力，每个智能体都有自己的控制逻辑和决策能力，能够自行处理信息、规划与决策、执行指令，通过与其他智能体相互通信以协调各自行为，而没有集中控制单元。分散式架构通过减少对单一节点的依赖，有效提高了系统对局部故障的容忍能力，具有较好的容错能力和扩展性，即使部分节点或通信链路发生故障也不易影响整个系统的运行。与之相对，分散式架构基于局部信息实现的决策效果可能不如集中式架构的全局决策优化效果，多边协作效率较低，难以保证全局目标的实现，并且对通信质量要求较高。

3. 分布式

分布式架构介于集中式与分散式之间，是一种全局上各智能体等同的分层、局部集中的结构。分布式架构是分散式的水平交互与集中式的垂直控制相结合的产物，既能够提高协调效率，又不影响系统的实时性、动态性、容错性，对前述的两种架构进行了较好的扬长避短，因此得到广泛应用和研究。

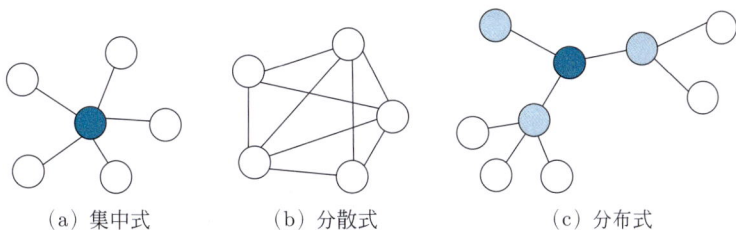

(a) 集中式　　　　(b) 分散式　　　　(c) 分布式

图 6.2　组织架构

6.1.4　通信拓扑

正如 6.1.1 节所述，在多智能体系统研究中智能体之间的通信拓扑是一个关键要素，在数学上一般可以通过代数图论的方法进行描述和研究，包括无向图、有向图、树、邻接矩阵等。下面介绍其基本概念和重要性质，以便理解后续章节的内容。

1. 图和树

由顶点的非空有限集合 $\mathcal{V}$ 和顶点之间的边集合 $\mathcal{E}$ 组成的集合对称为图 $\mathcal{G}$（graph），通常可表示为 $\mathcal{G}(\mathcal{V}, \mathcal{E})$，其中，$\mathcal{E}$ 中的元素表示为 $\mathcal{E} \subseteq \{(v_i, v_j) : v_i \in \mathcal{V}, v_j \in \mathcal{V}\}$，称为从 v_i 到 v_j 的一条边或弧，并表示为一个箭头，其中尾部位于 v_i，头部位于 v_j。对于节点 v_i 来说，边 (v_i, v_j) 是向外的，而对于节点 v_j 是向内的；节点 v_i 称为父节点，节点 v_j 称为子节点，节点 v_j 可以接收来自节点 v_i 的信息。节点 v_i 的入度是以 v_i 为头部的边的数量，节点 v_i 的出度则是以 v_i 为尾部的边的数量。由节点 v_i 的邻居所组成的集合表示为 $N_i = \{\nu_j : (\nu_j, \nu_i) \in \mathcal{E}\}$，即对应边传入 v_i 所组成的集合。

如果所有节点的入度等于出度，则称该图为平衡图。如果 $(\nu_i, \nu_j) \in \mathcal{E} \Rightarrow (\nu_j, \nu_i) \in \mathcal{E}, \forall i, j$，则称该图为双向图，否则称为有向图（如图 6.3 所示）。如果给每条边 $(\nu_j, \nu_i) \in \mathcal{E}$ 赋予一定的权重，如果对应权重 $a_{ij} = a_{ji}$，则称该图为无向图，即该图是双向的且边 (v_i, v_j) 和边 (v_j, v_i) 的权重相等。

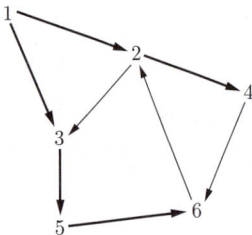

图 6.3　有向图

从节点 v_0 到节点 v_r 的一组边序列 $(\nu_i, \nu_{i+1}) \in \mathcal{E}, i \in \{0, 1, \cdots, r-1\}$ 被称为一条路径，如果从 v_i 到 v_j 有一条有向路径，则称节点 v_i 连接到节点 v_j。如果有向图 $\mathcal{G}$ 中的任意节点总存在到其他任意节点的有向路径，那么称 $\mathcal{G}$ 是强连通的。对于双向图和无向图，如果有一条从 v_i 到 v_j 的有向路径，那么就一定有一条从 v_j 到 v_i 的有向路径，所以省略"强"的限定。

（有向）树是一种连通有向图，其中除了一个称为根的节点外，每个节点的入度都等于1，有向图的生成树是指连接图中所有节点的边所形成的树。如果一个图的边的子集形成了一棵有向生成树，那么就称这个图存在生成树。也就是说，只要沿着边的箭头，就可以从一个节点（根节点）到达图中的所有其他节点。一个图可能有多棵生成树，每棵生成树的根所组成的集合称为根集。根据强连通的概念，不难发现强连通图至少包含一棵生成树。且在这种情况下，所有节点都可以作为根节点。

2. 邻接矩阵和关联矩阵

当图中有许多边时，为了描述方便，可借助矩阵（matrix）来表示图。通过研究这些与图相关的矩阵的性质，可以对图形结构和性质进行研究。常用来表示图的矩阵有两种类型：一种是基于顶点的相邻关系，称作邻接矩阵（adjacency matrix）；另一种是基于顶点与边的关联关系，称作关联矩阵（incidence matrix）。

对于 N 个节点的图，邻接矩阵 $\boldsymbol{A}$ 是 $N \times N$ 的方阵，元素 a_{ij} 表示节点 i 到节点 j 的连接关系。当从节点 i 到节点 j 存在连接边时，a_{ij} 取值为 1，否则为 0；当图为无向图时，$a_{ij} = a_{ji}$，邻接矩阵 $\boldsymbol{A}$ 为对称矩阵。

$$\boldsymbol{A} = \left[a_{ij}\right]_{N \times N} \in \{0,1\}^{N \times N}, a_{ij} = \begin{cases} 1, (i,j) \in \mathcal{E} \\ 0, (i,j) \notin \mathcal{E} \end{cases} \tag{6.1}$$

当图中的边相对少时，邻接矩阵是稀疏矩阵（sparse matrix），即 $\boldsymbol{A}$ 中绝大多数元素为 0，只有少量非 0 元素。对于此类矩阵可以通过专门的方法对它们进行表示和高效计算。因此，当表示和处理这样的图时，用边表示通常是更有效的。

图的另一种常用表示方式是关联矩阵。给定 $N \times M$ 阶矩阵以表示节点与边的关系，称矩阵 $\boldsymbol{C}$ 为关联矩阵，即

$$\boldsymbol{C} = \left[c_{ik}\right]_{N \times M} \in \{-1,0,1\}^{N \times M}, c_{ik} = \begin{cases} 1, \exists j \in \mathcal{V}, k = (i,j) \in \mathcal{E} \\ -1, \exists j \in \mathcal{V}, k = (j,i) \in \mathcal{E} \\ 0, \text{其他} \end{cases} \tag{6.2}$$

当某一节点为某一有向边的起点时，关联矩阵中的对应元素取值为 1；当某一节点为某一有向边的终点时，关联矩阵中的对应元素取值为 -1；当某一节点与某一边无关时，关联矩阵中的对应元素取值为 0。

前面已经介绍了关于顶点度的相关概念。这里将节点 v_i 的加权入度定义为 $\boldsymbol{A}$ 的第 i 行和，即 $d_i = \sum\limits_{j=1}^{N} a_{ij}$，由各顶点的度而构成的对角阵被称为度矩阵，即

$$\boldsymbol{D} = \begin{bmatrix} d_1 & 0 & \cdots & 0 \\ 0 & d_2 & \cdots & 0 \\ \vdots & \vdots & \ddots & \vdots \\ 0 & 0 & \cdots & d_N \end{bmatrix} \tag{6.3}$$

相较于关联矩阵，更常用的表示矩阵还是为邻接矩阵，因此，下面将基于度矩阵并结合邻接矩阵来描述多智能体系统的通信拓扑图，同时介绍拉普拉斯（Laplacian）矩阵的定义。

定义 6.1　对于矩阵 $\boldsymbol{L} = [l_{ij}] \in \mathbb{R}^{n \times n}$，对角矩阵 $\boldsymbol{D} = [d_{ij}] \in \mathbb{R}^{n \times n}$，图 $\mathcal{G}$ 的邻接矩阵 $\boldsymbol{A} = [a_{ij}] \in \mathbb{R}^{n \times n}$，若 $d_{ij} = \sum\limits_{j=1, j \neq i}^{n} a_{ij}$，并且 $\boldsymbol{L} = \boldsymbol{D} - \boldsymbol{A}$，则称矩阵 $\boldsymbol{D}$ 为图 $\mathcal{G}$ 的度矩阵，矩

阵 L 为图 $\mathcal{G}$ 的拉普拉斯矩阵，即

$$L = D - A = [l_{ij}] \in \mathbb{R}^{N \times N}, l_{ij} = \begin{cases} -1, (i,j) \in \mathcal{E} \\ -\sum_{j=1, j \neq i}^{N} d_{ij}, i = j \\ 0, 其他 \end{cases} \quad (6.4)$$

拉普拉斯矩阵的性质：

(1) 拉普拉斯矩阵的最小特征值为 0；

(2) 拉普拉斯矩阵是半正定矩阵；

(3) 无向图的拉普拉斯矩阵是对称矩阵。

下面给出关于拉普拉斯矩阵的例子，以更好地理解其构成。所给的邻接矩阵如下：

$$A = \begin{bmatrix} 0 & 0 & 1 & 0 & 0 & 0 \\ 1 & 0 & 0 & 0 & 0 & 1 \\ 1 & 1 & 0 & 0 & 0 & 0 \\ 0 & 1 & 0 & 0 & 0 & 0 \\ 0 & 0 & 1 & 0 & 0 & 0 \\ 0 & 0 & 0 & 1 & 1 & 0 \end{bmatrix} \quad (6.5)$$

度矩阵和对应的拉普拉斯矩阵为

$$D = \begin{bmatrix} 1 & 0 & 0 & 0 & 0 & 0 \\ 0 & 2 & 0 & 0 & 0 & 0 \\ 0 & 0 & 2 & 0 & 0 & 0 \\ 0 & 0 & 0 & 1 & 0 & 0 \\ 0 & 0 & 0 & 0 & 1 & 0 \\ 0 & 0 & 0 & 0 & 0 & 2 \end{bmatrix} \quad L = \begin{bmatrix} 1 & 0 & -1 & 0 & 0 & 0 \\ -1 & 2 & 0 & 0 & 0 & -1 \\ -1 & -1 & 2 & 0 & 0 & 0 \\ 0 & -1 & 0 & 1 & 0 & 0 \\ 0 & 0 & -1 & 0 & 1 & 0 \\ 0 & 0 & 0 & -1 & -1 & 2 \end{bmatrix} \quad (6.6)$$

6.2 多智能体系统协同感知

在多智能体系统中，多个智能体（例如，机器人、无人机、传感器等）需要协同工作，通过感知和共享信息来完成复杂任务（见图 6.4）。协同感知是指这些智能体通过合作，共享各自获取到的信息，从而更全面地感知环境。这一过程涉及多个技术环节，其中信息共

享机制和信息融合算法至关重要。接下来分别详细讨论信息共享的两种通信架构和通信方式以及常见的一些信息融合算法。

图 6.4　多智能体交通系统中的协同感知：自动驾驶车辆的感知与信息共享

多智能体协同感知构建指采用多个搭建相同或不同传感器（摄像机、激光雷达、GNSS、IMU 等）、不同类型的智能体（自动驾驶车辆、机器人、无人机等）协同采集数据，并对数据进行处理，实现智能感知和更新的过程。其核心内容包括以下几方面：

(1) 多智能体数据采集。通过对多智能体进行路径规划，使其协同进行数据采集的过程。其中，如何令多智能体协同工作、规划多智能体数据采集路径，实现高效、高质量采集某区域的数据是该部分的重点和难点。

(2) 数据一体化表达。由于不同的传感器具有不同的数据表达形式 (数据内容、格式、特性、精度等)，为方便智能感知的制作，需要对多源异构数据进行一体化表达，得到三维地图。

(3) 场景认知。智能化的感知具有理解静态物、半静态物、半动态物和动态物的能力，还具有解释数据 (认知) 的能力。而目前基于深度学习的场景感知方法要求大量训练数据，且模型泛化能力差、不具有可解释性。因此，智能化的感知构建需要发展对数据量要求小、模型泛化能力强、具有可解释性的场景认知方法。

(4) 多智能体通信。多智能体通信是指在多智能体系统中，智能体之间通过各种方式交换信息和数据的过程。由于不同智能体感知的数据、时间戳均不同，因此需要设计合适的通信机制和同步机制，使得协同感知得到的数据能够被准确使用。

(5) 地图融合。基于认知数据和轨迹数据将不同空间、时间、层次的数据高精度地融合成为一个完整的感知模型。利用信息融合算法对传感器得到的噪声数据进行剔除和噪声抑制是这部分的主要研究内容。

(6) 矢量化表达。将形成的感知地图从俯视图角度进行矢量化表达，形成矢量地图，提供给集群系统使用。

(7) 地图更新。环境复杂程度越高，对感知地图的准确度要求越高。而由于现实生活中环境的复杂性和动态演化性，使地图不能保持现势性，进而不能为智能体系统提供准确信息。因此，协同感知需要具有较好的更新能力。

6.2.1　信息共享机制

信息共享机制是指智能体之间如何互相传递信息，以便所有智能体都能获得相应的环境数据。这种机制对多智能体系统的高效协同起着关键作用。

1. 通信架构

1) 集中式与分布式的信息共享

集中式与分布式的信息共享是多智能体系统中两种不同的架构和策略，具有各自的优缺点。首先给出二者的定义如下：

集中式通信是所有智能体通过一个中央节点进行信息交换和协调的通信方式。中央节点负责接收、处理和分发信息，子节点作为执行器获取和传递数据。

分布式通信是智能体之间直接相互通信的方式。在这个过程中，智能体之间彼此共享信息，而不是依赖一个中央节点。每个智能体都可以处理和存储信息，并向其他智能体传递。

在集中式信息共享中，所有智能体通过一个中央节点（或服务器）进行信息交换和协调，该中央节点负责接收、处理和分发信息。这种架构的优点在于统一管理，使得信息的管理和控制更加简单，便于实施统一的策略和规则。此外，数据一致性更容易维护，因为所有信息都通过中心节点进行管理，也便于监控系统的整体状态和性能，及时发现问题。然而，集中式系统存在单点故障的风险，如果中央节点发生故障，整个系统可能会瘫痪，导致信息共享中断。同时，所有的信息都需通过中央节点处理，可能会导致延迟，尤其是在智能体数量较多时。此外，随着系统规模的扩大，中央节点的负担增加，可能会导致性能瓶颈。

相比之下，分布式信息共享则允许智能体之间直接相互通信，彼此共享信息，而不是依赖一个中央节点（见图 6.5）。每个智能体都可以处理和存储信息，并向其他智能体传递。

图 6.5　分布式多智能体系统的网络拓扑结构：去中心化协作与信息共享

这种架构的优势在于系统的鲁棒性，因为它不依赖于单一节点，所以即使某些智能体失效，其他智能体仍可继续操作，从而增强系统的鲁棒性。信息在智能体之间直接传递，减少了延迟，特别适用于实时应用，且分布式架构更容易扩展，增加新的智能体对系统的影响较小。然而，分布式系统的设计和实现更加复杂，需要处理智能体之间的通信协议和数据一致性问题。同时，由于信息分散在多个智能体之间，维护数据的一致性和完整性也更具挑战性。此外，分布式通信可能面临更多的安全风险，如数据被拦截或篡改。

表6.1是对两种不同通信方式的一个简单对比。可以看到，集中式和分布式的信息共享架构各有优缺点，适用于不同的应用场景和需求。集中式架构适合需要集中调度、统一协调的任务场景，但面临单点故障和扩展性问题；分布式架构适合要求高鲁棒性和扩展性的场景，但面临任务分配和信息一致性挑战。选择合适的架构应根据系统的具体要求、任务特性和预期的操作环境进行权衡。

表 6.1　集中式与分布式通信方式对比

对比项	通信方式	特点	
		优点	缺点
任务分配	集中式	任务分配更简单，中央节点全面了解系统中每个智能体的状态和能力，便于实施全局优化策略	中央节点故障将中断任务分配，可能造成负担过重，影响速度
	分布式	智能体能快速响应自身情况和周围环境，适应动态变化	信息不集中可能导致任务重复或漏分配，增加协调复杂性
资源调度	集中式	资源管理集中化，便于全面调度和优化，实时监控资源使用情况	中央节点可能成为调度瓶颈，故障将影响整个过程
	分布式	智能体独立调度本地资源，提高利用效率，灵活调整分配	缺乏全局视图可能导致低效使用和冲突，需要复杂策略协调资源
信息一致性	集中式	信息由中央节点统一管理，维护数据一致性和完整性相对简单	中央节点故障可能导致信息丢失，数据更新时可能存在延迟
	分布式	智能体实时更新信息，提高可用性和时效性，增加灵活性	维护一致性复杂，可能出现冗余和冲突，需要处理同步和冲突的机制
系统鲁棒性	集中式	中央节点能快速协调管理，确保高效运作	中央节点是单点故障，可能导致系统瘫痪，降低鲁棒性
	分布式	没有单一故障点，个别智能体失效时系统仍可继续运行，智能体自主调整能力强	复杂的交互和协调可能导致失效模式难以预测
扩展性	集中式	扩展简单，易于实现全局协调	系统扩大时，中央节点负担增加，处理能力可能成为瓶颈
	分布式	轻松添加新智能体，性能不受单一节点限制，灵活适应	需确保新智能体与现有系统有效集成，否则会使得协调和通信成本增加

2) 直接通信与间接通信

直接通信是指智能体之间通过点对点的方式进行信息交换，在这种通信方式中，一个智能体可以直接向另一个智能体发送消息或数据。直接通信通常具有较低的延迟，因为信息无须经过中介或其他节点，能够实现快速响应和实时交互。这种方式在需要即时反馈和快速决策的场景中非常有效，适合用于小规模或对实时性要求较高的系统。

间接通信是指智能体通过中介或公共存储机制进行信息交换，而不是直接与彼此通信。在这种方式中，一个智能体将信息发布到一个公共平台（如消息队列、共享数据库或中介服务器等），其他智能体再从该平台获取信息。间接通信的优点在于可以实现更高的灵活性和可扩展性，因为智能体之间不需要建立直接的连接，这使得系统更容易管理和扩展。然而，这种方式可能引入延迟，并且需要额外的机制来确保信息的一致性和完整性。选择何种通信方式是基于需求判断，常见的判断要素如下：

(1) 带宽需求。

直接通信：带宽需求较低，因为智能体之间的通信只涉及两个参与者，不需要额外的中介或公共平台。当智能体数量增加时，点对点连接的总带宽需求可能上升，因为需要维护多个连接。

间接通信：带宽需求较高，尤其是在使用中介或消息队列的情况下，所有智能体的通信都通过公共中介。中介或消息平台可能成为瓶颈，特别是在大规模系统中处理大量消息时。

(2) 同步性需求。

直接通信：通信实时性强，延迟较小，适合需要即时反馈和高同步性任务。由于是点对点通信，因此智能体能够直接快速交换信息，便于处理时间敏感的操作。

间接通信：通常会引入延迟，因为信息需要通过中介传递，导致同步性降低。适合异步通信的场景，可以在智能体之间松散耦合，不要求实时响应。

(3) 复杂任务协作需求。

直接通信：适合小规模、明确分工的任务，智能体之间可以高效地进行协调和分配任务。随着任务复杂度和规模增加，维护多个点对点连接变得困难，任务协作的管理复杂度上升。

间接通信：适合复杂任务协作，特别是在多智能体系统中，通过中介平台发布和获取任务状态信息，使任务分配和协调更加灵活。中介平台可以帮助管理复杂的信息流和任务状态，支持更广泛的协作和任务共享，但会增加系统复杂性。

(4) 适用场景。

直接通信：适用于需要高同步性、低延迟的小型系统，特别是对实时性要求高的任务，如无人机编队控制、传感器数据的快速共享等。不适合大规模分布式系统，尤其是当需要处理大量的通信时，维护多个点对点连接将带来高负载和复杂性。

间接通信：适用于大规模智能体系统，特别是任务复杂、协作要求高的场景，如多智能体搜索救援、分布式环境监测等。通过间接通信，智能体之间可以灵活地获取所需信息，实现松散耦合的协作，但可能不适合需要实时反馈的任务。

2. 数据传输与同步机制

1) 数据一致性与时间同步问题

数据一致性是指在多智能体系统中，所有智能体共享的信息应当在任何时刻保持一致。

这意味着当一个智能体对某个数据进行了更新,其他智能体也应及时获得相同的更新,以避免信息不一致带来的决策错误或行为冲突。维护数据一致性在分布式系统中尤为重要,尤其是在各智能体同时访问或修改同一数据时,需要通过协调机制或共识算法来确保数据同步和准确性。

时间同步问题是指在多智能体系统中,所有智能体的内部时钟应保持一致或达到某种同步程度,以确保各个智能体在协调行动时拥有相同的时间基准。如果没有统一的时间参考,那么不同的智能体在执行协同任务时可能会出现时序上的差异,导致决策不一致或行动延迟。时间同步问题通常通过同步协议或时间戳机制来解决,尤其是在要求实时反馈和精准协作的任务中显得尤为关键。

数据一致性和时间同步是多智能体系统中至关重要的两个方面,尤其在实时响应的环境中,其挑战尤为突出。确保数据一致性意味着系统中的每个智能体在访问或修改共享数据时,必须确保其他智能体也能及时获取相同的更新结果。这在处理多智能体协同任务时非常重要,因为不一致的数据可能导致智能体作出错误决策,甚至导致协作失败。实现数据一致性面临的挑战在于如何协调智能体之间的通信,特别是在网络延迟或分布式存储的情况下。解决方法包括使用分布式锁、共识算法(如 Paxos 或 Raft):事件驱动的消息传递机制以及乐观并发控制,以确保系统在高负载或分布广泛时能够维护一致性。

(1) 分布式锁。

分布式锁是一种机制,用来确保多个智能体(或节点)在分布式系统中对共享资源的访问是互斥的,避免出现竞争条件。当一个智能体需要访问或修改共享数据时,它会先尝试获取分布式锁。如果成功获取,其他智能体无法同时访问该数据,直到锁被释放。这样可以防止并发修改导致的数据不一致。常见的分布式锁实现包括基于 Redis、ZooKeeper 等工具,这些工具通过分布式的方式为多个智能体提供可靠的锁机制。其优点是简单直接,适用于小规模分布式系统或对一致性要求较高的关键任务;缺点在于锁的获取和释放会增加系统开销,可能导致性能瓶颈,特别是在高负载或大规模系统中。

(2) 共识算法(Paxos 或 Raft)。

Paxos 是一种用于实现分布式系统中数据一致性的算法,通过在多个智能体之间达成共识,确保即使某些节点发生故障,系统仍能一致地处理数据。Paxos 分为提议者(proposer)、接受者(acceptor)和学习者(learner)三类角色,提议者提出数据修改请求,接受者通过投票决定是否同意,最终学习者学习到一致结果。该过程保证只有达成一致后,修改才会生效。Paxos 适合在存在故障的环境下使用,能够确保一致性,即使部分节点失效;其缺点在于复杂度较高,实际实现困难,且在高延迟或频繁故障的环境中性能可能下降。

与 Paxos 相比,Raft 是一种更易理解和实现的共识算法,同样用于在分布式系统中达成一致性。Raft 将系统分为领航者(leader)和跟随者(follower),领航者负责接收和协调数据写入请求,并通过日志复制的方式确保所有跟随者的数据一致。通过选举机制,系统能够自动从跟随者中选出新的领航者应对领航者失效。Raft 相对容易实现,能够确保高可用性和一致性，适合动态变化的分布式环境；其缺点在于会在选举过程中引入额外的延迟，影响实时性。

(3) 事件驱动的消息传递机制。

事件驱动的消息传递机制是一种异步的通信方法，智能体在系统中通过发布和订阅事件来共享信息，而不是直接相互通信。智能体通过消息队列或事件总线发布事件，其他智能体根据自己关心的事件进行订阅。一旦事件发生，订阅者就可以实时接收事件消息并进行相应的处理。这种机制确保了系统中的智能体可以异步更新和获取最新的数据。常见框架包括 Kafka、RabbitMQ、ROS（Robot Operating System）等，其基本逻辑可以实现事件驱动消息传递。这种框架提高了系统的解耦性，智能体不需要知道彼此的存在，只需要通过事件交换信息。同时，这种机制可以降低系统的同步压力，适合处理大量数据或异步任务；其缺点在于可能引入延迟，并且需要设计健全的机制来确保事件顺序和数据一致性，特别是在分布式环境中。

(4) 乐观并发控制。

乐观并发控制是一种机制，允许多个智能体并发地访问和修改数据，但在提交修改时进行一致性检查，确保最终一致性。其工作原理是智能体在修改共享数据时，不会直接锁定资源，而是在修改提交之前进行冲突检测。如果没有冲突，修改才会被提交；如果检测到冲突，则会回滚并重新执行修改。这种方法适合写操作较少、读操作较多的环境，能够减少锁竞争的开销，提升系统并发能力；其缺点是在高冲突的环境中，可能会导致频繁的回滚和重试，增加系统负担。

综合来看，这几种方法在不同的分布式场景下各有优势，选择适合的方法需要根据系统的规模、负载和实时性要求进行权衡。

时间同步则直接关系到系统中各智能体协同操作的精度，尤其在实时响应环境下，保持统一的时间基准是确保智能体能够同时执行任务的关键。如果不同智能体的时间基准不同步，则可能导致任务执行的顺序混乱或时序错误。时间同步的挑战在于不同设备时钟的漂移和网络通信的延迟，特别是在大规模或异构系统中。解决方法有多种，如使用时间同步协议（如 NTP 或 PTP）来不断校准系统中的时钟，或者使用基于事件的时间戳机制来减少对绝对时间同步的依赖，从而在各种动态环境中保持高精度的协同作业。

(1) 时间同步协议（NTP 或 PTP）。

NTP（Network Time Protocol）是一种用于网络中计算机时钟同步的协议，能够将分布式系统中的智能体时钟同步到毫秒级精度。NTP 通过服务器与客户端之间交换时间戳，客户端会根据延迟和时差调整本地时钟，使其与 NTP 服务器的时间保持一致。系统中的所有智能体可通过连接到公共 NTP 服务器来实现时钟同步。其优点在易于实现，广泛应用，能够在大规模分布式系统中提供高精度的时间同步；其缺点是由于网络延迟的不可控性，NTP 的时间精度有限，难以达到亚毫秒级的同步，特别是在需要超高精度的场景中。

PTP（Precision Time Protocol）是一种用于局域网内实现纳秒级时间同步的协议，尤其适用于对时间精度要求极高的应用场景。PTP 通过在局域网中精确计算消息传递时间来同步设备时钟，能够实现比 NTP 更高的精度。PTP 通过主设备（master）和从设备（slave）之间的精密时钟协调，动态校正时钟偏差。与 NTP 相比，PTP 时间同步精度非常高，适合工业自动化、金融交易系统等对时间要求严苛的场景；其缺点是 PTP 的部署成本较高，依赖于专用硬件支持，且适用于局域网，扩展到广域网时会遇到更多挑战。

(2) 基于事件的时间戳机制。

基于事件的时间戳机制是一种减少对绝对时间同步依赖的方法，通过记录事件发生的相对时间戳来协调系统中的智能体操作，而非依赖所有智能体共享同一个全局时间。智能体在触发或接收到事件时为该事件标记时间戳。时间戳反映事件的相对顺序而非绝对时间，各智能体可以根据事件的相对时间顺序进行协作。即使系统中各智能体的时钟不同步，基于事件的时间戳仍能确保一致的执行顺序。这种方法不要求系统中所有智能体的时钟高度同步，从而降低了时间同步的难度，特别适合在网络延迟较大的分布式系统中应用。同时，它能够灵活应对动态环境，确保各智能体基于时间戳进行协作。然而，由于使用相对时间戳，可能无法满足对绝对时间精度要求极高的应用场景。此外，需要设计额外的机制来处理事件间的相对顺序和依赖关系，增加了系统的复杂性。

(3) 逻辑时钟（Lamport 时钟）。

逻辑时钟是一种在分布式系统中通过事件间的相对顺序来管理时间的机制，尤其适用于需要确保事件顺序一致的系统。Lamport 时钟为每个事件分配一个单调递增的逻辑时间戳。智能体在执行任务时会按照逻辑时钟的顺序进行操作，以确保所有事件在逻辑时间上保持一致，即使各个智能体的物理时钟不同步。这种策略无须依赖精确的物理时间同步，特别适合并发系统中事件一致性维护，能够确保事件的因果顺序正确，从而避免时间同步问题带来的执行顺序错乱。然而，由于不关注物理时间，因此它只保证事件的顺序一致性，不适用于需要精确物理时间点的场景。

(4) 混合同步机制。

混合同步机制结合时间同步协议和基于事件的时间戳，通过同时使用物理时间和逻辑时间来协调智能体间的协作。系统中的智能体会首先依赖时间同步协议（如 NTP 或 PTP）进行基本的时钟校准，同时在需要高精度协作的场景中使用事件驱动的时间戳来进一步调整操作顺序。这种方式能够在保持较高时间精度的同时，减少因网络延迟或时钟漂移带来的问题。它结合了时间同步协议和事件驱动机制的优势，确保了实时性要求较高任务的高效执行，同时避免了纯物理时间同步带来的开销和复杂性。但是，混合同步实现较为复杂，适合对时间精度和顺序一致性都有较高要求的场景，部署时需要考虑协调两种同步方式的平衡。

2) 带宽和延迟的考虑

带宽和延迟是影响多智能体系统性能的关键因素。在实时协作的场景中，智能体之间的通信需要占用一定的带宽，并且必须在允许的时间范围内完成数据传输。如果带宽不足或延迟过高，可能会导致数据传输不及时，影响系统整体的响应速度和任务完成效率。带宽和延迟问题的管理对系统的实时性、可靠性以及扩展性都有重要影响。

(1) 带宽考虑。

带宽是指系统中可用于通信的最大数据传输速率，通常以每秒传输的比特数表示（单位为 bps）。在多智能体系统中，带宽的分配和利用至关重要，特别是在同时需要传输大量数据的情况下。带宽的不足会限制智能体之间的信息传输，导致感知信息滞后，进而影响决策。其主要影响因素有如下 3 个。

数据量大小：智能体之间交换的信息量直接影响带宽需求。协同感知任务中，如果智能体需要共享大量的传感器数据或高分辨率图像，带宽需求会急剧上升。

通信频率：智能体之间通信的频率越高，带宽需求越大。例如，实时环境中的频繁信息更新将占用更多带宽。

带宽分配策略：在共享网络中，带宽是有限的，需要合理分配以确保每个智能体都能获得足够的通信资源，否则可能出现网络拥塞，影响系统性能。

可基于以下策略采取对应的解决方案。

数据压缩：对传输的数据进行压缩以减少带宽需求，尤其是图像和视频等大数据类型的传输中。

分块传输：将大数据量分成多个小块传输，智能体可以先处理部分数据，从而避免等待完整数据的传输完成后再做决策。

边缘计算：智能体可以在本地对感知数据进行初步处理，提取关键特征，再将处理后的精简数据发送给其他智能体，以减少带宽占用。

智能数据调度：优化智能体之间的通信策略，减少不必要的数据传输，仅在必要时发送重要信息。

带宽管理机制：使用带宽管理协议和算法来动态调整带宽分配，优先确保关键任务的数据传输。

(2) 延迟考虑。

延迟是指从信息发送到接收到达之间的时间差，通常以毫秒（ms）为单位。在实时协作任务中，低延迟的通信对于确保智能体能够快速响应至关重要。如果延迟过高，可能导致智能体对同一事件的感知和反应存在时间差，从而影响系统的协同效果。其主要影响因素有如下 3 个。

网络延迟：由网络拓扑结构、网络负载、数据包的传输路径等因素引起。在复杂网络环境中，智能体之间通信可能需要经过多个路由节点，导致传输延迟增加。

处理延迟：智能体处理收到信息的时间，包括数据的解码、解析和应用决策。如果处理过程过于复杂，延迟也会增加。

同步机制：在需要高度同步的任务中（如机器人群体协作或无人机编队），通信延迟可能导致行动的不一致性，影响系统的整体表现。

可基于以下策略采取对应的解决方案。

优先级队列：为高优先级的任务或消息设置优先级队列，确保紧急信息能够更快地传输，减少延迟对任务的影响。

本地决策机制：减少对远程智能体的依赖，在带宽或延迟受限的情况下，每个智能体可以基于本地信息作出初步决策,降低对高频通信的需求。

低延迟通信协议:选择合适的网络协议(如实时传输协议 RTP 或 QUIC 协议)以减少网络传输延迟。采用高速通信协议,如 5G 网络或 Wi-Fi 6,可以显著降低延迟并提高数据传输速率,满足大规模多智能体系统的实时性需求。

局部广播:当多个智能体需要接收相同信息时,采用局部广播方式可以有效减少重复传输,缩短延迟并节省带宽。

(3) 带宽与延迟的折中。

带宽和延迟常常需要权衡。例如,减少带宽占用可以通过压缩数据或减少通信频率来实现,但这些措施可能会导致延迟增加或信息的实时性降低。反之,提高通信频率和数据量以确保实时性又会显著增加带宽需求。因此,系统设计中需要根据应用场景,找到适当的折中点,以确保在带宽限制的情况下仍能维持较低的延迟。

低带宽场景:在低带宽限制下,可以减少传输数据量并使用高效压缩算法,但必须接受一定程度的延迟或不那么频繁的更新。适用于资源受限的边缘计算或远程环境监控系统。

低延迟场景:在实时性要求高的场景(如无人机编队),可能需要牺牲带宽,确保快速、低延迟的通信。例如,尽量减少发送非关键数据,只传输核心控制信息。

带宽和延迟的管理在多智能体系统中至关重要,特别是在任务协作和信息共享的高频实时应用中,需要根据不同场景设计具有适应性的通信策略。通过数据压缩、优先级管理、使用高速通信协议以及合理规划通信方式,系统能够应对带宽限制和延迟问题,确保智能体之间的高效通信和实时协作。

6.2.2　信息融合算法

信息融合算法是多智能体系统中协同感知的核心。通过将来自多个传感器的感知信息进行整合处理,智能体能够获取更加准确、全面的环境信息。本节将详细分析这信息融合算法如何在多源数据中进行融合。

1. 卡尔曼滤波与粒子滤波算法

1) 多传感器数据融合

卡尔曼滤波是一种线性、高斯模型下的递归估计算法,适用于动态系统状态的估计。卡尔曼滤波通过不断修正状态预测与实际观测之间的误差来最小化估计不确定性。它假设系统的噪声和误差服从正态分布,因此特别适用于线性系统。在多源数据融合中,卡尔曼滤波常用于对动态目标的跟踪,如在视觉和雷达数据中估计物体的位置和速度。

粒子滤波是一种基于蒙特卡罗方法的非线性滤波算法,能够处理非线性和非高斯系统中的状态估计问题。通过使用大量的粒子(样本)来表示状态的后验分布,粒子滤波逐步更新这些粒子权重以近似真实状态分布。与卡尔曼滤波相比,粒子滤波更适合复杂的非线性、多峰分布的场景,因此在多源数据融合中,适用于处理非线性系统或复杂的感知数据,比如融合雷达、视觉以及其他传感器的数据。

卡尔曼滤波和粒子滤波在多传感器数据融合中都具有广泛的应用。卡尔曼滤波适合线性高斯系统,粒子滤波则适合处理非线性和非高斯系统。它们在数据级、特征级和决策级的融合中发挥了不同的作用,提升了多智能体系统的感知精度和协同能力。以融合层级为区分,传感器融合可以分为 3 种类型:数据级融合、特征级融合和决策级融合。

(1) 数据级融合。

数据级融合是在传感器层直接融合原始数据。多源传感器的原始观测数据,如雷达的测距信息和视觉的图像数据,直接在此层级进行融合,以形成更为丰富的感知信息。这种方法通常要求不同传感器的数据格式、频率等相匹配。数据级融合适用于高分辨率的场景,如自动驾驶汽车中的视觉与雷达融合,用于获取精确的环境感知和目标识别信息。通过直接融合多个传感器的数据,可以提高系统的空间分辨率和覆盖范围。数据级融合依赖于传感器之间的同步性,且可能需要巨大的计算资源处理大量的原始数据。在高数据带宽的场景下,这种方法可能不适用于实时处理。

(2) 特征级融合。

特征级融合是在各传感器数据提取出有意义的特征(如边缘、角点等)后,再将这些特征进行融合。例如,将视觉传感器提取出的边缘信息与雷达的目标点云信息相结合,形成统一的特征表示。这种方法能够减少原始数据的维度,同时保留关键信息。特征级融合适用于复杂的感知任务,如无人机导航或机器人定位,融合来自不同传感器的特征以增强系统对环境的理解。卡尔曼滤波或粒子滤波可以在这个层面上对特征数据进行融合和估计,特别是在目标跟踪和物体识别任务中。特征级融合要求传感器特征的提取和对齐技术成熟,且不同传感器提取的特征可能难以直接对齐。此外,在特征提取过程中,可能会丢失部分原始数据信息。

(3) 决策级融合。

决策级融合是在各传感器独立处理数据并作出决策后,将每个传感器的结果融合来做最终决策。例如,视觉传感器可能判断一个物体的类别,而雷达传感器则确定物体的距离和速度,最终通过融合各自的判断得出最优决策。决策级融合广泛用于多源传感器系统中的目标识别和决策支持系统,如安全监控或多模态物体识别。通过结合不同传感器的最终输出,可以提高决策的可靠性和准确性。然而,由于决策级融合是基于各传感器独立作出判断,因此可能丢失某些传感器间潜在的协同信息,无法充分利用传感器间的互补优势。此外,这种方法的精度取决于每个单独决策的准确性。

2) 信号处理与噪声抑制技术

在多传感器数据融合中,信号处理与噪声抑制技术是提升系统感知能力和准确性的关键。传感器在采集数据时不可避免地受到噪声干扰,因此需要应用适当的滤波技术来消除噪声、提高数据质量,从而增强系统的鲁棒性和可靠性。卡尔曼滤波和粒子滤波等算法在这方面表现出色,特别是在实时性要求高的环境中。

(1) 卡尔曼滤波中的噪声抑制。

卡尔曼滤波是一种基于线性、高斯模型的递归算法,适用于消除噪声并估计系统的真实状态。它通过预测-更新的循环流程，逐步减少测量噪声对系统状态估计的影响。卡尔曼滤波能够有效抑制噪声的原理在于，它不仅考虑传感器观测的当前数据，还结合了系统动态模型的预测，进而在观测数据与预测之间找到最优平衡。卡尔曼滤波通过定义状态转移方程和观测方程中的噪声协方差矩阵，分别反映系统过程噪声和测量噪声的强度。较大的测量噪声协方差意味着传感器数据不可信赖，滤波器会更多地依赖预测模型，反之会更多地使用传感器数据。通过精心设计这些噪声模型，卡尔曼滤波可以在多源传感器数据中有效减少噪声。卡尔曼滤波常用于多源传感器融合中的动态系统状态估计，如自动驾驶中的位置和速度跟踪。通过融合 GPS、IMU（惯性测量单元）等数据，它能够减少每个传感器的噪声，并提供稳定的轨迹估计。

(2) 粒子滤波中的噪声抑制。

粒子滤波是一种处理非线性和非高斯系统的状态估计算法，使用粒子样本来表示状态的后验概率分布。与卡尔曼滤波相比，粒子滤波不依赖于线性和高斯假设，因此在处理复杂、多峰分布的数据时具有更好的鲁棒性。粒子滤波通过在每个时间步生成多个状态粒子，并基于传感器观测对粒子进行加权。权重反映了各粒子与实际观测的匹配程度，粒子滤波通过多次重采样来增强高权重粒子的影响，抑制噪声对状态估计的负面影响。在多传感器数据融合中，粒子滤波可以处理高度非线性的噪声，尤其是多传感器数据来自不同类型传感器、存在不确定性的情况下。粒子滤波广泛应用于 SLAM（同步定位与地图构建）、机器人导航等领域，特别是当传感器（如激光雷达、视觉传感器等）提供的观测数据存在较大非线性或非高斯噪声时。粒子滤波可以有效增强噪声抑制效果，保证定位和感知的稳定性。

(3) 多传感器数据融合中的滤波应用。

在多传感器数据融合中，卡尔曼滤波和粒子滤波通常用于不同层次的融合，如数据级、特征级或决策级融合中，以提升数据准确性和系统鲁棒性。对于线性传感器（如雷达或声呐），卡尔曼滤波能够平滑传感器输出、减少噪声影响，并在实时系统中提供快速响应能力。它适合实时性较高的场景，例如，无人驾驶中的位置跟踪和目标监测。对于非线性传感器（如摄像头、激光雷达），粒子滤波能够有效处理非线性噪声和测量不确定性。它适用于较复杂的感知环境，如机器人在多障碍物环境中的定位和导航。

(4) 优化策略。

卡尔曼滤波和粒子滤波各自针对不同类型的噪声抑制需求：卡尔曼滤波适用于线性、高斯系统，粒子滤波则适合处理非线性、非高斯系统。在实际应用中，滤波器的选择取决于传感器的特性和系统的要求。例如，在自动驾驶中，常结合两种滤波器以适应不同传感器的噪声特性，并通过动态调整噪声模型、融合算法，进一步提升数据处理的准确性与鲁棒性。

2. 深度学习算法

1) 特征提取与表示

(1) 特征提取与表示中的卷积神经网络（CNN）。

卷积神经网络（CNN）是一种常用的深度学习算法，特别擅长从多种传感器数据（如图像、雷达点云等）中提取高维特征。在深度学习的框架下，特征提取是通过自动化的方式完成的，网络的卷积层和池化层能够自动学习数据中的空间结构和特征模式，因此无须人工设计特征。这种方式不仅减少了对领域知识的依赖，还能从大量的传感器数据中提取出更丰富、深层的特征表示。CNN能够通过多层卷积操作逐步提取局部特征，并在更高层次学习到抽象和全局的特征表示。这种自动化的特征提取方法避免了人工特征提取过程中烦琐的选择和调试，尤其适用于多维、非结构化的传感器数据，例如图像、激光雷达点云或其他高维数据；CNN可以同时处理来自多个传感器的数据，特别是在视觉、雷达等场景下，不同通道的数据能够通过卷积层进行联合学习，从而提升系统的感知能力。

(2) 手工特征提取与深度学习特征提取的异同。

传统的手工特征提取依赖于设计者的经验和领域知识，通常在不同应用领域中选取合适的特征描述子（如SIFT、HOG、SURF等）。这些特征提取方法可有效地将数据的某些特定属性转换为特征向量，然而其局限性在于对复杂数据（例如非线性、高维数据）的表现有限。此外，手工特征提取方法需要经过调试和优化，以确保提取的特征能用于后续的分类或回归任务。

深度学习中的自动特征提取则不同，它通过训练神经网络，逐层从原始数据中自动学习特征表示。CNN等深度模型能够捕捉到更加复杂的模式和特征，并且适应多种不同类型的数据输入。由于这种特征提取方式基于大量数据和计算资源，因此能够发现手工特征难以捕捉到的细节和模式。

比较而言，两者的目标都是从原始数据中提取有用的特征，便于后续的机器学习或深度学习模型进行分类、回归或其他任务。然而，手工特征提取依赖设计者的专业知识和领域经验，而深度学习通过自动化过程学习特征，避免了设计上的主观性。此外，深度学习能够提取到更深层次、更抽象的特征，而手工特征往往只针对低层或中层信息。随着数据量和计算能力的提升，深度学习自动特征提取逐渐成为复杂、多维传感器数据处理的主流方法，特别是在图像、雷达等领域展现出更强的特征表示能力和灵活性。

2) 多模态深度学习

在多智能体系统中，传感器种类多样，获取的信息形式也各不相同，如摄像头提供的视觉数据、雷达提供的距离和速度信息。这些多源、多模态的数据需要进行有效的融合，才能让系统作出更加准确的决策。多模态深度学习就是为了解决这一问题而发展起来的技术。多模态深度学习是一种能够处理来自多个传感器或数据源的模型，通过同时学习和融合不同模态（如视觉、雷达、激光雷达等）中的信息，实现更全面和准确的感知。多模态神经网络在这方面扮演重要角色，它可以将各类异构数据进行联合处理与融合，帮助提升系统在复杂环境下的鲁棒性和性能。

(1) 多模态神经网络。

多模态神经网络能够处理来自不同数据源的输入，如视觉图像、雷达信号、激光点云等。每种数据源具有不同的特征维度和物理特性，因此通过神经网络的多模态学习，可以捕捉到这些异构数据中潜在的互补性信息。这种网络通常由多个子网络组成，每个子网络专注于处理一种模态的数据。经过各自的特征提取后，这些子网络的输出会在某一层进行融合，从而实现多模态信息的整合。

输入级融合：将各类传感器数据在网络输入时直接融合，例如，将雷达和图像数据拼接成一个输入，经过同一网络处理。这种方法简单但在数据预处理阶段容易丢失各模态的独立信息。

特征级融合：先为每种模态构建单独的子网络提取特征，再在中间层或最终层融合不同模态的特征。特征级融合能够保留每种传感器的特性，同时在融合层进行互补信息的整合，是多模态学习中常见的方法。例如，摄像头的视觉数据可以提供物体的形状和颜色，而雷达的数据则可以补充物体的距离和速度信息。通过融合这些信息，自动驾驶系统可以更加准确地感知周围环境。

决策级融合：各模态的特征经过独立处理后，分别输出决策（如分类结果或预测值），再通过加权或其他策略融合多个决策。这种方法适用于复杂任务或模态之间存在显著差异的情况。

(2) 自监督学习在多源数据中的应用。

自监督学习是一种不需要大量标注数据的学习方法，模型可以通过数据中的内在结构或信息生成学习目标（例如，通过部分数据预测其他部分）。在多模态感知系统中，自监督学习可以通过对齐不同模态间的数据特征，提升模型的鲁棒性和泛化能力。例如，在自动驾驶中，视觉和雷达数据是常用的两种传感器输入。自监督学习可以通过对这两种模态数据进行时空对齐，训练模型可在无标注的情况下学会如何关联并整合这些数据。通过在不同模态中生成相似或相关的特征表示，模型可以学会更好地理解和融合不同源的数据。例如，通过自监督的对比学习，模型可以理解雷达信号中的运动信息与视觉图像中的空间结构之间的关系。

(3) 高效特征融合与表示。

在多模态深度学习中，实现高效的特征融合是关键。以下方法有助于提升融合效率和性能。

跨模态注意力机制：通过引入注意力机制，模型可以根据任务的需求动态调整不同模态的特征权重，从而更有效地利用关键的模态信息。注意力机制常用于特征级融合阶段，能够更好地对齐和集成来自视觉、雷达等不同传感器的数据。

多尺度特征融合：在多模态神经网络中，不同模态可能需要在不同的尺度下进行处理。多尺度特征融合技术允许网络同时学习不同粒度的信息，从而更全面地捕捉不同模态数据的特征。

(4) 应用场景。

自动驾驶：视觉和雷达传感器结合用于识别和检测环境中的物体，确保在不同天气和光照条件下的稳定性能。

机器人导航：通过融合激光雷达、摄像头和深度传感器的数据，机器人可以在复杂环境中进行精准定位和路径规划。

医疗诊断：融合图像、声波、MRI 等不同模态的医学数据，提供更全面的诊断结果。

(5) 挑战。

异构数据的对齐问题：不同模态数据通常具有不同的采样率、时序结构和噪声特性，如何在模型中实现高效对齐是多模态学习的一个主要挑战。

计算资源需求：处理多个模态的数据往往需要更多的计算资源和存储空间，特别是在高维特征和大规模数据集的情况下。

深度学习，特别是卷积神经网络和多模态神经网络，极大地提升了多智能体系统的特征提取与融合能力。卷积神经网络通过自动学习高维特征，替代了传统的手工特征提取方法，而多模态深度学习则通过融合不同传感器的数据，实现了信息的高效融合与表示。这些技术使得多智能体系统能够在复杂环境中实现更精准的感知与协作。

3. 贝叶斯推理与强化学习算法

1) 基于贝叶斯推理和 Dempster-Shafer 理论的决策融合

在多源传感器系统中，面对环境的不确定性和传感器信息的冲突，决策融合成为实现高效、可靠决策的重要环节。贝叶斯推理和 Dempster-Shafer 理论（DS 理论）为这一过程提供了有力的理论基础和方法。

(1) 贝叶斯推理。

贝叶斯推理基于贝叶斯定理，通过更新先验知识来获得后验概率，特别适用于处理不确定性问题。在多传感器系统中，每个传感器会提供不同的信息或证据，贝叶斯推理可以将这些信息整合为一个统一的决策。每个传感器的观测结果被视为证据，用于更新先验概率。通过将各传感器的观测结合起来，形成更可靠的后验决策；在信息冲突的情况下，贝叶斯推理通过调整权重或置信度，合理融合来自不同传感器的信息。可以根据传感器的可靠性或先验知识动态调整其影响。

(2) DS 理论。

DS 理论提供了一种处理不确定性和冲突信息的框架。与传统概率论不同，DS 理论允许在多个假设之间表达不确定性，适用于多源信息融合。DS 理论通过赋予每个假设（或事件）一个信任度（或支持度），可以表示对某个事件的支持程度。这使得它可以处理多个传感器的观测结果，并在此基础上形成一个信任度分布；当多个传感器提供相互冲突的信息时，DS 理论采用 Dempster 合成规则来合并不同的信任度分布，得到一个综合的决策支持。这种合成方法能够有效地整合和分配来自不同源的信息，特别是在处理不确定性时表现优越。

(3) 应用场景。

在多源传感器系统中，贝叶斯推理和 DS 理论各自的优点使得它们能够在以下场景中得到有效应用。

自动驾驶：在自动驾驶系统中，雷达、激光雷达和摄像头等传感器可能会提供相互矛盾的信息。通过贝叶斯推理和 DS 理论，可以综合这些信息以作出安全的行驶决策。

机器人感知：在动态环境中，机器人可能依赖多个传感器（如深度相机、声呐等）进行导航与识别。在不确定条件下，利用这两种理论可以优化机器人对环境的理解和决策过程。

医疗诊断：在医学成像中，多个检测手段（如 CT、MRI、超声波等）可能会提供不同的诊断信息。通过决策融合，可以提高对患者状况的准确判断。

(4) 挑战与解决方案。

数据质量：贝叶斯推理依赖于先验知识，而 DS 理论则依赖于信任度的合理分配。在实际应用中，数据质量和传感器可靠性可能影响融合效果，因此需要定期校准传感器，并进行质量评估。

计算复杂性：对于复杂系统，尤其是涉及多个传感器的情况下，计算贝叶斯推理和 Dempster-Shafer 理论所需的分布可能需要大量的计算资源。因此，优化算法和高效的数据处理方法显得尤为重要。

2) 多智能体强化学习

多智能体强化学习（Multi-Agent Reinforcement Learning，MARL）是强化学习的一种扩展，旨在通过多个智能体的协同作用实现更复杂的任务和决策，如图 6.6 所示。通过有效的信息共享与协作机制，多智能体系统能够优化全局决策，提升整体性能。

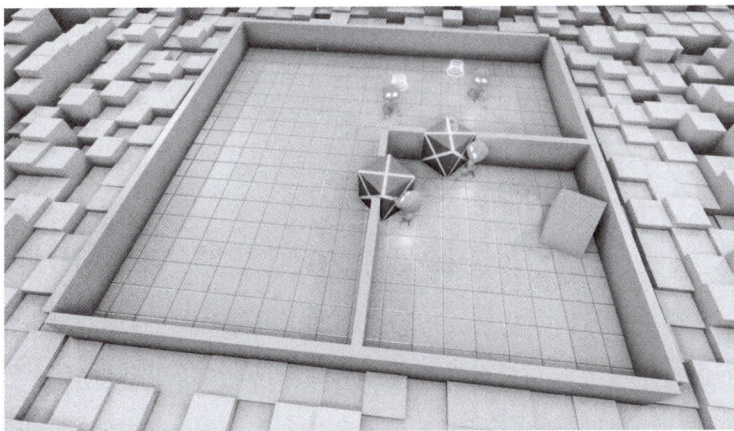

图 6.6　多智能体强化学习中的合作

(1) 决策融合。

在多智能体系统中，各个智能体通常面临相似的环境，并需要共同作出决策。在这种情况下，决策融合变得至关重要，能够通过有效的合作来优化全局策略。决策融合的过程主要包括以下 3 方面。

信息共享：智能体之间共享状态信息、动作选择和奖励反馈，形成一个更全面的环境模型。信息共享不仅限于直接观测值，还可以包括智能体的经验、学习到的策略和预期的结果。有效的信息共享机制可以减少信息的不对称性，提高系统的整体决策质量。

集体学习：在决策过程中，智能体可以采用集中式或分布式的学习策略。在集中式学习中，所有智能体的信息汇总到一个中心节点，由中心节点进行策略更新。而在分布式学习中，各个智能体独立学习并共享经验，采用联合学习策略不断调整自己的策略。这种灵活性使得系统能够在动态环境中自适应变化。

策略协调：通过引入协作机制，如合作博弈、信任机制等，智能体可以有效协调行动，实现集体目标。在这种机制下，智能体不仅考虑自己的局部奖励，还会关注整体目标，促进群体智能的提升。

(2) 信息共享与协作机制。

在多智能体强化学习中，智能体之间的信息共享和协作机制是实现有效决策的关键。这些机制的设计对于优化全局决策至关重要。

直接通信：智能体可以通过直接通信交换状态、动作和奖励信息。直接通信可以加速学习过程，但可能会引入通信开销和延迟。

经验重放：智能体可以将其经验存储在共享的经验池中，其他智能体可以从中抽取有用的信息进行学习。这种方式能够有效利用过去的经验，增强学习的效率。

集中式学习：在某些情况下，集中式学习可以有效协调各个智能体的行动，使其共同朝向全局目标。例如，通过一个中央控制器来制定全局策略，然后将策略下发到各个智能体。

分布式学习：每个智能体根据自己的观测和经验独立学习，通过共享策略更新信息进行调整。这种方式可以提高灵活性，适应动态环境中的变化。

(3) 优化全局决策。

通过多智能体强化学习的决策融合与信息共享机制，可以实现以下目标，从而优化全局决策。

提高效率：多个智能体可以分担任务、共同解决问题，提升系统的处理效率。例如，在复杂的任务中，智能体可以通过协作优化资源的利用，减少冗余工作。

增强鲁棒性：在面对不确定性和动态变化的环境时，多智能体系统的协作可以增强系统的鲁棒性。即使某个智能体失效，其他智能体仍然可以继续执行任务，确保系统的稳定性。

促进创新：通过集体学习和信息共享，智能体可以快速适应环境变化，并在此过程中发现新的解决方案，推动系统创新。

(4) 应用场景。

多智能体强化学习在许多应用场景中表现出色，例如，

自动驾驶：在自动驾驶系统中，多个车辆可以通过共享道路状态和行驶策略，优化交通流量和安全性。

智能制造：在制造业中，多台机器人可以通过信息共享和协作，优化生产调度和资源利用，降低生产成本。

无人机集群：无人机集群可以通过协作任务分配和信息共享，实现高效的搜索与救援行动。

(5) 挑战与前景。

尽管多智能体强化学习在决策融合中展现了巨大潜力，但仍然面临诸多挑战，例如，

信息过载：智能体之间的信息共享可能导致过载，影响学习效率，因此需要设计有效的信息过滤和选择机制。

协作冲突：智能体之间可能存在目标冲突，如何协调不同智能体的行动以实现全局目标是一个复杂的问题。

非稳定环境：由于每个智能体都在不断更新自己的策略，整个环境呈现出动态性，使得单个智能体难以预测其他智能体的行为。

贝叶斯推理和 DS 理论在处理不确定和冲突信息的多传感器融合中发挥了重要作用，它们通过不同的方式帮助系统在复杂环境下作出合理决策。而多智能体强化学习则通过信息共享和协作机制，优化全局决策，适用于动态、多智能体的协同任务。这些技术为多智能体系统提供了强大的决策融合工具，使其能够应对复杂多变的环境。

6.3　多智能体系统协同决策

6.3.1　集中式决策与分布式决策

在多智能体系统中，决策方式的选择对于系统的性能至关重要。多智能体系统由若干相互作用的智能体组成，这些智能体需要不断作出决策，以协调整体智能体的行为来实现全局目标。这些决策包括任务分配、资源管理、路径规划以及协作策略等，直接影响系统的效率、鲁棒性和整体效果。

随着技术的发展和应用场景的复杂化，在不同的环境和需求下选择合适的决策方式变得尤为关键。无论是在机器人团队执行复杂任务时，还是在智能交通系统中优化车辆行驶路径，适当的决策方式都能显著提升系统性能。本节将探讨集中式决策和分布式决策这两种决策方式，并介绍如何适应性地同时使用这两种决策方式——混合式决策来达成更优的整体效果。每一种决策方式都有其特点，适用于不同的应用场景。通过对现实问题的深入分析和决策方式的对比，读者将能够更深入地理解多智能体系统中的决策过程，并根据实际需求选择最合适的决策方式。

1. 集中式决策

在多智能体系统中，集中式决策是由一个中央控制单元（或决策节点）负责收集所有智能体的状态、动作等信息，并基于这些信息在全局视角下进行整体优化的决策过程，决策结果将下发给其他各个智能体，由它们执行相应的任务。集中式决策强调决策权的集中和统一，这种方式与分布式决策形成对比，后者依赖于智能体个体自行决策。

集中式决策具有以下几个显著特征。首先最明显的特征是中央控制，即系统中所有的智能体的决策权集中在一个中央控制单元。其次是全局视角，中央控制者拥有系统的全局信息，可以进行全局优化。并且，集中式决策能够保证高效协调。由于基于全局信息制定决策，大大减少了决策过程中的延迟和冲突，确保系统的整体性能和稳定性，实现不同智能体之间任务和资源分配的高效协调。此外，系统进行集中化信息处理，所有智能体的信息都汇聚到中央控制单元进行综合处理。

为了实现全局控制，实现集中式决策需要系统具备一些条件。首先，要具备信息收集能力，即中央控制单元必须具备收集和处理所有智能体信息的能力；其次，中央控制单元需要强大的计算能力来处理全局优化问题，尤其是在大规模问题处理时所需的计算资源会以指数规律增长；然后，需要多智能体具有完善的通信设施，可靠的通信网络是确保信息及时准确传递的关键；此外，响应速度也是一个关键条件，尤其是在动态环境下，系统需要能够快速响应环境变化，以应对实时决策需求。根据上述特征，集中式决策的优点和缺点如表6.2所示。

表 6.2　集中式决策的优缺点

	优　缺　点	描　述
优点	全局最优解	拥有全局信息，中央控制单元能够实现整体优化，确保资源的最优分配和任务的高效执行，最大化整体效益
	高效协调	中央控制单元有效协调多个智能体，避免资源争夺和冲突，确保智能体之间的高效合作，快速应对突发事件
	简化个体智能体设计	个体智能体只需执行指令，无须复杂的决策算法，设计和实现简单，制造和维护成本低
	决策一致性和数据可靠性	确保系统决策的一致性，避免分布式系统中的决策冲突，提高数据处理的准确性和可靠性
缺点	单点故障风险	系统对中央控制单元依赖性强，中央控制单元失效可能导致整个系统崩溃，需增加冗余设计和备份措施
	通信瓶颈	所有智能体信息需传输到中央控制单元，导致数据传输负担重，可能出现延迟，影响实时决策效果
	计算资源需求高	中央控制单元需处理大量数据和复杂优化算法，对高性能计算资源需求大，增加系统建设和运维成本
	系统扩展性不足	中央控制单元处理能力有限，难以应对智能体数量和任务复杂性增加的情况，灵活性和适应性在动态环境中受到制约

在实际应用方面，集中式决策在多个关键领域展现出了广泛的应用价值。

(1) 智能交通管理系统。

目前交通拥堵问题日益严重，如何优化交通灯的配时成为解决交通拥堵的重要手段。在智能交通系统中，交通信号控制中心实时收集各个路口传感器的数据，包括交通流量、车速以及行人过街需求等信息，基于这些数据，中央控制单元采用全局优化算法来调整交通灯的配时与相位设置，减少车辆等待时间，有效减轻交通拥堵状况，显著提升道路通行效率，降低燃油消耗和尾气排放。

(2) 智能电网管理。

在智能电网中，如何高效调度和优化能源资源是提升电网运行效率的关键。电网调度中心实时监测电网的供需动态、设备运行状况等关键信息，通过预测模型和优化方法，对发电计划、输电策略及负荷分配进行最优化调整，如根据需求变化调整发电机组的输出，根据电网负载情况调整输电线路的运行模式等，确保电网既安全稳定又经济高效地运行。

(3) 自动化仓储管理系统。

在大型仓储中心，机器人被广泛用于搬运货物和执行拣选任务。如何高效分配机器人任务是提升仓储效率的关键。在大型物流管理系统内，物流管理中心实时监控、汇聚并解析各节点的库存状态、运输能力、订单和机器人位置等核心数据，根据任务优先级和机器人的状态，通过智能化的算法实现订单的自动高效分配以及物流路径的最优规划，提升了仓储操作效率和准确性，减少了能源消耗以及机器人间的干扰和碰撞。

(4) 事故应急处理。

交通事故会导致交通瘫痪，如何快速响应并处理事故对恢复交通秩序至关重要。在发生交通事故时，中央控制单元快速整合来自各个路段的交通数据，评估事故影响范围，并实时调整周边路口的交通灯配时。同时，中央控制单元协调应急车辆的调度，迅速到达事故现场进行处理，从而缩短事故处理时间，快速恢复交通秩序，减少事故对交通流的负面影响。

(5) 故障检测与恢复。

电网故障会导致大规模停电，如何快速检测和恢复故障是保障电网稳定运行的关键。中央控制单元通过传感器网络实时监控电网运行状态，利用故障检测算法快速识别故障位置和类型。中央控制单元协调调度维修人员和设备，快速进行故障处理和恢复电力供应，从而大幅缩短故障检测和恢复时间，减少停电对用户的影响，提升电网的可靠性和用户满意度。

综上所述，集中式决策方法通过统一的数据处理和决策流程，能够在短时间内生成高效且一致的决策结果。尽管在处理大规模和复杂系统时可能面临瓶颈，但其在结构化任务和明确指令的场景中依然具有显著的优势。未来，随着技术的进步和数据处理能力的提升，集中式决策在与分布式决策相结合的过程中，有望展现出更加灵活和强大的应用潜力。

2. 分布式决策

分布式决策是一种让多个独立决策单元协同合作，共同完成任务的决策方式。其中，多智能体系统由多个独立的决策单元（也称为代理、节点或智能体）组成，每个决策单元拥有部分信息和计算能力，并能够自主地作出决策。这些决策单元通过通信和协作，共同实现系统的全局目标，而无须依赖单一的中央控制单元。分布式决策的核心在于分散和协作，即通过多个分散的单元在局部信息基础上的自主决策和全局信息的共享，实现整体系统的优化和协调。

分布式决策的特征主要包括去中心化、自主性、并行性和容错性。分布式决策的去中心化特征意味着没有单一的中央控制单元，多个决策单元分布在系统的不同部分。每个单元可以自主地处理局部信息并作出决策，同时与其他单元进行通信和协作。这种自主性使得系统能够快速响应局部变化，提升了系统的灵活性和适应性。并行性是另一显著特征，因为多个决策单元可以同时进行计算和决策，从而提高了系统的处理效率。容错性则体现在系统能够容忍部分单元的故障，继续正常运行，增强了系统的鲁棒性和可靠性。

要实现分布式决策，需要多智能体系统满足一些具体条件。首先，各个决策单元必须具备足够的计算能力和通信能力，以便处理局部信息和与其他单元进行交互。其次，系统需要设计合理的通信协议和协作机制，确保各个单元能够有效地交换信息和协同工作。此外，分布式算法和优化策略是分布式决策的重要支撑，能够在保证局部决策质量的同时实现全局优化。相对于集中式决策，分布式决策的优点和缺点如表6.3所示。

表 6.3   分布式决策的优缺点

优 缺 点		描 述
优点	弹性和鲁棒性	分布式决策系统具备较高容错能力，个别决策单元故障不影响系统整体运行，提高系统稳定性和可靠性
	扩展性	系统易于扩展，新的决策单元可以无缝加入，无须大规模调整架构，灵活应对需求变化
	效率提高	通过并行处理，各决策单元同时执行任务，显著提升整体计算效率和响应速度
	局部优化	每个决策单元根据局部环境和信息进行优化，提升系统反应速度和适应性
	信息共享	通过信息共享和协作，各决策单元形成更全面的全局视图，支持综合决策
缺点	复杂性增加	分布式系统设计和维护复杂，需要精心设计的通信协议和一致性算法
	通信开销	频繁的信息交换可能导致高通信开销，增加网络负载，影响系统性能
	局部优化	独立优化可能导致决策冲突和全局优化不佳，影响系统整体效能
	一致性挑战	确保全局一致性复杂，延迟和故障可能引发决策冲突和系统不稳定
	故障传播	错误或恶意行为可能通过信息交换传播，影响其他单元决策，导致全局故障

在实际应用方面，分布式决策在物联网、智能电网、自动驾驶和车联网、工业自动化和制造等领域展现出巨大潜力。

(1) 物联网。

在物联网方面，随着智能设备的普及，物联网设备需要实时处理和响应数据。各个物联网设备（如传感器和智能家电等）首先独立收集本地环境数据（如温度、湿度、光线强度等），然后通过嵌入的小型处理单元进行初步数据分析和处理，包括计算平均值和检测异常数据等。设备根据预设的算法和阈值作出即时响应，例如，调节空调温度或开关灯等。必要时，这些设备还会将处理后的数据或决策结果上传至云端或共享给其他设备，以实现更高层次的协作和优化，从而提高响应速度和系统效率，实现设备间的智能协作。

(2) 智能电网。

传统电网逐步向智能电网转型，需优化电力分配和使用。各电力生产单元（如太阳能电池板和风力发电机）和消费单元（如家庭和工厂）实时监测自身的电力生产和消费情况，独立分析这些数据以评估当前的电力供需状态。生产单元可能会基于分析结果调整发电功率，而消费单元则可能推迟高耗电设备的使用时间。通过智能电表和分布式控制系统，各单元协同工作，实现电力的自动分配和负载平衡，从而优化整体电网的运行效率。

(3) 自动驾驶和车联网。

自动驾驶技术的发展需要实时数据处理与决策。在分布式决策方法过程中，每辆自动驾驶汽车通过摄像头、雷达和激光雷达等传感器独立收集周围环境数据（如路况、行人和其他车辆等），车载计算单元实时处理感知数据，进行物体识别、路径规划和风险评估等。根据处理结果，车载系统独立作出驾驶决策，如转向、加速、减速或停车，并与其他车辆和基础设施进行信息共享，以协同优化交通流动和安全，提升驾驶安全性和交通效率，实现更流畅的交通流动。

(4) 工业自动化和制造。

智能制造需要更高效的生产过程和资源利用。分布式下各生产设备（如机器人、传感器等）独立收集生产线上的实时数据（如温度、压力、加工状态等），通过嵌入式处理单元进行数据分析和实时调整生产参数，例如，调整加工速度、温度等。设备间通过工业互联网进行信息共享和协作，确保整个生产线的协调和优化，提高生产效率和柔性，减少资源消耗和生产时间。

(5) 社交媒体和内容推荐。

用户对个性化内容的需求推动了推荐系统的发展。各推荐引擎独立收集和分析用户行为数据（如浏览记录、点赞、评论等），通过机器学习算法生成个性化内容推荐。例如，一个用户经常观看的内容类型会被分析引擎识别，从而推荐相似类型的内容。推荐结果可以通过平台共享给其他相关引擎，以优化整体推荐效果，提升用户体验和平台黏性，提高内容消费和广告效益。

(6) 野外智能体执行任务。

在探索、救援和环境监测等任务中，野外智能体（如机器人、无人车辆等）需要在复杂和未知的环境中自主行动和协作。每个野外智能体独立收集环境数据（如地形、障碍物、生物标志等）和自身状态数据（如位置、电量等），通过内置的计算单元进行数据分析和本地决策。例如，探测机器人可以根据地形数据规划最佳路径，避开障碍物并保持与其他智能体的安全距离。智能体之间通过无线网络共享重要信息，如发现的资源或危险区域，以实现任务的全局优化和协同执行，提高任务的自主性和成功率，减少人力干预，实现更高效的野外操作。

综上所述，分布式决策凭借其独立性和灵活性，展现了在复杂和动态环境中的强大适应能力。尽管其实施过程中可能面临通信延迟和协调复杂性等挑战，但通过优化算法和增强协同机制，这些问题有望得到有效解决。随着物联网、智能电网和无人系统等领域的快速发展，分布式决策将继续推动技术系统的智能化和互联化，为实现更高效、更可靠的解决方案提供坚实的基础。未来，分布式决策与其他决策方式的融合应用，将进一步拓展其在各类应用场景中的潜力和价值。

3. 混合式决策

在现代复杂系统中，单一的决策模式往往无法满足多样化和动态变化的需求。为此，混合式决策模式应运而生，融合了集中式决策和分布式决策的优点，旨在实现更灵活、更高效的决策过程。

混合式决策结合集中式和分布式两种方法，通过在不同层面和不同阶段的决策过程中灵活应用这两种模式，来优化整体系统性能。这种方法不仅能保持集中式决策的统一性和高效性，还能利用分布式决策的灵活性和适应性，形成一种综合优势。混合式决策包括层级架构、动态调整、分布式自治与集中协调、多代理系统等多种设计形式。下面将具体介绍。

(1) 构建多层级的决策架构：可将决策架构分为宏观层级（集中式决策）和微观层级（分布式决策），其中，在系统的顶层（宏观层级），集中式决策负责全局策略和资源的配置。例如，在智能交通系统中，宏观层级可以制定城市交通网络的总体规划和资源分布。在系统的底层（微观层级），各个子系统或单元通过分布式决策负责局部优化和具体任务执行。例如，具体道路的交通灯调控和车辆导航由分布式决策系统来管理。

(2) 制定动态调整机制：制定机制前，首先需要实时监控，通过传感器和数据采集系统，实时监控系统的状态和变化。收集的数据用于调整集中式和分布式决策的比例。由此，根据实时数据和系统需求，自适应地调整集中式决策和分布式决策的作用范围。例如，在交通高峰期，增强集中式决策的权重，以便更好地协调全局资源；在非高峰期，增强分布式决策的灵活性，以提高局部效率。

(3) 构建分布式自治与集中协调的混合机制：该机制由自治单元和集中协调构成。在自治单元中，各分布式单元（如智能传感器、智能设备等）在自治运行的基础上，独立作出局部决策，提升决策的速度和灵活性。然后，通过集中协调机制，确保各自治单元的决策在全局范围内的一致性和协调性。例如，在智能电网中，各分布式能源单元根据本地需求进行自治，但总体电网负荷平衡由集中协调系统进行管理。

(4) 多代理系统：多代理系统可通过如下 3 步实现。首先进行代理设计，为不同功能模块设计专用的智能代理，每个代理负责特定任务，并具备自主决策能力。其次是代理协同，通过定义明确的通信和协同协议，实现代理之间的信息交换和协作。集中式决策系统负责全局协调，确保各代理的决策在全局范围内的一致性和协同效应。最后是任务分配，集中式决策系统根据全局策略，将具体任务分配给各个代理，由其独立完成。

混合式决策系统能够充分发挥集中式和分布式决策的优势，实现更加智能、高效和灵活的决策过程。然而，混合式方法需要进行子群划分、集中式计算、分布式协商等操作，故该方法设计难度较大、对智能体的智能化水平和通信性能都有一定的要求，目前关于该方法的研究成果较少，许多关键技术尚不成熟。

未来，随着人工智能和大数据技术的发展，这些挑战有望逐步得到解决。通过不断探索和优化，混合式决策将进一步推动各种复杂系统的智能化发展，提升系统的优化能力，为实现更高效、更可靠的决策提供坚实的基础。未来，混合式决策的广泛应用将为各行各业带来深远的变革和创新。

6.3.2　任务分配算法

1. 任务分配问题的建模

任务分配是多智能体系统的核心问题之一。在多智能体系统中，智能体之间能够在一定的环境中进行交互、通信和协同工作。由于不同智能体个体具有不同的负载能力、运动速度和感知范围，为了实现多智能体系统的全局目标，如以最小的成本或者最短的时间完成一组任务，需要合理地将各个子任务分配给智能体个体，以实现整个系统的高效运行。例如，对于无人机集群执行城市区域巡查任务，需要考虑如何让集群覆盖所有目标区域的同时，尽量减少总的飞行路程和能源消耗。

设 $A = \{a_1, a_2, \cdots, a_n\}$ 表示多智能体系统中的智能体集合，其中，n 为智能体的总数。每个智能体 a_i 具有其自身的能力参数集 $E_i = \{e_{i1}, e_{i2}, \cdots, e_{im}\}$，集合中的元素表示能力的参数值，如感知范围、运动速度等，m 为能力种类个数。

设 $T = \{t_1, t_2, \cdots, t_k\}$ 表示任务集合，其中 k 为任务的总个数。每个任务 t_i 也具有任务属性集 $P_j = \{p_{j1}, p_{j2}, \cdots, p_{jl}\}$，集合中元素表示任务属性的参数值，例如，任务的优先级、工作量等。

任务分配指寻找一个从任务集合 T 到智能体集合 A 的映射 $f: T \to A$，旨在实现优化目标。常见的优化目标包括：使完成所有任务的总时间最短，即 $\min T_{\text{total}}$，其中，T_{total} 是所有任务完成时间之和；使总成本最低，即 $\min C_{\text{total}}$，其中，C_{total} 是所有智能体执行任务消耗成本总和；使系统整体效益最大，即 $\max B_{\text{total}}$，其中，B_{total} 为多智能体系统执行任务后的总收益。

在现实生活中，各方面条件与资源往往受到不同程度的限制，因此，求解上述映射一般需要满足一定的约束条件，常见的约束条件有以下几种：

(1) 能力约束。智能体的能力必须满足任务需求，例如，任务 t_j 需要智能体的第 t 种能力达到某水平值 p_{js} 以上，即 $e_{jt} \geqslant p_{js}$。

(2) 资源约束。智能体个体的资源常常受限，不能指派其执行超出自身资源范围的任务。设智能体 a_i 的资源上限为 $R_{i\max}$，执行任务 t_j 所需资源为 r_{ij}，则约束为 $r_{ij} \leqslant R_{i\max}$。

(3) 时间约束。有些任务有严格的时间限制，例如紧急救援中的生命探测任务必须在黄金救援时间内完成。若任务 t_j 需要在时间 $T_{j\lim}$ 内完成，智能体 a_i 完成此任务需要花费时间为 t_{ij}，则将此任务分配给智能体 a_i 需满足约束 $t_{ij} \leqslant T_{j\lim}$。

案例 6.1　指派问题模型

假设 $n = k$，即智能体数量与任务数量一致，第 i 个智能体完成任务 j 的成本为 c_{ij}，矩阵 $C = (c_{ij})_{n \times n}$ 为系数矩阵，在不考虑其他约束条件的情况下，要求智能体与任务之间一一对应，使得最终完成任务的总成本最少。

针对这个问题引入 0-1 变量 x_{ij}：若任务 t_j 被分配给智能体 a_i，则 $x_{ij} = 1$；否则，$x_{ij} = 0$。可以建立如下模型：

$$\min \sum_{i=1}^{n} \sum_{j=1}^{k} c_{ij} x_{ij} \tag{6.7}$$

$$\text{s.t.} \begin{cases} \sum_{i=1}^{n} x_{ij} = 1, & j = 1, 2, \cdots, k \\ \sum_{j=1}^{k} x_{ij} = 1, & i = 1, 2, \cdots, n \\ x_{ij} = 0 \text{ 或 } 1, & i = 1, 2, \cdots, n, \quad j = 1, 2, \cdots, k \end{cases} \tag{6.8}$$

2. 常见的任务分配算法

对任务分配问题进行建模后，要通过合适的算法来解决相应的模型。不同的模型适用于不同的算法，即使是相同的任务分配模型，如果采用不同的控制结构，其适用的算法也不相同。

1) 集中式任务分配算法

精确算法、启发式算法等是解决集中式任务分配的常用算法。精确算法旨在求出问题的精确最优解，而非近似最优解或者次优解。使用精确算法处理大规模问题时，任务分配问题的解集会因为模型维数的增加而呈现指数增长趋势，计算量剧增，从而难以满足任务分配问题的实时性约束。因此，精确方法通常用于解决小规模问题。常见的精确算法有穷举法、匈牙利算法等。

(1) 穷举法。

穷举法又称为枚举法或者蛮力法，是一种直接的解决方法。穷举法的基本思想是遍历，即罗列出任务分配的所有方案，依次遍历每一个方案寻求最优解。此方法的基本步骤如算法6.1所示。

算法 6.1   穷举法

1: 确定问题的解空间；
2: 初始化变量 x_{best} 用于记录最优解，其初值为 $\varnothing$；
3: 初始化变量 v_{best} 表示当前最优解的评价值（如最小值或最大值），根据需求设为 ∞ 或 $-\infty$；
4: **for** 每一个可能的解 x **do**
5:     检查 x 是否满足问题的约束条件；
6:     **if** 满足约束条件 **then**
7:         计算 x 的价值 v；
8:         **if** v 优于 v_{best} **then**
9:             更新 $x_{\text{best}} \leftarrow x$；
10:            更新 $v_{\text{best}} \leftarrow v$；
11:        **end if**
12:    **end if**
13: **end for**
14: 输出 x_{best} 作为最终的最优解；

案例 6.2　假设一家工厂每天有 4 个任务（不考虑任务之间的时序和依赖关系，即任务之间是独立的）需要完成，任务是生产不同类型的产品，任务如下：

任务 T_1——生产手机外壳；

任务 T_2——组装手机主板；

任务 T_3——测试产品功能；

任务 T_4——包装成品。

工厂有 3 名工人：

W_1——熟练工（擅长组装任务，但不太擅长细致工作）；

W_2——新手工（综合能力一般）；

W_3——技术员（擅长测试和复杂任务，但效率不高）。

每位工人完成任务的时间如表6.4所示。采用穷举法找到一种任务分配方案，使所有任务完成的总时间最短。

表 6.4　工人完成任务时间表（单位：小时）

任务/工人	W_1	W_2	W_3
T_1	4	6	5
T_2	5	8	6
T_3	7	9	4

对于问题规模较小的情形，穷举法能够找到问题的确切解，不会漏掉任何可能的解，通常能够在合理的时间内找到解决方案。然而，对于问题规模较大的情形，搜索空间呈现指数增长趋势，穷举法的时间复杂度通常很高，需要耗费大量的时间和计算资源，不适用于较复杂的实际应用。

(2) 匈牙利算法。

匈牙利算法是一种经典的求解指派问题的组合优化算法，可以在多项式时间内找到最佳解。下面结合案例6.2展示匈牙利算法的具体步骤，如算法6.2所示。

算法 6.2　匈牙利算法

1: 设置系数矩阵 C 和任务数量 n；初始化矩阵 C' 和 C''；设置零元素的标记规则和独立零元素集合；

2: **while** 独立零元素数量小于任务数量 n **do**

3:　　对矩阵 C 的每一行减去该行的最小值，得到矩阵 C'；

4:　　对矩阵 C' 的每一列减去该列的最小值，得到矩阵 C''；

5:　　在矩阵 C'' 中标记独立零元素；

6:　　**for** 每一行或列中仅含一个零元素的行或列 **do**

7:　　　　标记该零元素；

8:　　　　划去与该零元素同行或同列的其他零元素；

9:　　**end for**

10:　　**if** 独立零元素的数量等于任务数量 n **then**

```
11:        输出独立零元素，算法结束；
12:    else
13:        在矩阵 C″ 中用最少的直线覆盖所有零元素；
14:        标记未包含独立零元素的行；
15:        repeat
16:            标记已标记行中包含被划去零元素的列；
17:            标记已标记列中包含独立零元素的行；
18:        until 无法再标记新的行或列
19:        绘制覆盖所有零元素的直线集合：未标记的行画横线，标记的列画竖线；
20:        找出未被覆盖的最小元素 m；
21:        for 所有未被直线覆盖的元素 do
22:            减去 m；
23:        end for
24:        for 所有被两条直线覆盖的元素 do
25:            加上 m；
26:        end for
27:    end if
28: end while
```

在实际应用中，常常会出现各种各样的情况，例如，智能体数量 n 和任务数量 k 不相等、一个智能体可以完成多项任务、某个智能体不能进行某项任务等。遇到这些情况，我们可以通过添加虚拟的智能体或者任务使得 n 和 k 相等（虚拟的智能体或任务所对应的系数为 0）、将一个智能体划分为几个相同的智能体来接受任务、将对应的系数取作足够大的数 M 等方法，将问题转化为案例 6.1 中的形式来解决。

此外，分支定界法、动态规划算法等算法也都是非常经典的任务分配算法。分支定界法按广度优先策略遍历问题的解空间，在遍历过程中，对已经处理的每一个节点根据限界函数估算目标函数的可能值，从中选取使目标函数取得极值（极大或极小）的节点优先进行广度优先搜索，从而不断调整搜索方向，尽快找到问题的解。由于界限函数常常是基于问题的目标函数而确定，所以分支定界法适用于求解最优化问题。对于任务分配问题而言，分支定界法也是一种含剪枝的搜索过程，它利用上界和下界进行剪枝并限制搜索空间，是一种广度优先算法，可加快搜索过程并找到最优解。动态规划的核心思想是将复杂问题分解成小的、互相关联的子问题，并通过求解子问题来逐步解决原问题。在动态规划中，每个子问题只解决一次，其解一旦计算出来就会被保存起来，如果再次需要这个子问题的解，只是简单地查找已经计算过的结果，而不需要重新计算。这种策略避免了大量的重复计算，从而提高了算法的效率。感兴趣的读者可以通过查阅文献对这些方法进行进一步的了解。

随着问题的规模与复杂度不断升高，传统的基于遍历搜索的精确算法已经难以应对当前的求解需求。启发式算法逐渐崭露头角。启发式算法主要分为两大类：群智能算法和进化算法。群智能算法的设计灵感大多来源于自然界中群体动物的自组织行为，比如粒子群优化算法和蚁群算法等，它们都是模仿了生物群体的某些智能行为。进化算法是一种兼具智能性和并行性的全局优化方法，其中最具代表性的就是遗传算法。这些方法以其独特的优势，成为解决复杂优化问题的有力工具。

(1) 粒子群优化算法。

粒子群优化（Particle Swarm Optimization，PSO）算法最早由美国印第安纳大学的 Eberhart 和 Kennedy 于 1995 年提出，灵感来源于鸟群和鱼群的协作和竞争的行为，通过群体中个体之间的信息交流以及个体的位置与速度迭代更新来寻找最优解。随后，粒子群优化算法被广泛研究和应用于各种优化问题，并在不断的实践中得到改进和拓展，形成了多种变种和改进算法。在任务分配问题中，不同的分配方案通过编码方式形成解向量。粒子群优化算法的伪代码如算法 6.3 所示。

算法 6.3　粒子群优化算法

1: 设置群体规模 N，每个粒子的初始位置 x_i，速度 v_i，个体极值 $p_{\text{best}}[i]$，全局极值 g_{best}；
2: 计算每个粒子的适应度值 $\text{fit}[i]$；
3: **for** 每个粒子 i 在群体中 **do**
4: 　　**if** $\text{fit}[i] < p_{\text{best}}[i]$ **then**
5: 　　　　更新个体极值：$p_{\text{best}}[i] = \text{fit}[i]$
6: 　　**end if**
7: **end for**
8: 计算全局极值 g_{best}
9: **for** 每个粒子 i 在群体中 **do**
10: 　　**if** $\text{fit}[i] < g_{\text{best}}$ **then**
11: 　　　　更新全局极值：$g_{\text{best}} = \text{fit}[i]$
12: 　　**end if**
13: **end for**
14: 更新粒子速度和位置：$v_i = wv_i + c_1 r_1 (p_{\text{best}}[i] - x_i) + c_2 r_2 (g_{\text{best}} - x_i)$　$x_i = x_i + v_i$
15: 进行边界条件处理；
16: 判断算法终止条件是否满足：
17: **if** 终止条件满足 **then**
18: 　　输出最优解 g_{best}
19: **end if**

案例 6.3　采用粒子群优化算法解决案例6.2中的问题

粒子群优化算法简单易实现，在搜索空间中进行全局搜索，有较好的全局寻优能力，从而寻求最优解。但是，粒子群优化算法的性能受到参数选择的影响较大，需要调参才能取得较好效果；此外，对于高维度、复杂的问题，粒子群优化算法的计算复杂度较高，收敛速度较慢。

(2) 蚁群算法。

蚁群算法（Ant Colony Algorithm，ACA）最早由意大利学者 Marco Dorigo 于 1992 年提出，灵感来源于蚂蚁在寻找食物过程中的行为。蚁群算法用蚂蚁的行走路径表示待优化问题的可行解，整个蚂蚁群体的所有路径构成待优化问题的解空间。蚂蚁在觅食的过程中会分泌信息素，在走过的路径上留下痕迹；后续的蚂蚁会优先选择信息素浓度较高的路径、以相对较小的概率去选择探索信息素浓度较低或者未被探索过的路径区域。此外，信息素作为一种化学物质会随着时间推移而挥发，这意味着路径越短，蚂蚁的往返时间越短，单位时间内蚂蚁走过路径的次数就会变多，从而使较短路径的信息素更高。随着时间推移，较短路径的信息素浓度会因为蚁群的不断经过而保持较高水平甚至不断增加，形成正反馈效应；而较差路径上本就不多的信息素则会逐渐挥发殆尽。经过觅食过程的迭代，最终得到信息素浓度最高的最优路径，其伪代码描述如算法 6.4 所示。

算法 6.4   蚁群算法

1: 初始化参数：设置最大循环次数 G，初始时间 $t = 0$，循环次数 $M = 0$，蚂蚁数目 m，元素数目 n；将所有蚂蚁随机放置在 n 个元素上；初始化信息素 $\tau_{ij}(t) = c$，其中 c 为常数，且 $\tau_{ii}(0) = 0$；

2: **while** $M \leqslant G$ **do**

3:　　$M \leftarrow M + 1$；

4:　　**for** 每只蚂蚁 $k = 1$ 到 m **do**

5:　　　　根据状态转移概率公式计算蚂蚁 k 从当前位置到下一个元素 $j \in C$ 的转移概率；

6:　　　　更新蚂蚁 k 的禁忌表，将选择的元素加入禁忌表中；

7:　　**end for**

8:　　记录当前循环的最佳路线；

9:　　根据信息素更新公式更新每条路径上的信息量 $\tau_{ij}(t)$；

10: **end while**

11: 输出全局最优解及最优路径。

与粒子群优化算法类似，蚁群算法也具有较优秀的全局搜索能力，采用并行计算，提高算法效率；但同样就有受参数影响大、面对大规模复杂问题时收敛速度较慢、可能陷入局部最优等问题。

(3) 遗传算法。

遗传算法（Genetic Algorithm，GA）最早由美国学者 John Holland 于 20 世纪 70 年代提出，灵感来源于达尔文的进化论和孟德尔的遗传学原理，模拟了自然界中基因的遗传和变异等过程，通过不断地演化和选择，逐步优化解决问题的方法。随后，遗传算法被广泛研究和应用于各种优化问题，如函数优化、组合优化、机器学习等，并在不断的实践中得到改进和拓展，形成了多种变种和改进算法。在任务调度优化问题中，遗传算法可以通过不断地调整任务分配的策略和优先级等参数，来寻找最优的任务调度方案。

对于任务分配问题，每个个体对应一个任务分配方案；适应度函数根据问题建模进行构造，综合考虑任务完成时间、成本、效率等；每次产生新的个体，都是在产生新的解，最终输出较优乃至最优的任务分配方案。算法具体流程如算法6.5所示。

算法 6.5   遗传算法

1: **初始化**：给定遗传算法的参数（种群规模 N，交叉概率 p_c，变异概率 p_m，最大迭代次数 $T_{\max}$），随机产生初始种群 P_0

2: **评估初始种群**：计算每个个体的适应度值 fitness(x)

3: **while** 算法终止条件不满足 **do**
4:　　**选择操作：** 从当前种群中选择父代个体，采用选择算子（如轮盘赌、锦标赛选择等）
5:　　**交叉操作：** 对选中的父代个体进行交叉，生成子代个体，交叉概率为 p_c
6:　　**变异操作：** 对生成的子代个体进行变异，变异概率为 p_m
7:　　**评估新种群：** 计算新种群中每个个体的适应度值 $\text{fitness}(x)$
8:　　**选择新一代种群：** 根据适应度选择新一代种群 P_{new}，通常采用精英策略、轮盘赌、锦标赛选择等
9:　　**更新种群：** 将新一代种群更新为当前种群 P_0
10:　　**if** 终止条件满足 **then**
11:　　　　输出最优解
12:　　　　结束算法
13:　　**end if**
14: **end while**

遗传算法并行和全局搜索能力较强，能够同时搜索多个解空间，具有较好的寻优能力；但是，遗传算法同样具有受参数影响大、面对大规模复杂问题时收敛速度较慢、可能陷入局部最优等问题。

集中式任务分配理论较为成熟，其结构简单、全局性好、能得到优质的静态分配方案，但在动态、不确定的环境下，较大的计算负荷导致其实时性能较差、系统鲁棒性和容错性较差。

2) 分布式任务分配算法

基于市场机制的方法是一种常见的分布式任务分配算法。它基于市场竞争和交易，模拟了市场中的供需关系、价格调节和竞争机制，常用于资源分配、任务分配和优化问题。针对任务分配问题，常用的基于市场机制的方法有拍卖算法和合同网方法。

(1) 拍卖算法。

拍卖算法是一种经典的任务分配算法，它通过竞价的方式将任务分配给智能体。将智能体看作投标人，将任务看作商品。假设在商品 t_j 的拍卖过程中，每个投标人 a_i 提交一个竞价，表示其愿意购买此商品的价格；然后，商品会被卖给出价最高的投标人。通过这种方式，拍卖算法可以在保证任务分配效果的同时，减少计算复杂度和通信开销。

在投标阶段，投标人根据当前每个商品的收益计算自己的利润空间，通过对比本轮最优收益和次优收益，形成下一轮的报价。在中标阶段（即分配阶段），经过多轮竞价后，如无更新，拍卖商将商品的价格更新为当前最高投标价，即完成任务分配。算法的基本流程步骤如算法6.6所示。

算法 6.6　拍卖算法

1: 初始化：
2: 确定商品 t_j 和投标人 a_i 的数量及属性，初始化商品分配状态为未分配，初始化每个投标人的出价 $b_i = 0$
3: **while** 有商品未分配 **do**
4:　　**for** 每个投标人 a_i **do**

5:　　　　根据对商品 t_j 的价值评估计算投标价 b_i
6:　　**end for**
7:　　**收集所有投标人出价并确定最高出价者：**
8:　　**for** 每个商品 t_j **do**
9:　　　　收集所有投标人 a_i 对商品 t_j 的出价
10:　　　　确定本轮最优出价 v_{best} 和次优出价 $v_{\text{second\_best}}$
11:　　　　**更新出价：**
12:　　　　每个投标人 a_i 根据公式 $b_{\text{new}} = b_{\text{old}} + v_{\text{best}} - v_{\text{second\_best}} + \epsilon$ 更新出价
13:　　**end for**
14:　　**中标：**
15:　　**for** 每个商品 t_j **do**
16:　　　　将商品 t_j 分配给出价最高的投标人 a_i
17:　　　　更新商品 t_j 的分配状态为已分配
18:　　**end for**
19: **end while**
20: 输出最终商品分配结果

　　拍卖法是一种快速高效的资源分配方法，其操作性与适用性较强，可以使拍卖商和投标人都能获得理想收益。但是，拍卖法存在竞价策略计算复杂、叫价竞拍轮次多、通信资源消耗大等问题；并且在某些情况下，可能需要设计复杂的策略和机制来确保拍卖的公平性和效率。

　　(2) 合同网方法。

　　1980 年，Smith 首次提出合同网（contract net）方法，并引入了合同网协议（Contract Net Protocol，CNP）的概念，用于解决分布式问题求解中节点之间的通信问题。任务节点和集群个体节点组成契约网，任务的执行被视为两个节点之间的契约。网络中的每个节点动态地扮演管理者（manager）和承包商（contractor）两个角色，通过模拟招投标机制实现任务分配。该方法由任务发布、承包商投标、管理者评标及双方签约和合同执行 4 个阶段组成，具体步骤如算法6.7所示。

算法 6.7　合同网方法

1: 任务管理者通过任务公告的方式通知其他节点该任务的存在
2: 任务公告内容包括任务类型、发布者位置、承包商资质（类型、位置等）、投标规范、截止时间等信息
3: **承包商投标：**
4: **for** 每个节点 a_i **do**
5:　　如果收到任务公告且公告未过期
6:　　　　对任务要求进行评估
7:　　　　根据评估结果选择可投标的任务
8:　　　　为每个任务创建投标书，包含投标节点的类型、资源、位置等信息
9: **end for**
10: 管理者接收所有投标书，并对其进行排序
11: **if** 任何标书符合要求 **then**

12:　　　管理者选定中标者
13:　　　管理者将任务合同授予中标投标人
14:　　　通知中标投标人和其他投标人中标信息
15: **end if**
16: 中标者开始执行任务
17: 执行过程中，中标者定期向管理者报告任务执行状态
18: 任务完成后，中标者向管理者报告任务完成结果

合同网方法通过分布式控制和共享任务责任来实现任务分配，具有关系清晰、明确等诸多优点，与传统机制相比，信息的双向传递和协商的相互选择属性使得系统在进行资源分配和关键问题决策时能够更好地实施控制。但是，合同网方法常常没有全局信息，这使得任务分配结果可能不是最优解；此外，任务通告的发布和机器人当前状态的获得都需要大量的通信，增加了系统的通信负载，在一定程度上降低了分布式问题求解的效率。

6.3.3　冲突消解机制

1. 冲突的类型

在多机器人系统中，冲突是不可避免的，这些冲突可能源于对共享资源的竞争，如任务分配、导航路径等。在集中式控制结构中，所有机器人的决策都由一个中央单元进行协调和控制，这种结构能够全局优化任务分配和路径规划，避免机器人之间的冲突。与之相反，在分布式控制结构中，每个机器人都有一定的自主性，在没有全局信息的情况下，能够独立作出决策，但不同机器人根据自身获得的信息作出的决策可能存在冲突，尤其在资源有限的环境中。对于多机器人系统，冲突主要包括规划层面的冲突和行为层面的冲突。

1) 规划层面的冲突

规划层面的冲突包括资源竞争冲突、任务优先级冲突、任务依赖性冲突和协同任务冲突等。

资源竞争冲突是指多个机器人在尝试同时访问或操作有限的资源（如充电站、任务目标等）时，因资源的有限性而发生的冲突。这种冲突需要通过协调机制来避免，以确保系统的高效运作。

任务优先级冲突是指不同机器人被分配的任务可能具有不同的优先级，当高优先级任务需要占用低优先级任务的资源或路径时，可能会产生冲突。解决此类冲突通常需要一个中心化的调度系统来调整任务的执行顺序，以确保高优先级的任务能够优先完成。

任务依赖性冲突是指某些任务可能依赖于其他任务的完成才能开始执行，如果依赖关系没有得到妥善管理，那么可能会导致任务执行的延迟或冲突。解决此类冲突通常需要任务规划算法来识别和处理任务之间的依赖关系。

协同任务冲突是指在需要多个机器人协同完成的任务中，如果任务的执行顺序或协作方式不明确，那么可能会导致冲突。解决这类冲突通常需要多智能体协同规划算法来协调不同机器人的行为。

2) 行为层面的冲突

行为层面的冲突大多发生在机器人的预定路径相交或重叠的情况下，主要有相向冲突、同向冲突、节点冲突和多机器人死锁等。

相向冲突是指多个机器人同时在路径上相向而行，可能导致碰撞或阻塞的情况。这种冲突主要发生在路径交叉、狭窄通道、交叉口等区域，当多个机器人同时试图通过相同的路径或空间时，可能会出现相向冲突。

同向冲突是指两个机器人在同一直线路径上前后行驶，若两个机器人保持相同速度行驶则不会出现路径冲突或者碰撞，若位置在前的机器人需要在该段路径上停车，则后行机器人需要采取绕行措施；若二者都沿着路径一直行驶，则后行机器人需要考虑自身速度以避免与前边机器人碰撞。

节点冲突多发生于栅格地图的路径交叉口处，两个机器人在同一时刻从不同方向行驶过同一交叉栅格，导致两个机器人争夺交叉路口的优先通过权。节点冲突易导致两个机器人出现车身侧面碰撞，造成行驶情况失控出现避障连锁反应，进而出现多个机器人发生路径死锁情况。值得注意的是，各种冲突并不是互相排斥的，当一个冲突消解策略实施时，最初的冲突可能从一类冲突变成另一类冲突。例如，一个智能体修改它的目标来消解冲突后，另外一个智能体可能不得不再调度一些行动（冲突）来适应目标的变化，这时就可能会导致新的冲突发生。

2. 冲突消解方法

在多机器人系统中，任务冲突的消解方法可以分为响应式策略和前瞻性预判策略两类。基于响应式的方法在冲突发生时才采取行动，通过实时的调整来解决冲突，这种方法对系统的实时性要求较高，需要具备快速决策和反应的能力，以便在冲突发生的时候能够立即采取措施。基于前瞻性预判的方法通常需要对环境和机器人的行为有较好的理解，能够预测机器人在未来的状态和行为，提前进行规划和调整，以避免冲突的发生。

1) 响应式策略

基于响应式的冲突消解方法包括动态优先级策略、任务重分配策略等。

优先级策略是指，以特定规则为基准，为机器人设置等级排序，当机器人之间存在冲突现象时，等级排序高的机器人可以被优先规划。优先级策略在运用到多机器人系统时，通常基于任务的重要性和紧急程度、完成任务的资源需求与收益多少以及任务量的规模等条件对机器人进行优先级排序。

当发生冲突时，传统的固定优先级策略是优先考虑让优先级较高的机器人完成任务执行，之后再考虑优先级较低的机器人。此思想通过提前设置优先级，构建了多机器人系统发生冲突时的消解机制，优先处理高优先级任务，可以确保关键任务得到及时关注和处理，从而提高任务执行的效率和质量。但是，一旦机器人的优先级确定，优先级较小的机器人的可行驶路径就会减少，灵活度降低并会承担较大的能耗，从而导致机器人的寿命缩短，机器人报废率增高，因此可以对多机器人系统采取动态优先级策略进行协调。

动态优先级策略是指面对冲突发生的具体时刻与情景，实时动态调整任务优先级的策略，这种策略的特点在于能够根据实际情况及时作出调整，以满足系统的实时性要求和整体性能。调整依据主要考虑任务进度与任务依赖性：实时监测任务进度，根据任务的执行情况，如已完成的工作量、剩余工作时间等，动态调整任务的优先级；关注不同任务间存在的依赖性，当某个关键任务的前置任务未能按时完成时，可以提升其优先级，以确保整个任务链的顺利进行。

动态优先级策略的实现方式常用的有优先级抢占、优先级提升与降低、动态调整周期等。

(1) 优先级抢占：当有新的高优先级任务分配时，可以抢占低优先级任务的执行机会，以确保高优先级任务的及时执行。

(2) 优先级提升与降低：根据任务的执行情况和系统状态，动态地提升或降低任务的优先级。例如，当原本优先级较低的任务即将完成但被迫等待时，可以考虑提高其优先级从而尽早完成。

(3) 动态调整周期：设置一定的调整周期，每隔一段时间或当系统状态发生显著变化时，对任务的优先级进行重新评估，确保任务的优先级始终与系统状态和需求保持一致。发生冲突时，动态调整优先级有利于结合情景的实时需求，确保当前的重要任务得到及时执行；此外，也有利于根据系统资源的实时使用情况，优化资源的分配与利用，从而提高资源利用率与系统的任务执行效率。

任务重分配策略是指，当任务之间发生冲突时，通过重新分配任务，确保每个任务都能得到适当的资源和执行时间，从而达到解决冲突并提高系统性能和效率的目的。任务重分配的考虑因素往往需要考虑任务依赖关系与负载均衡：当前置任务无法按时完成时，可以通过重新分配资源或调整任务执行顺序来消除依赖冲突，确保前置任务优先执行，为后续任务提供必要条件；实时监测机器人的任务分配情况，当某个机器人利用率过高时，可以将部分任务迁移到其他机器人上执行，以平衡资源负载，确保系统资源充分利用。通过重新分配任务，可消除或减少任务之间的冲突，提高系统的稳定性；同时，也有利于维持负载均衡，提高系统的资源利用率。

2) 基于前瞻性预判的冲突消解

基于前瞻性预判的冲突消解方法主要引入时间窗来进行预判，并设置相应规则使机器人形成共识，从而提前规避冲突。在完成任务分配与路径规划后，使用时间窗算法对任务路径进行时间窗检测，判断各条路径之间是否存在时间窗冲突，若不存在冲突，则按照任务路径执行即可；若存在冲突，则根据相应的冲突类型采取对应的规避策略完成时间窗排布，解决时间窗冲突。时间窗算法的冲突规避策略一般有停止等待、路径重规划和速度调节几种类型，对应的就是对时间窗进行平移、拉伸和压缩 3 种操作方法。

停止等待是指低优先级机器人在冲突节点前等待高优先级机器人先行通过，低优先级机器人再通过该节点，即对低优先级机器人的时间窗进行拉伸和向后平移。时间窗拉伸和压缩两种操作涉及机器人的加速和减速行驶，可能会导致计算量和系统的不可控因素增加。

路径重规划方法是指在任务执行过程中，当出现冲突时，会在冲突节点之前为低优先级的机器人重新规划路径，而高优先级的机器人按照预先规划的路径继续行驶，则可以避免冲突。该方法会增加低优先级的机器人的行驶路径长度，延长到达目标点的时间，当区域内的机器人数量较少时，该方法可以有效避开冲突，但机器人数量增多时，其他机器人会占据低优先级机器人重规划的路径，导致低优先级机器人无路可走。

速度调节方法是指通过控制不同优先级的机器人以不同的速度来控制其在每个路段时间窗的改变，在路径交叉节点处，通过控制使低优先级机器人减速、高优先级机器人加速，从而避开冲突，实现机器人无须停止等待或路径重规划即可避免冲突，节省解决冲突的时间。

在时间窗冲突的规避策略中可以将路径重规划、速度调节与交通规则控制算法进行结合，以实现冲突规避。多机器人系统工作时，路径情况较为复杂，仅采用停车等待策略，可能导致各条路径发生拥堵，影响物流系统的工作效率。而采用路径重规划策略，可能造成高优先级机器人占用的路径过多，会导致低优先级机器人无路可走。

除了基于时间窗的方法以外，也可以从问题建模的角度出发进行算法改进。针对具体的任务分配场景，提前分析可能发生的冲突类型，如时间冲突、空间冲突、资源冲突等，对各种冲突建立数学模型并转化为约束条件，或者对含冲突的分配方案给予惩罚值，从而从根本上减少或消除冲突的发生。

6.4 多智能体系统协同控制

6.4.1 空间关系定义

1. 智能体的坐标系定义

在多智能体系统的研究与应用中，智能体的状态通常通过相对于参考坐标系的量值来表示。例如，原点在体坐标系中的位置称为多智能体的位置，体坐标系的轴向方向称为多智能体的方向。为了比较多智能体之间的状态，通常需要将其位置和方向表示为相对于参考惯性坐标系的量值。在适当的坐标系下分析多智能体的状态，对于理解和描述智能体之间的相互作用至关重要。下面重点讨论两种常见的坐标系：惯性坐标系和体坐标系。

惯性坐标系是一个固定的参考坐标系，不随时间变化而移动或旋转，通常被选取作为系统的全局坐标系。在惯性坐标系中，多个智能体的位置和速度可以相较于固定的全局参考点或坐标轴进行描述和测量。惯性坐标系的选择通常依赖于具体的应用场景。

体坐标系是相对于某个移动物体或智能体本身的固定坐标系。每个智能体都可以有自己的体坐标系，随着智能体的运动而平移和旋转。在体坐标系中，智能体的运动状态和姿态（如方向、角速度等）是相对于自身坐标系中的参考点或坐标轴来进行描述和测量的。

图6.7显示了惯性坐标系 $^g\Sigma$ 与以及智能体的局部坐标 $^i\Sigma$ 和 $^j\Sigma$ 的关系，可以发现，智能体的体坐标系轴的方向与惯性坐标系的轴的方向并不对齐。

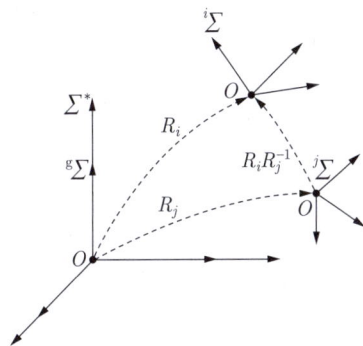

图 6.7　惯性坐标系 ($^g\Sigma$) 与局部体坐标系 ($^i\Sigma$ 和 $^j\Sigma$)

通过上述介绍，不难发现每个智能体在其自身的体坐标系中都具备一套描述其位置和姿态的状态值。但这些状态值在全局的惯性坐标系中表现出来的值的大小以及意义可能完全不同。如何有效地比较和协调处于不同局部坐标系统中的智能体的状态成为一大难题。而坐标变换技术，特别是平移和旋转矩阵的应用，成为解决这一问题的关键技术。

2. 智能体的姿态描述

建立全局坐标系 $^g\Sigma = \{X_g, Y_g\}$ 和体坐标系 $^b\Sigma = \{X_b, Y_b\}$，其中，$\Sigma' = \{X', Y'\}$ 为过渡坐标系。通过一次平移和一次旋转操作，即可完成从全局坐标系 $^g\Sigma = \{X_g, Y_g\}$ 到体坐标系 $^b\Sigma = \{X_b, Y_b\}$ 的转换，如图 6.8 所示。

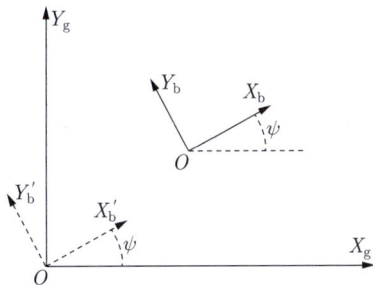

图 6.8　全局坐标系 ($^g\Sigma$) 与局部体坐标系 ($^i\Sigma$ 和 $^j\Sigma$)

首先，经过平移变换，使全局坐标系 $^g\Sigma = \{X_g, Y_g\}$ 和体坐标系 $^b\Sigma = \{X_b, Y_b\}$ 的坐标原点重合。即从坐标系 $^g\Sigma$ 变换到过渡坐标系 $\Sigma' = \{X', Y', Z'\}$ 所使用的平移矩阵 $\boldsymbol{T}_1$ 可表示为

$$\boldsymbol{T}_1 = \begin{bmatrix} 1 & 0 & x_1 \\ 0 & 1 & y_1 \\ 0 & 0 & 1 \end{bmatrix}$$

通过旋转操作可从过渡坐标系 Σ' 变换到 $^g\Sigma$，有下式：

$$\begin{bmatrix} X_g \\ Y_g \end{bmatrix} = \begin{bmatrix} X'\cos\alpha - Y'\sin\alpha \\ X'\sin\alpha + Y'\cos\alpha \end{bmatrix} = \begin{bmatrix} \cos\alpha & -\sin\alpha \\ \sin\alpha & \cos\alpha \end{bmatrix} \begin{bmatrix} X' \\ Y' \end{bmatrix}$$

平移和旋转的顺序并不需要严格限制，即二者的先后顺序可以自由选择。

现在从二维空间过渡到三维空间。一般来说，任何一组直角坐标系相对于另一组直角坐标系的方位，都可以由欧拉角确定。通过坐标变化可以在地面坐标系和机体坐标系下进行相互转换。在三维空间中，将机体坐标系转换到地面坐标系同样需要经过平移和旋转操作。不同于二维空间的是，三维空间需要 3 次旋转操作。

与二维空间相同，存在全局坐标系 $^g\Sigma = \{X_g, Y_g, Z_g\}$ 和体坐标系 $^b\Sigma = \{X_b, Y_b, Z_b\}$，接下来分析三维空间中坐标系之间的变换。

首先还是通过坐标平移，使体坐标系的原点与全局坐标系的坐标原点重合，如图 6.9 所示。绕 x 轴旋转，旋转前后 x 的坐标值不变，此时旋转可理解为 zOy 平面上的向量绕原点 O 旋转，绕 x 轴旋转 α 的矩阵形式为

$$\boldsymbol{R}_x(\alpha) = \begin{bmatrix} 1 & 0 & 0 \\ 0 & \cos\alpha & -\sin\alpha \\ 0 & \sin\alpha & \cos\alpha \end{bmatrix}$$

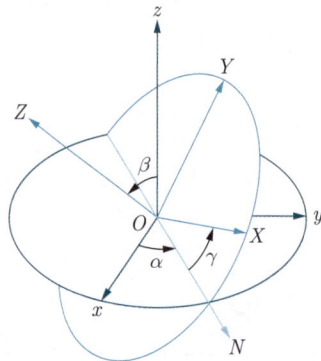

图 6.9　绕 x、y 或 z 轴旋转示意图

绕 y 轴以及绕 z 轴的旋转同理，可得绕 y 轴和 z 轴旋转的矩阵形式分别为

$$\boldsymbol{R}_y(\beta) = \begin{bmatrix} \cos\beta & 0 & -\sin\beta \\ 0 & 1 & 0 \\ \sin\beta & 0 & \cos\beta \end{bmatrix}$$

$$\boldsymbol{R}_z(\gamma) = \begin{bmatrix} \cos\gamma & -\sin\gamma & 0 \\ \sin\gamma & \cos\gamma & 0 \\ 0 & 0 & 1 \end{bmatrix}$$

因此，由坐标系 $^{\mathrm{g}}\varSigma = \{X_{\mathrm{g}}, Y_{\mathrm{g}}\}$ 到体坐标系 $^{\mathrm{b}}\varSigma = \{X_{\mathrm{b}}, Y_{\mathrm{b}}\}$ 的旋转矩阵形式为

$$\boldsymbol{R}_{\mathrm{b2g}} = \begin{bmatrix} \cos\beta\cos\gamma & \sin\alpha\sin\beta\cos\gamma - \cos\alpha\sin\gamma & \cos\alpha\sin\beta\cos\gamma + \sin\alpha\sin\gamma \\ \cos\beta\sin\gamma & \sin\alpha\sin\beta\sin\gamma + \cos\alpha\cos\gamma & \cos\alpha\sin\beta\sin\gamma - \sin\alpha\cos\gamma \\ -\sin\beta & \sin\alpha\cos\beta & \cos\alpha\cos\beta \end{bmatrix}$$

当三维空间坐标转换矩阵 $\boldsymbol{R}_{\mathrm{b2g}}$ 中的横滚角和俯仰角等于 0，同时忽略 z 轴坐标，便可得到二维坐标的坐标转换矩阵。最后需要注意的是，因为矩阵乘法不满足交换律，变换矩阵相乘的顺序非常重要。

上面所介绍的便是基于欧拉角（俯仰、滚动和偏航）所创建一般旋转的机制，可以看出，俯仰、偏航、滚动正对应绕 z 轴、y 轴、x 轴旋转，也已经给出了这 3 种特殊旋转的旋转矩阵。但目前在计算机图形学、机器人学、导航、航空航天等领域有着广泛应用的不是欧拉数而是四元数。这是因为使用欧拉角的表示方式会导致在旋转过程中可能会出现万向节锁现象，即当旋转到某个特定的角度时，失去一个自由度，造成系统动态行为突然改变。且使用欧拉角表示旋转时，通常需要通过旋转矩阵来实现，这涉及大量的矩阵乘法，计算量相对较大。

四元数的定义和复数非常类似，唯一的区别就是四元数一共有 3 个虚部，而复数只有一个。所有的四元数 $q \in \mathbb{H}$ 都可以写成下面这种形式：

$$q = a + b\mathrm{i} + c\mathrm{j} + d\mathrm{k}, \quad (a, b, c, d \in \mathbb{R})$$

其中，

$$\mathrm{i}^2 = \mathrm{j}^2 = \mathrm{k}^2 = \mathrm{ijk} = -1$$

上面这个看似简单的公式就决定了四元数的一切性质。

四元数的模长、加法、减法以及标量乘法都与复数类似，但四元数之间的乘法比较特殊，它们是不遵守交换律的，也就是说，一般情况下 $q_1 q_2 \neq q_2 q_1$，这也就有了左乘和右乘的区别。可以很容易通过其基本性质验证，也因此能将其乘积结果化简为

$$\begin{aligned} q_1 q_2 = (ae - bf - cg - dh) + \\ (be + af - dg + ch)\mathrm{i} + \\ (ce + df + ag - bh)\mathrm{j} + \\ (de - cf + bg + ah)\mathrm{k} \end{aligned} \tag{6.9}$$

可以看到，四元数的相乘其实也是一个线性组合，同样可以将它写成矩阵的形式

$$
\boldsymbol{q}_1\boldsymbol{q}_2 = \begin{bmatrix} a & -b & -c & -d \\ b & a & -d & c \\ c & d & a & -b \\ d & -c & b & a \end{bmatrix} \begin{bmatrix} e \\ f \\ g \\ h \end{bmatrix}
$$

任意向量 $\boldsymbol{v}$ 沿着以单位向量定义的旋转轴 u 旋转 θ 角度之后的 $\boldsymbol{v}'$ 可以使用矩阵乘法来获得。令 $a = \cos\left(\frac{1}{2}\theta\right)$，$b = \sin\left(\frac{1}{2}\theta\right)u_x$，$c = \sin\left(\frac{1}{2}\theta\right)u_y$，$d = \sin\left(\frac{1}{2}\theta\right)u_z$，那么：

$$
\boldsymbol{v}' = \begin{bmatrix} 1-2c^2-2d^2 & 2bc-2ad & 2ac+2bd \\ 2bc+2ad & 1-2b^2-2d^2 & 2cd-2ab \\ 2bd-2ac & 2ab+2cd & 1-2b^2-2c^2 \end{bmatrix} \boldsymbol{v}
$$

6.4.2 协同运动控制算法

1. 协同运动控制概述

多智能体协同运动控制技术是研究多个智能体通过信息交互来完成特定任务的控制技术。与单个智能体的控制任务相比，多个智能体协同控制不仅要利用智能体自己感知所得的环境信息，还要对与其他智能体通信得到的信息进行处理并采取行动。而由于每个智能体的计算能力有限、编队中的通信带宽和连接能力有限、智能体之间的信息交换不保证可靠、整体任务目标需要协商等原因，无论在理论还是实际应用领域都存在诸多挑战。在这一研究中，通常使用两种方法：集中式方法（centralized approach）和分布式方法（distributed approach）。集中式协同方案需要作出以下假设：中央节点可用且功能强大，每个成员都能和中央节点进行通信，或通过全连通网络分享信息，本质上是对单体控制理念和策略的直接延伸。所以集中式方案不能随意增减智能体的数量，甚至可能因为某个智能体的失效导致整个编队崩溃。另外，实际编队系统的通信网络结构往往不是全连通的，在许多情况下会随各个智能体的相对位置、环境因素等变化。分布式协同方案不需要中央节点进行控制，可以使用网络中每个节点的局部信息进行控制，避免使用全局信息从而可有效减少计算量、提高安全性和保护隐私。虽然组织和结构会因此更为复杂，往往被认为有着更广泛的应用前景。本书的重点将放在分布式的方法上。

由于单个智能体的能力、资源受限而不能单独完成一项复杂的控制任务，所以必须将复杂任务进行分解，将复杂任务逐层逐级转化为单个智能体能直接执行的具体任务。从控制理论的角度来看，对于多智能体任务协同过程，由于各智能体之间的合作、竞争、通信等关系能刻画复杂大系统内部的本质特性，所以多智能体系统能为复杂大系统提供建模思想，成为复杂系统理论中的一个重要研究方向。在多智能体系统的协调控制中，基本而又重要

的问题包括一致性问题（consensus problems）、蜂拥问题（swarming/flocking problems）
和编队问题（formation control problems）。

2. 一致性控制简介

当多个智能体对所需变量的取值达成共识时，就称它们已经达到"一致"（consensus）。
为了达到信息一致，必须存在一个各智能体共同关心的变量，称为信息状态。此外，还需
要设计用于各个智能体间相互协商，以使其信息状态达成一致的算法，称为一致性算法
（consensus algorithms）。一致性问题在多智能体协同控制领域中一直占据着核心的地位，
使那些对完成协同任务起关键作用的"信息"达成一致。一致性背后的主要思想是为多智
能体系统设计分布式协调算法。一致性始终关注多个智能体的行为。因此，在研究多智能
体系统中的一致性问题时，自然而然地应该考虑实际模型的系统动力学。接下来我们以一
阶系统为例简要介绍一致性控制的基本内容。我们仅考虑智能体之间的通信拓扑不发生改
变的情况，即固定拓扑的情况。

考虑一组 n 个智能体，每个智能体的动力学由下式来表示：

$$\dot{\boldsymbol{\xi}}_i = \boldsymbol{u}_i, i = 1, 2, \cdots, n \tag{6.10}$$

其中，$\boldsymbol{\xi}_i \in \mathbb{R}^m$ 为系统的一阶状态信息，$\boldsymbol{u}_i \in \mathbb{R}^m$ 为第 i 个智能体的控制输入，那么一致
性控制的控制目标可以表述为

$$\lim_{t \longrightarrow \infty} \|\boldsymbol{\xi}_i(t) - \boldsymbol{\xi}_j(t)\| \to 0$$

也就是说，对于如 (6.10) 所示系统中所有的智能体 $i, j = 1, 2, \cdots, n$ 和初始状态 $\boldsymbol{\xi}_i(0)$，我
们希望通过设计控制律 $\boldsymbol{u}_i$ 使智能体的状态信息收敛到同一个值。

一致性算法的基本思想是对每个智能体的状态信息赋予相似的动力特性。如果智能体
之间可以连续通信，那么状态信息更新律可以用微分方程来描述。最常见的连续时间一致
性算法描述为

$$\boldsymbol{u}_i = -\sum_{j=1}^{n} a_{ij}(t)(\boldsymbol{\xi}_i - \boldsymbol{\xi}_j), i = 1, 2, \cdots, n \tag{6.11}$$

式中，$a_{ij}(t)$ 为 t 时刻关于有向图 G_n 的邻接矩阵 $\boldsymbol{A}_n \in \mathbb{R}^{n \times n}$ 的第 (i, j) 项。式 (6.11) 为
每个智能体的状态信息赋予了相似的动力特性，即参考相邻智能体的实时状态来牵引自身
状态向相邻智能体的加状态值靠拢。可以发现，并不是在所有通信情况下都可以达到一致
性控制目标。如图6.10所示，仅有图 6.10(c) 中的通信方式可以通过式 (6.11) 使得智能体的
状态达成一致。

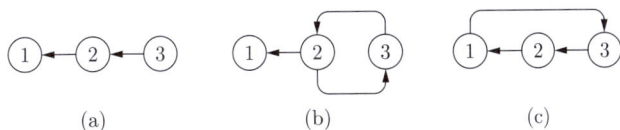

图 6.10　3 种不同的通信拓扑图

定理 6.1   设邻接矩阵 $\boldsymbol{A}_n$ 为常量矩阵。当且仅当有向图 G_n 具有有向生成树时，式 (6.11) 才能实现式 (6.10) 中状态的渐近一致性。并且有

$$\lim_{t \longrightarrow \infty} \boldsymbol{\xi}_i(t) \longrightarrow \sum_{i=1}^{n} \nu_i \boldsymbol{\xi}_i(0)$$

式中，$\boldsymbol{\nu} = [\nu_1, \nu_2, \cdots, \nu_n]^{\mathrm{T}} \geqslant 0$，$\mathbf{1}_n^{\mathrm{T}} \boldsymbol{\nu} = 1$ 并且 $\mathcal{L}_n^{\mathrm{T}} \boldsymbol{\nu} = 0$。

3. 多智能体系统的蜂拥问题

动物在运动、感知等方面的能力都是有限的，但是能仅仅通过群体成员间的大量简单交互，就能构成大规模的群体，并展现多种协调的群体行为。例如，鸟群、鱼群、细菌群落、蚁群和蜂群等，这些群体常常会很明显地表现出结构秩序进行群体运动，它具有帮助生物躲避天敌、增加寻觅到食物的可能性等作用。多智能体系统的蜂拥问题是通过智能体之间的相互感知和作用，产生宏观上的整体同步效应，这种现象被称为蜂拥。从系统观点看，蜂拥行为具有适应性、鲁棒性、分散性和自组织性。蜂拥的一个重要特点是从简单的局部规则中涌现出协调的全局行为。

在 1987 年，Reynolds 研究了鸟类个体之间的行为，提出了鸟类在运动的过程中所遵循的 3 条规则：

(1) 与周围的同伴密切保持在一起，即向飞行的中心靠拢（flock centering）；

(2) 避免与周围的同伴碰撞，要求各个体之间保持一定的距离，即避免碰撞（collision avoidance）；

(3) 与周围的同伴速度保持一致，即速度匹配（velocity matching）。

蜂拥控制问题基于这一模型随之产生，可分为 3 类。第一类是考虑 Reynolds 模型的所有 3 条规则的蜂拥控制问题。它所要达到的目的是使所有的智能体的速度值趋于一致，智能体之间的距离达到稳定的期望值，并且智能体之间不能碰撞。第二类是只考虑聚合和速度匹配的蜂拥控制问题，即不考虑多智能体之间碰撞的蜂拥问题。它只要求所智能体的速度趋于一致，并且位置差值保持稳定不变。第三类是具有附加规则的蜂拥控制算法。例如，为了能够跟踪一个目标而在蜂拥算法中加入虚拟领航者，为了躲避环境中的障碍物而在蜂拥算法中建立避障模型等。

首先考虑第二类蜂拥问题，即不考虑碰撞，只考虑要求系统中所有智能体的速度达到一致，此时可以通过智能体的速度一致性算法来实现速度匹配。现在考虑如式 (6.10) 所示系统中的状态信息 $\xi_i \in \mathbb{R}^m$ 为智能体的速度信息，那么当智能体之间的通信拓扑满足定理6.1时，通过如式 (6.11) 所示的控制律即可达成第二类蜂拥问题的控制目标。

对于第一类考虑 Reynolds 模型的所有 3 条规则的蜂拥控制问题，可以利用速度一致结合人工势函数梯度的方法来构造蜂拥控制算法。对于智能体 i，它的控制输入为

$$\boldsymbol{u}_i = \boldsymbol{f}_i^{\mathrm{g}} + \boldsymbol{f}_i^{\mathrm{d}}$$

式中，$\boldsymbol{f}_i^{\mathrm{g}}$ 代表人工势函数 $V(\boldsymbol{q}_{ij})$ 对位置 $\boldsymbol{q}_i$ 的梯度，用于实现分离和聚合两条规则。它满足：

(1) 当 $\|\boldsymbol{q}_{ij}\| \to 0$ 时，$V(\boldsymbol{q}_{ij})$ 达到其最大值；

(2) $V(\boldsymbol{q}_{ij})$ 在智能体 i 和 j 之间的距离 $\|\boldsymbol{q}_{ij}\|$ 为某一个期望值时达到最小值，并且 $\|\boldsymbol{q}_{ij}\| \geqslant \|\boldsymbol{r}\|$ 时，$V(\boldsymbol{q}_{ij})$ 恒为某个很小的正常数。第二项 $\boldsymbol{f}_i^{\mathrm{d}}$ 采用速度一致算法，用于实现智能体之间的速度匹配。可以证明，对于固定拓扑结构，如果拓扑结构是全连通的，则所有的智能体的速度大小和方向将会渐近趋于一致，系统智能体间的势能会达到最小，智能体之间不会有碰撞；对于切换拓扑结构，如果在拓扑结构切换前后，拓扑结构图始终能够保持连通，则所有的智能体的速度仍然会渐近趋于一致，智能体间的势能会达到最小，且不会发生碰撞。

对第三类具有附加规则的蜂拥控制问题则需要在第二类考虑 3 条规则的蜂拥控制算法基础上对特有的实际问题进行处理，从而设计出针对附加规则的蜂拥控制算法。由于篇幅限制，在此处不具体介绍。

4. 编队控制

编队控制是指多智能体系统中的个体在运动中通过保持一定的队形来实现整体任务。它要求多个智能体组成的群体在向特定目标或方向运动的过程中，相互之间保持预定的几何形态 (队形)，同时又要适应环境约束（如避开障碍物等）。随着编队控制的发展，多智能体技术逐渐应用到编队控制当中，从强调完成单体无法完成的任务为主的前编队控制时代，到更强调同步性、协同性，甚至可以自由分配任务的后编队控制时代。编队控制的任务求解模式也分为集中式和分布式。集中式求解存在一个任务中心，负责收集和整合所有智能体的信息，并进行统一求解。最终将求解结果分配给各个单元，指导它们完成编队任务；分布式求解是将任务分解为各个子任务，对子任务求解后进行整合得到整体任务的解。对于编队问题，根据控制方法的不同，将其分类为跟随领航者法、人工势场法、行为法和虚拟结构法。

1) 跟随领航者法

跟随领航者法是应用较为广泛与成熟的编队控制方式，指系统中至少一个智能体扮演领航者角色，其他智能体参照其运动轨迹在其周围按给定相对位置排列形成队形。领航者角色一般为可以得到全局信息或是接收到具体任务执行方式的机器人，领航者按照预定轨迹进行运动而跟随者机器人通常以领航者的位置和姿态基准，以指定的间距和相对姿态跟随领航者的运动，如图6.11所示，这样可以使得领航者在快速运动的同时保证编队队形的统一。

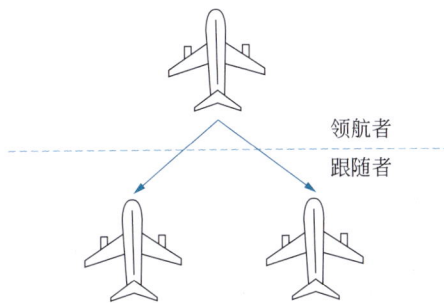

图 6.11　跟随领航者法示意

令 $C_l(x_l,y_l)$ 为领航者的位置坐标，$C_f(x_f,y_f)$ 为跟随者的位置坐标，v_{lx}、v_{ly}、v_{fx}、v_{fy} 分别代表领航者和跟随者在 x、y 方向上的速度，d_x 和 d_y 分别表示 x、y 方向上的距离。如图6.12所示，不妨先考虑领航者匀速前进的情形，可以将 t 时刻领航者的位置表示为

$$\begin{cases} x_l(t) = \nu_{lx}t \\ y_l(t) = \nu_{ly}t \end{cases} \tag{6.12}$$

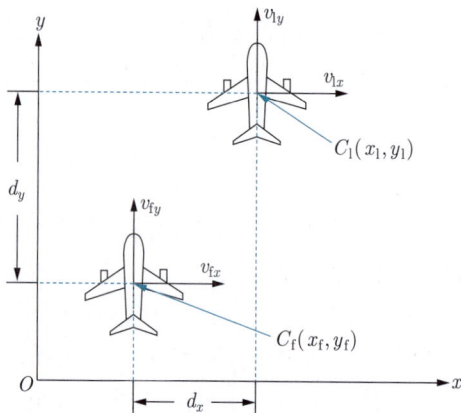

图 **6.12**　跟随领航者法位置关系

理想情况下，跟随者不受影响，在水平竖直方向始终与领航者保持恒定距离，则跟随者可以表示为

$$\begin{cases} x_f(t) = \nu_{lx}t - d_x \\ y_f(t) = \nu_{ly}t - d_y \end{cases} \tag{6.13}$$

而在实际情况中跟随者会受到环境因素的扰动，若使用 a_x 和 a_y 来表示跟随者在 Δt 扰动下在 x、y 方向上的加速度，则可以将跟随者的位置表示为

$$\begin{cases} x_f(t) = \nu_{lx}t - d_x(t) + \nu_{fx}(t)\Delta t + \dfrac{1}{2}a_x\Delta t^2 \\ y_f(t) = \nu_{ly}t - d_y(t) + \nu_{fy}(t)\Delta t + \dfrac{1}{2}a_y\Delta t^2 \end{cases} \tag{6.14}$$

移动等式两边可得此时领航者和跟随者之间的距离表达式：

$$\begin{cases} d_x(t) = \nu_{lx}t - x_f(t) + \nu_{fx}(t)\Delta t + \dfrac{1}{2}a_x\Delta t^2 \\ d_y(t) = \nu_{ly}t - y_f(t) + \nu_{fy}(t)\Delta t + \dfrac{1}{2}a_y\Delta t^2 \end{cases} \tag{6.15}$$

由式 (6.15) 可知，在受到扰动后，跟随者可以通过调整加速度，在一段时间后重新与领航者保持固定距离，从而维持队形稳定。这样一来，跟随者的运动就能够受到领航者的

控制。因此，通过控制领航者的轨迹，就可以控制系统的整体行为。但跟随领航者法具有致命的缺陷，一旦领航者失效，系统就会迅速瓦解，不再具有任务执行能力。因此，跟随领航者法不能单独使用。

2) 人工势场法

人工势场法是通过在系统内设计虚拟势场来约束各个机器人的行为。常用的势场力有两种，吸引力和排斥力，机器人的运动目标对机器人产生一定的吸引力，当机器人间距小于安全距离时产生排斥力。

如图6.13所示，记 $d = \sqrt{d_x{}^2 + d_y{}^2}$ 表示两个机器人之间的距离，d_0 表示安全距离，ξ 表示引力场系数，η 表示斥力场系数，则可以得到：

$$U_\mathrm{a}(d) = \frac{1}{2}\xi d^2$$

$$U_\mathrm{r}(d) = \begin{cases} \dfrac{1}{2}\eta \left(\dfrac{1}{d} - \dfrac{1}{d_0} \right)^2, & d \leqslant d_0 \\ 0, & d > d_0 \end{cases}$$

式中，$U_\mathrm{a}(d)$ 为引力函数，$U_\mathrm{r}(d)$ 为斥力函数，记势函数为

$$U(d) = U_\mathrm{a}(d) + U_\mathrm{r}(d) \tag{6.16}$$

当吸引力和排斥力达到平衡时，机器人间距即达到稳定状态，形成期望的队形。虽然人工势场法应用广泛，但是使用中容易陷入局部极值点，因此在实际应用受到了一定限制。

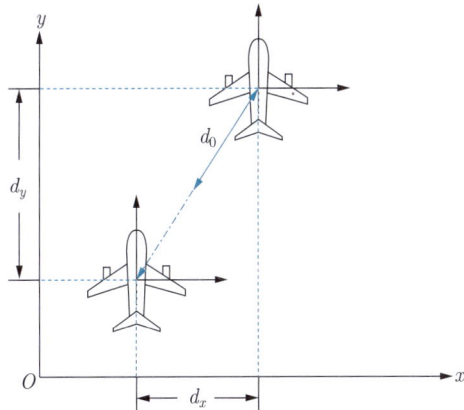

图 6.13 人工势场法位置关系

3) 行为法

行为法是指在智能体的群体运动过程中实现某种功能，如汇聚、避障和避免碰撞等，本质上是各种行为的集合。其间并不要求智能体形成固定队形，通过将权重赋予每一种动作，对不同权重的动作设计算法，以实现所需的动作集合，从而满足控制要求。这一方法

具有仿生学的思想，可以利用有向图、人工势场等工具，模拟生物行为实现全局的编队控制。图 6.14 给出了行为法编队控制结构的示意图。

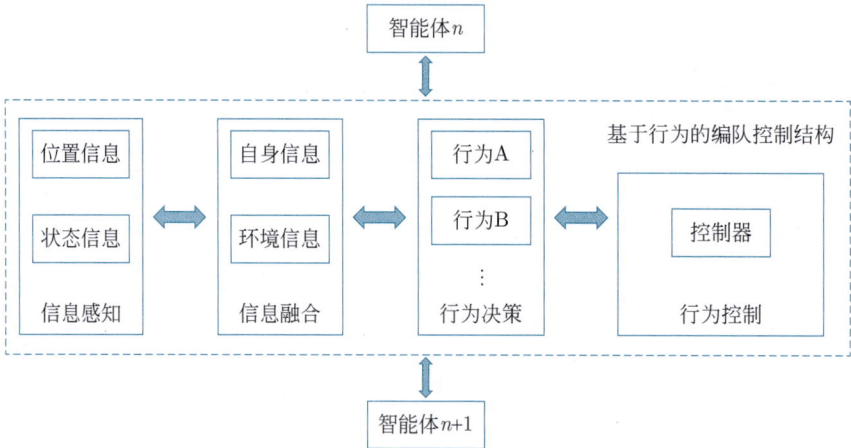

图 6.14　行为法编队控制结构示意图

4) 虚拟结构法

虚拟结构法将智能体形成的队形看作一个具有多个节点的运动刚体，每个智能体对应刚体上的一个固定节点。当队形发生变化时，每个智能体跟随对应节点完成运动（如图6.15所示）。智能体的一致性运动则是虚拟结构法的一种特殊情况。而根据智能体观测和控制的变量，又可将现有的编队控制研究结果分为 3 类：基于位置的控制、基于相对位置的控制和基于距离的控制。基于位置的控制方法要求智能体能实时监测并控制其在全局坐标系下的位置变量，使智能体按给定队形部署；基于相对位置的控制方法要求智能体能直接监测和控制其与相邻智能体之间的相对位置从而实现编队，其中相对位置信息包含了关于全局坐标的方向，但并不关心智能体在坐标系中的绝对位置；而基于距离的控制方法则要求智能体能监测和控制其与相邻智能体之间的距离，并以智能体间距的形式给出队形编

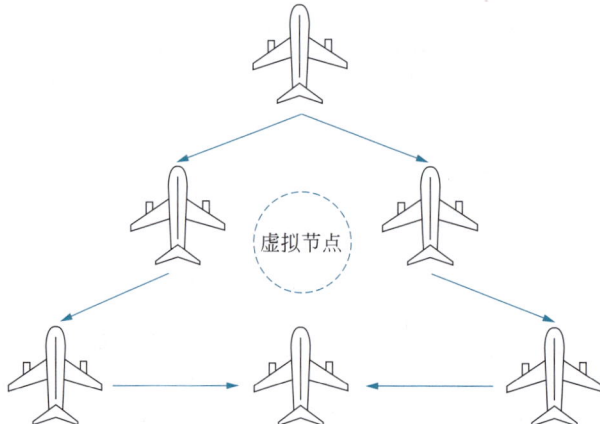

图 6.15　虚拟结构法

队——不同于基于相对位置的控制，智能体仅需在其自身的局部坐标系下获取相邻智能体的相对位置，而每个智能体的局部坐标系并不需要对齐或同步。另外，编队问题也可分为固定队形编队和非固定队形编队，其中后者并不明确描述一个队形，一般用于实现一些特殊的行为。编队控制方法和系统稳定性分析方法主要包括矩阵理论法 (频域法)、李雅普诺夫方法、模型预测控制法和虚拟势场法等。

多智能体系统的各类分布式协同问题之间并没有明确的界限，不同算法的相互借鉴和渗透反而能发挥积极作用。虽然此处研究的是多智能体系统对未知区域的扫描覆盖问题，但提出的控制方案受到跟踪问题和包围问题的启发，引入了两个具有环境探测能力的领航者将跟随者智能体包围在安全动态区域内，同时跟随者智能体借助一致性原理形成可变队形跟踪领航者的运动，从而完成扫描覆盖控制。

5. 一致性算法仿真

下面通过一个算例来展示多智能体一致性控制的有效性。如图 6.16 所示，考虑一个含有 4 个多智能体的系统，第 i 个智能体的系统模型为

$$
\begin{aligned}
\dot{x}_{i,1} &= x_{i,2} \\
\dot{x}_{i,2} &= u_i(t)
\end{aligned}
\tag{6.17}
$$

其中，$x_{i,1}$ 和 $x_{i,2}$ 分别为系统一阶和二阶的状态，$u_i(t)$ 为第 i 个智能体的控制输入量。

给定 4 个智能体的初始状态分别为 $[x_{1,1},x_{1,2}]^{\mathrm{T}}=[-1,0.5]^{\mathrm{T}}$，$[x_{2,1},x_{2,2}]^{\mathrm{T}}=[-0.5,0.2]^{\mathrm{T}}$，$[x_{3,1},x_{3,2}]^{\mathrm{T}}=[1,-0.5]^{\mathrm{T}}$，$[x_{4,1},x_{4,2}]^{\mathrm{T}}=[0.5,-0.2]^{\mathrm{T}}$，利用滑模控制方法为每个智能体设计控制输入 $u_i(t)$，使得 4 个智能体在给定拓扑关系 (如图 6.16所示) 下实现状态一致收敛到 0。图 6.17~图6.20分别为系统一阶、二阶的状态演变和误差收敛过程。

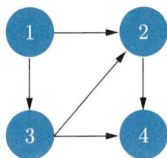

图 6.16　拓扑关系图

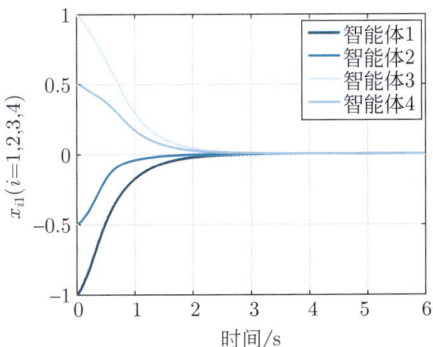

图 6.17　系统一阶状态演变图

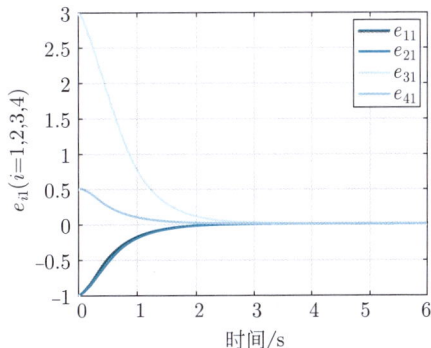

图 6.18　系统一阶误差收敛图

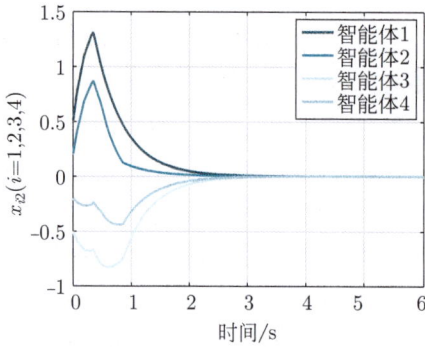

图 6.19　系统二阶状态演变图

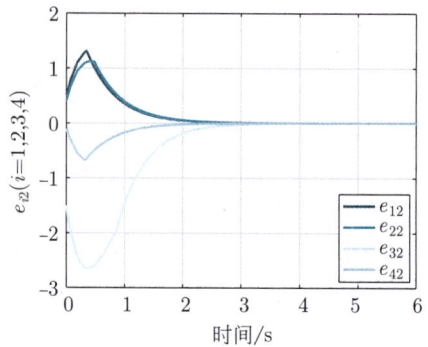

图 6.20　系统二阶误差收敛图

6. 跟踪控制算法仿真

考虑 1 个领航者和 4 个跟随者组成的多智能体系统，领航者 0 与跟随者 $i(i=1,2,3,4)$ 的拓扑关系如图6.21所示。领航者的输出信号为：$y_r = 1.5\sin(t)$，第 i 个跟随者的系统模型为

$$\dot{x}_i = f_i(x_i) + g_i u_i(t) \tag{6.18}$$

其中，$i = 1,2,3,4$，$f_1(x_1) = 2\cos(5x_1)$，$f_2(x_2) = 3\cos(5x_2)$，$f_3(x_3) = 5\cos(3x_3)$，$f_4(x_4) = 5\cos(3x_4)$，$[g_1,g_2,g_3,g_4]^{\mathrm{T}} = [3,3,2,2]^{\mathrm{T}}$。同样设计滑模控制算法，使得 4 个跟随者智能体跟踪上领航者的输出轨迹 y_r。其跟踪效果如图6.22、图6.23所示。

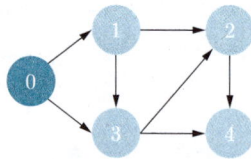

图 6.21　跟随领航者拓扑关系图

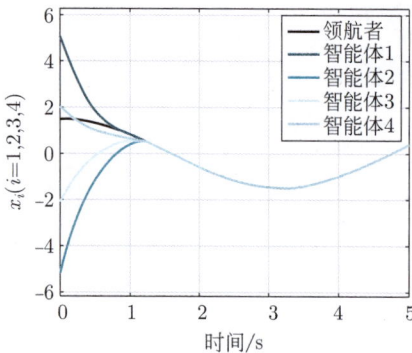

图 6.22　系统状态演变图

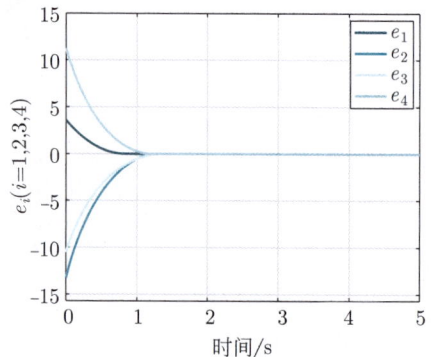

图 6.23　系统误差收敛图

7. 编队控制算法仿真

下面分别展示基于绝对信息的编队控制算法和基于相对信息的编队控制算法仿真结果。

考虑用于编队控制的多智能体模型为

$$\dot{\boldsymbol{x}}_{i,1} = \boldsymbol{x}_{i,2}$$
$$\dot{\boldsymbol{x}}_{i,2} = \boldsymbol{u}_i(t) \tag{6.19}$$

其中，$\boldsymbol{x}_{i,1} = [x_{i,1}, y_{i,1}]^{\mathrm{T}}$，$\boldsymbol{x}_{i,2} = [x_{i,2}, y_{i,2}]^{\mathrm{T}}$，$x_{i,1}$ 和 $y_{i,1}$ 分别为第 i 个智能体 x 和 y 方向上的状态量，$\boldsymbol{u}_i(t) = [u_{i,1}, u_{i,2}]^{\mathrm{T}}$，$u_{i,1}$ 和 $u_{i,2}$ 分别为第 i 个智能体 x 和 y 方向上的控制输入量。

1) 基于绝对信息的编队控制算法

在基于绝对信息的编队控制中，每个智能体能获取自身在全局坐标系中的绝对位置信息。设定 4 个智能体的初始坐标位置分别为：$(x_{1,1}, y_{1,1}) = (-1, 0)$，$(x_{2,0}, y_{2,1}) = (-3, 0)$，$(x_{3,1}, y_{3,1}) = (2, 2)$，$(x_{4,1}, y_{4,1}) = (1, 3)$。同样设计基于滑模的控制方法，使得 4 个智能体形成一字编队，每个智能体之间的距离间隔为 $d_i = \sqrt{2}$。

2) 基于相对信息的编队控制算法

在基于相对信息的编队控制中，每个智能体仅能获取与之通信的邻居智能体的相对位移信息。假设智能体 i 和 $i+1$ 在 x 和 y 方向上的相对位移都为 1，4 个智能体的初始位置和控制方法与基于绝对信息的编队控制设置相同，控制目标是每个智能体之间以距离间隔 $d_i = \sqrt{2}$ 做圆周运动。基于绝对信息和相对信息的编队效果如图 6.24~图6.29所示。

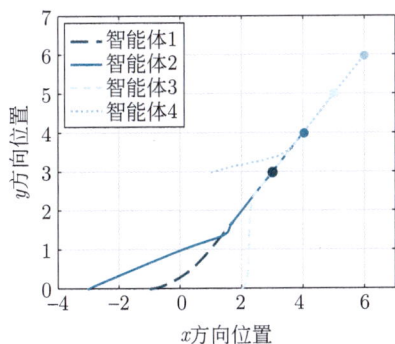

图 6.24 绝对信息编队轨迹图

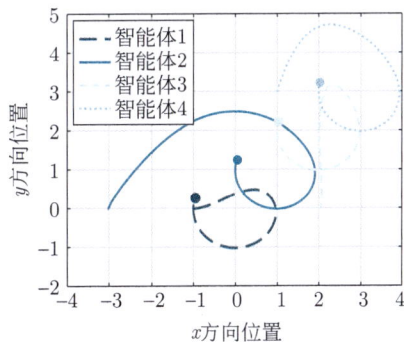

图 6.25 相对信息编队轨迹图

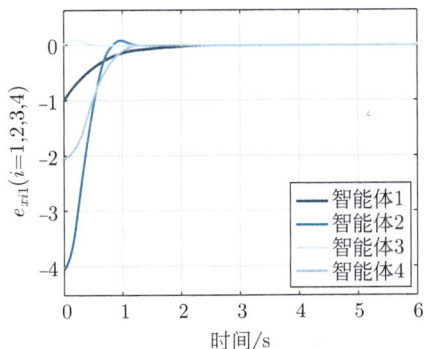

图 6.26 x 方向误差收敛图（绝对信息）

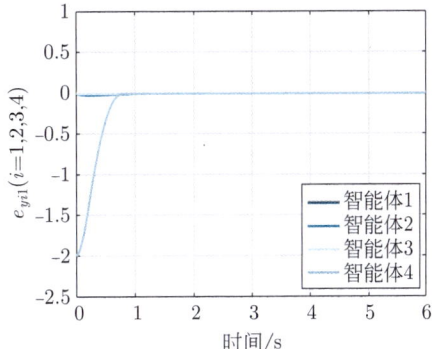

图 6.27 y 方向误差收敛图（绝对信息）

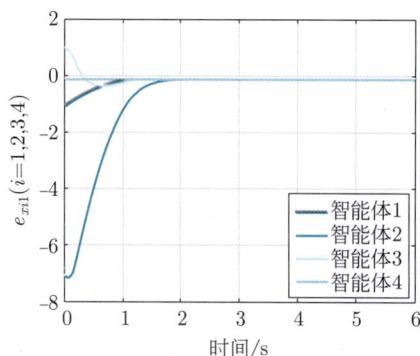

图 6.28 x 方向误差收敛图（相对信息）

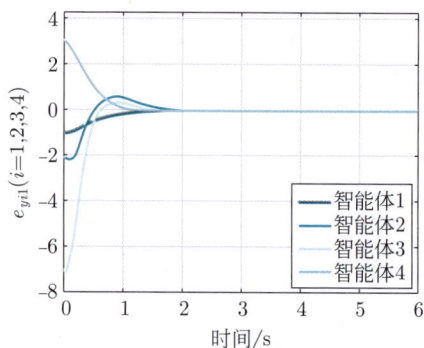

图 6.29 y 方向误差收敛图（相对信息）

6.5 实训项目：空地协同自主跟踪定位系统设计

空地协同系统利用无人车与无人机各自的优势，实现优势互补，有效弥补了单个平台的不足。空地协同系统联合使用无人机与地面车辆，通过无人机在空中获取的视角以及地面车辆的移动能力，可以更全面地监控和感知周围环境。在目标识别领域，无人机凭借其独特的视角和广泛的监视区域，显著增强了目标检测的精准度和稳定性。其高空优势为检测提供了更为全面的视野，而宽广的覆盖范围则有效保障了检测的全面性和可靠性。同时，地面车辆可以提供更近距离的观察和更精确的定位信息，进一步完善目标检测的结果。本项目在未知的室内环境中，使用四旋翼无人机和无人车协同定位和跟踪移动目标。本项目利用深度相机获取环境信息以构建栅格地图，并利用 Apriltag 识别来获取智能体的位置信息。在进行追踪任务时，首先，利用弹性跟踪器精准捕捉动态目标在像素坐标系中的实时位置，然后将这些状态信息以及期望与追踪目标之间的相对位置作为输入数据传递给控制器，控制器随后进行解算，确保协同平台能够定地对动态跟踪目标进行高精度的追踪。

本项目利用相机获得深度图像，采用概率更新方法构建并更新膨胀栅格地图，根据建立好的膨胀栅格地图，利用分层多目标寻径算法进行路径搜索，选取可信范围内的路径点生成静态的安全飞行走廊，并获取关键点信息，在预测位置周围生成点阵，用于可视化目标的可观测边界。通过基于梯度的局部规划框架，根据可行性、光滑性设置一系列约束与惩罚函数对控制点进行优化，得到一条安全、光滑、可行的轨迹。经验证，本项目设计平台能够自主跟踪移动目标，具有较好的稳定性。

6.5.1 项目目标

本项目旨在设计一个基于地面/空中无人平台的协同跟踪定位系统，主要目标是通过多机器人协作探索未知环境、构建环境地图以及实现精准的定位和导航。本项目有如下 4 个核心目标。

(1) 多机器人协作。通过无人车和无人机的协同作业，发挥各自的优势，提升对复杂环境的适应能力。无人机可提供空中视角,快速获取大范围的环境信息,而无人车则可在地面进行更细致的探索和导航。

(2) 环境地图构建。利用深度相机实时获取环境信息,并基于此构建动态更新的栅格地图。该地图能够反映环境中障碍物的位置,从而为后续的路径规划提供基础。

(3) 精准定位。采用扩展卡尔曼滤波(EKF)算法对无人车和无人机的数据进行融合,确保在动态追踪过程中实现高精度的定位。本项目设计使用协同定位方式,能够有效减少误差,提升整体系统的鲁棒性。

(4) 高效导航。通过优化路径规划算法,设计智能的安全飞行走廊,避免障碍物的同时保持适当的观测距离。路径规划的实现确保了无人机和无人车能够在未知环境中安全、迅速地完成任务。

6.5.2　项目总体设计

该系统由四旋翼无人机和地面无人车组成空地协同跟踪定位平台,旨在实现对室内环境中带有 Apriltag 标签的目标的精确跟踪和定位。

系统硬件部分包括无人机和无人车平台以及多种传感器配置:无人机系统使用深度相机和惯性测量单元(IMU)来构建环境地图,并通过识别 Apriltag 标签获取目标位姿;无人车则使用 IMU 及其自身的传感器系统来实现平稳的地面行驶并协同无人机进行定位和跟踪。

软件框架方面,系统依赖于 Robot Operating System(ROS)作为开发环境,构建各模块间的通信网络。通过 ROS,系统能够以松耦合的分布式框架结构实现多节点之间的数据交互,确保空地平台的协同操作和信息传递顺畅。此外,引入 Gazebo 仿真平台,对系统在仿真环境中的各项功能进行测试与验证。

6.5.3　硬件平台

1. 四旋翼无人机

本项目所搭建的四旋翼无人机飞行平台具有明确的尺寸规格和重量参数,如图6.30所示,长 170mm,宽 160mm,高 106mm,空机质量 180g。该无人机配备了高性能的 4S 无

图 6.30　自主四旋翼无人机平台

刷动力电动机作为动力系统。以上设计和优化为实验和研究提供了稳定可靠的四旋翼无人机平台。

下面介绍其主要组成部分。

(1) 机架：提供结构支撑，采用轻质材料，以保证飞行时的稳定性。

(2) 推进系统：由 4 个电动机和螺旋桨组成，具备高效能和快速响应能力。电动机的推力能够轻松克服无人机的重力，确保飞行稳定。

电子调速计主要负责根据飞行控制器的 PWM 信号，将直流电转换成三相交流电，进而实现对电动机转速和方向的精确控制。

(3) 飞行控制系统：本项目使用基于 PX4 的飞行控制器，其集成多种传感器（如陀螺仪、磁力计等），提供全面的环境信息和姿态感知。此外，该控制器还具有 PWM 输出、USB 接口、支持 SBUS 协议，以便与外部设备连接。通过连接飞控的 4 路 PWM 输出至电动机电调，可实现对无人机运动的精确控制；通过电源接口与电池连接，为整个系统提供稳定的电力供应。

飞行控制栈是无人机的处理核心，负责接收上层轨迹规划模块给出的轨迹信息相关指令，对其处理后输出 PWM 控制信号至电动机电调。为了构建一个稳定性较强的四旋翼无人机底层控制系统，本项目选择 PX4 作为飞行控制栈。PX4 的原生固件是一类开放式飞行控制器，能够有效兼容上层算法和底层硬件。它集成了通信模块，采用了多环串级 PID 的控制算法，在外部指令下对飞行运动状态采用闭环控制。

在 PX4 固件中，为实现对无人机运动的精准操控，采用了多环串级 PID 控制策略。多控制器之间协同工作，接收来自上层规划算法的控制指令，包括位置、速度、加速度。在数据处理上，控制器不仅依赖外部位姿估计，还结合内部 IMU 提供的位姿信息，通过扩展卡尔曼滤波器算法，进行高效的位姿信息融合与估计，从而确保无人机运动的精确性和稳定性。将结果作为反馈值，并与输入值做差，以此作为控制器的输入量，选择无人机的推力向量和作为被控量。

(4) 视觉传感器：选择深度相机，具备 RGB 和深度图像捕捉能力，能够在光线不足的环境中进行精确导航和定位。

2. TurtleBot3 无人车

TurtleBot3 是一个开源机器人平台，为双轮无人车，长 176mm，宽 138mm，高 188mm，其主要由以下部分组成。

(1) 底盘：采用差速驱动设计，确保良好的机动性。

(2) 主控制器：选择 Open CR，支持 ROS 平台，具有强大的计算能力和扩展性。

(3) 传感器模块：包括三轴陀螺仪、加速度计和磁力计，能够提供精确的运动状态信息。

Turtlebot3 Burger 的主控制器板选用 Open CR，其核心微控制器为 STM32F746NGH6。该微控制器基于 32 位 ARM Cortex-M7 架构，支持 FPU（浮点运算单元），主频为 216MHz，

性能为 462DMIPS。传感器模块集成了陀螺仪、加速度计和磁力计。底盘采用差分驱动设计。无人车实物如图6.31所示。

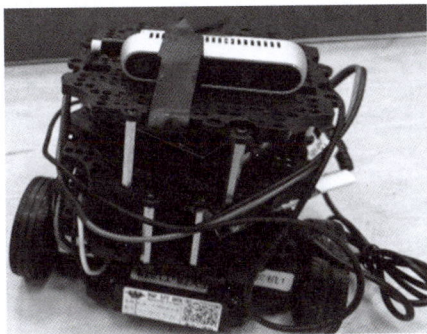

图 6.31　Turtlebot3 实物图

6.5.4　软件系统

1. 感知模块

感知模块是无人平台实现自主导航和目标跟踪的关键。本模块使用 AprilTag 和深度相机实现目标的检测与建图。AprilTag 视觉识别系统基于一种高效的二维码样式标签，能够实时检测并计算出标签的相对位置。通过这种方式，无人机和无人车能够捕捉到目标的实时位置信息，从而确保系统对目标的感知覆盖。

1) AprilTag 识别

AprilTag 作为一种广泛应用的视觉标签，能够快速提供目标的位置和姿态信息。其识别步骤如下：

(1) 边缘检测与定位。

① 边缘检测：通过计算图像的梯度，对图像进行边缘检测，提取出目标的边缘特征。

② 四边形识别：在边缘图像中搜索四边形，并筛选出符合条件的边缘，形成闭合的四边形轮廓。

(2) 二维码编码与解码。

① 编码处理：对识别出的四边形进行编码，提取出其中的黑白像素块。

② 解码过程：将编码结果与预先存储的 AprilTag 库进行比对，获取目标的位置信息。

当图像编号与标签库中的编号成功比对后，可以精确定位并框选出图像的标签，进而获取到该标签在像素坐标系中的 4 个边缘点的位置坐标。接着，基于已知的标签尺寸，将这些边缘点在像素坐标系中的位置转换为世界坐标系中的位置。AprilTag 通过直接线性变换的方法，有效地实现了位置信息的求解。

2) 占据栅格地图构建

采用概率估计方法构建膨胀栅格地图，实时更新各个栅格的占用状态，以提高环境感知的准确性。

概率表示：用概率 $p(m_i)$ 表示各栅格状态，$p(m_i = 0)$ 表示空闲状态的概率，$p(m_i = 1)$ 表示占用状态的概率。

实时更新：当相机获取新的观测序列时，实时更新各个栅格的占用状态，确保地图的准确性。

在 Gazebo 仿真环境中，设置障碍物，并在 Rviz 可视化环境下进行栅格地图的构建，效果如图6.32所示。

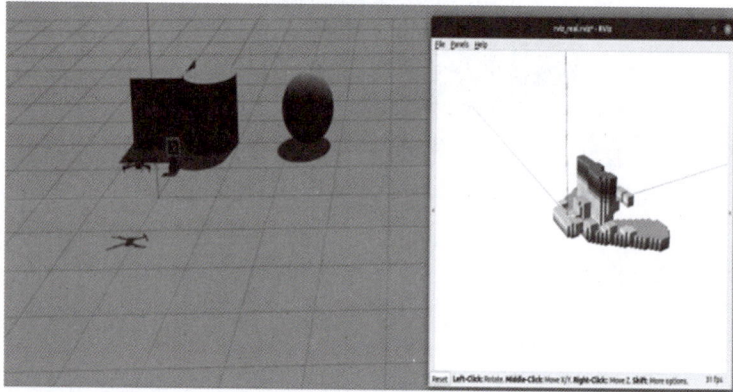

图 6.32   Rviz 建图可视化效果图

具体来讲，本项目的栅格地图采用 RingBuffer 结构和 OccGridMap 结构。RingBuffer 结构提供三维环形缓冲区，支持将三维索引转换为线性地址，以便在内部一维数组中存取数据，填充数据以初始化或重置缓冲区。OccGridMap 用于管理和更新占据栅格地图，整体流程如下：

首先，初始化地图参数和配置，将物理空间中连续的空间坐标与栅格地图的离散索引互相转换，然后根据传感器数据更新地图，包括设置特定位置为占据、空闲或未知状态，处理占据和自由空间的逻辑，并将地图数据转换为点云信息，即遍历栅格地图中的每个栅格，将占据概率值大于某个阈值的栅格对应的坐标添加到点云中。

占据栅格地图构建总体流程为通过传感器和点云数据计算每个点的状态，判断每个点是被占用、空闲还是未知，并相应地更新地图数据，计算每个栅格的占据概率值，最后更新栅格地图。

2. 通信机制

在多智能体系统中，高效的通信机制是保证协同作业的重要保障。本项目采用 ROS 作为通信框架，通过节点间的消息传递实现信息共享。ROS 为本项目提供了灵活的通信机制，使得不同的无人平台能够实时共享信息。系统各个功能模块被封装为独立的节点，通过定义话题（topic）进行信息发布和订阅。

(1) 发布-订阅机制：各节点可以发布数据（如传感器数据、控制指令等），其他节点可以订阅这些数据，实时接收更新信息。

(2) 服务-客户端机制：在需要请求特定操作时（如路径规划请求），可以通过服务机制实现节点间的同步通信。

具体数据处理流程如下：

① 数据获取——各节点通过传感器获取环境信息，并进行预处理。

② 信息共享——通过 ROS 话题发布位姿和环境信息，其他节点订阅并接收。

③ 协同计算——各节点接收到的数据进行融合处理，实现定位和跟踪。

首先，发布者（publisher）和订阅者（subscriber）节点通过 ROS 的远程过程调用（RPC）机制在 ROS 主（master）节点上进行注册。主节点将发布者的注册信息添加到其注册列表中。当需要进行通信时，主节点会根据订阅者的订阅信息，从注册列表中查找与之匹配的发布者，并通过 RPC 将发布者的地址信息发送给订阅者。订阅者收到这些信息后，会通过 RPC 向发布者发送连接请求，包括所需的话题名、消息类型以及通信协议等。在主节点的协调下，订阅者成功订阅该消息。随后，发布者收到连接请求并确认，订阅者与发布者之间由此建立起网络连接，开始传输话题信息数据，从而实现消息的高效传递。

3. 协同定位

协同滤波定位是实现无人机和无人车协同作业的关键步骤。本项目采用扩展卡尔曼滤波（EKF）技术进行协同定位，确保各平台的位姿估计准确可靠。

1) 滤波器原理

扩展卡尔曼滤波是一种用于非线性系统状态估计的算法，通过线性化运动方程和观测方程来实现对系统状态的预测和更新。其基本流程包括预测和更新两个步骤。

(1) 状态预测：根据运动模型预测系统的状态。

(2) 状态更新：结合观测数据，利用测量噪声和过程噪声更新状态估计。

2) 协同定位流程

(1) 无人机与无人车各自的 EKF 模块：无人机和无人车独立获取自身的位姿信息，并进行初步的状态估计。

(2) 信息共享与融合：通过 ROS 通信机制，将各自的观测数据进行共享，利用 EKF 算法融合数据，更新协同定位结果。

具体而言，无人机与无人车均配备各自的 EKF 定位模块，允许它们通过自身的处理器独立获取位姿信息。在协同定位的场景中，目标车身上标记有 AprilTag 标签。当无人机和无人车的相机捕捉到相应标签时，它们将解码并生成观测方程，这些方程将用于状态更新过程。在本项目中，采用 EKF 滤波器以精确估算无人机的三维位置、速度及姿态（以欧拉角形式表示）。此滤波器的状态向量包括 9 个关键元素，前 3 个分别对应无人机的三维位置，紧接着的 3 个则是其速度分量，最后 3 个则描述了无人机的姿态信息。作为滤波器的输入，本项目集成了来自惯性测量单元（IMU）的加速度计和陀螺仪数据，而滤波器的输出则主要基于全球定位系统（GPS）和磁力计的测量值进行校正与优化。

4. 运动规划

运动规划是确保无人平台安全有效运行的关键环节。包括路径搜索和轨迹优化两部分。

1) 路径搜索

路径搜索过程在构建的栅格地图中进行。首先，获取起始点和初始向量，接下来是路径搜索的过程。通过分层多目标寻径算法搜索从起始点到局部目标点的路径，并将路径存储在向量中。基于目标位置和速度进行预测，如果路径搜索成功，则将预测的路径点可视化，生成静态走廊，并获取关键点信息，在目标预测位置周围生成一圈点，用于可视化目标的可观测边界；然后检查是否需要额外的走廊，如果需要额外的走廊，则根据给定的步长沿着设定向量的方向进行搜索，直到找到占据的网格为止；最后将找到的线段存储起来，将生成的额外走廊信息插入，并利用生成的走廊线段生成走廊的多边形表示。如果是通过目标预测而不是通过传感器数据生成路径，则需要生成可见区域。将目标预测点和路径中的路径点写入，并计算可见点集合，进行可视化。最后，将路径与起始点连接起来，形成完整的路径。

2) 轨迹优化

本项目采用 L-BFGS 算法对路径进行优化，具体步骤如下：

(1) 目标函数定义——设定优化目标，包括最小化路径长度、最大化安全距离等。

(2) 梯度下降迭代——通过多次迭代，逐步优化路径，确保在动态环境中依然能够有效执行。

目标函数的表达式定义如下：

$$J(q, T) = F(M(q, T), T)$$

其中，q 是中间路径点，T 是时间向量，$F(M(q, T), T)$ 表示目标函数，它与轨迹的控制量 $M(q, T)$ 相关，$M(q, T)$ 是由路径点和时间向量构造的轨迹。

通过该目标函数，本项目提出了一种线性复杂度的方法来优化轨迹。在优化过程中，梯度 $\dfrac{\partial J}{\partial q}$ 和 $\dfrac{\partial J}{\partial T}$ 可以通过已知的 $\dfrac{\partial F}{\partial c}$ 和 $\dfrac{\partial F}{\partial T}$ 进行计算，从而有效地优化时空最优的轨迹。

目标函数的梯度表达式为

$$\frac{\partial J}{\partial q}, \quad \frac{\partial J}{\partial T}$$

这些梯度可以通过以下步骤来求解：

(1) 由路径点和时间向量 (q, T) 构造轨迹 $M(q, T)$，并通过这个轨迹来计算目标函数 $F(M(q, T), T)$。

(2) 求轨迹对路径点 q 和时间向量 T 的导数，即通过链式法则计算目标函数对路径点和时间的梯度：

$$\frac{\partial J}{\partial q} = \frac{\partial F}{\partial c} \cdot \frac{\partial M}{\partial q}, \quad \frac{\partial J}{\partial T} = \frac{\partial F}{\partial c} \cdot \frac{\partial M}{\partial T}$$

这里，$\dfrac{\partial F}{\partial c}$ 是控制量（如速度、加速度）的梯度，$\dfrac{\partial M}{\partial q}$ 和 $\dfrac{\partial M}{\partial T}$ 分别表示轨迹对路径点和时间的导数。

(3) 线性复杂度优化。引入 MINCO 轨迹类中的公式化方法，使得这些梯度的计算可以在线性时间复杂度内完成。这意味着即使轨迹由多个路径点和多个时间段组成，优化过程仍然能够在计算资源允许的情况下高效地完成。

(4) 迭代优化。在计算出梯度后，利用基于梯度下降的优化算法对路径点 q 和时间向量 T 进行更新，逐步缩小目标函数的值，从而找到最优解。

本算法通过最小化目标函数来生成轨迹，首先对时间变量 t 和参数变量 p 进行优化。计算目标函数关于变量的梯度。采用自动微分的方法，即根据目标函数的定义，来计算梯度。然后定义目标函数，使得轨迹的平方和最小化。该目标函数的作用是最小化控制努力，即无人机在运动过程中所消耗的能量和执行动作的平滑性，并通过调整轨迹的路径点 q 和时间 T 来优化最终结果。

在优化过程中，根据给定的初始状态和目标状态，计算轨迹的加速度的变化率 j，并将其作为目标函数的一部分，从而计算路径的平滑性代价，同时计算时间整合惩罚，并将时间梯度增加到总成本中。通过调整 t 和 p 的值，使得目标函数最小化，从而得到优化后的轨迹。在每次迭代中，优化器会根据当前的梯度信息和历史信息来更新变量的值，最终得到优化后的变量。

设置轨迹阶次为 5，轨迹的每一部分都由一个五阶多项式描述。获取轨迹的持续时间和段数，分别填充到目标函数中，遍历每段轨迹，提取对应的多项式系数矩阵，并将系数填充到消息的对应字段中。当接收到目标物体的里程计信息时，首先将目标物体的位置信息转换成路径上的点，然后根据飞行器和目标物体的位置信息，计算并发布飞行器与目标物体之间的连线，以及模拟弹簧的路径。

6.5.5　实验与结果分析

本项目在 ROS-Gazebo 仿真环境中，对无人车与无人机协同观测与跟踪目标的过程进行仿真测试。ROS-Gazebo 环境以其高度集成、模块化和可扩展性，为无人系统提供了模拟场景，极大地提升了设计验证的效率和准确性。通过无人车与无人机的互补性协作，能够实现对目标的全方位、多角度观测，从而确保追踪的连续性和准确性。实验验证算法的可行性，实现对特定目标的识别，以及在全局定位条件下，对目标静止和持续跟踪过程中的精确定位，并调整无人平台的运动行为，以降低失跟概率。

1. 仿真实验

本项目采用 Gazebo 环境进行无人平台系统的跟踪定位仿真。经过验证，算法能够对移动的目标物体进行实时跟踪与定位。本项目采用的仿真实验基于 DELL G3-3500 计算机，采用 Intel Core i7-10750H CPU @ 2.60GHz 处理器，64 位操作系统，基于 x64 处理器，系统版本为 Ubuntu 20.04。

本实验可分为 3 个模块，分别为检测、跟踪和协同定位滤波。本节将分模块展示实验结果。

1) 目标检测实验

首先在 Gazebo 环境中搭建带有 AprilTag 的移动目标，考虑到本实验中对移动目标的要求，选择上方附有 AprilTag 的 Turtlebot3 作为目标，通过键盘端可以控制目标自主移动。

本实验选取的 AprilTag 规格为 tag36h11，其为 24mm × 24mm 的正方形像素块。

启动仿真环境后，可观察到智能体的深度相机实时视角。

如图6.33所示，在无人机和无人车各自的深度相机视角下，成功检测到目标上的 AprilTag，并自动将其框选。

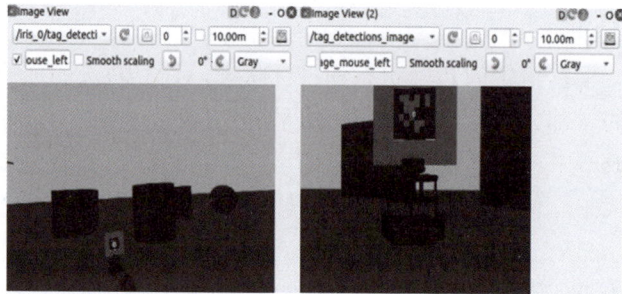

图 6.33 AprilTag 目标检测效果图

2) 目标跟踪实验

如图6.34所示，在检测到带有 AprilTag 的目标后，键盘控制目标在障碍物间移动，并启动自主跟踪程序，可实现无人车和无人机对目标保持一定距离的跟踪，无人机与无人车可以根据获取到的环境信息进行实时路径规划，避开障碍物。

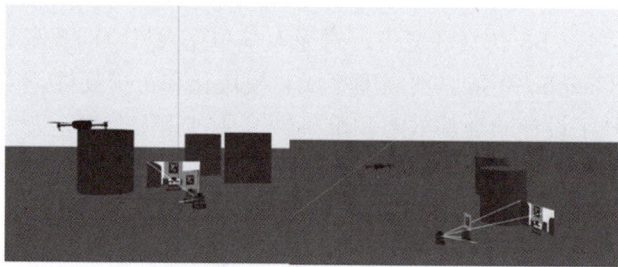

图 6.34 无人平台跟踪示意图

3) 协同定位滤波实验

在识别到 AprilTag 并进行跟踪后，记录目标自身定位（target）、无人车识别的目标定位（tb3）、无人机识别的目标定位（iris0）与经过 EKF 协同滤波处理后的目标定位（combined）4 个话题的数据信息，在 Rviz 中直接展示各话题对应的轨迹，并利用 rosbag 指令将 4 个话题导入 .csv 文件，使用 plotjuggler 绘图工具进行可视化分析。

如图6.35所示，将 4 条轨迹在同一三维空间内可视化，绘出截面图，可看出各轨迹间误差低于 0.1m。将 4 组话题数据制成三维平面散点图，并分别截取 xy、xz 和 yz 平面分析，如图6.36和图6.37所示。

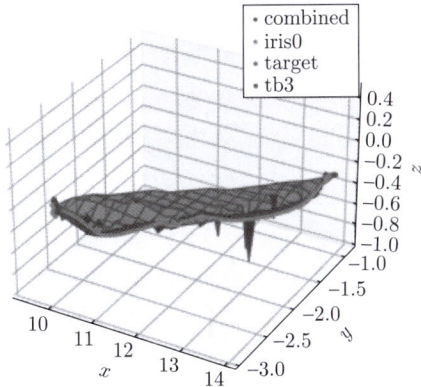

图 6.35　轨迹可视化截面图

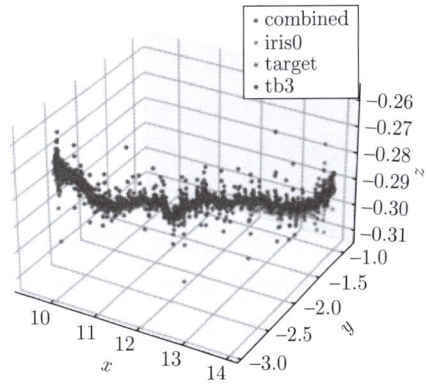

图 6.36　三维轨迹散点图

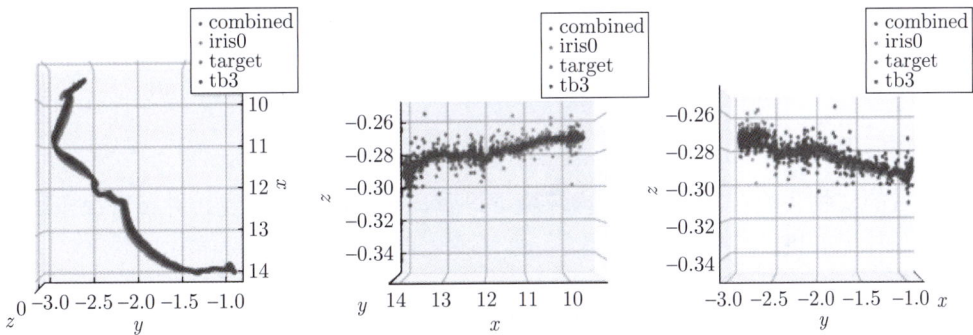

图 6.37　三维轨迹散点剖面图图

最终将跟踪目标和经过滤波处理后的三维轨迹 target 和 combined 提取出来，分别在 x、y、z 轴上计算观测定位值与真实值的误差 Δx、Δy、Δz，如图6.38～图6.40所示。可以明显看出，动态目标的观测误差都稳定在 0.2m 以内。

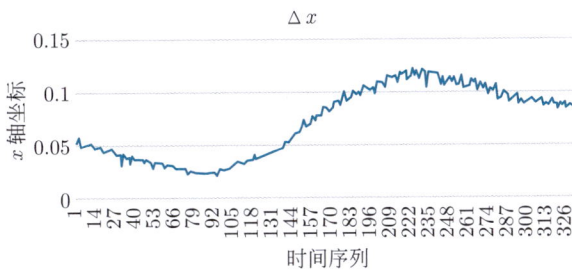

图 6.38　x 轴定位误差图

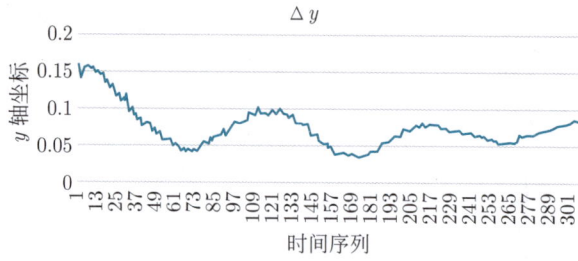

图 6.39　y 轴定位误差图

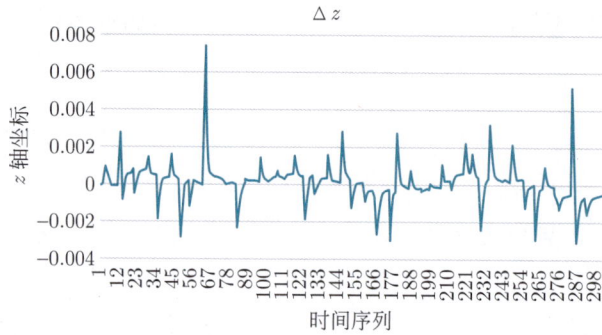

图 6.40　z 轴定位误差图

2. 实物实验

本项目的实物实验在图6.41的室内环境下进行，设置静态障碍物，并部署 AprilTag 目标、无人车与无人机。

图 6.41　实物实验环境图

实验过程如图6.42所示，保持 AprilTag 移动，移动速度不小于 0.22m/s，Turtlebot3和四旋翼无人机能够实现自主识别目标并保持一定距离的跟踪，有效避开障碍物。

图6.43和图6.44分别展示了无人平台在目标静止以及持续跟踪条件下定位观测值与目标真实定位值的对比。在全局定位条件下，目标静止情形误差不大于 0.1m，跟踪目标移动速度不小于 0.2m/s 的情形下，持续跟踪定位误差不大于 0.2m。

图 6.42　实物实验过程图

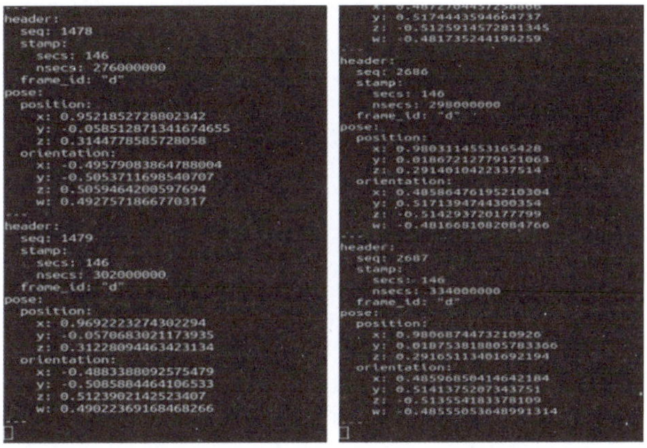

图 6.43　目标静止定位观测

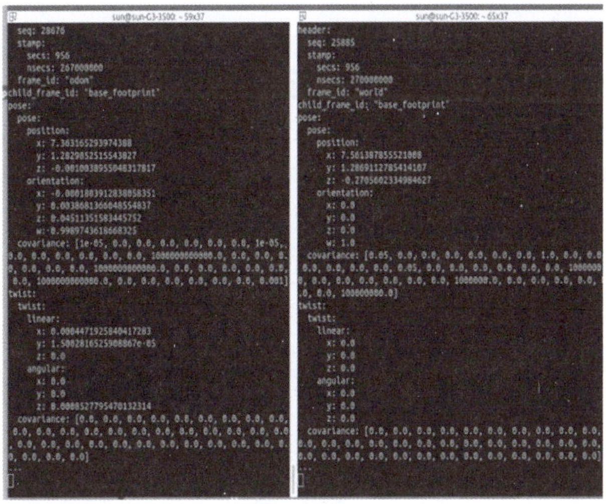

图 6.44　目标持续跟踪定位观测

3. 总结

本项目成功设计了一种基于地面/空中无人平台的协同跟踪定位系统。通过深度相机和 AprilTag 识别技术，实现了对移动目标的高效定位和跟踪。系统的通信机制、信息感知及决策与控制策略均展现了良好的性能，证明了空地协同系统在复杂环境下的可行性和有效性。

6.6 拓展阅读

(1) MINSKY M. The society of mind[M]. NJ: Simon & Schuster, 1986.

这本书是人工智能领域的经典之作，也是理解人类思维的一部里程碑式的著作。书中提出将人类思维视为由简单的个体智能体构成的"社会"。这些智能体各自执行简单的任务，通过复杂的交互与合作，形成我们所谓的智能。这一思维模型不仅启发了人工智能包括多智能体系统的研究，还为哲学、心理学和认知科学提供了新的视角。

(2) Autonomous Agents and Multi-Agent Systems[J]. Cham: *Springer Nature*, 1998.

该期刊专注于自主智能体与多智能体系统领域的研究。其内容包括智能体的建模、设计与实现，涵盖学习、推理、规划、感知等核心功能，同时研究多智能体系统中的交互、协作与通信机制，如分布式决策、群体智能与任务分配等。该期刊还关注智能体技术在机器人、自动化、电子商务、交通管理和网络安全等领域的实际应用，并强调与经济学、博弈论、认知科学等学科的交叉融合。

(3) 戴凤智，赵继超，宋运忠. 多智能体机器人系统控制及其应用 [M]. 北京：化学工业出版社，2023.

这本书介绍了多智能体系统的概念、核心的控制原理和数理知识，特别针对一阶和二阶多智能体系统讨论了各种情况下的一致性和编队控制与验证。另外，针对多无人车系统、多无人机系统以及由它们组成的异构多智能体系统，探讨了各种情况下的一致性控制、编队控制以及最优控制的实验与应用。

(4) 韩涛. 多智能体系统的协调分析与控制 [M]. 北京：科学出版社，2023.

这本书介绍了近年来在多智能体系统的协调分析与控制领域的一些研究成果，具体内容包括线性多智能体系统的有限时间编队跟踪控制、包含控制、编队包含控制，以及非线性跟随领航者多智能体系统的多编队控制问题、异质多智能体系统的输出一致性、固定时间二部一致性、二部输出一致性问题等。

(5) 李杨，徐峰，谢光强，等. 多智能体技术发展及其应用综述. 计算机工程与应用. 2018，54(09)：13-21.

该综述论文阐述了多智能体技术的定义、特性及其发展，重点分析了机器人控制和无线传感器网络中的应用成果，总结了当前工程应用中的挑战并展望了未来的研究方向。

章节练习

第 7 章

自主智能系统测评

在前几章中，我们详细探讨了自主智能系统技术本身，包括单体智能和多智能体交互协同。本章将重点转向自主智能系统的测试与评价，这是使自主智能系统能够在实际场景中部署与应用的关键环节。

测评作为自主智能系统性能验证的核心环节，在确保系统安全性、可靠性与高效性方面发挥着至关重要的作用，同时也是推动系统优化与实际部署的重要手段。本章将从多个角度系统讲解自主智能系统测评的关键内容。首先，7.1 节阐述测评的基本概念，包括测评的定义与核心作用，为深入理解测评的重要性奠定基础。随后，7.2 节聚焦自主智能系统测评的方法论，详述测试场景建模、评价指标设计、场景库生成与构建、测试方法以及智能测试理论的研究进展，为读者提供系统性方法指导。接着，7.3 节深入探讨功能性测评，分析系统功能性评估的常用指标、自主执行任务能力评估，以及针对准确性、稳定性与效率的测评方法。7.4 节则围绕安全性测评展开，介绍安全性测试与等效加速方法、风险识别与防御机制评估、容错能力与应急响应能力测评等内容。7.5 节围绕博弈-进化的闭环测评展开，介绍测试环境构建、测试场景生成、性能缺陷诊断及评价与优化升级等内容。最后，通过7.6 节设计的实训项目，读者可以将理论与实践相结合，在实际操作中深化对测评理论和方法的理解与应用，为未来从事相关研究或工程实践奠定坚实基础。

7.1 测评的基本概念

自主智能系统的测评是确保其安全性、可靠性和高效性的重要步骤，也是推动各类自主智能系统实现商业化落地应用的必要环节。然而，与传统系统或一般智能系统不同，自主智能系统具有更高的复杂性，需要面对动态多变的任务和复杂的交互环境。这种特性使得其测试评价充满挑战。如何科学设计测试场景、合理选择评价指标以及构建高效的测试方法，已成为当前自主智能系统测评领域亟待解决的关键问题。

7.1.1 定义

自主智能系统测评是一项系统性、综合性的评估活动，旨在全面验证自主运行的智能系统在复杂多变环境中的稳定性、安全性和高效性，确保其能够准确无误地完成各项任务。与传统智能系统采用的模块化测评方法相比，自主智能系统的测评不仅关注系统安全相关组件的性能表现，还更加注重对系统整体性能的综合评估，确保其在实际应用中的全面适用性。

智能系统的测评通常按照以下流程进行：首先，从测试需求出发，明确测评目标和评价标准，生成覆盖多种环境和任务的测试样本；其次，执行测试样本，通过运行系统观察实际输出；最后，将实际输出与预期结果进行比较，分析系统在任务完成能力、运行效率和安全性等方面的表现。这一流程为智能系统性能的科学评估奠定了基础。然而，由于机器学习算法的特性，即使在相同的训练数据下，系统的控制策略可能会随着学习过程的变化而动态调整，表现出不可预测甚至难以解释的行为。这种特性为智能系统的安全性和鲁棒性带来了额外的挑战，使得传统的测评方法难以满足自主智能系统的需求。

7.1.2 作用

自主智能系统作为当代科技前沿的代表性成果，其性能优劣与实际应用效果直接关系到技术进步的速度与深度。因此，对自主智能系统进行全面而深入的测评，不仅是技术开发流程中的核心环节，更是保障系统质量与推动技术革新的重要手段。

本节将深入探讨自主智能系统测评在系统开发周期中的定位，分析其在确保系统功能完整性、运行可靠性，以及促进系统优化与持续改进方面的研究价值与实践意义。通过系统性的测评，能够准确识别系统潜在的缺陷与瓶颈，从而为设计调整和性能提升提供科学依据，为自主智能系统的高效开发和可靠部署奠定坚实基础。

1. 在系统开发周期中的位置

自主智能系统测评作为系统研发周期中不可或缺的一环，其重要性贯穿从自主智能系统的构思、设计、实现到最终部署的每一个阶段。

在系统设计初期，测评通过模拟系统行为和预测运行表现，为设计者提供科学的反馈与依据，确保系统架构的合理性和可行性。在这一阶段，测评可以帮助发现设计中的潜在问题，指导优化设计方案，从而提升开发效率和质量。

随着研发工作的推进，测评的范围与深度逐步扩展，涵盖单元测试、集成测试以及系统整体性测试等多个层面。在这一过程中，测评的核心目标是全面验证系统的功能与性能表现，确保各模块之间的协同工作能够满足预期需求，同时快速定位并修复可能存在的缺陷。

在系统部署前，测评进入最严格的阶段，需要通过一系列高精度、高复杂度的测试流程，验证系统在真实环境中的稳定性、高效性和安全性。此时的测评不仅考验系统的技术性能，更要评估其在实际应用场景下的可靠性，为系统的正式上线和广泛应用提供坚实的质量保障。

2. 对确保系统功能完整性与可靠性的作用

自主智能系统测评的核心目标在于确保系统功能的完整性与可靠性。通过科学设计详尽的测试计划和方法体系，测评人员能够系统地验证自主智能系统是否按照既定要求实现了预期功能，并评估这些功能在多样化环境和复杂条件下的稳定性与可靠性。

测评过程不仅用于验证功能实现的准确性，还能够揭示系统运行中潜在缺陷与可能存在的安全漏洞。这些问题的及时发现和分析，为开发者提供了有针对性的修复建议，从而显著提升系统的整体质量与性能。对于那些需要长期运行且对安全性要求极高的自主智能系统而言，这种测评机制尤为重要，它为系统在实际应用中的稳定性和可靠性提供了强有力的保障，也为其广泛部署奠定了坚实的基础。

3. 对推动系统优化与改进的作用

自主智能系统测评不仅关注系统的当前状态与性能表现，更着眼于未来的优化与改进方向。通过测评活动，可以系统性地收集关于系统性能、用户反馈以及潜在改进点的宝贵信息。这些信息为开发者提供了深入洞察系统实际运行情况的视角，有助于精准识别性能瓶颈、用户体验不足的原因以及系统的优化空间。

在此基础上，开发者能够有针对性地开展优化与改进工作，从而推动自主智能系统在持续迭代中实现多重目标的突破，例如，性能的显著提升、智能化程度的不断增强以及用户体验的全面优化。这种基于测评的反馈闭环机制，不仅提升了系统的整体质量，还显著缩短了研发周期，增强了系统在实际应用中的竞争力。

自主智能系统测评在系统开发周期中扮演着不可或缺的角色。它不仅是确保系统功能完整性与可靠性的关键手段，更为系统优化与持续改进提供了有力的支撑与科学指导。因此，在自主智能系统的研发过程中，必须高度重视测评工作的作用，确保系统在各个方面达到最佳状态，为推动科技进步与应用创新奠定坚实基础。

7.2　自主智能系统测评方法

自主智能系统测评包含 4 个核心要素：测试场景、测试评价指标、测试场景库和测试方法。本节将从系统测评问题中抽象出关键元素，对测评相关的基础概念进行系统性定义，为后续详细内容的介绍奠定坚实的理论基础。

通过明确这 4 个要素及其相互关系，我们可以更全面地理解自主智能系统测评的整体框架。这不仅有助于统一测评问题的分析视角，还为测评理论的进一步发展提供了方向，并且使测评实践更具科学性和规范性。

7.2.1 测试场景建模

测试场景是指在对自主智能系统进行测评时所涉及的情境（包括情况与环境）的集合，涵盖操作场景、交互情景、环境状况以及任务复杂度等多个方面，是自主智能系统测评过程中最基础的要素。如图7.1所示，自主智能系统的测评可被视为对"黑箱"系统的观测过程，其中，测试场景作为"黑箱"系统的观测输入，测试结果则是"黑箱"系统的观测输出，而测试理论与方法则决定了测试场景的设计和测试结果的分析过程。

如果将测试过程比作对自主智能系统的一场"考试"，测试场景就如同精心设计的考题，而测试结果则是自主智能系统的答卷。测试理论与方法不仅决定了如何设计这些考题，还决定了如何对答卷进行科学、全面的评阅。测试场景建模在测评中起着举足轻重的作用，其合理性和全面性直接影响测评结果的科学性和可信度。

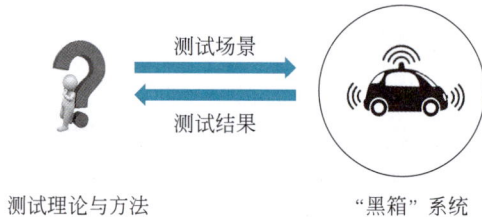

图 7.1 "黑箱"系统观测过程示意图

自主智能系统的测试场景具有显著的复杂性和多样性，其构成包含了多层次、多维度的复杂信息。以自动驾驶测试场景为例，构建一个自动驾驶汽车在高速公路上行驶的测试场景，需要综合考虑多方面的复杂因素。例如，高速公路的车道数量、匝道位置、速度限制、能见度、环境车辆的数量以及环境车辆的行驶轨迹等，均是场景构建时需纳入的关键参数。这些因素的复杂性，使得测试场景建模成为一项挑战性极高的任务。

此外，自主智能系统测试场景还具有无限多样性。单以环境中的交互信息为例，智能体的类别、数量、初始条件以及行为序列的多样化组合，都可以生成不同的测试场景。多样性不仅体现在具体场景的外部环境中，还涉及智能体之间的动态交互和复杂行为。

为了更好地分析和描述测试场景的上述性质，接下来将给出测试场景的相关定义，以便为自主智能系统测试场景的建模提供理论支撑。

定义 7.1 元素是测试场景中的基本构成单元，具有特定的属性或特征，记作 $\mathcal{E}$。它们是构建测试场景的核心基础。例如，在自动驾驶汽车的测评中，元素可以包括车辆、行人、道路、天气条件和信号灯等；在具身智能系统中，元素可以是刚体（如马克杯、苹果等）、铰接物体（如柜子、微波炉等）以及可形变物体（如衣服等）。每个元素都具有其特定的状态，描述其当前属性（例如，位置、尺寸、朝向等）值，统称为元素状态，记作 $\mathcal{S}_{\mathcal{E}}$。这些属性的变化共同决定了场景的动态特性和复杂性。

定义 7.2　　静态元素是指在场景中不会发生空间位置变化的元素，记作 $\mathcal{E}_C$，即 $\mathcal{S}_{\mathcal{E}_C}(t) \equiv \mathcal{S}_{\mathcal{E}_C}, \forall t$，其中 t 表示时间。这类元素的状态在整个测试过程中始终保持不变，例如，建筑物、道路、固定的信号灯等。动态元素则是指能够发生空间位置变化的元素，通常具有移动能力，例如，车辆、行人、机器人等，记作 $\mathcal{E}_D$。这两类元素共同构成测试场景的动态与静态特性，为场景的复杂性与多样性提供了基础。

定义 7.3　　场面是指场景在某一特定时刻的全貌，它由该时刻所有元素的状态集合构成。换句话说，场面描述了在某一时间点 t 上，场景中所有元素的属性状态，包括位置、尺寸、朝向等的具体值，展现了场景在该时刻的静态快照，记作 $\mathbb{S}(t)$，即

$$\mathbb{S}(t) = \{\mathcal{S}_{\mathcal{E}_C}, \mathcal{S}_{\mathcal{E}_D}(t), \forall \mathcal{E}_C, \forall \mathcal{E}_D\} \tag{7.1}$$

定义 7.4　　场景是指场面在整个时间序列上的组合，记作 $\mathbb{S}$。它描述了场景中所有元素的状态随时间变化的完整过程，展现了场景的动态演化情况。场景不仅包含各个时刻的元素状态，还反映了这些状态在时间维度上的连续性和变化规律。即

$$\mathbb{S} = \{\mathbb{S}(t), \forall t\} \tag{7.2}$$

在上述定义基础上可以更准确地分析场景的性质：

(1) 复杂性是指场景中元素数量对场景整体复杂程度的影响，即 $\mathcal{E}_C$ 和 $\mathcal{E}_D$ 的数量，记作 $N(\mathcal{E}_C)$ 和 $N(\mathcal{E}_D)$。元素数量越多，场景的构成和交互关系就越复杂，这直接增加了测试和分析的难度。复杂性不仅反映了场景的丰富程度，也体现了其动态变化的潜在挑战性。

(2) 多样性是指场景中元素状态的取值范围的变化程度，记作 $N(\mathcal{S}_{\mathcal{E}})$。元素状态取值范围越广，场景就越具有多样性。这种多样性表现为元素状态的多种组合方式以及可能的复杂动态变化，为场景的设计和测试带来了更多的可能性和挑战。

(3) 具体化是指将一个场景 $\mathbb{S}$ 的所有元素状态明确确定下来，使其成为一个可以实际进行测试的具体场景。这一过程要求对场景中所有元素状态的属性取值进行明确规定，从而将场景从抽象的描述转化为可执行的测试实例。

为了确保测评的精准性和有效性，自主智能系统的测试环境必须实现参数化与具体化。在日常语境中，"场景"一词常被用于描述语义类别，例如，自动驾驶领域中的跟驰场景、换道场景和超车场景等。然而，在自主智能系统的测评实践中，仅依赖语义类别的"场景"描述难以满足测试需求。以自动驾驶的跟驰场景为例，前车智能体的不同行为模式会形成截然不同的跟驰场景，而这些场景对于自主智能系统测试的意义和价值是完全不同的。因此，为了满足测试需求，测试环境需要通过参数化与具体化的方式进行精确构建。

场景的语义类别实际上提供了场景状态取值空间的约束条件。根据定义7.4，场景 $\mathbb{S}$ 包括了测试环境中所有静态元素和动态元素在时间和空间维度上的状态演变，具备复杂性和多样性。为了使测试可行，通常需要对测试场景施加一定约束条件，使得 $\mathbb{S}$ 中的大部分参数采用固定值，而将少数关键参数作为决策变量。因此，测试场景建模的核心问题就在于如何选择并构建这些决策变量。

　　测试场景建模的主要目标是构建测试场景的决策变量并简化其复杂性。测试场景建模问题的关键就在于决策变量的选取和构建。为此，研究人员提出了多种测试场景建模方法：功能场景用于描述场景的语义类别，逻辑场景用于描述场景中元素之间的逻辑关系，而具体场景则聚焦于描述具体化场景所涉及的变量。通过这种分层建模方法，可以假设测试场景的功能层和逻辑层参数为常数，从而将测试场景的决策变量简化为具体场景中的变量，大幅降低问题的复杂度。

　　上述测试场景建模方法通过预定义一定规则，为场景设置约束条件，从而有效减少决策变量的数量与复杂性。这种方法为测试场景的构建提供了清晰的框架和指导原则，使得自主智能系统的测评过程更加高效和精准。

7.2.2　测试评价指标设计

　　测试评价指标是评价自主智能系统性能的核心依据，也是测试活动的直接目标。通过分析测试结果，提取测试评价指标，可以科学地反映自主智能系统的性能表现。因此，测试评价指标的设计应具有客观性和全面性，这对测试的过程与结果具有深远的影响。

　　目前，大多数自主智能系统的测评研究都将功能性与安全性视为系统的主要测试方向。为了对自主智能系统的安全性进行定量评估，研究人员从不同的应用场景与技术需求出发，提出了一系列评价指标。

　　这些指标不仅帮助测试人员全面理解系统在各种复杂环境下的性能表现，还为开发者提供了优化系统设计的重要参考依据。测试评价指标的科学性与合理性，直接决定了测试工作的效果及其对自主智能系统发展所产生的推动力。

1. 自动驾驶汽车的安全性评价指标

　　当前，绝大多数关于自动驾驶汽车的测试研究都将安全性作为其核心测试性能之一。安全性能是自动驾驶汽车的基石，是决定其能否实现社会化运营的关键因素，同时也是推动自动驾驶汽车发展的重要优势之一。据统计，人类驾驶员的错误与 94% 的交通事故直接相关，而自动驾驶汽车具备显著降低交通事故发生率的潜力，因此其安全性备受关注。

　　为了对自动驾驶汽车的安全性能进行定量评估，目前自动驾驶领域广泛采用接管率（disengagement rate）作为重要的测试评价指标。接管率指的是在公开道路测试中，安全员接管车辆控制的频率。这一指标不仅能够反映自动驾驶系统在复杂环境中的稳定性和应对能力，还为开发者优化自动驾驶技术提供了关键参考。通过接管率的分析，研究人员能够更科学地评估自动驾驶汽车的安全表现，从而推进其更安全、高效的商业化应用。

2. 机器人的安全性评价指标

　　为了定量衡量具身智能系统中机器人的安全性，当前机器人领域的研究人员和企业普遍采用任务完成率（task success rate）作为重要的测试评价指标。任务完成率是指机器人在执行人类指定的日常任务（例如，抓取水杯、整理物品等）时的成功率。该指标能够直接反映机器人在实际任务场景中的可靠性和稳定性，是评估机器人性能的重要依据。如图7.2所示，多台工业单臂移动机器人正在进行抓取任务的测试。该测试任务涉及不同材质和尺寸的目标物，旨在评估机器人完成任务的效率和准确性。

　　同时，为了定量衡量四足机器人系统的安全性，研究机构和企业则广泛使用故障恢复率（failure recovery rate）作为核心测试评价指标。故障恢复率指的是四足机器人在受到外界干扰（如碰撞或跌倒）后，能够成功恢复到正常运动状态的比例。该指标不仅体现了四足机器人应对复杂环境的能力，也为进一步优化其安全性能提供了关键参考。这些评价指标在推动具身智能系统和四足机器人研究与应用中发挥着重要作用。

图 7.2　工业单臂移动操作机器人抓取任务完成率测试

　　定性的测试评价指标在当前的测试方法中十分常见。这种方法类似于人类获取各类资格证书的考试过程，将自主智能系统运行在事先设定的若干场景中，由裁判员或专家委员会根据系统的表现进行评分，从而对系统的性能作出定性评价。这类评价虽然可以设计一个具体的分值（如 $1 \sim 10$ 分），但其本质上仍是定性的，仅反映对系统性能"好"或"不好"的相对程度的估计。

　　测试评价指标设计的核心在于构建定量的测试评价指标，以更加客观和全面地评估自主智能系统的性能。这些设计方法应适用于从安全性到功能性等多角度的评价。功能性是自主智能系统完成特定任务的能力，是系统"智能"特质的重要体现。

　　为克服单一安全性评价的局限性，提出了多层次的测试评价指标体系。如图7.3所示，该体系包括安全性、功能性、移动性和舒适性等多个维度。

　　(1) 安全性：自主智能系统实际应用的基础和必要条件，用以衡量系统在运行过程中是否能够保障环境和人员的安全。

　　(2) 功能性：定义了自主智能系统完成特定任务的能力，是体现系统"智能"水平的重要方面。

　　(3) 移动性：用于评估自主智能系统在完成一系列特定任务时的效率，包括任务执行的时间、资源消耗和路径规划的合理性。

　　(4) 舒适性：衡量自主智能系统在交互过程中对参与者生理与心理舒适程度的影响。

在当前自主智能系统研发的技术层面，安全性和功能性是评价系统性能的核心角度。只有在不需要人类接管的条件下，自主智能体或多智能体能够安全、可靠地完成各项任务，才能真正实现广泛的社会化应用。因此，本章节将重点研究安全性和功能性的评价，为推动自主智能系统的研发与应用奠定理论与实践基础。

图 7.3   多层测试评价指标体系示意图

7.2.3   测试场景库生成与构建

测试场景库是指由一系列测试场景组成的集合，这些场景依据测试目标和评价指标设计，用于系统化地评估自主智能系统的性能表现。测试场景库的构建直接决定了测试的场景内容，对测试结果的准确性和测试过程的高效性具有重要影响。基于定义7.4，本节进一步提出场景库的定义。

定义 7.5   场景库：场景 $\mathbb{S}$ 的一个集合，记作 $\mathbb{L}$，即

$$\mathbb{S} \in \mathbb{L} \tag{7.3}$$

场景库具有非唯一性，任何由场景 $\mathbb{S}$ 构成的集合均可视为一个场景库。不同场景库的设计与构建需依据测试目标和评价需求的差异而有所不同，以便能够适应多样化的测试任务。假设存在以下场景 $\mathbb{S}_0, \mathbb{S}_1, \mathbb{S}_2, \cdots, \mathbb{S}_N$，则这些场景的任一组合均可构成一个场景库。例如，以下几种集合形式均可以作为场景库的实例：$\{\mathbb{S}_0, \mathbb{S}_1, \mathbb{S}_2\}$，$\{\mathbb{S}_2, \mathbb{S}_N\}$，$\{\mathbb{S}_1, \mathbb{S}_2, \cdots, \mathbb{S}_N\}$ 等。场景的语义类别集合仅提供了场景的初步描述，无法直接应用于实际测试中。要使场景的语义类别具体化为可测试的场景，必须进一步明确场景中各参数和状态的具体取值。在此过程中，为每个参数和状态明确取值空间是关键步骤，这一取值空间定义了场景的可操作范围，从而构成完整且可执行的测试定义7.5。

场景的语义类别本质上为场景库提供了边界约束。例如，在自动驾驶测试领域，跟驰场景类别对场景中的元素种类、数量以及它们之间的相对关系等设定了一定的约束条件。只有满足这些约束的场景，才能被归类为"跟车"场景，通常记为 Ω。在此基础上，"跟车"场景类别下的场景库 $\mathbb{L}$ 有

$$\mathbb{L} \subset \Omega \tag{7.4}$$

此时的场景库也可以称为"跟车场景库"。

通常提到的场景"参数泛化"是一种常用的场景库生成方法。"参数泛化"是指基于已知的典型场景，通过对场景中的参数进行泛化操作，生成与该典型场景相似的一组场景。

根据上面的定义，这组场景可以构成一个场景库。因此，"参数泛化"是一种重要的场景库生成手段。

测试场景库生成的目标在于构建一个场景集合，使该集合能够涵盖自主智能系统测试所需的关键测试场景。为实现这一目标，测试场景库生成问题可以进一步分解为两个核心部分：

(1) 如何定义并估计测试场景的测试关键度；

(2) 如何有效搜索关键测试场景。

场景的"测试关键度"定义是场景库生成的基础，其核心在于回答一个基本问题：如何在自主智能系统测试之前，量化一个场景对系统性能评估的价值？现有研究对此问题进行了多种探索。在实践中，场景的测试关键度通常由专家基于经验讨论决定，这种方法虽直观但缺乏严谨的理论基础。

极端生成法认为最危险的场景具有最高的测试价值。然而，这些场景在实际运行环境中的出现频率通常极低，无法全面反映自主智能系统的整体安全性能。此外，过于严苛的测试环境也难以区分不同系统之间的性能优劣。

临界生成法则强调在系统性能从安全到危险的边界条件下的场景具有更高测试价值。例如，临界生成法聚焦于自主智能系统性能边界的场景，测试这些场景有助于分析系统性能变化的原因。然而，由于不同的自主智能系统具有不同的性能边界，因此在实际运行测试之前，难以准确确定这些边界。

加速验证法主张从自然运行数据中选择小概率场景进行测试，这些场景被认为具有较高的测试价值。但该方法存在一定局限性：首先，小概率场景并不一定具有挑战性，例如，某些极端安全的场景也可能是小概率事件，这需要结合专家经验进行筛选；其次，小概率场景与极端场景具有类似的问题，即在极端条件下的系统表现并不能完全反映其在自然场景中的真实性能。

测试关键度定义的难点在于同时满足以下 3 方面的要求。

(1) 准确性：关键度定义需能够理论上准确衡量场景对测试的价值；

(2) 高效性：关键度定义的应用需能够支持智能测试理论，实现自主智能系统的高效测试；

(3) 普适性：关键度定义需适用于多种复杂场景，具有广泛适用性。

无论测试平台为何，自主智能系统的测试评价均需要测试理论的有力支持，而场景库生成问题是该理论的关键瓶颈。测试场景库决定了自主智能系统的测试场景范围，直接影响智能系统测试的准确性与高效性。

以下将简要介绍几类现有的场景库生成方法，为测试场景库生成的理论研究和实践应用提供参考。

1) 测试场景矩阵生成方法

场景库生成最直接的方法是根据先验经验人为选取场景矩阵。先验经验的来源多种多样，本节重点介绍专家经验法、数据分析法、组合生成法和任务驱动法。

(1) 专家经验法：通过专家的经验进行分析、讨论和设计测试场景，这种方法类似于人类职业资格考试中的考题设计方式，依赖专家的专业判断，快速构建符合特定需求的测试场景。

(2) 数据分析法：为了克服专家经验法可能存在的主观偏差，研究人员尝试通过分析已有的事故数据，改进自主智能体或多智能体的测试场景设计。数据分析方法能够有效地发现经验中易被忽略的场景，通常与专家经验法结合使用。然而，其主要缺点在于对数据的依赖性。对于数据中未记录的场景，数据分析法无法提供支持。

(3) 组合生成法：为弥补数据分析法的不足，组合生成法通过引入排列组合逻辑解决问题。其核心思想是将场景分解为若干基本场景单元，通过基本单元的排列与组合构建复杂场景，从而更好地确保场景库在逻辑上的完备性。组合生成法能够在已有数据的基础上生成未包含的复杂场景。

(4) 任务驱动法：该方法提出以自主智能体或多智能体需要完成的任务作为场景构建的基本单元，通过任务的排列组合及其在时空上的分布生成测试场景。任务驱动法强调从实际任务需求出发，为测试提供更具针对性的场景设计。

测试场景矩阵生成方法的优点在于其生成过程简单、操作性强且可重复性高。然而，这种方法也存在以下局限性。

(1) 定性化场景描述：生成的场景库大多为定性描述的场景类别，缺乏对场景参数的定量定义。

(2) 缺乏参数泛化：场景库通常未对参数进行泛化处理，导致生成的场景缺乏多样性，限制了测试覆盖范围。

(3) 评价能力不足：基于场景矩阵的测试方法主要用于定性评价智能体的性能，难以定量衡量智能体在真实运行环境中的性能表现。

尽管测试场景矩阵生成方法具有一定的应用价值，但其局限性表明，为了更好地适应自主智能系统复杂性和多样性的测试需求，进一步改进与发展测试场景生成方法是必要的。

2) 极端测试场景生成方法

为了定量确定场景参数，生成有挑战性的测试场景，研究者提出极端测试场景（worst-case scenario）生成方法。人们利用博弈论方法优化场景中的干扰因素，生成最易导致自主智能体或多智能体出现严重事故（如自动驾驶汽车侧翻或紧集制动）的场景。人们引入滚动时域优化方法，生成最具挑战性的场景轨迹，以测试自主智能体或多智能体的安全性能。

为了定量确定场景参数并生成具有挑战性的测试场景，研究者提出了极端测试场景（worst-case scenario）生成方法。该方法利用博弈论技术优化场景中的干扰因素，生成最容易导致自主智能体或多智能体出现严重事故（例如，自动驾驶汽车的侧翻或紧急制动失效）的场景。同时，引入滚动时域优化方法，生成最具挑战性的场景轨迹，以全面测试自主智能体或多智能体的安全性能。

极端测试场景生成方法通过自主智能体或多智能体模型，生成对系统具有最大挑战性的场景。这种方法在一定程度上弥补了测试场景矩阵生成方法中缺乏定量场景参数的不足。然而，极端测试场景生成方法也存在以下两个显著的局限性。

(1) 模型依赖性：场景生成依赖于自主智能体或多智能体的模型。然而，由于智能体的"黑箱性"和复杂性，获取自主智能体或多智能体的精确模型往往极为困难。这使得生成的极端测试场景可能与真实环境中的系统行为不完全一致。

(2) 自然场景曝光频率忽视：极端测试场景生成方法未充分考虑场景在自然运行环境中的曝光频率。极端测试场景在自然运行环境中可能极为罕见，因此仅对这些场景进行测试，无法准确衡量自主智能体或多智能体在自然运行环境中的整体性能表现。

尽管存在局限性，但极端测试场景生成方法在验证自主智能体或多智能体的安全性和鲁棒性方面仍具有重要意义。如何结合自然场景频率与模型无关的生成方法，是未来需要深入探索的问题。

3) 临界测试场景生成方法

针对极端测试场景生成方法的建模困难，研究人员提出了基于黑箱搜索的场景库生成方法，其中一种典型的方法是临界测试场景生成方法。该方法的核心思想是认为自主智能体或多智能体性能边界的场景具有最高的测试价值。图7.4展示了临界测试场景生成方法的示意图。

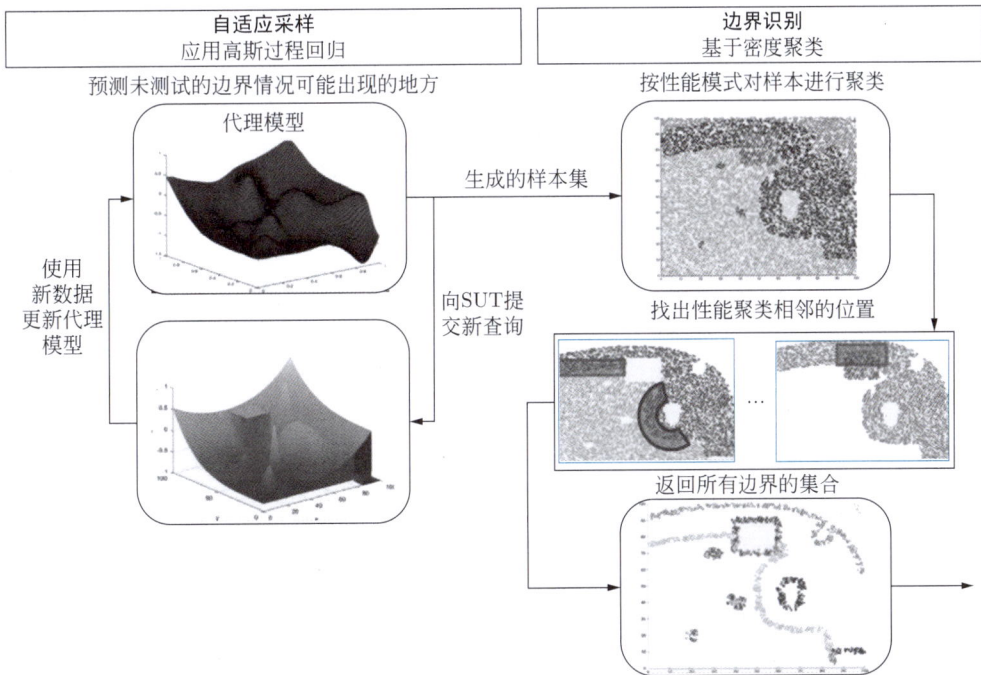

图 7.4　临界测试场景生成方法示意图

为了克服自主智能体或多智能体建模的困难，研究人员设计并校准了自主智能体或多智能体的代理模型。通过对自主智能体或多智能体的动态测试，逐步调整代理模型，探索并确定智能体的性能边界，最终选取性能边界内的场景集合作为测试场景库。此过程既降低了对精确模型的依赖，又能有效地定位关键测试场景。

临界测试场景生成方法的主要优点在于其对自主智能体或多智能体精确模型的非依赖性，使其适用于那些难以明确建模的复杂系统。然而，该方法也存在与极端场景生成方法相似的局限性：未充分考虑场景在自然运行环境中的曝光频率。这导致测试场景库虽能反映性能边界的极端表现，但无法全面量化自主智能体或多智能体在自然运行场景中的实际性能表现。

尽管如此，临界测试场景生成方法在测试性能边界和揭示系统潜在极限方面具有重要作用，可与其他方法结合以实现更全面的测试评估。

4) 自然测试场景生成方法

为了解决上述方法对曝光频率的忽视问题，研究人员提出了自然测试场景生成方法。该方法的基本思想是基于大量智能体自然运行数据，统计并获得场景的曝光频率，并根据曝光频率的大小对场景进行采样，以生成测试场景。自然测试场景生成方法可以被视为对真实道路测试中测试场景的直接还原，并且可以证明其与真实道路测试方法在理论上的等效性。

自然测试场景生成方法的前提是需要采集大量自然运行数据。以自动驾驶汽车测试为例，多家研究机构已经开展了大规模的自然驾驶数据采集工作，其中具有代表性的项目包括美国密歇根大学的 Integrated Vehicle-Based Safety Systems（IVBSS）项目和 Safety Pilot Model Deployment 项目。这些项目提供了丰富的数据基础，使自然测试场景生成方法能够准确模拟真实场景的曝光频率。

尽管如此，自然测试场景生成方法也存在一定的局限性。其核心问题在于无法解决真实运行环境测试方法中的低效性。自然测试场景生成方法本质上是对真实运行环境测试的模拟，虽然可以通过并行计算等技术手段在一定程度上缩短测试时长，但真实运行环境测试的内在低效性并未得到根本解决。这一局限性大大限制了该方法在实际应用中的价值。

尽管面临低效性问题，自然测试场景生成方法在准确还原真实测试场景和统计分析实际场景分布方面具有不可替代的意义，适合与其他场景生成方法结合使用，以提高整体测试效率和覆盖度。

5) 加速测试场景生成方法

为了解决自然测试场景生成方法的低效性，研究人员提出了加速测试场景生成方法。该方法的核心思想是基于场景的重要性进行采样，从而生成高效的测试场景序列。具体而言，加速测试场景生成方法将场景库的生成问题转化为重要性函数的设计与校准问题，并采用启发式的设计与校准策略：首先，根据自然驾驶数据建立重要性函数模型；然后，通过对自动驾驶系统的动态测试，不断校准重要性函数的参数。

加速测试场景生成方法的提出，引入了重要性采样理论，为本章的智能测试理论提供了重要的启发和借鉴。这种方法能够有效提高测试效率，通过筛选具有更高测试价值的场景，使测试资源得到更加合理的分配。

尽管具有显著的效率优势，加速测试场景生成方法也存在一定的局限性。其主要问题在于可适用的测试场景复杂度、测试指标以及自主智能体或多智能体类型的限制。例如，在高维测试场景中，该方法通常需要基于自主智能体或多智能体的准确模型，从而面临与极端测试场景生成方法类似的挑战。自主智能体的模型复杂性和黑箱特性可能导致准确建模困难，限制了加速测试场景生成方法的广泛应用。

总体来看，加速测试场景生成方法在提升测试效率和优化场景采样方面具有重要意义，但其适用范围和理论基础仍有待进一步扩展与完善。

1. 测试场景库数学分析

真实运行环境测试本质上是以自然运行场景作为自主智能系统的测试场景库，并以场景的曝光频率作为场景的测试关键度。具体来说，如果自主智能系统运行在自然真实环境中，经历了 n 次测试场景（场景满足条件 θ），发生了 m 次兴趣事件（例如，事故事件或任务失败事件），则该系统的测试评价指标 $P(A|\theta)$ 可以估计为 m/n。考虑到贝叶斯概率公式和蒙特卡罗估计理论，$P(A|\theta)$ 有以下关系式

$$
\begin{aligned}
P(A|\theta) &= \sum_{x \in \mathbb{X}} P(A|x,\theta)P(x|\theta) \\
&\approx \frac{1}{n} \sum_{i=1}^{n} P(A|x_i,\theta) \ x_i \sim P(x|\theta) \\
&\approx \frac{m}{n}
\end{aligned}
\tag{7.5}
$$

其中，x 表示测试场景的决策变量，$\mathbb{X}$ 表示变量 x 的可行集合，$P(A|x,\theta)$ 表示自主智能系统在特定测试场景 (x,θ) 下的发生兴趣事件的概率，$P(x|\theta)$ 表示兴趣事件率，$x_i \sim P(x|\theta)$ 表示测试场景 x_i 是依据 $P(x|\theta)$ 的概率分布采样得到。式(7.5)中后两个约等号是由蒙特卡罗估计理论得到。因此，如果将 x 的全部可行集 $\mathbb{X}$ 看作测试场景库，将场景在自然运行数据中的曝光频率 $P(x|\theta)$ 作为场景的测试关键度，并基于关键度进行采样生成测试场景，则测试方法数学上等效于真实运行环境测试方法。

测试场景库生成本质上是构建一个新的概率分布函数 $q(x)$，在式(7.5)中代替 $P(x|\theta)$ 作为新的测试场景采样函数。根据重要性采样理论，如果 $q(x)$ 满足以下条件

$$
P(A|x,\theta)P(x|\theta) > 0 \implies q(x) > 0
\tag{7.6}
$$

则测试评价指标可以估计为

$$
\begin{aligned}
P(A|\theta) &= \sum_{x \in \mathbb{X}} P(A|x,\theta)P(x|\theta) \\
&= \sum_{x \in \mathbb{X}} \frac{P(A|x,\theta)P(x|\theta)}{q(x)}q(x) \\
&\approx \frac{1}{n} \sum_{i=1}^{n} \frac{P(x_i|\theta)}{q(x_i)}P(A|x_i,\theta), \ x_i \sim q(x)
\end{aligned}
\tag{7.7}
$$

如果 $q(x)$ 能够有效提升关键测试场景的采样概率，那么测试过程中将覆盖更多关键场景，从而显著提高自主智能系统的测试效率。因此，测试场景库成为影响系统测试效率的

核心要素。在加速验证方法中，由于自然运行场景中绝大多数是非关键测试场景，通过启发式方法生成的低复杂度测试场景库能够有效提升自主智能系统的测试效率。然而，由于缺乏适当的测试场景关键度建模方法，因此加速验证方法的适用性局限于低复杂度场景。

本节的目标是构建适用于多种复杂度场景、多项测试评价指标以及多类型自动驾驶汽车的智能测试理论。为实现这一目标，关键在于科学且合理地对场景的测试关键度进行建模。这种建模将为智能测试理论的构建提供坚实的理论基础，并为自主智能系统的高效测试铺平道路。

2. 测试关键度建模方法

本节介绍一种基于机动挑战和曝光频率的测试关键度建模方法，并定性地讨论其合理性。7.2.5节将进一步在定量层面对关键度建模方法进行严格论证，全面分析其在准确性、高效性和普适性上的表现。

机动挑战是衡量测试场景在特定测试评价指标下对自动驾驶汽车所构成的挑战程度，例如，安全性评价指标下的场景危险性和功能性评价指标下的任务难度等；曝光频率是衡量自主智能系统在自然运行环境中遭遇某一场景的可能性。它反映了场景在真实使用条件下的普遍性和代表性。

一个场景的测试关键度是由该场景的机动挑战性和曝光频率共同决定的综合指标。通过结合这两方面的因素，测试关键度建模方法能够更全面地反映场景在测试过程中的重要性，从而为测试场景库的构建提供科学依据。

对于测试场景 (x, θ) 提出测试关键度的定义为

$$V(x|\theta) \triangleq P(S|x, \theta)P(x|\theta) \tag{7.8}$$

其中，x，θ 分别表示决策变量和设计运行域常量，S 表示代理模型（Surrogate Model，SM）所发生的兴趣事件（例如，事故事件和任务失败事件）。

从定性意义上看，式(7.8)所定义的测试关键度具有较高的合理性。在传统研究中，测试关键度的定义往往过于关注低曝光频率场景。例如，极端场景测试方法仅考虑最危险的场景；同样地，加速验证方法也主要聚焦于低曝光频率的场景。然而，单纯以曝光频率作为测试关键度的衡量依据并不合理，其不足之处主要体现在以下两方面：

(1) 对于安全性评价，低曝光频率场景往往对应极端危险或极端安全的情形。尽管通过先验知识可以排除极端安全的场景，使低曝光频率场景更能代表极端危险场景，但这一逻辑在功能性评价中并不成立。低曝光频率场景与高机动挑战性之间缺乏明确的关联性，无法单凭曝光频率判定场景的测试价值。

(2) 对于相同机动挑战的场景，高曝光频率场景显然具有更高的测试价值。曝光频率的高低反映了场景在真实运行环境中的重要性。高曝光频率场景中的自主智能系统行为更能直接影响其现实运行性能的评估，而低曝光频率场景对系统整体性能的作用则相对有限。

为了更直观地说明这个问题，可以举一个极端的例子：假设彗星撞击自主智能系统，这一场景虽然极端危险，但由于其曝光频率极低，针对该场景的测试几乎无法为系统的实

际性能评价提供有意义的信息。因此，合理的测试关键度定义必须综合考虑场景的机动挑战性和曝光频率，才能全面反映场景的测试价值。

式(7.8)提供了一种定量评估测试关键度的方法，通过综合考虑场景的机动挑战性（$P(S|x,\theta)$）和曝光频率（$P(x|\theta)$）来衡量场景的测试价值。其中，

(1) $P(S|x,\theta)$ 的物理意义为自主智能系统在具体场景 (x,θ) 中最终发生兴趣事件的概率，中发生兴趣事件（如事故或任务失败）的概率，反映了该场景对系统的挑战程度，即场景的机动挑战性。

(2) $P(x|\theta)$ 的物理意义为该具体场景 (x,θ) 在自然运行环境中的发生概率，即如果自主智能系统在自然环境中运行，经历多次由运行域 θ 定义的场景时，遭遇该具体场景的可能性。该概率衡量了场景的曝光频率，体现了场景在实际运行条件下的重要性。

通过上述两个因素的乘积，式(7.8)将场景的机动挑战性与曝光频率结合在一起，提供了一种既符合定性分析逻辑又具有严谨数学基础的定量方法。这种方法不仅能够准确描述场景的测试关键度，还可以在后续的理论分析中证明其在提升测试效率和覆盖测试关键场景方面的高效性和普适性，从而为自主智能系统的全面测试提供科学依据。

7.2.4　测试方法

测试方法是指针对某类测试场景，基于测试场景库，通过测试平台观察自主智能系统的表现，以获得测试评价结果的方法。测试方法包括 3 个部分：基于场景库的采样策略，测试平台，以及测试评价指标计算方法。

基于场景库的采样策略本质上是从场景库 $\mathbb{L}$ 到测试场景序列 $\{\mathbb{S}_i, 1 \leqslant i \leqslant k\}$ 的映射 $\bar{P}$，其中，k 为实际测试场景的数量，即

$$\bar{P} : \mathbb{L} \to \{\mathbb{S}_i, 1 \leqslant i \leqslant k\} \tag{7.9}$$

测试平台本质上是从测试场景到测试结果的观测过程，以 I 表示测试结果，则有

$$\{\mathbb{S}_i, 1 \leqslant i \leqslant k\} \to \{I(\mathbb{S}_i), 1 \leqslant i \leqslant k\} \tag{7.10}$$

测试评价指标评估方法则是通过对测试结果的分析得到评价指标意义上自动驾驶汽车的性能表现，以 μ 表示测试评价指标，则有

$$\{I(\mathbb{S}_i), 1 \leqslant i \leqslant k\} \to \mu \tag{7.11}$$

过去十年，自主智能系统的测试平台经历了快速发展，涌现出多种类型、多层次且各具特色的测试平台，包括计算机仿真平台、封闭测试场景、真实运行环境以及虚实结合平台等。这些测试平台为自主智能系统的性能验证与优化提供了丰富的选择，也推动了测试技术的不断革新与完善。

1) 计算机仿真测试

计算机仿真测试是一种基于自主智能系统涉及的工业制造、航空航天、服务领域、军事国防以及日常生活等场景中静态元素和动态元素的数学模型，通过计算机仿真技术对自

主智能体或多智能体进行虚拟测试的方法。在自动驾驶汽车测试领域，基于计算机仿真平台的测试是最常用的手段。通过对交通环境中静态元素和动态元素的模拟，自动驾驶模型的性能可以在仿真场景中进行系统性测试与评价。

计算机仿真测试的显著优势在于成本低且可控性高，能够快速重复实验并灵活调整场景。然而，其主要局限性在于难以完全保证测试的真实性，尤其是在模拟复杂真实场景中的细节表现时，可能存在与实际情况的差异。

2) 封闭测试场景

顾名思义，封闭测试场景测试是在专门构建的封闭测试场地中对自主智能系统进行测试的方法。封闭测试场景通常包含典型应用领域中的静态元素，例如，在交通领域的自动驾驶汽车测试中，道路、车道线、交通标志以及信号灯等基础设施构成了测试环境的核心。2015年7月，美国密歇根大学建成了全球首个自动驾驶汽车封闭测试场——Mcity，如图7.5所示。2016年6月，中国首个封闭测试场"国家智能网联汽车（上海）试点示范区"在上海正式开园运营，占地面积数倍于 Mcity，重点测试智能汽车和车路协同两大类关键技术。随后，中国交通运输部公路科学研究院、长安大学和重庆车辆检测研究院等机构也相继建立了面向自动驾驶汽车测试的封闭场地。

基于封闭测试场的测试方法具有以下优点：

(1) 能够提供接近真实的运行环境；

(2) 允许测试真实的自主智能体和多智能体性能，从而显著提升测试结果的可靠性。

然而，这种测试方法也存在显著局限性，主要表现在难以构建场景中的动态元素。例如，在自动驾驶汽车测试中，尽管封闭场地可以提供逼真的道路环境，但大多数测试场地仅涵盖静态环境，缺乏交通环境中背景车辆、行人等动态交通参与者以及天气、光照等动态条件，因而难

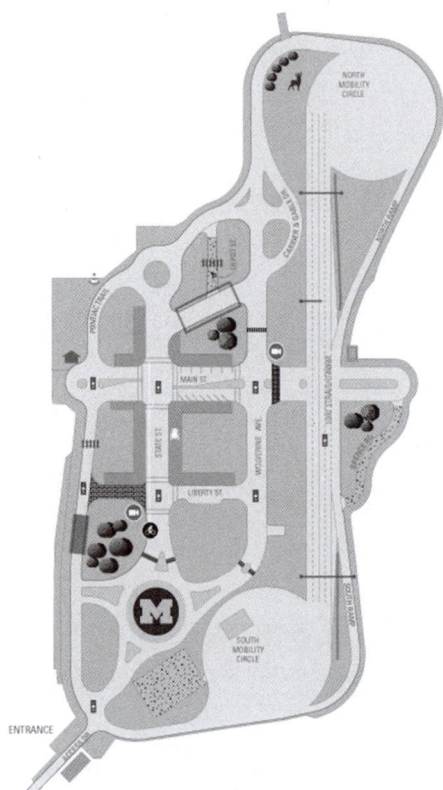

图 7.5　美国密歇根大学 Mcity 封闭测试场设计图

以全面反映真实的驾驶场景。

同济智能网联汽车测试评价基地是工业和信息化部授权的国内首个智能网联汽车试点示范区——国家智能网联汽车（上海）试点示范区的重要组成之一，占地面积约为 170 亩（1 亩约为 666.7m^2），铺设道路总长度约为 4.5km；按照功能区块划分为"三区一环"，涵盖了城市区域、快速路、乡村和越野区域等智能网联汽车典型应用区域，可用于各等级、各类技术方案的自动驾驶汽车的场地测试。其中，东区为二维柔性化测试区，主测试段全长

约 430m，可测试大部分场景，测试速度可达 80km/h，并具备室外车辆在环系统和低附道路；南区为具有越野及乡村测试道路的智能汽车测试平台，挑战自动驾驶车辆在非结构化道路上的自主行驶能力；西区为综合型独立城市区块，通过综合部署交通环境要素、信息通信要素、交通参与要素，形成真实城市街景，构建面向场景测试的三维环境，基本覆盖城市区自动驾驶测试场景需求。一环包含 7 段直道、4 段弯道，长度为 1.3km；整体高速环路可进行人机共驾接管测试，感知系统连续测试，及整车高速状态测试；构建了测试区内雨雾模拟道路，通过人工模拟雨雾天气，考验车辆全天候自主行驶能力，如图7.6所示。

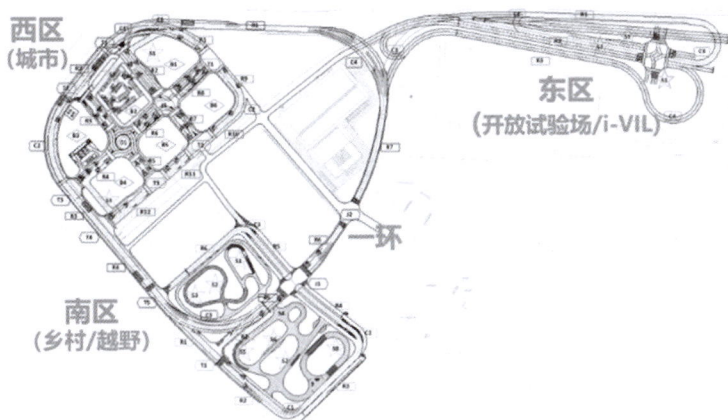

图 7.6 同济大学智能网联汽车测试评价基地

3) 虚实结合平台

针对上述测试平台的不足，虚实结合平台应运而生（如图7.7所示），它综合了虚拟平台和真实平台的优势，为自主智能系统提供了更为全面的测试方法。本节以自动驾驶汽车测试为例，详细阐述虚实结合平台的构建方法，以及虚拟与现实在整个测试过程中的通信、连接与交互机制。

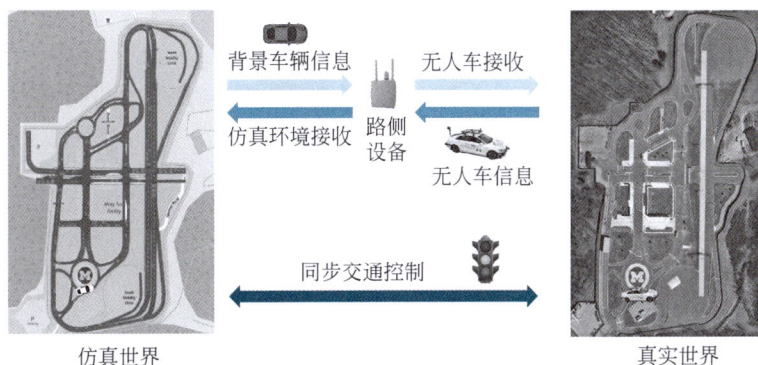

图 7.7 自动驾驶测试领域中基于增强现实技术的虚实结合测试平台示意图

美国密歇根大学开发的增强现实测试平台是虚实结合平台的经典案例之一，该平台将仿真测试中的动态元素与封闭测试场中的静态元素有机结合。在测试过程中，自动驾驶汽车在真实世界的运行状态通过路侧设备（RoadSide Unit，RSU）传输到仿真平台，而仿真平台中的虚拟车辆运行状态也被同步传输到自动驾驶汽车中。通过这种方式，真实世界与仿真平台实现了交通控制的同步，虚拟车辆与真实自动驾驶汽车的交互亦同步进行。虽然真实世界中并不存在这些虚拟车辆，但自动驾驶汽车通过类似于"增强现实眼镜"的感知方式，能够感知到虚拟车辆的存在，从而实现了安全、高效且精确的自动驾驶测试。

中国科学院、西安交通大学、清华大学等单位联合研发的平行测试（parallel testing）系统是另一种典型的虚实结合平台应用。平行测试系统通过在虚拟平台中建立真实场景的数字化映射，并利用虚拟平台与真实场景的交互测试，实现虚实环境的动态增强与优化。

具体而言，平行测试系统的工作流程如下：首先，通过真实世界的 2D 图像构建虚拟平台中的 3D 场景；接着，通过在虚拟平台中对自动驾驶汽车进行测试，选定具有代表性的典型测试场景；最后，将选定的典型场景构建于真实测试平台中，完成对自动驾驶汽车在真实场景中的测试。通过这种方式，平行测试系统实现了虚拟与现实的深度融合，为自动驾驶汽车测试提供了一种高效且可靠的解决方案。

4) 真实运行环境

真实运行环境是指自主智能系统在实际应用场景中运行并进行性能测试的环境，其主要优点在于测试的真实性和直接性。

以自动驾驶汽车测试为例，道路测试能够真实反映自然驾驶环境中的静态和动态元素，是评估自动驾驶汽车性能最贴近实际的方法。例如，在7.2.2节中提到的自动驾驶汽车安全性评价指标——接管率，就能够在测评过程中定量反映自动驾驶汽车的安全性能。如果将每一次接管视为人工避免了一次潜在的交通事故，那么道路测试中的接管率便成为衡量自动驾驶汽车在真实道路驾驶中事故率的有效指标。

然而，真实运行环境测试存在如下两个显著的缺陷。

(1) 安全问题：以自动驾驶汽车测试为例，过去几年中，特斯拉、Uber 和 Waymo 等公司的自动驾驶汽车在真实道路测试中均发生过严重的交通事故。这些事故引发了公众对道路测试对社会大众安全性影响的广泛关注。

(2) 效率问题：根据兰德公司的一份报告，为获得置信度为 95% 的安全性能评估结果，自动驾驶汽车需要完成超过 80 亿英里（1 英里约为 1.609km）的道路测试。这相当于 100 辆自动驾驶汽车以每小时 24 英里的速度连续行驶 400 年，这样的测试成本显然是不可接受的。

此外，当自主智能体或多智能体算法发生变动时，即使仅是微小的参数调整，理论上也需要对其整体性能进行重新评估。因此，基于真实运行环境的测试方法因成本和风险问题而在实践中难以广泛采用。以上缺陷表明，诸如真实道路测试这样的真实运行环境测试无法成为自主智能体性能评估的主要手段。

在此背景下，基于计算机仿真、封闭测试场景和虚实结合平台的测试方法，因其低风险和高效率，逐渐成为更可行的选择。不同的测试平台各具优势和劣势，在自主智能系统的测试中,它们能够互相补充,形成完整的测试体系。与此同时,采样策略决定了如何从测试场景库中选取测试场景,而指标评估方法则决定了如何根据测试结果有效地估计自主智能系统在评价指标上的性能表现。

1) 采样策略

采样策略的核心在于平衡测试场景库的利用与对未知场景的探索之间的关系。理想情况下,如果测试场景库已经涵盖了所有关键测试场景,那么按照场景的关键度进行贪婪采样即可最大限度地利用测试场景库提供的信息。然而,由于自主智能系统的多样性,测试场景库难以穷尽所有可能的关键场景。因此,为了确保如式(7.6)所示的条件成立,在利用测试场景库的同时,还需要以一定的概率对场景库之外的未知场景进行探索性采样。

为深入理解和比较利用与探索两者之间的关系,本节设计了两种典型的采样策略:贪婪策略和 ϵ-贪婪策略。

(1) 贪婪策略完全基于测试场景库中已定义的关键度进行采样,而忽略场景库之外的场景。这种方法通过充分利用现有场景库,能够快速、高效地获取与已知关键场景相关的信息,但其不足之处在于无法发现未知场景中的潜在关键测试场景。

(2) ϵ-贪婪策略在大多数情况下依赖测试场景库进行采样,但会以一定的小概率 ϵ 对测试场景库之外的场景进行均匀采样。这种方法在利用场景库已有信息的同时,引入了一定的探索能力,能够发现潜在的未知关键测试场景,从而提高测试场景库的覆盖范围和测试结果的全面性。

两种采样策略对应的测试场景采样概率分布分别如下:

$$\bar{P}_1(x_i|\theta) = \begin{cases} \dfrac{V(x_i|\theta)}{W}, & x_i \in \Phi \\ 0, & x_i \notin \Phi \end{cases} \tag{7.12}$$

$$\bar{P}_2(x_i|\theta) = \begin{cases} \dfrac{(1-\epsilon)V(x_i|\theta)}{W}, & x_i \in \Phi \\ \dfrac{\epsilon}{N(\mathbb{X}) - N(\Phi)}, & x_i \notin \Phi \end{cases} \tag{7.13}$$

其中,$N(\mathbb{X})$ 表示集合 $\mathbb{X}$ 的大小,对于离散变量为集合内元素的数量,对于连续变量为集合的超体积。集合 Φ 表示关键场景集合,即测试场景库,关键场景的阈值选取将在后续做理论分析。ϵ 是采样策略中的探索概率,其取值也将在后续做理论分析。W 是正则化参数

$$W = \sum_{x_i \in \Phi} V(x_i|\theta) \tag{7.14}$$

通过对这两种策略的具体实现和应用分析,可以深入理解在测试过程中如何有效协调场景利用和探索行为,提升测试结果的可靠性与适用性。

2) 测试平台

测试平台在自主智能系统的研发与验证过程中扮演着至关重要的角色,其核心任务在于如何安全、高效且精准地执行采样场景的测试。

(1) 安全性：安全是测试平台的首要考量，旨在确保测试过程中人员与设备的安全，避免任何可能的事故风险。无论是自动驾驶汽车的道路测试还是机器人在复杂环境中的性能评估，安全性都是测试平台设计的基础原则。

(2) 高效性：测试平台需要优化测试流程，缩短测试周期，以更快的速度迭代自主智能技术。这包括对硬件设施和软件系统的高效整合，确保测试资源得到充分利用，并在最短时间内完成必要的测试。

(3) 精准性：精准性意味着测试场景需紧密贴合实际应用环境，能够准确反映自主智能系统在各种复杂运行条件下的表现。测试平台需支持精细化场景设计，涵盖从标准的操作场景到极端条件下的复杂运行环境。

为了实现上述目标，测试平台应集成先进的硬件设施与软件系统。硬件设施包括高精度传感器和高性能计算设备，能够实时捕捉并处理大量测试数据；软件系统则需具备强大的场景仿真与动态配置功能，支持复杂测试场景的构建与实时调整。例如，测试平台应能快速生成或调整测试场景，包括标准道路测试、复杂交叉路口测试，以及极端天气条件下的测试场景，以满足不同测试需求。

此外，测试平台需支持多种采样策略。既需要包括传统的遍历方法，以确保对已知关键场景的全面覆盖，也需要引入基于概率统计等先进方法，提高测试效率，适应连续参数变化的场景库。通过智能算法优化采样过程，测试平台能够在利用已知信息与探索未知领域之间实现平衡，从而提升测试的科学性与实用性。

无论是基于计算机仿真、封闭测试场景还是虚实结合平台，自主智能系统的测试评价都需要测试理论的支撑。测试理论需要解答测试流程中的系列核心问题，包括测试场景类型的选取、测试场景参数的设计、测试场景数量的确定、自主智能体或多智能体性能的评价、测试结果的分析以及测试等效性验证等。这些问题是自主智能系统测试的基础性问题，也是所有测试平台必须面对的共性挑战。

3) 指标评估

指标评估部分决定了如何根据测试结果估计自主智能系统的测试评价指标。根据式(7.7)，测试评价指标可以估计为

$$\hat{P}(A|\theta) \triangleq \frac{1}{n} \sum_{i=1}^{n} \frac{P(x_i|\theta)}{q(x_i)} P(A|x_i, \theta) \tag{7.15}$$

其中，$\hat{P}(A|\theta)$ 表示测试评价指标的估计值，$q(x_i)$ 表示结合测试场景库和采样策略之后的最终采样概率分布（见式(7.12)和式(7.13)），$P(A|x_i, \theta)$ 由测试结果中估计得到。

采用估计结果的相对半宽（relative half-width）衡量指标评估的精度。对于 $100(1-\alpha)\%$ 的信心水平，定义相对半宽为

$$l_r = \frac{\Phi^{-1}(1-\alpha/2)}{\mu_A} \sqrt{\mathrm{var}(\mu_A)} \tag{7.16}$$

$$= \frac{\Phi^{-1}(1-\alpha/2)}{\mu_A} \frac{\sigma}{\sqrt{n}}$$

其中，$\mu_A = P(A|\theta)$，Φ^{-1} 表示标准正态分布的累积分布函数的逆函数，$\mathrm{var}(\mu_A) = \sigma^2/n$ 表示评估的方差。对于一个预定的相对半宽 β，理论上最少的测试次数为

$$n \geqslant \left(\frac{\Phi^{-1}\left(1 - \dfrac{\alpha}{2}\right)}{\mu_A \beta} \right)^2 \sigma^2 \tag{7.17}$$

测试理论需要系统性。测试理论应能够适用于多种复杂度的场景、多项评价指标以及多类型自主智能系统的测试问题。通过构建统一的理论框架，测试理论可以覆盖从简单到复杂的各种测试场景，满足不同测试阶段和测试目标的需求。测试理论需要科学性。测试理论必须具备严格的科学依据，以确保测试流程的准确性，并能够解释测试结果的统计学意义。通过科学的方法对测试场景和评价指标进行建模和分析，测试理论能够提供可信且可量化的测试结果，为自主智能系统的研发与验证奠定理论基础。测试理论需要合理性。合理性要求测试理论能够显著提升测试效率，并具备现实的可行性。理论设计需要在实际应用中展现高效性与可操作性，以有效支持自主智能系统的快速迭代与性能验证。

目前，自主智能系统测试评价研究中缺乏完善的测试理论，已成为制约领域发展的问题之一。

在测试理论中，场景库是至关重要的组成部分。随着计算机仿真、封闭测试场景和虚实结合平台等测试平台的日益完善，如何高效地生成和管理测试场景库，已成为自主智能系统测评领域面临的主要挑战。本章研究的"场景"概念是广义的，包含了一切与自主智能系统测评相关的静态元素和动态元素在时间和空间上的状态演变。面向自主智能体或者多智能体测评不同级别、不同阶段的测试需求，测试场景的复杂程度是显著不同的，既包括静态、单一和离散的低复杂度场景，又包括动态、单一和离散的中复杂度场景，还包括动态、多样和连续的高复杂度场景。

本节研究智能测试理论的基础方法，包括测试场景建模方法、测试评价指标设计方法、测试场景库生成方法和测试方法研究，为"四要素"中科学问题的解决提供方法框架。图7.8为智能测试方法的框架图。

7.2.5 智能测试理论

本节主要研究智能测试的规律定理，包括准确性定理和高效性定理，并对智能测试方法中重要参数（如 ϵ 和关键场景阈值）的取值选择进行系统的理论论证。本节首先介绍重要性采样理论，然后将自主智能系统智能测试问题建模为稀有事故估计问题，进而论证智能测试的准确性定理和高效性定理。

1. 重要性采样理论与分析

首先，本节将介绍重要性采样理论，该理论是智能测试方法的基础工具之一。重要性采样通过调整采样概率分布，能够在小概率事件中显著提升估计效率，为智能测试的高效性与准确性提供了坚实的理论支持。

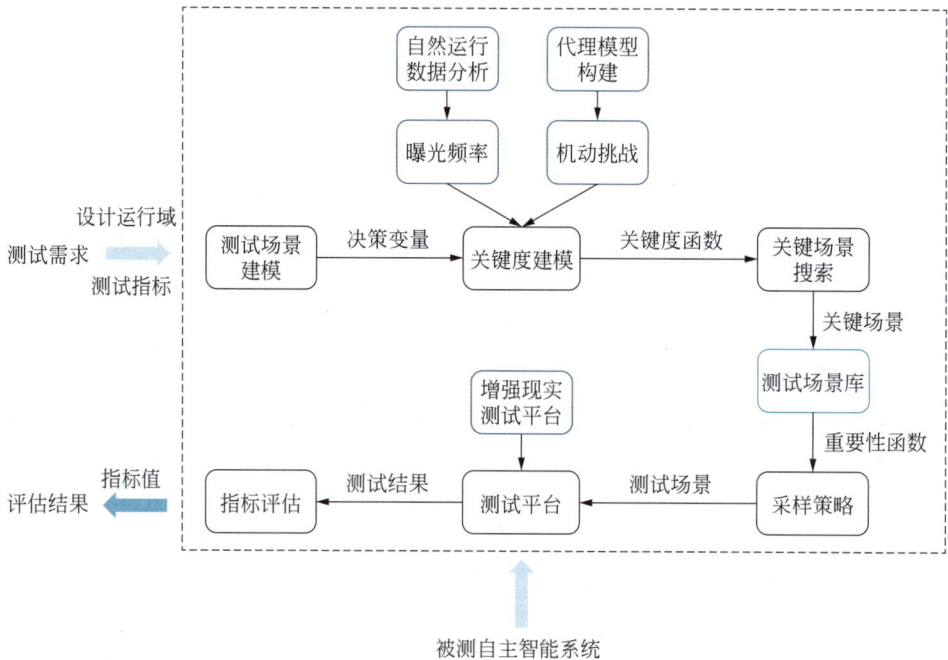

图 7.8   自主智能系统智能测试基础方法框架图

本节着重阐述重要性采样理论，为后面正式提出智能测试定理奠定基础。作为机器学习的重要方法之一，重要性采样广泛应用于小概率事件估计、蒙特卡罗积分等领域。

本节内容主要分为以下 3 部分：首先，介绍重要性采样的经典应用问题——小概率事件估计问题，并分析重要性采样的适用范围；其次，详细阐述重要性采样方法的核心机理，说明其如何通过调整采样策略优化估计效率；最后，对重要性采样方法进行理论分析，系统讨论其在不同应用场景下的准确性与高效性。

需要指出的是，经过多年发展，重要性采样理论已深入多个领域，衍生出多种扩展与延伸方法，例如，自正则化重要性采样、混合重要性采样、多步重要性采样等。这些方法在特定领域表现出卓越的适应性和优势。然而，为了保持内容简洁性与针对性，本节将聚焦于与本章内容最为相关的基础理论与应用案例，为后续章节的深入探讨奠定理论基础。

1) 小概率事件估计问题

如果函数 $f(x), x \in \mathbb{X}$，x 服从概率分布 $p(x)$，同时满足如下两个性质，则可以利用重要性采样理论估计期望

$$\mu = \mathbb{E}_{x \sim p}\left(f(x)\right) \tag{7.18}$$

(1) 存在集合 Ω，使得 $f(x)$ 在 $x \notin \Omega$ 上取值为 0；

(2) x 属于集合 Ω 的概率较小，即 $P(x \in \Omega)$ 较小。

如果定义采样得到 $x \in \Omega$ 为一个事件，则 μ 表示该事件发生的概率，由于性质 (1) 和 (2) 的存在，我们称这样的问题为小概率事件估计问题。传统的蒙特卡罗估计方法通过

概率分布 $p(x)$ 对 x 进行采样，以采样到的 $f(x)$ 数值的平均值作为对 μ 的估计，即

$$\mu = \mathbb{E}_{x\sim p}(f(x))$$

$$= \int_{x\in\mathbb{X}} f(x)p(x)\mathrm{d}x$$

$$\approx \frac{1}{n}\sum_{i=1}^{n} f(x_i),\ x_i \sim p(x) \tag{7.19}$$

其中，n 表示采样的次数。然而，由于性质 (1) 和 (2) 的存在，使得大多数采样到的点 x_i 在集合 Ω 之外，无法准确对 μ 进行估计。

为了提升估计值的精度，传统蒙特卡罗方法通常需要显著增加采样次数。然而，当采样过程本身具有较高成本时，这种方法会导致估计的总体代价大幅增加。这一问题广泛存在于诸多领域，包括能源物理、贝叶斯推断以及计算机图像处理等，成为限制这些方法效率的主要瓶颈。

2) 重要性采样方法机理

为了解决传统蒙特卡罗方法遇到的困难，研究人员提出重要性采样方法。本质上，对 $x\in\Omega$ 的一次采样意味着对 $f(x)$ 有效区域的一次信息获取。如果多次采样均无法采样到 $x\in\Omega$，则对 μ 的估计只能为 0，而 μ 值的决定区域（$f(x\in\Omega)$）的信息无法增加。因此，直观的想法是增加对 Ω 区域的采样，以更多地获取函数 $f(x)$ 在该区域的信息。

重要性采样方法即在采样过程中按照 x 的重要性而不是概率分布 $p(x)$ 进行采样。根据 x 的重要性生成新的概率分布函数，即重要性分布，依据重要性分布进行采样，以替代原始的概率分布 $p(x)$。具体来说，假设 q 是定义在 $\mathbb{X}$ 上的概率密度函数，并且有 $q(x)>0$，则可以计算式 (7.18) 为

$$\mu = \mathbb{E}_{x\sim p}(f(x))$$

$$= \int_{x\in\mathbb{X}} f(x)p(x)\mathrm{d}x$$

$$= \int_{x\in\mathbb{X}} \frac{f(x)p(x)}{q(x)}q(x)\mathrm{d}x \tag{7.20}$$

$$= \mathbb{E}_{x\sim q}\left(\frac{f(x)p(x)}{q(x)}\right)$$

新得到的期望表达式则可以通过传统的蒙特卡罗方法估计，下面将对其准确性和高效性将进行理论分析。

更一般地，重要性分布 q 不需要在全部可行集 $\mathbb{X}$ 上满足 $q(x)>0$ 的条件，而是满足以下条件即可：

$$f(x)p(x)\neq 0 \implies q(x)>0 \tag{7.21}$$

直观上，上述条件是为了保证所有对 μ 作出贡献的区域均存在被采样的概率。定义集合 $\mathbb{Q} = \{x|q(x) > 0\}$，则存在

$$\mathbb{Q} = \mathbb{X} + \mathbb{Q} \cap \mathbb{X}^c - \mathbb{X} \cap \mathbb{Q}^c \tag{7.22}$$

其中，$\mathbb{X}^c$ 代表集合 $\mathbb{X}$ 的补集。对于 $\mathbb{X}$ 是全集的情况，其补集是空集。因此，可以改写式(7.20)为

$$\begin{aligned}
\mu &= \int_{x \in \mathbb{X}} f(x)p(x)\mathrm{d}x \\
&= \int_{x \in \mathbb{X}} f(x)p(x)\mathrm{d}x + \int_{x \in \mathbb{Q} \cap \mathbb{X}^c} f(x)p(x)\mathrm{d}x - \int_{x \in \mathbb{X} \cap \mathbb{Q}^c} f(x)p(x)\mathrm{d}x \\
&= \int_{x \in \mathbb{Q}} f(x)p(x)\mathrm{d}x \\
&= \mathbb{E}_{x \sim q}\left(\frac{f(x)p(x)}{q(x)} \right)
\end{aligned} \tag{7.23}$$

3) 重要性采样理论分析

本节对重要性采样方法进行理论分析，研究其准确性和高效性。首先，对式(7.23)的无偏性进行分析，以证明该方法的准确性；其次，对式 (7.19) 和式 (7.23) 的方差进行理论分析；最后，基于上述理论分析，研究该方法在效率上提升所需要的条件。

首先，对式 (7.23) 做蒙特卡罗估计，可得 μ 的估计值为

$$\hat{\mu}_q = \frac{1}{n} \sum_{i=1}^{n} \frac{f(x_i)p(x_i)}{q(x_i)}, \; x_i \sim q \tag{7.24}$$

其中，n 表示采样的次数。根据大数定理和中心极限法则，引理7.1可以证明 $\hat{\mu}_q$ 估计的无偏性。

引理 7.1 如果式(7.6)成立，则 $\hat{\mu}_q$ 是 μ 的一个无偏估计，即 $\mathbb{E}(\hat{\mu}_q) = \mu$。

引理 7.2 如果式(7.6)成立，则式(7.23)的方差为

$$\mathrm{var}_q(\hat{\mu}_q) = \frac{\sigma_q^2}{n} \tag{7.25}$$

其中有

$$\begin{aligned}
\sigma_q^2 &= \int_{x \in \mathbb{X}} \frac{(f(x)p(x))^2}{q(x)}\mathrm{d}x - \mu^2 \\
&= \int_{x \in \mathbb{X}} \frac{(f(x)p(x) - \mu q(x))^2}{q(x)}\mathrm{d}x
\end{aligned} \tag{7.26}$$

最后，基于上述理论分析结果，本节研究重要性采样方法在效率提升中所需满足的条件。由于估计值 $\hat{\mu}_q$ 的置信区间大小主要取决于其方差 σ_q^2，因此 σ_q^2 越小，达到相同置信

区间所需的采样次数就越少，从而显著提升采样方法的效率。根据式(7.26)的第二个等式可知，当重要性分布 $q(x)$ 额外满足以下条件时，方差为最小值 $\sigma_q^2 = 0$：

$$q(x) = \frac{f(x)p(x)}{\mu}, \forall x \in \mathbb{X} \tag{7.27}$$

然而，由于 μ 正是小概率事件估计问题中需要估计的值（见式(7.18)），因此式(7.27)是无法直接计算的。虽然如此，式(7.27)提供了降低方法方差、提升方法效率的理论基础。对于具体问题和应用，式(7.27)可以通过领域知识估计。后续自主智能系统智能测试的场景库生成方法即是在此基础上发展而来。

2. 自主智能系统智能测试理论

自主智能系统的智能测试问题可形式化建模为小概率事件估计问题。如式(7.18)所示，其中，x 表示测试场景的决策变量，$p(x)$ 表示场景在自然运行环境中的曝光频率，$f(x)$ 表示自主智能系统在测试场景 x 上的性能表现，对 $f(x)$ 的期望，即可表示自主智能系统在自然运行环境中的整体性能表现，例如事故率。由于事故发生是小概率事件，因此，自主智能系统事故率的估计问题本质上可归结为小概率事件的估计问题。智能测试的目标之一便是加速小概率事件估计的效率。

基于重要性采样理论，本节将从准确性、高效性和普适性 3 个方面对智能测试方法体系进行系统分析：准确性是指测试方法体系是否能够提供对自主智能系统性能的准确评价；高效性是指在有限的测试次数下，能否获得较高的测试精度；普适性是指测试方法体系是否适用于多种复杂场景、多项评价指标以及多类型自主智能系统的场景库生成问题。

下面给出智能测试的准确性定理（定理7.1）和高效性定理（定理7.2）。

定理 7.1　上述智能测试方法中，如果满足以下任一条件，则式(7.15)是对测试评价指标的无偏估计，即 $\mathbb{E}(\hat{P}(A|\theta)) = P(A|\theta)$：

(1) 采用贪婪采样策略，且存在 $P(A|x,\theta) = 0, \forall x \notin \Phi$；

(2) 采用 ϵ 贪婪策略。

定理 7.2　上述智能测试方法体系中，如果同时满足以下条件，则式(7.15)的估计方差为 0：

(1) 采用贪婪策略采样；

(2) $P(A|x,\theta) = 0, \forall x \notin \Phi$；

(3) 存在常数 $k > 0$，使得 $P(A|x,\theta) = kP(S|x,\theta), \forall x \in \mathbb{X}$。

以上定理的证明可参阅文献 [14]。

1) 自主智能系统智能测试方法的准确性分析

定理7.1表明，智能测试方法能够提供测试评价指标的无偏估计，即从统计学意义上保证了测试结果的准确性。通过对定理7.1中两个条件的对比分析，可以得出以下结论：ϵ-贪婪采样因其更好地平衡了探索与利用之间的关系，更容易满足测试方法准确性的要求；而贪婪采样则依赖于一个额外假设，即测试场景库中包含了全部的关键场景。然而，在实际应用中，由于测试场景的复杂性和多样性，这一假设往往难以完全满足，从而限制了贪婪采样方法的实际适用性。

因此，ϵ-贪婪采样在实际测试中更具灵活性与可靠性，能够为复杂自主智能系统的性能评估提供理论支持和实践指导。

2) 自主智能系统智能测试方法的高效性分析

定理7.2对上述测试方法的效率提升潜力及其所需条件进行了严谨论证。需要注意的是，定理7.2中提出的条件虽然为效率提升提供了理论依据，但在实际应用中具有较高的严苛性。例如，当测试方差为 0 时，自主智能体或多智能体只需进行一次测试即可获得精准的评价结果，这显然是一个过于理想化的情况。尽管如此，该定理的核心意义在于揭示了方差的主要来源，从而为测试效率的优化提供了明确的方向。

影响测试方差的主要来源包括两方面：首先，由于引入了 ϵ-贪婪采样策略和关键场景阈值，条件 (1) 和条件 (2) 在实际应用中难以严格满足，这不可避免地导致估计方差的产生；其次，条件 (3) 表明，代理模型与自主智能体的相似度对测试效率具有关键影响，代理模型与自主智能体之间的差异性（dissimilarity）是方差的主要来源之一。

基于以上分析，有两条提升测试效率的主要路径：一方面，需要深入研究 ϵ 值和关键测试场景阈值的选取，以尽量降低由采样策略带来的估计方差；另一方面，需要探索如何减少代理模型与自主智能体之间的差异性。这不仅为代理模型的构建方法提供了理论支持，也为开发自适应场景库生成方法指明了研究方向，从而进一步提升测试效率和评价质量。

3) 自主智能系统智能测试方法的普适性分析

由定理7.1和定理7.2可知，该方法的准确性与高效性不依赖于具体的场景类型或评价指标，因此理论上具有广泛的适用性，可以覆盖多种场景和多种测试指标。定理7.1进一步表明，该方法对自主智能系统的具体类型同样不敏感，因此可以确保在不同类型系统中的应用中保持测试结果的准确性。

此外，定理7.2揭示了代理模型与自主智能系统之间差异性对测试方差的影响。在实际应用中，这一差异性是影响测试效率的关键因素。例如，在自动驾驶测试领域，代理模型（如基于人类驾驶员行为的模型）只要能够有效刻画自动驾驶汽车的主要行为特征，便可在理论上实现对真实道路测试效率的显著提升。尽管代理模型与实际自动驾驶系统之间可能存在一定差异，上述方法仍然能够通过合理的场景设计与模型优化，将测试效率提升到可接受的水平。由此可见，本章提出的智能测试方法在理论和实践中均具有显著的普适性和实用价值。

7.3　自主系统功能性测评

自主智能系统的功能性测评是保障其安全、可靠运行的关键环节。考虑到人工智能算法普遍存在的技术脆弱性，如弱鲁棒性、不可解释性以及潜在的偏见与歧视问题，再加上近年来新型安全攻击频发，对智能系统进行全面的功能性测评显得尤为重要。

功能性测评的目标不仅在于验证系统在预设环境下的表现，还需深入考察其在未知环境或对抗性环境下的感知、决策与控制能力，从而确保系统能够适应复杂多变的实际应用场景。此外，智能系统在运行中可能面临的硬件与软件故障风险同样不容忽视。历史上事故的频发为我们敲响了警钟，功能性测评必须尽可能全面覆盖潜在风险，才能为自主智能系统的安全运行提供强有力的保障。

7.3.1 自主系统功能性测评常用指标

自主智能系统的功能性测评应从多个维度展开，包括性能、鲁棒性、可解释性、稳定性、可靠性、可扩展性等。这些指标共同构成了评价自主系统功能性的核心框架，旨在确保系统在多样化的运行条件下均能稳定发挥作用，不对物理环境、人身财产安全及国家社会安全构成威胁。通过对这些指标的全面考量，功能性测评不仅能准确反映系统当前的能力水平，还能为其后续的优化提供科学依据，是实现安全可靠自主智能系统的重要保障。

1. 性能

自主智能系统功能性测评中的“性能”是一个多维度的概念，它涵盖了系统在处理任务时表现出的多个关键方面。具体来说，自主智能系统的性能包括以下两方面。

1) 准确性

准确性是衡量自主智能系统在完成任务时正确率的核心指标。对于分类任务，准确性可以通过系统对样本的正确分类率来评估；对于回归任务，则可以通过系统预测值与真实值之间的误差来衡量。准确性直接体现了自主智能系统在解决实际问题时的有效性，是性能评估的基础指标。

2) 效率

效率反映了自主智能系统在执行任务时的时间和资源消耗情况。常用的效率测评指标包括任务处理时间、内存使用量以及计算资源的利用率等。在大规模数据处理或实时应用场景中，效率尤为重要。高效的系统能够在有限资源条件下快速完成任务，从而提升系统的实用性和经济性。

通过对准确性和效率的全面考量，性能测评为评估自主智能系统的整体能力提供了坚实基础，有助于优化系统设计并指导其在实际应用中的部署与改进。

2. 鲁棒性、可解释性、稳定性与可靠性

1) 鲁棒性

鲁棒性衡量的是自主智能系统在面对多样化输入时的稳定性和抗干扰能力。常见的测评方法包括对抗性测试（通过生成对抗样本评估系统的抗攻击能力）、噪声注入（模拟数据干扰对系统性能的影响）和异常数据检测（测试系统应对异常输入的能力）。一个鲁棒的自主智能系统应能够在不同类型的输入数据下正常工作，并在噪声、干扰或异常情况下仍保持较高的性能稳定性。

2) 可解释性

可解释性指自主智能系统对其决策和推理过程的透明度和可理解性。测评方法包括模型内部机制的可视化（如决策路径、注意力权重等）和系统决策的逻辑说明（如为何选择某一结果）。在医疗、司法等高敏感关键领域，可解释性是自主智能系统被广泛接受和信赖的必要条件。高水平的可解释性不仅提升系统的用户友好度，还能为模型改进和问题诊断提供重要参考。

3) 稳定性与可靠性

稳定性与可靠性评估自主智能系统在长时间运行和异常情况下的持续表现能力。测评方法包括长时间连续运行测试（评估系统是否在长时间负载下保持性能一致）和故障恢复测试（评估系统在故障后是否能够快速恢复正常运行）。稳定性与可靠性是自主智能系统在实际应用中安全、持续、高效运行的关键保障，是系统功能性测评中的重要维度。

通过对鲁棒性、可解释性以及稳定性与可靠性的测评，可以全面评估自主智能系统在复杂环境中的综合性能，为系统优化和安全部署提供科学依据。

3. 可扩展性、容量与压力测试性能

1) 可扩展性

可扩展性是衡量自主智能系统是否能够方便地扩展其处理能力和功能，以满足未来需求变化的关键指标。测评方法包括负载均衡测试和弹性扩展测试，通过模拟多种负载条件下的运行状况，评估系统对资源动态分配和扩展需求的适应能力。

在人工智能等快速演进的技术领域，可扩展性不仅关系到系统的灵活性与适应性，还对其长期竞争力和应用寿命具有重要影响。一个具备高可扩展性的系统，应能够在不断增加的复杂任务和用户需求中平稳运行，而无须进行大规模的系统重构。

2) 容量与压力测试性能

容量与压力测试性能用于评估自主智能系统在高并发和大数据量场景下的稳定性，以及在极端条件下的性能表现。测评方法通常包括模拟高并发场景和极限条件下的运行状况，观察系统在处理突发负载时的响应能力与性能变化。

这类测试有助于揭示系统的性能瓶颈，为优化其数据处理能力和任务负载能力提供参考。通过容量与压力测试，可以确保系统在实际应用中不仅具备良好的正常运行能力，还能在高压情况下保持可靠和高效。

4. 学习能力与适应能力

1) 学习能力

学习能力指自主智能系统通过自我学习，即在无须人工干预或仅需有限指导的情况下，获取新知识、新技能或新策略的能力。与普通系统相比，自主智能系统必须具备一定的自我驱动、知识获取以及技能提升能力。这一能力使得系统能够不断完善自身，从而在动态环境中保持竞争力。

自主智能系统的学习能力测评通常通过模拟新环境或设计一系列类型、难度及复杂性逐步递增的问题或任务来进行评估。这种测评方法可以全面考察系统在面对未知挑战时的学习效果及效率。测试评价指标包括系统解决问题的准确性、效率、创新性，以及从错误中总结经验并进行优化的能力。这些指标对于需要持续进化和改进的自主智能系统而言尤为重要，能够直接反映系统的学习潜力与适应性。

2) 适应能力

适应能力是自主智能系统在面对新环境或新问题时，通过利用已有的知识、技能或策略，进行调整、优化甚至创新，以有效应对复杂变化并实现预期目标的能力。这种能力对于系统在动态、不确定环境中的稳定运行至关重要。

适应能力的测评方法主要通过构建与实际应用场景高度相似的模拟环境，测试系统在包含未知因素、动态变化和复杂交互的条件下的表现。评估指标包括系统的行为准确性、决策质量、反应速度以及在变化环境中的稳定性等。这些测试能够揭示系统在知识迁移、策略调整及应对新挑战方面的潜力，为自主智能系统的优化和改进提供有力支持。

在科学研究、工业制造、医疗健康等领域，自主智能系统的学习与适应能力是推动技术创新与进步的核心驱动力。为了保障智能系统的可信性，建立科学的人工智能安全体系架构与伦理准则是指导测评工作、确保系统可靠性与可接受性的关键基础。通过全面、系统且科学的测评方法，可以有效识别并规避智能系统的潜在风险，从而促进其健康、可持续发展。

功能性定义了自主智能体或多智能体完成特定任务的能力，是自主系统"智能"的核心体现。以交通领域中的自动驾驶汽车为例，假设测试其在高速公路上从当前车道换道至最右车道并驶离匝道口的能力。在这一过程中，多辆背景车辆可能占据最右车道。如果自动驾驶汽车在换道过程中表现过于保守，试图与所有背景车辆保持过远的距离，将可能无法在预定距离内完成换道任务并驶离高速公路。类似的情形说明，功能性的测试评价指标对于全面评价自主智能系统在实际应用中的表现具有重要意义。

然而，当前研究中对功能性缺乏统一的定量指标设计，特别是在客观性与全面性方面尚存不足。针对这一挑战，我们将介绍适用于安全性和功能性的统一测试评价指标设计方法，以期为后续的测评工作提供系统性框架和理论支持。在开始具体阐述之前，以下部分将引入相关定义以奠定基础。

定义 7.6 兴趣事件是指自主智能体或多智能体在特定测试场景中，触发预先定义的状态或行为的一类事件。例如，在自动驾驶测试中，兴趣事件可能包括紧急刹车、车辆碰撞或任务失败等特定情境。这些事件通常用于衡量系统在关键场景中的性能表现。兴趣事件率表示自主智能体或多智能体在符合设计运行域（或设计域）约束的自然运行环境中，发生兴趣事件的概率。用数学表达式表示为 $P(A|\theta)$，其中，A 代表兴趣事件，θ 表示运行域的约束条件。

兴趣事件率是评估自主智能系统在自然场景中安全性与可靠性的重要指标，能够为系统优化与性能改进提供定量支持。兴趣事件的具体定义应依据测试需求而定。在安全性测试中，兴趣事件通常定义为系统运行过程中发生的事故或危险事件；而在功能性测试中，兴趣事件可以定义为某项特定功能的失败或未能完成预期任务的情境。

兴趣事件率作为测试评价指标，能够对自主智能体或多智能体的性能进行客观且全面的评价。一方面，兴趣事件率通过反映智能体在自然运行环境中的表现，提供了对其真实应用中性能的预估，因而具备高度的客观性；另一方面，兴趣事件率是基于所有测试场景的期望值

$$P(A|\theta) = \sum_{x \in \mathbb{X}} P(A|\theta, x) P(x|\theta) \tag{7.28}$$

进行计算，能够全面覆盖各种可能的运行情境，确保对系统性能的多维度评价，从而为开发者提供更为科学、全面的性能评估数据。

下面通过交通领域自动驾驶测试中安全性和功能性评价的典型案例，进一步具体阐述兴趣事件率的物理含义。

首先，以最常见的切车场景为例：在该场景中，一个背景车辆在自动驾驶汽车前方以一定的相对距离和相对速度换道至自动驾驶汽车所在车道。此时，是否发生事故取决于自动驾驶汽车对背景车辆的响应行为。通过改变切车时刻背景车辆的相对距离和相对速度，可以生成一系列不同的切入测试场景，并记录每个场景中事故发生的情况，从而估计自动驾驶汽车在切车场景下的事故率。在该场景中，兴趣事件 A 表示事故事件，兴趣事件率 $P(A|\theta)$ 表示自动驾驶汽车在切车场景下的交通事故率。

其次，以自动驾驶汽车在高速公路换道至最右车道并驶离匝道口的功能测试为例：在这一场景中，多辆背景车辆可能同时行驶在最右车道上。若自动驾驶汽车因保持过于保守的驾驶行为，与所有车辆保持过远的安全距离，则可能导致其无法在预定距离内完成换道并驶离高速公路。在此情形下，兴趣事件 A 定义为驶离匝道口任务失败事件，兴趣事件率 $P(A|\theta)$ 表示自动驾驶汽车在该任务中的失败率。

上述两个案例具体展示了兴趣事件率如何通过量化不同场景中的事故率或功能失败率，提供对自动驾驶汽车性能的科学评价。这不仅能反映自动驾驶汽车在复杂交通场景中的安全性和功能性，还为开发者优化算法和改进系统设计提供了数据支持。

7.3.2　自主执行任务能力评估

自主执行任务能力评估是自主智能系统功能性测评中的关键环节，旨在全面衡量自主智能系统在复杂、多变环境中完成特定任务的能力。通过设定量化指标和构建多样化的测评场景，该评估确保系统在任务执行过程中能够满足预期的性能、安全性和可靠性要求。随着人工智能技术的迅速发展，自主执行任务能力评估不仅局限于对系统基础性能的验证，更是对其智能决策能力、自适应能力以及协同能力的全面检验。

自主执行任务能力中的自主性是自主智能系统智能性的核心体现，这直接关系到系统在复杂多变环境中的实际应用效果。评估的重点在于系统是否能够在不同环境条件下保持稳定、高效、自主地完成预定任务，从而反映其应对复杂任务时的自适应、自协作和自优

化能力。这一评估过程不仅是对系统当前能力的检测，更是为系统性能优化和智能化程度提升提供科学依据，助力自主智能系统在实际应用中展现更高的智能水平与可靠性。

1. 自主执行任务能力评估的核心维度

自主智能系统执行任务能力评估的核心维度涵盖以下几个关键方面，通过多维度的测评全面反映系统在复杂环境中的任务执行能力。

1) 任务完成率

任务完成率是衡量自主智能系统是否能够成功完成目标任务的基本指标。该指标通常通过系统在预设场景中成功完成的任务数量与总任务数量的比值进行计算，直观反映系统整体的任务执行效果。任务完成率为系统设计与优化提供了重要的定量数据支撑，是评估系统性能的核心维度之一。

2) 抗干扰和容错能力

在任务执行过程中，自主智能系统可能会受到外界干扰，例如，环境噪声、不确定输入或硬件故障。抗干扰与容错能力的评估是衡量系统任务执行稳定性的重要内容。抗干扰能力可通过模拟异常输入或干扰条件下的任务完成率加以量化；容错能力则通过长时间任务测试中的性能波动幅度进行评估，考察系统在异常条件下能否保持稳定运行。

3) 安全性

安全性是自主智能系统任务执行能力评估中不可或缺的一环。在任务执行过程中，系统是否能够避免对物理环境、人员及财产安全的威胁，是其实际应用的重要前提。例如，在自动驾驶场景中，安全性可通过测量事故发生率或潜在危险行为（如急刹车或失控转向）的概率来进行量化分析。

4) 自适应性

自适应性指自主智能系统在面对新环境、新任务或动态变化时调整策略、优化资源以完成任务的能力。这一维度的评估需要通过构建包含未知条件或动态变化的测试场景，观察系统在感知、学习和调整过程中的行为表现，以确保其在实际应用中能应对不断变化的现实环境。

5) 协作与冲突解决能力

在多智能体协作任务中，自主智能系统需要与其他智能体或非智能实体进行高效的交互。通过设计协同任务（如无人机编队或自动驾驶车队）和资源争夺或竞争场景，评估系统的协作效率、冲突解决能力及对集体目标的贡献程度，以反映其在团队任务中的协同能力和问题解决能力。

这些维度相辅相成，共同构成自主智能系统任务能力评估的全面框架，为系统性能的优化与提升提供重要依据。

2. 测评方法与场景设计

为了全面评估自主智能系统的任务执行能力，应采用多维度的测评方法与多样化的场景设计。以下是主要的测评方法与场景设计思路。

1) 多样性测试场景构建与模拟

测试场景的多样性是验证自主智能系统任务执行能力的关键。场景应涵盖实际应用中的典型任务条件（如交通高峰拥堵、复杂交互场景）以及极端状况（如恶劣天气、紧急避障等）。通过场景模拟生成多样化的数据集，能够全面验证系统在不同情境下的适应能力和任务完成效果。

2) 任务复杂性与动态变化测试

任务复杂性是对自主智能系统处理多任务或高难度任务能力的直接考验。动态变化测试通过引入不确定因素（如环境变化或任务突变），观察系统的响应效率与决策质量。这种方法可以有效评估系统在复杂任务中的适应能力和任务执行的灵活性。

3) 边界条件与极端场景测试

自主智能系统在实际应用中可能面临资源受限或极端条件（如低电量、突发障碍等）。通过设计极端场景测试系统在临界状态下的任务完成能力，可发现其潜在弱点。例如，在机器人任务中测试其低电量状态下的任务执行能力，或在高负载情况下的恢复能力。

4) 多智能体协作与冲突测试

在多智能体协作场景中（如无人机协同完成物资配送），评估自主智能系统的交互效率、协调能力及目标达成水平。在冲突场景（如自动驾驶车队争夺有限车道资源）中，测试系统的冲突解决能力和对整体目标的维护能力。这类测试对提高自主智能系统在群体任务中的表现具有重要意义。

5) 任务分解与执行优化测试

复杂任务通常需要自主智能系统分解为多个子任务并合理分配资源以实现高效执行。通过设计多目标优化、任务分配与动态调度的场景，测试系统在资源受限或时间紧迫条件下的任务分解与执行优化能力。例如，测试无人机在有限电量条件下完成多地点快递配送任务的路径规划与执行能力。

6) 实时性与延迟响应测试

对于需要实时决策的自主智能系统（如自动驾驶或智能医疗系统），评估其实时响应能力是确保任务成功的关键。设计紧急任务场景（如自动驾驶场景中突发障碍物的紧急制动或医疗机器人针对患者生命体征变化的紧急施救），验证系统在时间敏感任务中的响应速度与决策质量。

7) 跨领域迁移与适应性测试

随着应用领域的拓展，自主智能系统需具备跨领域任务迁移能力。通过设计让系统在陌生领域执行任务的测试（如从工业环境迁移到医疗场景），检验其知识迁移、策略适配及能力重构水平，评估系统的通用性及未来扩展潜力。

以上测试方法从任务执行的多样性、复杂性、容错性及适应性等多个维度出发，全面考察了自主智能系统的自主执行任务能力。通过科学设计和执行这些测试，可以高效验证系统在实际应用中的自主性能，为其进一步优化和大规模部署提供坚实的技术保障。

自主执行任务能力的测评是一个持续优化的过程，下一步的工作可以聚焦于：

(1) 引入高保真仿真技术与真实场景数据。通过结合高保真仿真技术与真实场景数据，进一步提升测试场景的真实性和复杂性，使得测评结果更加贴近实际应用环境。

(2) 开发针对多任务协作与动态环境的多维度测评指标。设计能够涵盖多任务协作及动态环境下系统表现的测评指标，构建系统化的评估框架，以全面评估自主智能系统在复杂场景中的任务执行能力。

(3) 加强对社会伦理与法律约束场景的考量。在测评中融入社会伦理和法律约束相关的场景测试，确保自主智能系统的行为符合社会价值观和规范，为智能技术的可持续发展提供保障。

通过科学、系统的自主执行任务能力评估，可以有效提升自主智能系统的可靠性和实用性，为其大规模部署和实际应用奠定坚实基础。

7.3.3　准确性、稳定性与效率的测评

准确性、稳定性与效率是自主智能系统功能性测评中的关键维度。这 3 项指标分别从任务完成的正确性、一致性和资源优化程度 3 个方面全面衡量系统的性能与可靠性。科学地对这些指标进行测评，不仅能够揭示系统的核心能力，还能为系统设计优化提供明确方向。

1. 准确性测评

准确性是衡量自主智能系统在执行任务时达到预期目标的能力，是系统性能评估的核心指标。准确性直接反映了系统对任务需求的理解和执行效果，广泛适用于分类、回归和多任务处理等场景。

1) 分类任务的准确性

分类任务中，准确性通常通过计算系统对测试样本的正确分类比例来评估。在多分类任务中，可以进一步引入混淆矩阵以分析不同类别的分类精度，并结合宏平均（macro-average）和加权平均（weighted average）等指标，综合评估系统在各类目标上的表现。

2) 回归任务的准确性

对于回归任务，系统输出为连续值，其准确性通常通过误差指标来评估，例如，均方误差（MSE）和平均绝对误差（MAE）。这些指标能够量化预测值与真实值之间的偏差，反映系统对任务需求的满足程度。

3) 多任务准确性评估

在多任务场景中，任务之间可能存在相互影响。通过设计任务权重或优先级模型，将各任务的准确性综合为一个整体指标，可以更全面地评估系统在多任务处理中的综合能力。例如，在自动驾驶测试场景中，分类任务可用于目标识别（如行人和车辆的识别），回归任务可用于路径预测（如未来车辆轨迹的估计）。准确性测评需要结合不同任务的特点，构建统一的评估框架。

2. 稳定性测评

稳定性是指自主智能系统在长期运行或动态环境下，能否保持一致性能的能力。它是衡量系统鲁棒性和可靠性的核心维度，其评估需从长时间运行表现、动态环境适应能力和结果一致性等方面展开。

1) 长时间运行表现

自主智能系统在长时间运行中可能因硬件老化、资源耗尽或算法漂移而导致性能下降。通过监测系统在连续运行中的任务完成率、错误率及性能波动，可以量化其稳定性。例如，在工业自动化场景中，稳定性测评可验证机器人在高强度作业中的性能一致性。

2) 动态环境适应能力

外界条件如输入数据分布、光照或干扰信号的变化，可能对系统性能造成影响。通过模拟这些变化并测量系统的任务成功率及性能波动幅度，可以评估其对动态环境的适应能力。一个稳定的系统应能够快速适应环境变化并恢复正常运行。

3) 结果一致性

在相同的测试条件下，系统多次重复任务的结果应具有较高一致性。通过分析输出结果的波动范围，可以评估系统的确定性与可重复性。例如，在医疗机器人场景中，系统对同一诊断数据的处理结果应具有高度一致性，以确保其在实际应用中的可信度。

3. 效率测评

效率是自主智能系统在完成任务时对时间和资源的利用情况，是衡量其经济性和实用性的核心指标。效率测评从任务执行时间、资源消耗和响应速度3个维度展开。

1) 任务执行时间

任务执行时间是自主智能系统完成任务所需的总时间。对于需要实时决策的应用场景（如自动驾驶或智能安防系统），较短的任务执行时间是确保任务成功的必要条件。通过记录任务的平均耗时及最长延迟，可全面评估系统在不同场景下的效率。

2) 资源消耗

资源消耗包括系统运行时的计算资源、存储资源和能源消耗等。高效的系统应在完成任务的同时尽量减少资源的占用。例如，在嵌入式系统中，可通过测量内存使用率和电量消耗，评估其在有限资源条件下的任务执行能力。

3) 响应速度

响应速度是指系统在接收到任务或外界指令后开始执行任务的时间间隔。特别是在需要实时响应的任务中（如应急响应系统或自动驾驶车辆避障），响应速度的快慢可能直接决定任务成败。通过测量系统从接收到指令到完成任务的时间分布，可以量化其响应效率。

准确性、稳定性与效率的测评并非相互独立，而是自主智能系统任务执行能力的综合体现。在实际应用中，这3项指标可能存在权衡。例如，更高的准确性可能伴随更大的计算资源消耗，而效率提升可能导致稳定性下降。因此，针对不同应用场景，需要结合实际需求对三者进行综合优化。

通过科学的准确性、稳定性与效率测评，可以明确系统的性能瓶颈与优化方向，为自主智能系统的改进提供重要依据。这不仅有助于提升系统的可靠性和适用性，还能确保其在实际部署中达到预期的应用效果。

7.4　自主系统安全性测评

自主智能系统安全性测评是针对智能系统安全特性的一项关键评估活动，其目标是在自主智能技术框架下，应用先进的测评理论与方法，对系统的安全性能及潜在风险进行全面分析与评价，从而构建综合性的安全防护与监控机制，确保系统能够持续稳定且安全地运行。自主智能系统安全性测评的理论基础涉及多个学科领域，包括人工智能理论、系统安全学、风险评估方法、控制理论、信息安全、人机交互、认知科学及行为分析等。

自主智能系统安全性测评的核心研究内容主要涵盖以下几方面。

(1) 风险识别与分析：系统化地识别自主智能系统可能存在的潜在风险，进行深入分析与事故预演，以明确风险来源及其可能的影响。

(2) 风险控制策略设计：制定并实施策略以消除或控制引发安全事故的风险因素，确保系统在复杂或极端条件下仍能安全运行。

(3) 组件间相互作用的优化：探讨系统各组件之间的相互作用及其对系统整体安全性的影响，通过优化组件协同，提升系统的安全设计水平。

(4) 测试与验证：通过严格的测试与验证程序，确认设计中的安全措施能够有效运行，确保所有既定的安全要求得到满足。最终实现从系统设计到实际运行的全链条安全化，将事故发生率降低至可接受的最低水平。

在全球范围内，自主智能系统安全性测评的研究与实践已日益成熟，广泛应用于自动驾驶、智能制造、智慧城市、金融服务及医疗健康等安全敏感领域（safety-sensitive domains）。这些领域对安全性要求极高，安全性测评的全面性与科学性直接决定了智能系统的实际应用价值。

自主智能系统安全性测评是确保智能系统在各种场景下安全运行的关键环节，需要对系统的安全性能进行全面而深入的评估。在此基础上，等效加速理论作为一种高效的测试方法，能够帮助快速验证系统的安全性，加速智能系统的安全迭代与优化进程。

传统的自然场景测试方法根据场景在自然运行数据中出现的曝光频率进行采样，以生成测试场景序列并用于测试，例如，自动驾驶汽车的安全性评估。通过将测试结果的平均值作为对测试评价指标的估计，可以证明该方法在理论上与真实道路测试等效。然而，由于自然运行数据中关键场景出现的稀疏性，研究表明，原始蒙特卡罗方法即使在低复杂度场景下也表现出极低的效率。

为解决这一问题，加速验证方法（Accelerated Evaluation, AE）引入了重要性采样理论。通过根据场景的重要性进行采样测试，该方法极大地提高了低复杂度测试场景的测试效率，使得关键场景的采样概率显著增加，优化了测试资源的分配。这不仅加快了测试进程，还为安全性测评提供了更高效、更精确的手段。

自主智能系统安全性测评的科学性和系统性，结合等效加速理论与加速验证方法，为智能系统的快速优化和大规模部署提供了重要的技术支撑，同时推动了安全敏感领域的创新与进步。

7.4.1 安全性测试与等效加速方法

1. 安全性测试

自主智能系统安全性测试是安全测评技术在自主智能系统中的专项实践，其测评框架可概述为几个核心环节：首先，在构建自主智能系统模型的基础上，综合运用失效模式与影响分析、故障树分析以及系统理论事故过程分析等先进手段进行深入安全剖析；其次，根据安全剖析的结果，明确技术层面的安全需求，细分为软件安全与硬件安全的具体要求，以此为导向，监控并指导后续的开发与实施过程；接着，围绕这些安全需求，开发相应的安全机制，精心打造系统的安全架构设计；基于详尽的自主智能系统安全分析与明确的需求，精心设计测试用例，以科学指导系统的测试与验证评估工作；最后，采用目标结构表示、观点-论据-证据等严谨方法，进行全面的安全论证，确保系统安全性的可靠与完备。

1) 自主系统模型建立

依托原有的系统工程原理，采用模型驱动的开发策略，并结合先进的开发工具与行业内最佳实践，我们可以建立一个涵盖自主智能系统全局的综合系统架构模型。此模型不仅为安全分析、安全需求定义、系统功能架构设计以及安全验证等核心环节提供了坚实的基石，而且通过将全部安全需求精准映射至系统功能架构之中，实现了需求与架构之间清晰的追踪关系。

进一步地，基于所构建的系统模型，我们可建立一套完整的"需求 → 安全要求 → 功能架构 → 测试用例"追溯链条。在此链条中，安全要求直接源自用户需求，并通过功能架构的实现得以满足，最终通过严谨的测试用例进行验证，构成了高级别自主智能系统安全论证的核心框架。

2) 安全分析

安全分析作为测评的关键环节，在系统模型的支持下得以深入展开。鉴于自主智能系统面临多维度、多层次的安全挑战，可采取多元化的安全分析方法以确保分析的全面性和准确性。

(1) 危害分析及风险评估：整合了危害与可操作性分析、失效模式及影响分析、故障树分析等多种方法，系统性地识别并评估了系统失效及硬件故障可能引发的整车级危害事件，进而确定了相应的安全目标。

(2) 系统理论过程分析：不仅揭示了组件失效带来的直接危害，还深入挖掘了组件间非功能交互、人为误操作等潜在危险源。

(3) 责任敏感安全模型：通过对自主智能系统与外部环境交互行为的精确建模与分析，确保了系统决策不会引发交通事故，增强了系统的责任敏感性。

(4) 网络威胁分析及风险评估：专注于识别系统可能遭受的网络攻击，并对其潜在风险进行了细致的评估与分级，为系统的网络安全防护提供了科学依据。

3) 安全需求界定

依据全面且深入的安全分析结果，可以系统地推导出自主智能系统在多个维度上的安全需求，这些需求涵盖了被动安全、功能安全、预期功能安全、信息安全以及行为安全等多个层面。这一系列安全需求的界定，构成了一个错综复杂却又至关重要的系统工程，它要求我们在设计与实施阶段必须予以全方位、多层次的考量。

特别需要指出的是，上述安全需求的分类，仅仅是基于"系统由内至外"的安全策略采用的一种分类形式，还可以依据其他方法或策略对其进行分类。例如，以交通领域自动驾驶汽车测试为例，2017 年由美国交通部发布的《自动驾驶系统 2.0：安全展望》中提出了自动驾驶汽车开发需要优先考虑的 12 个安全设计要素（包括系统安全、运行设计域、目标与事件探测与响应、最小风险条件、验证方法、人机交互、信息安全、被动安全、碰撞后行为、数据记录、消费者教育与培训、法律法规），并建议所有开展自动驾驶研发的企业均按照这些安全设计要素公开其自动驾驶汽车的安全设计。这些安全设计要素在一定程度上成为智能汽车安全开发的最顶层安全要求。

在实际应用中，根据具体的安全分析目标和系统特性，还可以采用其他多种分类方法来更精细地划分和识别安全需求，以确保自主智能系统的安全性评估工作能够更加全面、准确且高效地进行。这种灵活多样的分类方法，不仅体现了安全评估工作的复杂性与挑战性，也彰显了人们在面对新兴技术安全挑战时所应具备的创新思维与应变能力。

4) 安全措施的研发与实证

在自主智能系统的安全开发流程中，最为关键的环节是依据已确立的全面安全要求，推动对应安全措施的研发与实证。此过程旨在通过实施特定的安全功能，以全面覆盖既定的安全要求，从而构筑起一个整体性的安全架构。

鉴于安全要求涵盖多种不同类型，因此必须开展广泛而深入的系统测试，以确保所采取的安全措施能够精准满足各项安全要求。具体而言，这些测试验证活动包括但不限于：

(1) 功能安全测试验证，涵盖系统、子系统及组件层级的性能测试；基于需求对系统、子系统及组件进行验证；针对安全关键控制输入、输出、计算及通信的故障注入测试；在容错时间间隔内，验证主路径故障时向辅助控制路径的平稳转换能力；侵入性测试，如电磁干扰、电磁兼容性测试，以及温度、湿度、射频、光能等环境元素暴露测试；耐久性实验；基于回归与仿真的软件验证。

(2) 预期功能安全测试验证，包括评估自主智能系统在运行设计区域内性能边界的暴露程度；识别并迭代测试挑战智能汽车驾驶场景及边缘情况；验证智能体的目标检测、意外响应能力，以及识别需采取安全行为响应的环境对象与情境的能力；对智能体行为是否符合标准进行定性与定量评价。

(3) 信息安全测试验证，则涉及基于需求的测试；接口测试；资源使用率评估测试；控制流及数据流验证；渗透测试、漏洞扫描及模糊测试等。

在自主智能系统的设计迭代过程中，上述测试验证环节将循环往复进行，以确保各项安全性能得到不断验证与提升，安全要求得到持续满足。同时，系统工程中的系统架构也将在此过程中不断得到优化与完善，最终形成一个更为健全的系统安全架构。

5) 安全论证与评估

通过一系列系统安全活动，我们可以构建起完整的安全档案。在此基础上，利用目标结构标记法、结构化论证用例元模型法等先进的安全论证模型，对系统的安全性进行综合论证与评估。安全论证工作强调多学科方法的结合，例如，硬件容错设计、机器学习算法验证、人机交互优化等。

6) 跨学科协同与实践意义

自主智能系统的安全性测试不仅涉及安全工程，还需跨越多个学科领域的协同合作，包括硬件、软件、机器人技术、人机交互、信息安全、测试、认知科学、社会接受度以及法律法规监管等。这种多层次、综合性的研究与实践确保了系统在高度非结构化环境中的可靠运行，并为其实际应用提供了科学依据。

通过系统化的安全性测试与验证，可以有效识别并规避潜在风险，提升自主智能系统的安全性与可靠性，为智能技术的推广与应用奠定坚实基础。

2. 等效加速测试

目前，自主智能系统的加速测试理论研究主要集中于自动驾驶测试领域。传统汽车的安全性测试通常通过在现实世界中进行基于里程的测试。这种方法需要大量的测试积累和数据样本，以尽可能覆盖各种危险驾驶工况。然而，这种方式存在以下问题：测试场景随机性强，大部分场景重复，边界场景难以覆盖，导致测试周期极长且成本极高。为了解决这些难题，自动驾驶汽车的加速测试方法应运而生。

加速测试旨在基于自然驾驶数据生成符合实际分布的场景，并通过提升关键场景的采样概率，加速评估自动驾驶汽车在真实交通环境中遇到风险的可能性。加速测试在保持估计无偏性的基础上显著减少了测试次数，从而有效提升了测试效率。

1) 加速测试的一般流程

加速测试的核心方法为重要性采样。用于采样的新概率分布被称为重要性函数或重要性分布，该分布通过提高关键场景的采样概率，优化了测试效率。自动驾驶加速测试的一般流程包括以下步骤：

(1) 自然驾驶数据收集与筛选——从真实世界中收集大量的自然驾驶数据，并筛选出自动驾驶汽车与周围人类驾驶车辆可能发生事故的数据样本。

(2) 自然驾驶行为建模——对自然驾驶环境中车辆的行为分布进行建模，捕捉其关键特征。

(3) 重要性分布构建——构建新的行为分布，通过降低较为安全驾驶行为的概率，增强对极端或边界场景的覆盖。

(4) 蒙特卡罗模拟与场景生成——在新的分布下执行蒙特卡罗模拟，生成更多包含自动驾驶汽车碰撞事件的测试场景。

(5) 指标估计与无偏性验证——利用重要性采样方法计算自然驾驶环境中自动驾驶车辆的测试指标估计值，同时验证估计结果的无偏性。

2) 方法发展与研究进展

2017 年，重要性采样方法被引入自动驾驶测试，基于蒙特卡罗采样并结合方差缩减技术，提高了极端场景的出现概率，从而加速了安全性评估过程。其关键难点在于构建重要性采样函数，研究从多变量独立分布扩展至联合分布，并引入标准化流解决高维参数空间拟合问题。然而，现有片段式场景测试无法全面评估自动驾驶汽车的整体安全性，连续式场景测试成为研究重点。针对黑箱系统的挑战，研究人员提出深度事故率加速评估方法框架，包括放宽效率证明、单边误差集学习和基于深度学习的重要性采样。此外，还有研究者采用子集模拟的加速测试方法，将小概率事件概率估计分解为条件概率乘积，并使用改进的马尔可夫链蒙特卡罗采样（Markov Chain Monte Carlo，MCMC）方法实现对条件概率的估计。

为了构建系统、科学、合理的整车级测试理论与测试场景库生成方法，近期有研究者基于重要性采样提出了自动驾驶汽车的智能加速测试理论，保证了测试的准确性与高效性，为系统解决自动驾驶汽车的测试难题奠定了理论基础。其将测试场景关键度进行评估定义为机动挑战和暴露频率的组合，并针对切车、高速公路出口和跟驰 3 种典型场景完成事故率加速评估。研究人员认为在自然驾驶环境中对自动驾驶汽车进行安全性测试验证的本质是高维空间中小概率事件的期望估计问题，其主要挑战来自"维度灾难"与"稀疏度灾难"的复合效应。前者是驾驶环境时空复杂度较高且具有随机性，为了表示真实场景，场景变量维度通常较高，且随着变量空间的体积随维度呈指数增长，计算复杂度也呈指数增加。后者是指自动驾驶事故事件发生概率较低，具有稀疏性，导致变量空间中的大多数样本都是非安全关键的，它们没有为训练提供信息或者提供了有噪声的信息，在这种情况下，即使给定了大量数据深度学习模型也很难学习，因为安全关键事件的信息可能被隐藏在大量非安全关键的数据中。

为应对难度灾难问题，研究人员提出了一种高效的测试环境，专门针对基于场景的传统测试方法在处理持续时间长、复杂性高的场景中存在的适应性不足问题。该方法构建了一个具有时空连续性、结果无偏性和高测试效率的测试框架。具体而言，研究首先利用马尔可夫决策过程（Markov Decision Process, MDP）对自然驾驶环境（Paturalistic Driving Environment, NDE）进行建模，通过自然驾驶数据计算出背景车辆的自然动作分布，并据此进行采样。接着，引入强化学习方法计算背景车辆可能采取的机动性挑战动作。基于这一机制，系统能够识别出关键时刻的关键车辆，并通过调整其动作分布来增强测试的对抗性。在此基础上，仅对少量关键变量应用重要性采样，其余变量仍遵循原始分布，从而构建出自然对抗驾驶环境（Naturalistic and Adversarial Driving Environment, NADE），如图 7.9 所示。NADE 可以训练背景车辆学习何时采取何种对抗动作实现自动驾驶汽车的智能测试，并在高速场景中加速数十个数量级，如图 7.10 所示。

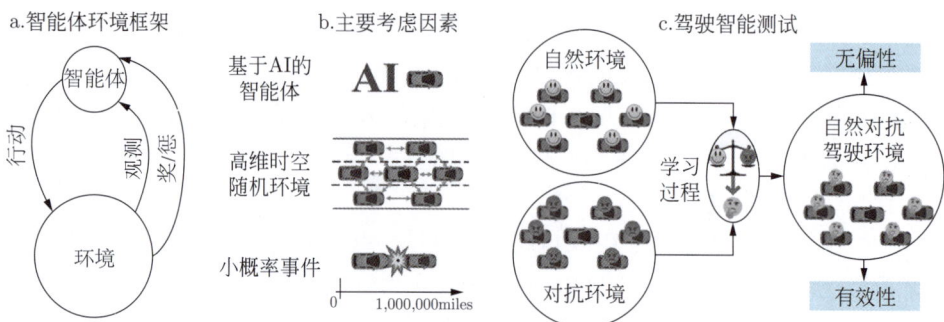

图 7.9　自然对抗驾驶环境

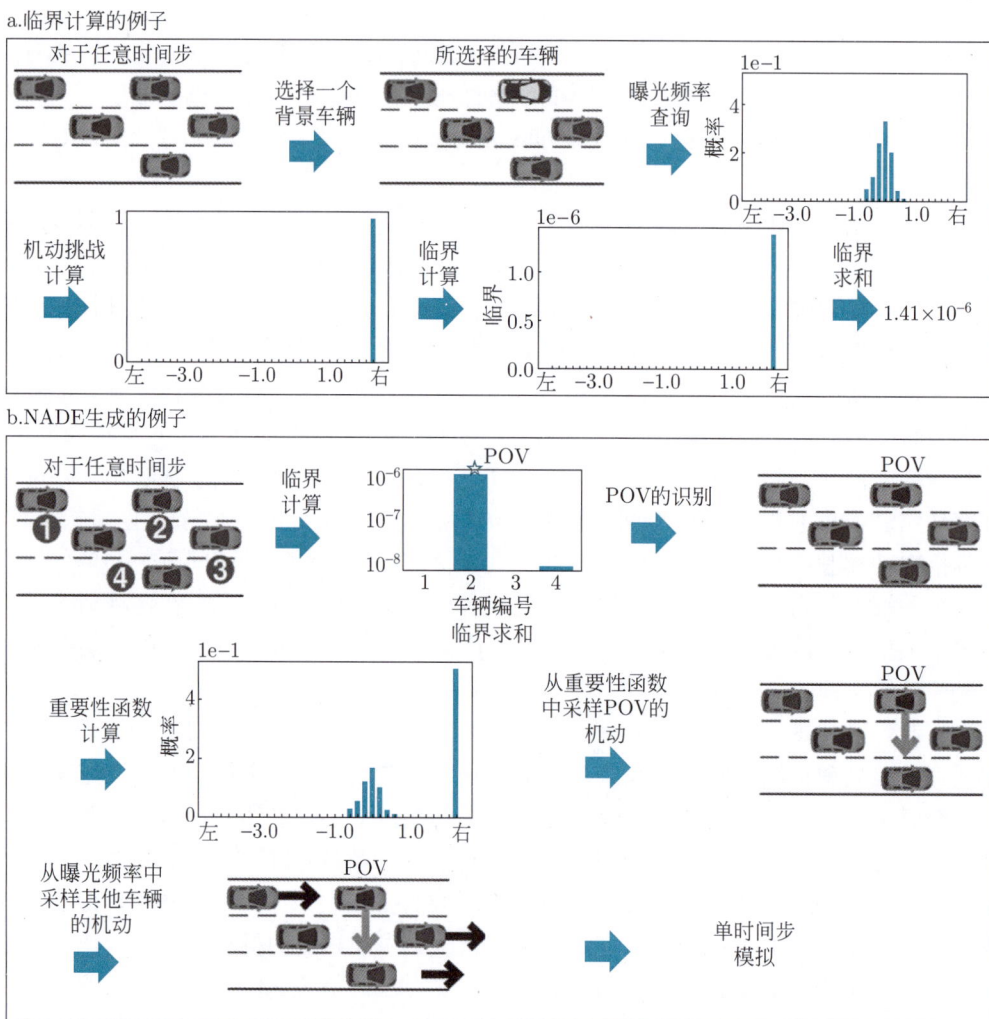

图 7.10　自然对抗驾驶环境生成

针对"稀疏度灾难"问题，有研究人员提出了密集深度强化学习（Dense Deep Reinforcement Learning，D2RL）算法，如图7.11所示。D2RL 算法的基本思想是识别和删除非安全关键数据，并仅利用安全关键数据训练神经网络。由于只有非常小的一部分数据是安全关键的，因此剩余数据的信息将得到显著密集化。本质上，D2RL 算法通过删除非关键状态并重新连接关键状态来编辑马尔可夫决策过程，然后仅利用编辑后的马尔可夫过程训练神经网络。因此，每次训练中来自最终状态的奖励都是沿着仅具有关键状态的编辑的马尔可夫链反向传播的。

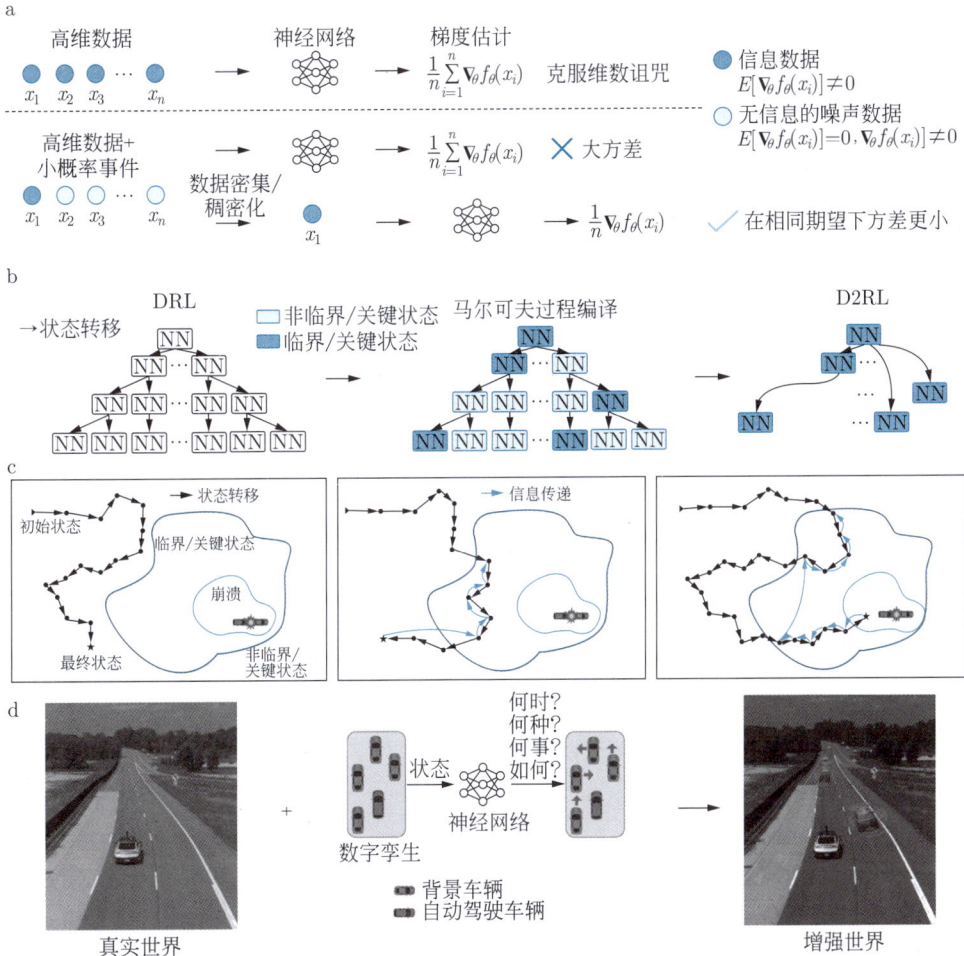

图 7.11 D2RL 原理

与深度强化学习（Deep Reinforcement Learning，DRL）方法相比，D2RL 方法可以将策略梯度的估计方差显著降低多个数量级，且不会失去估计的无偏性。这种显著的方差缩减使得神经网络能够学习并完成 DRL 方法难以完成的任务。利用 D2RL 算法训练背景车辆，使其学习何时执行何种对抗性策略，可以构建一个智能测试环境，将所需测试里程减少多个数量级，同时确保测试的无偏性。

为了证明所提基于人工智能的测试方法的有效性，有研究人员利用大规模的自然驾驶数据集训练了背景车辆，并进行了仿真测试和实车测试，测试结果均表明 D2RL 算法可以有效地学习智能测试环境，与直接在自然驾驶环境中测试自动驾驶汽车的结果相比，智能测试环境可以将自动驾驶汽车的评估过程加快 $10^3 \sim 10^5$ 个数量级。D2RL 算法可以用于复杂的驾驶环境，包括多条高速公路、十字路口和环岛等，这是以前基于场景的测试方法无法实现的。所提方法通过赋予环境中测试智能体以智能来创建智能测试环境，即使用人工智能验证人工智能，为其他安全关键系统的加速测试和训练提供了可能。

3. 自主智能系统加速测试模型

图7.12展示了自主智能系统加速测试流程的框架。首要步骤涉及测试场景的建模过程，旨在构建一个基准的原始测试环境。以此为基础，进一步开发出加速测试环境，该环境通过提高挑战性场景的采样概率，增强了测试的有效性和效率。最终，结合精心选择的安全性评价指标，可以全面评估被测智能系统的安全性能。

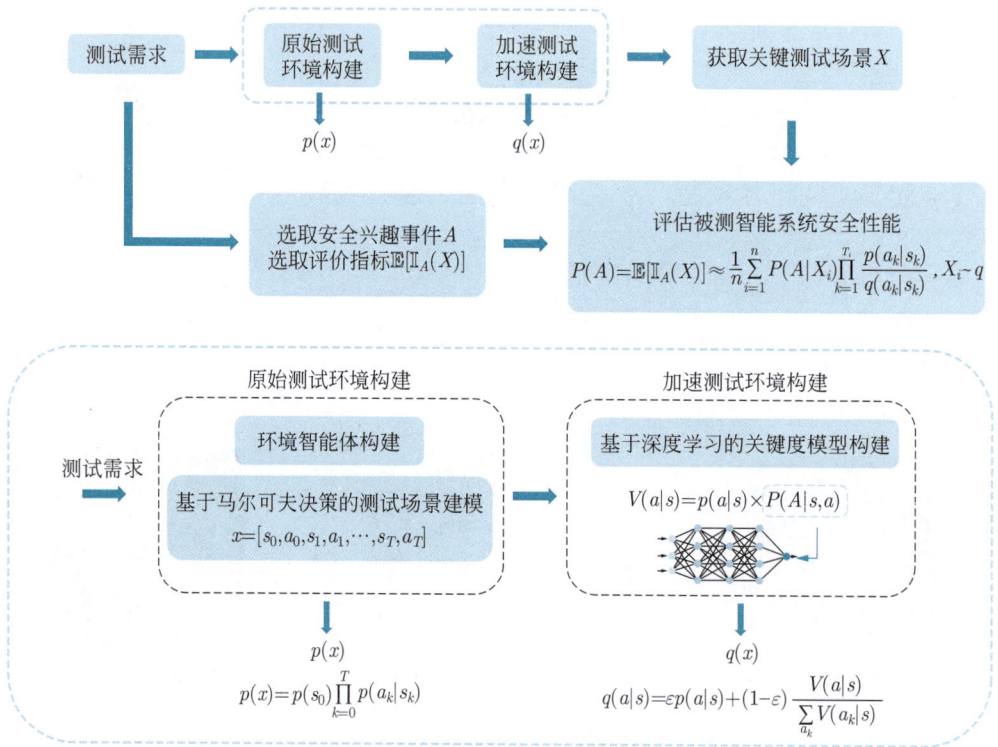

图 7.12　自主智能系统加速测试流程

7.4.2　风险识别与防御机制评估

在自主智能系统安全性测评中，风险识别与防御机制的评估是确保系统稳定运行、防范潜在威胁的重要环节。通过系统性分析和评估系统的运行安全域、安全运行条件与范围以及最小风险条件约束，可以全面识别潜在的风险点并制定科学合理的防御措施。同时，通过评估防御机制的有效性、鲁棒性、可恢复性、智能化与自适应性，以及综合评估与优化，能够确保系统在面对各种威胁时保持安全稳定的运行状态。

1. 风险识别

1) 运行安全域设计

(1) 对于自主智能系统，运行安全域的设计不仅关乎系统运行的外部环境，还涉及系统内部状态、用户行为以及与其他系统的交互。因此，需要综合考虑多种因素，如系统的感知能力、决策逻辑、执行机构等，以确保系统在各种工况下都能保持安全。

(2) 在设计运行安全域时，应采用形式化方法（如模型检验、定理证明等）对设计进行严格验证。这些方法可以有效验证安全域的正确性和完整性，确保系统在实际运行中不会超出设计的安全边界，从而规避潜在的安全风险。这种形式化验证还能够增强系统对极端工况的适应性，提高其整体安全性和可靠性。

2) 安全运行条件与范围

(1) 设定安全运行条件是自主智能系统开发的重要基础。这些条件应依据系统的功能需求、性能指标及相关安全标准进行精心设计，以确保系统在规定的运行条件下能够稳定、安全地完成任务。

(2) 除了正常运行条件的设定，还需充分考虑异常情况和可能出现的故障模式。通过模拟这些不利场景，可以评估系统在极端条件下的稳定性与安全性，确保其在应对突发状况时仍能保持可控的运行状态。

3) 最小风险条件约束

(1) 最小风险条件约束是确保自主智能系统在遭遇高风险情境时仍能保持安全运行的关键保障。这些约束应依据系统的安全目标、风险承受能力以及可接受的损失范围进行科学设定，从而为系统提供明确的安全运行边界。

(2) 在评估最小风险条件约束时，应结合定量分析与定性评估的方法。通过量化风险指标和分析风险影响，能够更加精确地识别系统的安全边界并制定相应的应对策略，从而提升系统面对极端情况的防护能力。

4) 新风险因素的识别

(1) 随着技术的快速发展和应用场景的不断拓展，自主智能系统可能面临不断涌现的新风险因素。在风险识别过程中，应保持对新兴技术、新应用以及潜在威胁的高度敏感性，及时发现可能影响系统安全的潜在风险并进行全面评估。

(2) 可以借助机器学习、数据挖掘等先进技术，对系统运行数据进行实时监测与分析。通过识别异常模式和潜在风险因素，不仅能够更早地预警安全隐患，还可以为系统的安全优化提供数据支持和决策依据。

2. 防御机制评估

1) 防御机制的有效性

(1) 在评估防御机制的有效性时，应重点考察其在多种实际应用环境中的表现，包括正常运行状态和极端情况。通过构建多样化的模拟攻击场景和复杂故障情境，可以测试防御机制的响应速度、准确性以及在多种条件下的适用性。例如，模拟分布式拒绝服务攻击或复杂的硬件故障，可以验证防御机制的快速响应能力和全面性。

(2) 同时，需要关注防御机制与系统整体架构的兼容性。防御机制的有效性不能以牺牲系统性能为代价，应确保其在提供高效保护的同时，不影响系统的正常功能或降低用户体验。为此，可以通过压力测试、系统性能监控以及用户体验调查，进一步优化防御机制的设计与实施。

2) 防御机制的鲁棒性

(1) 鲁棒性评估旨在测试防御机制在应对多种复杂威胁时的稳定性和可靠性。测试方法包括引入多样化的攻击手段，如病毒感染、数据篡改以及物理破坏等，验证防御机制的多维抗干扰能力。通过设计动态变化的场景（如逐渐增强的攻击强度或组合式攻击），进一步评估防御机制在复杂条件下的持续表现。

(2) 鲁棒性还需要体现在未知威胁的应对能力上。面对未知攻击手段、防御机制应具有一定的自适应学习能力。例如，利用对抗生成网络（GAN）生成新的攻击方式，测试防御机制在陌生情境下的适应性和扩展性，并以此推动防御策略的优化和更新。

3) 防御机制的可恢复性

(1) 可恢复性评估的核心在于验证防御机制能否在系统遭遇攻击或故障后快速平稳恢复正常运行。模拟恢复流程时，应关注恢复时间、恢复后的系统性能以及恢复过程的资源占用情况。例如，在数据被加密勒索攻击后，防御机制能否有效恢复系统运行，并在恢复过程中保证数据完整性和敏感信息的安全。

(2) 同时，还应评估防御机制恢复过程的副作用和潜在影响。有效的防御机制不仅要能够快速修复系统问题，还需确保不会对其他功能模块产生负面影响。例如，在关键系统中，恢复操作可能涉及多层次的数据恢复和功能验证，防御机制需要通过全面测试，确保恢复过程中的高效性、安全性和协调性。

4) 防御机制的智能化与自适应性

(1) 智能化和自适应性是现代防御机制的重要发展方向。通过引入人工智能技术，防御机制可以实时分析威胁情报，预测潜在攻击，并制定有针对性的防御策略。例如，基于深度学习的相关防御机制可以动态识别攻击模式，持续优化策略，提高系统面对新威胁的反应能力。

(2) 在评估智能化与自适应性时，需要关注防御机制的自动更新与优化能力。具体来说，防御机制应能够在新应用场景中快速适应，例如，从单一网络环境迁移至多云环境，或从静态场景扩展至动态分布式网络。同时，还应测试其在无人工干预的情况下，对复杂威胁的应对效率和适应性。

5) 防御机制的综合评估与优化

(1) 合评估防御机制需要结合多维度指标，如安全性、响应速度、用户体验、成本效益等。通过加权分析各指标的重要性，可以制定出更具针对性和实用性的防御策略。例如，在智能城市场景中，防御机制需在保护数据隐私的同时，满足低延迟的实时需求。

(2) 优化防御机制需要借助前沿技术和创新方法。例如，分布式防御机制可通过节点协作有效分散攻击压力；协同防御机制可集成多个系统的防御资源，实现跨域安全保护。此外，防御机制的优化还需关注易用性，通过简化管理界面和增强自动化能力，降低实施和维护成本，从而提升系统整体效能。

7.4.3　容错能力与应急响应能力测评

自主智能系统安全性测评中的容错能力与应急响应能力测评是确保系统在面对错误、故障或紧急情况时能够持续稳定运行并快速恢复的关键环节。通过深入分析和评估系统的错误检测与诊断能力、错误处理与恢复策略、容错机制的有效性以及容错能力的可扩展性与灵活性等方面，可以全面了解系统的容错能力。同时，通过评估系统的应急响应预案的制定与演练、应急响应速度与准确性、应急资源的管理与调度以及应急响应的协同与沟通等方面，可以全面了解系统的应急响应能力。这些评估结果可以为系统的后续改进和优化提供重要的参考和指导。

1. 容错能力测评

1) 错误检测与诊断能力

自主智能系统应具备高效且精确的错误检测与诊断能力，能够实时监控系统的运行状态，及时发现各种异常和错误。测评时需重点关注系统是否能够迅速识别错误的类型、定位错误的发生位置，并量化错误对系统的影响程度。此外，系统是否能够生成详细的诊断报告，为后续的错误处理与修复提供数据支持和决策依据，也是评估的重要内容。例如，在复杂任务场景中，系统是否能够在毫秒级内检测并报告错误，是其核心检测能力的重要体现。

2) 错误处理与恢复策略

自主智能系统需要预先设计完善的错误处理与恢复策略，以确保在错误发生后能够迅速采取行动，将系统恢复到正常状态。测评时，应通过模拟多种类型的错误（如硬件故障、数据丢失、网络延迟等），验证系统能否准确执行相应的恢复策略。评估内容包括恢复操作的成功率、执行效率以及恢复过程中对系统整体性能的影响。例如，系统是否能够在硬件节点失效的情况下快速切换至备用节点，并维持任务的正常运行，是重要的评估指标。

3) 容错机制的有效性

容错机制是系统在面对错误或故障时能够持续稳定运行的核心保障。测评时应重点关注系统是否采用了先进的容错技术，如冗余设计、错误隔离、数据恢复等，并通过模拟多种错误类型（如突发性和长期性错误）测试这些技术的有效性和可靠性。评估内容包括容错机制的响应速度、错误隔离程度以及恢复能力。例如，在分布式系统中，在某节点失效的情况下，容错机制能否在毫秒级完成隔离并重新分配任务，是其有效性的直接体现。

4) 容错能力的可扩展性与灵活性

随着应用场景的不断扩展和系统规模的逐步扩大，系统的容错能力也需具有相应的扩展性与灵活性。测评时，应评估系统在不同条件下（如增加任务复杂性、扩展硬件规模）的容错表现。测试内容包括系统参数调整后容错机制的适应性、增加冗余资源后的性能提升效果，以及系统能否通过灵活调整容错策略来应对新出现的挑战。例如，在高负载场景下，系统是否能够通过动态扩展容错资源，实现对任务的稳定支持，是评估容错能力灵活性的重要依据。

2. 应急响应能力测评

1) 应急响应预案的制定与演练

自主智能系统应制定完善且详尽的应急响应预案，用于应对可能出现的各种紧急情况。测评时，应重点考察预案的全面性，即是否覆盖所有可能的风险场景，以及合理性和可操作性，即预案在实际应用中是否切实可行。通过定期开展模拟演练，可以验证预案的执行效果，测试系统和团队在突发情况下的应急协调能力和决策效率。例如，在自动驾驶领域，系统是否能够在模拟的车辆失控场景中按照预案迅速切换到安全模式，停止车辆运行，并向周围环境发出通知，是对预案有效性的重要评估内容。

2) 应急响应速度与准确性

面对紧急情况，自主智能系统应具备迅速响应并采取正确措施的能力。测评时，应重点分析系统的响应速度，即从检测到紧急情况到启动应急处理所需的时间，以及响应措施的准确性，确保其能根据具体情况采取最适合的应对方案。通过模拟多种紧急情境（如设备故障、环境突变等），可以评估系统在不同场景下的应急表现。例如，在医疗机器人领域，测评可以设计场景模拟患者生命体征突发异常时，机器人是否能在最短时间内采取正确的应急措施并发出警报。

3) 应急资源的管理与调度

在紧急情况下，有效管理和调度应急资源是确保应急响应顺利进行的关键。测评时，应关注系统是否能够根据紧急事件的特点，合理分配和优先调度资源，如计算能力、能源、通信带宽或备用设备。通过模拟资源受限或高负载情境，可以测试系统的资源调度能力以及是否能够高效配置有限的资源来应对危机。例如，在智慧城市管理系统中，测评可以通过模拟火灾场景，观察系统能否迅速协调消防车辆、人员和水资源到达指定地点，完成紧急救援任务。

4) 应急响应的协同与沟通

在紧急情况下，系统的各个组件之间、系统与用户之间的高效协同与沟通是成功应对危机的基础。测评时，应分析系统内部组件之间的协同效率，考察其是否能够快速共享信息并协调行动。同时，还需评估系统与用户之间的沟通效果，包括信息传递的及时性、清晰性和准确性。通过模拟复杂情境（如多系统联合应急或多用户协作），可以检验系统在紧急情况下的信息交互和行动协同能力。例如，在无人机搜救任务中，测评可以设计场景模拟多个无人机和地面指挥中心之间的沟通是否及时、准确，以确保搜救任务的高效完成。

7.5　基于博弈-进化的闭环测评

7.5.1　目标及意义

真实开放世界的交互场景具有未知、复杂、多变、无穷的特征，其分布遵循典型的长尾效应规律。小概率出现的边缘场景，即安全关键场景，可能对自主智能系统构成潜在安全威胁。安全关键场景在系统性能优化中起关键作用，决定了系统能否正式投入真实开放世界安全运行。

然而，现有自主智能系统研发过程中用于训练、测试的场景数据集是有限的，且多为系统生命周期中常见的场景数据。有限的训练场景数据集意味着算法学习阶段缺少足够多样和全面的场景数据，部署阶段又受限于算法本身的泛化性和鲁棒性，综合影响下使得现有算法难以直接部署于真实开放世界中。有限的测试场景数据集意味着在算法测试阶段算法性能缺陷无法充分暴露，部署后往往需要研究人员反复调整超参数、增加规则约束或进行算法框架升级。这种方式费时费力，更难以穷尽真实世界无限未知的场景，并且算法也缺乏探索新场景时自主进化改善自身性能的能力。

因此，在自主智能系统测试阶段使用安全关键场景数据集进行充分测试对于评估系统能否适应真实开放世界至关重要。然而安全关键场景具有稀缺性，因为在真实世界采集数据需要巨大的时间和经济投入，并且存在安全事故风险。相比之下，在虚拟仿真世界中生成安全关键场景的方式更为安全高效。博弈进化测评通过控制场景参与者主动与待测自主智能系统博弈对抗，生成对抗性的行为或者轨迹，来引导场景向安全关键场景发展。这一过程通常由强化学习实现，依靠强化学习不断动态交互、试错反馈的优势，能够在不依赖大量人类经验和数据的前提下，生成更具多样性的安全关键场景。

通过博弈过程高效地挖掘自主智能系统的缺陷之后，进一步优化改进系统算法使其克服缺陷，实现系统进化。优化过程中需要保证算法进化的方向是正向的，即算法的性能是不断提升的，在克服当前缺陷的同时保持在进化前旧任务上的性能水平。当算法在当前阶段的安全关键场景数据中性能收敛时，评估算法场景可行域以决定是否进行新一轮博弈。

博弈与进化二者反复迭代构建的闭环测评框架，使自主智能系统获得自学习能力，能够自动向更好的性能迭代升级。博弈进化测评的最终目标就是使自主智能系统在迭代中逐步覆盖足够多的场景，拓展自身的场景可行域，从仅能应对有限的测试场景数据集进化为能够适应复杂多变的真实开放世界。

7.5.2　测试环境构建

在对自主智能系统开展博弈进化测评的过程中，测试环境的构建是极为关键的一环。它不仅要精准模拟系统在实际运行中的状态，还要为各类博弈策略以及智能体的行为搭建起高效、可靠的测试平台。一个理想的测试环境，对于科学、全面地评估系统性能，挖掘潜在的问题，进而为系统的性能优化提供有力依据，起着不可或缺的作用。

1. 测试环境的组成

测试环境一般由多个关键部分共同构成。

1) 虚拟仿真平台

虚拟仿真环境承担着模拟系统现实工作场景的重任，研究人员可借助它能够快速地对各种策略和行为进行测试。像 ROS（Robot Operating System）搭配 Gazebo，还有 Unity 3D 等，都是常见且功能强大的仿真平台。它们配备了丰富的物理引擎，能为测试提供真实的物理模拟效果；同时具备出色的场景建模能力，可以创建出从简单的室内环境到复杂的高度还原现实的场景，满足不同测试需求。

2) 博弈规则与智能体模型

测试环境应具备强大的兼容性，支持多种博弈模型的定义和灵活配置。无论是零和博弈这种一方收益必然意味着另一方损失的模式，还是协作博弈中大家共同合作追求利益最大化的情况，抑或是混合博弈这种兼具竞争与合作的复杂模式，都能在测试环境中实现。智能体则依据这些设定好的规则，在虚拟环境中作出决策，并随着测试的推进不断进化。

3) 行为监控与数据收集模块

该模块在测试过程中发挥着"记录员"的作用，能够实时、精确地记录下各类关键数据，包括智能体作出的每一个决策，智能体之间的相互作用细节，以及整个博弈的动态演变过程。这些数据是后续进行性能分析和缺陷诊断的宝贵素材，通过对它们的深入挖掘，可以发现系统存在的问题以及性能瓶颈。

4) 性能评估模块

这一模块能够自动对智能体在不同博弈策略下的表现进行全面评估。评估所采用的指标丰富多样，其中，成功率反映了智能体达成目标的能力；效率衡量了智能体在完成任务过程中资源利用的情况；适应性则体现了智能体应对环境变化的能力，这些指标从不同角度综合展现了智能体的性能。

2. 测试环境的构建步骤

1) 需求分析

依据要测评的系统目标，深入、细致地剖析测试环境的功能需求。以评估自动驾驶系统的博弈策略为例，交通流的顺畅程度、决策冲突的处理方式以及能耗的控制水平等，都是需要重点关注的内容。只有明确了这些关键需求，后续的构建工作才能有的放矢。

2) 平台选择与定制化

根据需求分析的结果，从众多仿真平台中挑选出最合适的，例如 Gazebo、CARLA、V-REP 等都是不错的选择。选定平台后，需要针对博弈进化测试的特殊要求，对平台进行定制化开发，具体包括精心构建符合测试场景需求的虚拟场景，设计智能体在场景中的行为模型，使智能体的行为更加符合实际情况。

3) 场景配置与参数设置

围绕具体的测评目标，构建丰富多样的测试场景。在自动驾驶领域，设置不同交通密度的场景，可以分别测试系统在拥堵和畅通情况下的表现；构建复杂路况，如弯道、路口、上下坡等，检验系统应对复杂环境的能力；模拟不同交通参与者的行为，如行人突然横穿马路、其他车辆违规驾驶等，可考察系统的应急处理能力。这些多样化的场景为后续的博弈测试提供了全面的测试基础。

4) 系统集成与验证

将测试环境的各个组件有机地集成在一起，形成一个完整的测试系统。集成完成后，要进行全面的系统验证，检查环境是否能够稳定、正常地运行，测试数据的收集是否准确无误，性能评估模块对各项评估指标的计算是否正确。只有验证通过，才能确保测试环境的可靠性。

3. 测试环境的挑战

在构建测试环境的过程中，需要慎重考虑如下问题。

1) 计算性能与资源需求

随着测试环境复杂度的不断提升，特别是在大规模的博弈演化测试中，对计算资源的需求会呈爆发式增长。大量的智能体在复杂场景中同时进行决策和交互，会消耗大量的计算资源，导致系统运行缓慢甚至崩溃。因此，对测试环境进行性能优化，合理调度计算资源，成为构建过程中必须重点解决的问题。

2) 多智能体协作与冲突管理

在多智能体系统的博弈测试中，多个智能体之间的相互作用错综复杂。测试环境需要精准地模拟智能体之间的协作过程，让它们能够相互配合完成任务；同时，也要妥善处理智能体之间可能出现的冲突，确保每个智能体的行为既符合逻辑，又具有真实性，从而准确反映系统在实际应用中的情况。

3) 仿真精度与现实性

为了让测试结果更具可信度和参考价值，仿真平台的精度必须尽可能贴近现实。这就要求对物理引擎进行精细调校，使其能更准确地模拟物体的运动和相互作用；在传感器模拟方面，要高度还原传感器在现实中的性能和误差；环境模型包括光照、天气等因素对系统的影响，也要更加逼真。只有全方位提升仿真精度，才能让测试结果更真实地反映系统在现实世界中的表现。

通过科学、合理地设计并构建测试环境，能够为博弈进化测评筑牢根基，让测评结果具备更高的可靠性和更广泛的适用性，为自主智能系统的发展提供有力支持。

7.5.3　测试场景生成

在构建测试环境后，接下来需要通过生成测试场景和测试用例来得到测试数据，为下一步的性能缺陷诊断和评价提供数据支持。本节首先分析了测试场景生成的需求，再根据需求给出目前主流的研究方法。

1. 测试场景生成的需求分析

在智能自主系统的博弈进化过程中，测试场景的生成目标不再仅仅是系统能否正常安全运行或者完成指定功能，而是需要能够快速发现待测算法的不足，并能够引导智能系统优化迭代和持续进化。这意味着其需要满足如下要求。

1) 场景生成具有针对性和高效性以快速发现智能系统的不足和性能缺陷

在算法性能的迭代优化过程中，其表现与特性会不断变化，可能表现出不同的风格和不同的驾驶习惯，这就要求场景生成方法对不同阶段的算法具备足够的适应性与鲁棒性，能迅速且有针对性地挖掘出处于被测系统性能边界之外的场景，从而为博弈进化提供充足且高质量的数据支撑。

2) 能够支持智能系统的优化迭代和持续进化

难度渐进：通过分阶段、循序渐进地调整场景的难度，引导算法的学习过程，既能提升训练的稳定性，也能增强算法在面对未知扰动时的鲁棒性。

方向引导：场景生成应尽可能涵盖现实世界中的多种可能性，实现可控且多样的场景设计。这样能够针对算法在特定类别场景下的不足，提供有针对性的测试用例，用于指导并加速算法的学习和改进。

3) 能够充分反映现实世界的复杂性和不确定性

真实性：由于学习型系统对数据分布十分敏感，因此测试与训练数据必须具有足够的真实性，并体现现实场景中多样且不可预测的复杂环境因素，才能在实际应用中保持稳健性。

动态性：所生成的场景应当支持基于场景生成策略模型的闭环仿真，而非仅仅基于固定不变的场景数据库的开环仿真。让测试环境能够针对智能系统的决策针对性的作出反应，使系统在与环境的持续交互过程中不断修正和演化，从而更真实地模拟现实世界中的动态变化与反馈机制。

2. 测试场景生成方法

基于上述三点要求，下面介绍相应的主流的实现思路和理论方法，分为场景生成的针对性和高效性、场景类别和难度的可控性和场景参数建模的真实性。

1) 场景生成的针对性和高效性

安全关键场景的加速生成方法一般可以分为基于搜索和基于生成两个类别。

基于搜索的方法先将场景抽象为具备特定含义的参数空间（或更为抽象的高维度空间），然后在该参数空间中搜索能对待测智能系统构成较高安全威胁的场景参数配置。由于这些参数通常能被精确定义或解释，因此基于搜索的方法对算法性能边界的刻画较为直接，也便于严格验证或界定某些失效模式。然而，其不足之处在于，动态元素的轨迹必须依赖对于场景元素的抽象和简化，场景复杂度一旦提升，参数空间的维度也会随之大幅增长，从而导致搜索成本和计算量急剧攀升。因此，这类方法更适合在场景中静态元素的优化与更新场景中使用，以发挥其可解释性高、结果可控的优势。

与前者相比，基于生成的方法可更直接地为关键测试用例补充高风险场景，尤其体现在场景中动态元素轨迹的生成上。通常，这些方法会将动态元素的轨迹建模为马尔可夫过程，并利用黑盒优化、遗传算法或深度强化学习等手段来学习和生成控制序列。由于不再局限于对参数空间的显式搜索，因此基于生成的方法在面对高维度的场景配置时更具灵活性，能更好地适应复杂、多样化的动态场景需求，尤其适合需要对交通参与者、障碍物等元素的实时行为进行建模的场合。

下面以基于深度强化学习的场景参数对抗性优化方法为例来介绍这一场景生成的具体过程：

假设本节的工况简化为单一车道跟车任务的智能驾驶系统的对抗场景生成。场景中包含两辆车，其中，后车为自动驾驶车辆（Autonomous Vehicle，AV），由待测的决策算法控制；前车为对抗背景车辆（Adversarial Background Vehicle，ABV），其动态轨迹是本工作中的优化对象。

该工况下的对抗场景生成问题可以建模为轨迹 Y 的生成问题，即一个场景可以被定义为一系列时序状态的集合：

$$Y = \{s_0, s_1, \cdots, s_t\} \tag{7.29}$$

其中，s_t 代表场景在时间 t 的环境状态，包含所有静态和动态对象的表征。

进一步地，在时间 t 的场景状态 s_t 由所有交通交通参与者的状态组成：

$$s_t = \{s_t^1, s_t^2, \cdots, s_t^N\} \tag{7.30}$$

其中，s_t^i 代表第 i 个交通参与者在时间 t 的状态，定义为

$$s_t^i = (x_t^i, y_t^i, v_t^i, \theta_t^i) \tag{7.31}$$

其中，(x_t^i, y_t^i) 代表该交通参与者在时间 t 的位置坐标，v_t^i 代表该交通参与者在时间 t 的绝对速度，θ_t^i 代表该交通参与者在时间 t 的航向角。

因此，安全关键场景生成可以建模为针对时序状态 Y 的参数优化问题，即在给定待测自动驾驶策略的情况下，通过直接或间接地优化对抗性交通参与者的轨迹，以最大化待测自动驾驶算法的驾驶风险。

因此，问题的数学表达如下：

$$\arg\max_{y_{bv}} R(\pi_{av}), \quad \text{s. t.} \quad Y \in h(M) \tag{7.32}$$

其中，π_{av} 是待测自动驾驶的策略，也是场景生成的测试对象；$R(\cdot)$ 代表 AV 在特定场景下面临的风险度量，该风险度量是安全关键场景生成的优化目标；$Y \in h(M)$ 表示约束生成的场景 Y 需符合道路环境 M 相关的交通规则信息；y_{bv} 是周车的轨迹，也是本问题的

优化对象 $y_{bv} = (y_{abv}, y_{nbv})$，其中，$y_{abv}$ 是对抗背景车辆的策略。

这一优化问题的核心目标是：在合理的交通环境约束和物理约束下，优化部分交通参与者的轨迹，使其能够生成更具挑战性的场景，以充分暴露待测算法在特定交通场景中的性能缺陷。给定交通参与者的轨迹，待测自动驾驶算法会根据自身策略 π_{av} 对每一时刻的交通参与者行为作出反应，构成最终的全部场景轨迹参数 Y。

通过深度强化学习方法对对抗背景车辆的策略进行训练和优化，便可以起到增大场景风险性、加速安全关键场景生成的目的。

2) 场景难度和类别的可控性

(1) 难度可控性。

基于学习的智能系统对数据分布格外敏感，若训练数据与实际部署环境的分布差异显著，往往会影响算法的稳定性，甚至导致策略崩溃。为此，利用渐进式难度的对抗训练方式能帮助智能体在动态提升场景挑战度的同时，维持相对平稳的学习过程，从而增强其对未知干扰的鲁棒性。

扩散模型（diffusion model）是一种难度可控的测试场景用例生成方法。其核心思想是从高斯噪声出发，通过多步迭代去噪，逐渐得到符合目标分布的样本。这种逐次逼近的过程，为场景难度的分级引导提供了极大的灵活性：在场景生成的每一步都可嵌入外部目标函数或先验知识，从而在保持自然分布特征的前提下，有针对性地提升或降低场景的风险度。

引导扩散模型的主要原理如下：

① 噪声注入与分布学习。首先，通过不断向真实数据（如自然驾驶轨迹、交通参与者行为等）中注入噪声，将其逐步"扩散"到一个高斯分布状态。然后，训练一个神经网络以学习如何在多步"反扩散"或"去噪"过程中从纯噪声恢复出原始样本。

② 多步去噪与引导。在生成新场景时，模型从随机噪声开始，一步步去噪恢复出交通场景的要素和结构。此时若融入额外的引导信号（如场景风险度、交通规则等），就可在每个去噪步骤对采样方向加以修正或偏移，使得生成结果既符合自然分布，又能满足特定的属性或难度要求。

通过在损失函数或引导函数中加入对"难度"或"风险性"的衡量，扩散模型能够在不同阶段灵活地调整目标指向，进而生成兼具高真实度与可控难度的场景。例如，若要增强车辆密集度或提高行人干扰，就需要在相应去噪步骤上施加更高的权重或补偿，以"鼓励"模型往该方向演化。

基于上述原理，当我们从自然驾驶数据中学习到基础的交通分布规律后，即可在推断阶段利用扩散过程多步引导的特性，对场景难度进行渐进式控制。这样一来，所生成的场景既能保持与现实世界近似的复杂度、真实性，也可相对平稳地提升（或降低）对被测算法的挑战，为智能体的稳定迭代和持续进化提供有力支持。

(2) 类别可控性。

类别可控性的研究旨在基于预先定义的测试要求，有意识地指导场景生成的类别与方向，以实现特定功能场景的定向生成。条件生成模型在生成模型的基础上加以改进，能完成类别可控的场景生成任务。

生成模型通过学习数据的分布，能够从噪声输入中生成与训练数据相似的新样本。典型的生成模型包括生成对抗网络（GAN）、变分自编码器（VAE）以及扩散模型等。它们在无条件生成任务中往往依赖随机采样，从而产生覆盖全局分布的多样样本，但这种方法无法直接控制生成样本的特定类别或属性。

条件生成模型则在此基础上引入了额外的条件信息（例如，类别标签、场景特定属性或用户指定的高层意图），使得模型在生成过程中不仅会考虑数据本身的分布，还能依据所提供的条件进行引导。通过在生成网络中加入条件向量，条件生成模型可以在保持数据真实分布特性的同时，实现对生成结果的精细控制。这种方式使得场景生成不仅是数据驱动的，还可以通过人工指定的条件来指导生成方向，从而达到预期的测试要求。

基于条件生成模型，一类采用分层架构的场景生成方法逐渐涌现：上层通过优化算法、人工制定或使用上层生成模型来明确场景中交通参与者的高层意图，如预设行驶路线、交互策略或目标风险水平；底层则依靠条件生成模型，根据上层传递的意图生成符合高层要求并同时满足基本驾驶行为真实分布的场景。这样的分层设计既能够保证生成场景的真实性和多样性，又使得场景类别和难度具有更高的可控性，有效解决了传统随机采样方法中不可控性的问题，为依靠测试用例的生成来引导算法学习，实现持续演进提供了坚实的技术支撑。

3) 场景参数建模的真实性

在自动驾驶系统的开发与测试中，训练数据的真实性对算法学习至关重要。只有当数据充分反映了现实世界中交通场景的复杂性和多样性时，模型才能具备良好的泛化能力和鲁棒性。数据驱动的交通参与者行为建模能较好地实现真实的场景参数建模。这类方法利用具备时空建模与表征能力的生成模型，从自然驾驶数据中进行模仿学习，实现对真实交通场景的预测与生成。其核心思想在于：利用大量真实数据，学习交通参与者的行为模式以及它们之间的交互关系，从而生成既符合真实分布又具备一定多样性和交互性的场景。在此领域，常见的建模方法可以分为两大类。

(1) 针对单一交通参与者行为的建模。

这一类方法主要包括模仿学习和逆强化学习等。模仿学习通过观察专家（例如人类驾驶员）的行为，从数据中直接学习其决策策略。该方法的优势在于能够较准确地反映单一交通参与者在特定情境下的行为特性，如加速、转向、刹车等动作。然而，模仿学习在面对多变和复杂的交通交互时，容易受到数据噪声和环境变化的影响，导致模型稳定性不足，且难以应对未见过的场景。逆强化学习通过分析专家行为背后的隐含奖励机制，进而推断出行为决策的目标。与模仿学习相比，逆强化学习可以揭示出行为选择的深层次原因，从而在一定程度上提高模型对复杂场景的解释能力。但该方法同样存在训练难度较大、收敛速度慢等问题，且在多主体交互中较难捕捉到全局的奖励结构。

(2) 针对交通参与者之间交互关系的建模。

在实际道路场景中，各交通参与者之间的交互对整体场景的真实性具有决定性影响。

为此，研究者们开始采用多智能体模仿学习和深度生成模型，通过学习不同主体之间的交互关系，构建更符合真实交通状态的行为模型。常见的技术包括：

- 图神经网络。

图神经网络能够高效地表征复杂的时空关系数据和场景元素间的交互。利用图结构对交通网络进行建模，可以捕捉车辆、行人及其他交通参与者之间的连接关系与影响机制，有利于提升所生成场景在复杂交互层级的准确性。

- 注意力机制及其变体（如 Transformer）。

注意力机制特别适用于捕捉长距离依赖关系。在交通场景中，不同主体之间可能存在远距离但依然显著的相互作用。Transformer 模型利用自注意力机制，能够灵活地聚焦于场景中的关键区域，生成具有全局连贯性的交互行为。

通过以上两类方法的结合，数据驱动的交通参与者行为建模不仅能够单独模拟每个主体的行为，还能充分反映其之间复杂的交互关系，从而生成更为真实、动态且多样化的场景。这样的模型在生成测试场景时，既能保证场景参数的真实性，又能兼顾不同场景下的多样性，为自动驾驶系统提供更为可靠和具有代表性的训练与测试数据。

7.5.4　性能缺陷诊断及评价

自动驾驶系统的黑箱模型问题，成为当前自动驾驶技术中亟待解决的核心挑战之一。尽管这些模型在训练数据中展示出优秀的性能，但其黑箱特性使得开发者和用户难以理解和验证其决策逻辑，这直接影响了自动驾驶系统在未知场景中的可靠性，甚至可能引发安全隐患。因此，针对"黑箱模型"的自动驾驶系统进行有效诊断，已成为提升系统安全性和可靠性的重要研究方向。

1. 黑箱模型特性及其挑战

黑箱模型是指那些其内部决策过程不可解释的机器学习模型，尤其是深度神经网络（DNN）和卷积神经网络（CNN）等复杂算法。与传统的基于规则或显式模型的自动驾驶系统不同，深度学习模型通过对大量数据进行训练，自动学习和提取特征，最终形成一个高度复杂的决策过程。这个过程通常涉及成千上万的参数和复杂的非线性关系，使得决策逻辑难以被追溯和理解。

由于其"黑箱"特性，开发者和使用者难以明确知道模型在作出某一决策时，所依赖的具体特征是什么。这不仅增加了对模型预测结果的信任问题，也使得自动驾驶系统在面对未知和未见场景时，无法保证决策的正确性。在训练过程中，虽然模型能够在已知数据集上进行优化，并展示出一定的性能，但它在新场景中的适应性和泛化能力往往较差。这意味着，尽管模型在训练集和已见场景下表现良好，但在现实驾驶环境中，尤其是面对复杂和动态的交通情况时，黑箱模型可能会作出不可靠的决策，导致严重的安全隐患。

2. 黑箱模型导致的潜在风险

由于缺乏透明度，黑箱模型在面对复杂环境时容易作出不可靠甚至危险的决策，这对自动驾驶系统的安全性构成了显著威胁。举例来说，理想汽车的自动驾驶系统在某些场景下误将广告牌识别为前方行驶的车辆，错误地触发紧急制动，导致追尾事故。类似的情况也曾在其他自动驾驶厂商中发生，比如特斯拉的自动驾驶系统在复杂场景下作出了危险决策，最终导致大规模的汽车召回。这些事故清楚地表明，尽管模型在已知环境下能够通过测试，但在未见场景下可能会产生无法预见的错误，而其根本原因难以追溯。

此外，由于黑箱模型的内部决策逻辑不可见，一旦出现问题，开发者往往无法快速定位问题的根源。这种"无法追溯"的特性意味着，当系统作出不安全的决策时，传统的调试手段（如日志分析和可视化工具）往往无法揭示出模型内部的决策过程，从而使得修复变得复杂和困难。例如，系统可能会误识别交通标志、道路障碍物或其他交通参与者的行为，这些错误决策会直接影响行驶安全。

3. 黑箱模型诊断的重要性

面对黑箱模型在自动驾驶系统中的应用，性能诊断显得尤为关键。性能诊断不仅仅是对系统功能正常性的验证，更重要的是对系统决策背后机制的探究。传统的功能测试方法已经不足以全面评估黑箱模型在复杂和多变的真实环境中的表现。特别是在自动驾驶应用中，系统不仅需要应对已知的常见交通场景，还需处理大量复杂且动态的未知环境。

通过性能诊断，开发者能够揭示自动驾驶系统在作出决策时依赖的关键特征和决策过程。在面临高度不确定性和不断变化的环境时，了解模型的决策依据对于确保其可靠性至关重要。对于自动驾驶厂商而言，如何通过有效的诊断手段揭示黑箱模型的潜在缺陷，并修复这些缺陷，是提升模型安全性和可操作性的关键。因此，诊断的核心任务不仅是验证系统在已知场景中的表现，更要深入分析模型在未见场景中的潜在风险，并为系统优化提供有效的策略。

4. 基于可解释性的黑箱模型诊断方法

为了解决黑箱模型中的诊断难题，必须采取可解释性方法。可解释性方法的目标是揭示黑箱模型决策过程中的关键特征，帮助开发者理解模型在各种驾驶场景中是如何进行决策的。下面介绍一些常见的可解释性方法。

1) 特征重要性分析

通过 Shapley 值、LIME 等方法，量化每个输入特征对模型决策的影响。这些方法能够帮助识别哪些感知特征在决策中发挥了重要作用，哪些特征可能导致错误判断。例如，Shapley 值能够提供每个特征在决策中的边际贡献，从而揭示出可能导致决策错误的虚假特征关联。

2) 对抗样本生成

对抗样本是通过对输入数据施加微小扰动，测试模型在面对细微变化时的稳定性。通过生成对抗样本，开发者能够评估模型在复杂和动态环境中的鲁棒性，揭示其潜在的弱点和脆弱区域。

3) 可视化技术

通过热图、激活图等技术，开发者可以直观地看到模型对输入数据的响应，揭示出模型关注的区域和特征。这些可视化技术有助于理解模型在决策过程中的"思考"方式，帮助开发者发现潜在的缺陷。

5. 前瞻性研究与产业化应用

针对"黑箱模型"的诊断和缺陷修复，不仅有助于提升系统的可靠性，还能够推动自动驾驶技术的产业化进程。随着自动驾驶技术的广泛应用，如何突破黑箱模型的局限，成为确保智能交通安全的重要环节。因此，针对"黑箱模型"的自动驾驶诊断不仅是提升技术可靠性的重要步骤，也是确保道路安全和行业稳定发展的基础。通过深入研究黑箱模型的可解释性、诊断技术和自适应修复方法，自动驾驶系统将能更好地应对复杂和动态的驾驶环境，为全球智能交通体系的建设贡献力量。

7.5.5　性能优化升级

在博弈进化测评中，性能优化升级是确保自主智能系统能够高效应对真实开放世界复杂场景的核心环节。优化的主要目标是提升系统在多变和不确定环境中的适应性和鲁棒性，同时增强系统在不同安全关键场景中的表现。通过持续的博弈与进化过程，系统能够不断优化算法，发现并修正潜在的缺陷，从而推动系统的演进与提升。

优化的方向主要集中在几个关键领域。首先是提升算法效率，确保系统在计算精度的基础上，能够快速响应并有效执行，尤其是在复杂和极端场景下，保证系统的稳定表现。其次，系统的鲁棒性需要不断增强，确保能够适应环境的动态变化，避免因场景复杂性导致性能下降。此外，提升系统的泛化能力，使其能够应对未知场景，减少对有限测试数据集的依赖，也是优化的重要目标。同时，资源的合理利用是优化的另一重要方面，通过高效管理计算资源，降低硬件消耗，提升整体运行效率，特别是在高负荷任务下。

为实现这些优化目标，博弈进化测评采用了多种方法。强化学习作为核心优化手段，通过自我调整和试错机制，使系统不断优化决策策略，提高任务执行的效率与成功率。遗传算法与演化策略模拟自然选择的过程，不断推动博弈策略的进化，确保智能体能够选择最适应环境的方案。深度学习则通过处理海量数据，提取关键特征，从而优化决策过程，提升系统在复杂高维状态空间下的表现。模仿学习和迁移学习可帮助系统加速适应新场景，避免重复学习，提高学习效率。

在这一过程中，持续学习起到了至关重要的作用。持续学习允许系统在测试环境中不断积累经验，持续优化算法，提升性能，而不是仅在初期训练时完成学习。这种动态学习过程不仅可以在面对不断变化的场景时保持系统的适应性，还能根据新的数据和反馈自动调整策略，从而持续提高系统的表现。持续学习能够帮助系统逐步克服传统静态学习中的局限，使其具备在不断变化环境中的长期适应能力。

然而，优化过程中也面临诸多挑战。随着测试环境的复杂度增加，对计算资源的需求呈现指数增长，必须通过并行计算和分布式计算等技术手段来提高效率。开放世界中的复杂性与不确定性使得系统在面对突发情况时可能出现不稳定的表现，因此需要使用鲁棒性优化和适应性优化等方法来增强系统的稳定性和应对能力。此外，多智能体系统中的协作与冲突管理问题也需要解决，博弈论中的均衡策略能够有效地减少智能体间的冲突，保证系统在多方博弈中的稳定性。

　　总体而言，性能优化不仅是技术层面的提升，更是一个持续演进的过程。每轮博弈进化后，系统的表现都会被评估并反馈到优化策略中，确保系统能够应对更复杂和多样化的场景。持续学习的引入，使得系统可以在长期运行中自我调整与优化，逐步克服性能瓶颈，扩展适应范围，最终为自主智能系统在真实开放世界中的高效、安全运行打下坚实基础。

7.6　实训项目

7.6.1　实训项目 1：策略性能评估的最优计算量分配算法

1. 问题描述

　　信息物理系统的控制策略性能评估往往通过大量仿真的方式进行。针对已有的多个策略 π_i，希望在指定有限的仿真计算资源 T 下，合理地分配仿真计算量 N_i，使得最终根据多次仿真得到的估计性能的平均值最大的策略是真实最好的策略。为了更好地描述这种分配策略算法的可靠性，引入概率的描述方式，即希望最终根据多次仿真得到的性能的平均值最大的策略是真实最好的策略的概率是最大的。

2. 问题建模

(1) 假设每个策略的实际性能服从高斯分布 $J_i \sim \mathcal{N}(\mu_i, \sigma_i)$；

(2) 假设每个策略使用仿真平台评估性能使用的时间相同；

(3) 如果每个策略最终获得的采样样本为 $X_i = \{X_i^1, X_i^2, \cdots, X_i^{N_i}\}$，则最终获得的性能估计值为 $\hat{J}_i = \dfrac{1}{N_i} \displaystyle\sum_{j=1}^{N_i} X_i^j$；

(4) 采用贝叶斯后验分布的思想，认为 $J_i \sim \mathcal{N}(\hat{J}_i, \sigma_i/N_i)$；同时有

$$b = \arg\max_i J_i$$

$$\hat{b} = \arg\max_i \hat{J}_i$$

$$P(\hat{b} = b) \geqslant 1 - \sum_{i \neq b} (1 - P(J_i < J_b))$$

3. 仿真分析

1) 参数设置

　　已知有 4 个策略，其性能分布为 $J_1 \sim \mathcal{N}(5, 3), J_2 \sim \mathcal{N}(4, 4), J_3 \sim \mathcal{N}(3, 1), J_4 \sim \mathcal{N}(2, 5)$。总的仿真计算量为 $T = 400$。将实验分为 10 个批次，每个批次进行 40 次仿真。

2) 仿真测试

(1) 平均分配：每个批次针对每个策略都进行同样次数的仿真，绘制每个批次之后选择到最优策略的概率下限曲线。

(2) 重点分配：每个批次对当前最好的策略分配 55% 的仿真次数，其余策略均给予 15% 的仿真次数，绘制每个批次之后选择到最优策略的概率下限曲线。

3) 思考题

如何求解如下的优化问题？（提示：可以采用最优计算量分配理论算法）

$$\max_{N_i} \quad P(\hat{b}=b)$$
$$\text{s.t.} \quad \sum_i N_i = T$$

7.6.2 实训项目 2：具有连锁反应特征的系统的策略安全性检测

1. 问题描述

许多信息物理系统往往具有连锁反应的特征，即某些相对来说较为安全的状态极有可能引发一系列的安全事故。针对这种系统的控制策略，必须进行事先的安全性检测。

2. 问题建模

针对一个具有马尔可夫特点的系统，定义如下马尔可夫决策过程。

(1) 状态空间：系统具有 6 个状态，分别标记为 1、2、3、4、5、6。其中，5 号状态是目标状态，表示系统成功达到期望的运行状态；6 号状态是故障状态，表示系统出现故障；1~4 号状态是中间状态。

(2) 动作空间：系统有两个动作可供选择，标记为 a_1 和 a_2。

(3) 状态转移概率：1~3 号状态到达 6 号故障状态的概率较小，到达 5 号目标状态的概率一般；4 号状态到达 6 号故障状态的概率相对较大。1~4 号状态在执行动作后会以一定概率在这 6 个状态之间转移。

3. 仿真分析

1) 参数设置

假设系统的状态转移矩阵如下：

$$\boldsymbol{P}_{a_1} = \begin{bmatrix} 0.3 & 0.3 & 0.2 & 0.1 & 0.1 & 0 \\ 0.2 & 0.3 & 0.3 & 0.1 & 0.1 & 0 \\ 0.2 & 0.2 & 0.3 & 0.2 & 0.1 & 0 \\ 0.1 & 0.1 & 0.2 & 0.3 & 0 & 0.3 \\ 0 & 0 & 0 & 0 & 1 & 0 \\ 0 & 0 & 0 & 0 & 0 & 1 \end{bmatrix} \quad \boldsymbol{P}_{a_2} = \begin{bmatrix} 0.2 & 0.3 & 0.3 & 0.1 & 0.1 & 0 \\ 0.3 & 0.2 & 0.3 & 0.1 & 0.1 & 0 \\ 0.3 & 0.3 & 0.2 & 0.1 & 0.1 & 0 \\ 0.2 & 0.2 & 0.1 & 0.1 & 0.1 & 0.3 \\ 0 & 0 & 0 & 0 & 1 & 0 \\ 0 & 0 & 0 & 0 & 0 & 1 \end{bmatrix}$$

初始状态分布为 $P(s_0) = (0.4, 0.3, 0.3, 0, 0, 0)$，系统达到 5 号和 6 号状态时即停止，分别认为策略为安全与不安全。

2）仿真测试

（1）确定性策略的安全概率仿真。如果在任何状态下都只会采用控制策略 a_1，请绘制多次测试之后估计策略安全概率的曲线。

（2）随机性策略的安全概率仿真。如果在任何状态下有 0.7 的概率采用控制策略 a_1，0.3 的概率采用控制策略 a_2，请绘制多次测试之后估计策略安全概率的曲线。

3）思考题

如何提升对控制策略的安全性测评的效率？（提示：可以使用重要性采样的思想）

7.7　拓展阅读

（1）LUCKCUCK M, FARRELL M, DENNIS L A, et al. Formal specification and verification of autonomous robotic systems: A survey[J]. ACM Computing Surveys, 2019, 52(5): 1-41.

该文章系统综述了自主机器人形式化规范与验证的最新研究进展，聚焦自主机器人在规范和验证中的挑战、针对性形式方法及其具体应用。

（2）MA Y, SUN C, CHEN J, et al. Verification and validation methods for decision-making and planning of automated vehicles: A review[J]. *IEEE Transactions on Intelligent Vehicles*, 2022, 7(3): 480-498.

该文章综述了自动驾驶车辆决策与规划系统的验证与验证（V&V）方法，分为基于场景测试、故障注入测试和形式化验证三类，并通过提出六项比较标准评估这些方法的特点，同时针对系统模块的功能需求匹配适合的 V&V 方法，总结了当前挑战与未来研究方向。

（3）FENG S, SUN H, YAN X, et al. Dense reinforcement learning for safety validation of autonomous vehicles[J]. *Nature*, 2023, 615(7953): 620-627.

该文章深入浅出地介绍了密集深度强化学习（dense deep reinforcement learning, D2RL）算法，提出一种基于 D2RL 的智能测试环境，通过训练人工智能背景代理执行对抗性操作，加速验证自动驾驶车辆的安全性能，并显著提升测试效率（达数千至十万倍），同时保持评估无偏性，为其他安全关键的自主系统测试和训练提供了新方法。

（4）FENG S, YAN X, SUN H, et al. Intelligent driving intelligence test for autonomous vehicles with naturalistic and adversarial environment[J]. *Nature Communications*, 2021, 12(1): 748.

该文章提出通过在自然驾驶环境中引入稀疏且对抗性的调整，构建智能驾驶测试环境，以显著减少自动驾驶车辆安全性能测试所需里程，同时保持评估的无偏性，实现了多个数量级的测试效率提升。

(5) YAN X, ZOU Z, FENG S, et al. Learning naturalistic driving environment with statistical realism[J]. *Nature Communications*, 2023, 14(1): 2037.

该文章提出了一种基于深度学习的框架 NeuralNDE，从车辆轨迹数据中学习多智能体交互行为，并提出了冲突批评模型和安全映射网络，以细化安全攸关事件的生成过程，遵循现实世界的发生频率和模式。

(6) LI N, OYLER D W, ZHANG M, et al. Game theoretic modeling of driver and vehicle interactions for verification and validation of autonomous vehicle control systems[J]. *IEEE Transactions on Control Systems Technology*, 2017, 26(5): 1782-1797.

该文章提出了一种基于博弈论的交通模型，用于测试和比较不同的自动驾驶车辆控制系统以及优化现有控制系统的参数，通过仿真环境快速、安全地实现控制系统的初步校准，从而减少开发自动驾驶控制算法所需的时间和成本。

(7) FENG S, FENG Y, YU C, et al. Testing scenario library generation for connected and automated vehicles, part I: Methodology[J]. *IEEE Transactions on Intelligent Transportation Systems*, 2020, 22(3): 1573-1582.

该文章提出了一种针对联网与自动驾驶车辆（CAV）测试场景库生成问题的通用框架，通过引入场景关键度的评估指标结合优化与强化学习方法，在不同设计域下有效搜索关键测试场景，以较少测试次数实现高效准确的性能评估。

(8) FENG S, FENG Y, SUN H, et al. Testing scenario library generation for connected and automated vehicles, part II: Case studies[J]. *IEEE Transactions on Intelligent Transportation Systems*, 2020, 22(9): 5635-5647.

该文章通过 3 个典型案例（切入、高速出口、跟车）验证了测试场景库生成方法，结合强化学习技术有效应对高维场景挑战，并显著加速了联网与自动驾驶车辆（CAV）的评估过程，同时保持评估精度。

(9) 管晓宏，赵千川，贾庆山，等. 信息物理融合能源系统 [M]. 北京：科学出版社，2016.

该书结合当前最新的科学前沿、关键技术和应用需求，讨论了信息物理融合能源系统的体系结构、感知技术、优化理论、可再生新能源、需求侧响应、综合安全等内容。

(10) 封硕. 自动驾驶汽车智能测试理论与场景库生成方法 [M]. 北京：清华大学出版社，2024.

该书系统提出了自动驾驶汽车智能测试理论与场景库生成方法，针对多复杂度场景和多类型车辆的测试需求，构建了低、中、高复杂度及自适应场景库生成体系，解决了测试理论难点和方法瓶颈，为智能测试理论的普适性、准确性和高效性提供了重要支持。

章节练习

参 考 文 献

[1] BELLMAN R E. *Dynamic programming*[M]. NY: Princeton University Press, 2010.

[2] GOODFELLOW I, POUGET-ABADIE J, MIRZA M, et al. Generative adversarial nets[J]. *Advances in Neural Information Processing Systems*, 2014, 27: 2672-2680.

[3] HÖLLDOBLER B, WILSON E O. *Journey to the ants: A story of scientific exploration*[M]. Mass: Harvard University Press, 1998.

[4] KATSUKI F, CONSTANTINIDIS C. Bottom-up and top-down attention: Different processes and overlapping neural systems[J]. *The Neuroscientist*, 2014, 20(5): 509-521.

[5] MINSKY M. *The society of mind*[M]. NY: Simon & Schuster, 1986.

[6] OLFATI-SABER R. Flocking for multi-agent dynamic systems: Algorithms and theory[J]. *IEEE Transactions on Automatic Control*, 2006, 51(3): 401-420.

[7] OUYANG L, WU J, JIANG X, et al. Training language models to follow instructions with human feedback[J]. *Advances in Neural Information Processing Systems*, 2022, 35: 27730-27744.

[8] PONTRYAGIN L S. *Mathematical theory of optimal processes*[M]. London: Routledge, 2018.

[9] REYNOLDS C W. Flocks, herds and schools: A distributed behavioral model[C]. *Proceedings of the 14th Annual Conference on Computer Graphics and Interactive Techniques*, 1987, 25-34.

[10] SILVER D, HUANG A, MADDISON C J, et al. Mastering the game of Go with deep neural networks and tree search[J]. *Nature*, 2016, 529(7587): 484-489.

[11] SILVER D, SCHRITTWIESER J, SIMONYAN K, et al. Mastering the game of Go without human knowledge[J]. *Nature*, 2017, 550(7676): 354-359.

[12] VASWANI A. Attention is all you need[C]. *Advances in Neural Information Processing Systems*, 2017.

[13] WATKINS C J, DAYAN P. Q-learning[J]. *Machine Learning*, 1992, 8: 279-292.

[14] 封硕. 自动驾驶汽车智能测试理论与场景库生成方法 [M]. 北京：清华大学出版社, 2024.

[15] 程代展, 陈翰馥. 从群集到社会行为控制. 科技导报, 2004, 8: 4-7.